旗 標 FLAG

好書能增進知識　提高學習效率　卓越的品質是旗標的信念與堅持

旗 標 FLAG
http://www.flag.com.tw

旗 標 FLAG
http://www.flag.com.tw

第二版

HTML5
CSS3
最強圖解實戰講座

HTML5&CSS3 標準デザイン講座 30LESSONS【第 2 版】

草野あけみ 著 ｜ 林子君・陳禹豪 譯
施威銘研究室 監修

感謝您購買旗標書，記得到旗標網站
www.flag.com.tw
更多的加值內容等著您…

<請下載 QR Code App 來掃描>

- FB 官方粉絲專頁：旗標知識講堂
- 旗標「線上購買」專區：您不用出門就可選購旗標書！
- 如您對本書內容有不明瞭或建議改進之處，請連上旗標網站，點選首頁的 聯絡我們 專區。

若需線上即時詢問問題，可點選旗標官方粉絲專頁留言詢問，小編客服隨時待命，盡速回覆。

若是寄信聯絡旗標客服 email，我們收到您的訊息後，將由專業客服人員為您解答。

我們所提供的售後服務範圍僅限於書籍本身或內容表達不清楚的地方，至於軟硬體的問題，請直接連絡廠商。

學生團體　訂購專線：(02)2396-3257 轉 362
　　　　　傳真專線：(02)2321-2545

經銷商　服務專線：(02)2396-3257 轉 331
　　　　將派專人拜訪
　　　　傳真專線：(02)2321-2545

國家圖書館出版品預行編目資料

HTML5・CSS3 最強圖解實戰講座 第二版 / 草野 あけみ 著；林子君、陳禹豪 譯. 施威銘研究室 監修-- 臺北市：旗標，2020. 11 面；公分

ISBN 978-986-312-649-2(平裝)

1. HTML(文件標記語言) 2. CSS(電腦程式語言) 3. 網頁設計 4. 全球資訊網

312.1695　　109015236

作　　者／草野 あけみ

翻譯著作人／旗標科技股份有限公司

發 行 所／旗標科技股份有限公司

台北市杭州南路一段15-1號19樓

電　　話／(02)2396-3257(代表號)

傳　　真／(02)2321-2545

劃撥帳號／1332727-9

帳　　戶／旗標科技股份有限公司

監　　督／陳彥發

執行企劃／張根誠

執行編輯／張根誠

美術編輯／林美麗、陳慧如

封面設計／薛詩盈

校　　對／張根誠

新台幣售價：620 元

西元 2023 年 2 月 二版 3 刷

行政院新聞局核准登記-局版台業字第 4512 號

ISBN 978-986-312-649-2

序

本書所設定的目標讀者是「從零開始學習網頁製作能力」以及「雖然已經接觸網站製作工作，但想要好好了解實務知識」的人。

自前作《HTML5・CSS3 最強圖解實戰講座》出版以來，網頁製作的技術與瀏覽環境有了不少變化，這次改版主要因應開發環境的變化（尤其是微軟已停止支援 IE10 以前的版本），針對內容做全面審視。例如 flexbox 框架現已取代 CSS 的 float 屬性，成為主要的網頁版面配置手法，此外，對現今網頁製作者來說絕對無法迴避的行動版 / RWD 網頁，新版書也有 Step by Step 更清楚的製作說明。對於要學習 HTML5、CSS3、跨平台應用以及 RWD 網頁等網站製作技術的人來說，本書是幫您提昇能力的絕佳教材。若本書能成為大家遊走網頁設計世界的助力，我將深感榮幸。

最後要感謝給予我改訂版執筆機會的翔泳社關根先生，同意我將平時上課內容編寫成書的 SUPOTANT 公司橋和田先生，不吝分享各種網頁技術、know-how 的相關從業人員，以及默默支持我的家人，在此致上感謝之意。謝謝大家。

草野 あけみ

下載本書範例檔案

讀者可以連到底下的網址，並依網頁上的說明來下載本書範例程式：

http://www.flag.com.tw/bk/t/F0467

本書範例使用說明

只要將下載檔案解壓縮就可以看到範例檔，直接進入相對應的 LESSON 資料夾即可：

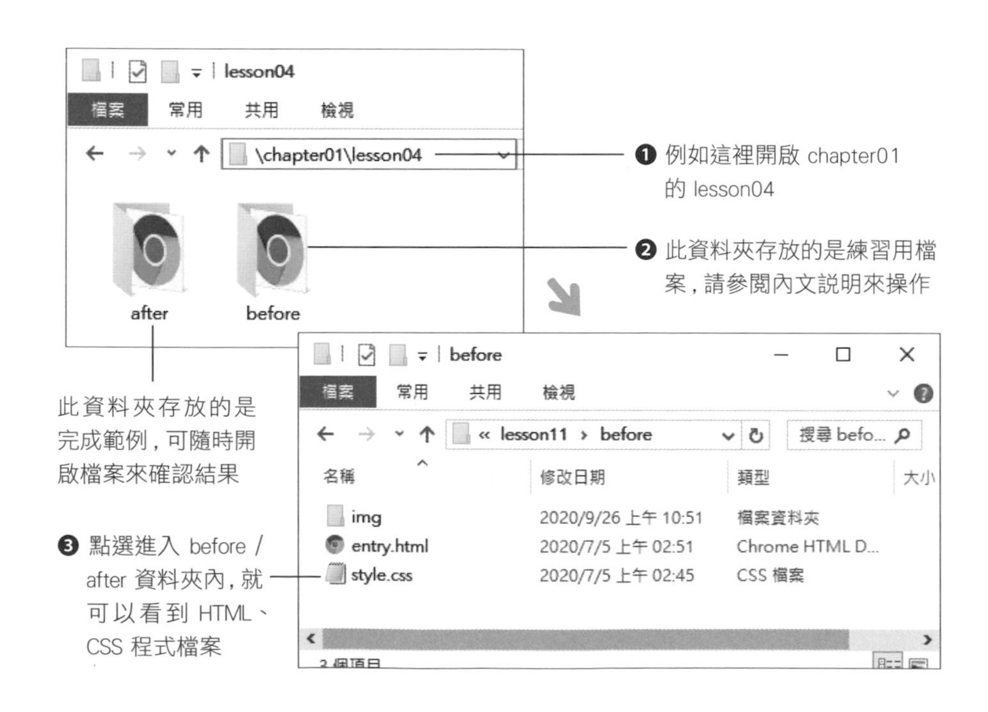

目錄

CHAPTER 01 Step by Step 製作 HTML 網頁

CHAPTER 02 CSS 基本功

CHAPTER 03 表格與表單

CHAPTER 07 讓網頁支援多裝置瀏覽 (觀念篇)

CHAPTER 08 響應式網頁設計的準備工作

CHAPTER 09 Step by Step 實作響應式網頁

網頁設計暖身操

學習 HTML + CSS 並不需要準備特別的工具，只要有**文字編輯器**與**瀏覽器**就可以了。

文字編輯器

用 HTML + CSS 製作網頁需要使用文字編輯器來撰寫原始碼，雖然可以用 Windows 內建的**記事本**或 Mac 內建的**文件編輯** App 做為編輯器，不過這些工具的功能都很陽春，因此還是建議安裝專用的文字編輯軟體來使用。底下是幾個常見的文字編輯器，在 Windows、Mac 系統上都可以使用：

● **常見的文字編輯器**

名稱	下載網址
Brackets（免費軟體）	http://brackets.io/
Atom（免費軟體）	https://atom.io/
Sublime Text（付費軟體，試用版無功能限制）	http://www.sublimetext.com

瀏覽器

網頁製作的過程中會不斷利用瀏覽器確認結果，本書會以市佔率最高的 Google Chrome 為主。若您並未安裝此瀏覽器，請透過以下網址自行安裝。

- 「Google Chrome」

  官方網站 URL https://www.google.com.tw/intl/zh-TW/chrome/

顯示檔案的副檔名

製作網頁會用到許多檔案，很多情況下無法單憑圖示判別檔案類型，因此建議在系統上將「顯示檔案副檔名（.txt 或 .html）」的功能開啟。

▶ Windows10 / 8 環境

開啟目的資料夾後，點選「檢視」頁，勾選「顯示 / 隱藏」欄中的「副檔名」。

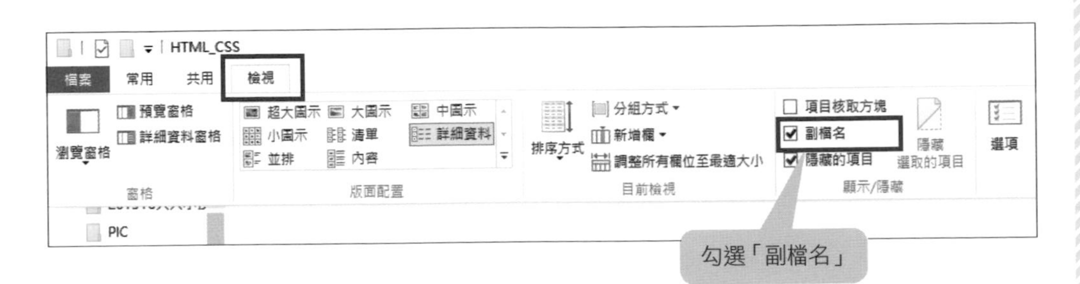

▶ Mac 環境

依序點選「Finder」>「偏好設定」>「進階」>勾選「顯示所有檔案副檔名」。

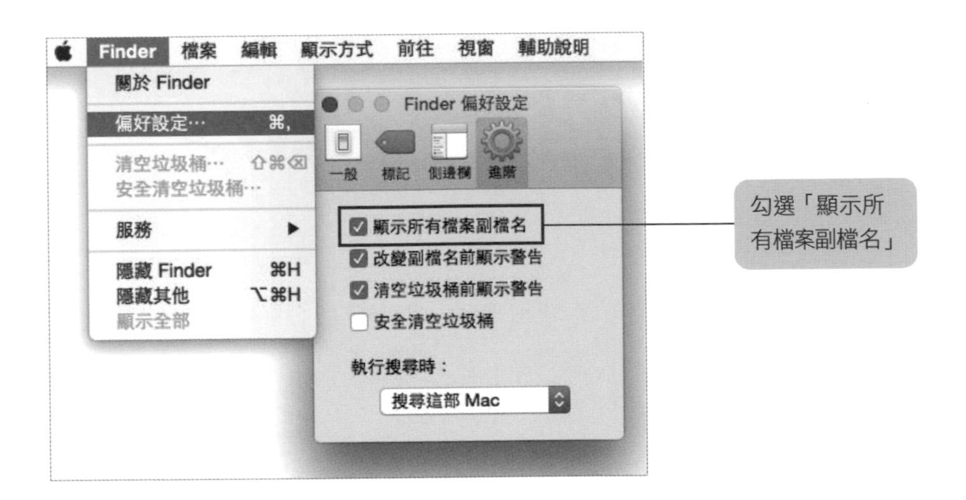

馬上動手實作：HTML、CSS 初體驗

在正式進入 HTML 與 CSS 的課程前，先快速體驗怎麼一行一行撰寫程式來做出網頁吧！底下您先不必細究語法內容，但請務必跟著實作一遍會比較有印象哦！

撰寫第 1 個 HTML 文件

1 建立新的 HTML 檔案

在文字編輯器（下圖是使用 Brackets）中建立一個新檔案，先儲存這個空白檔，命名為 index.html，檔名請全部使用半形英數字。

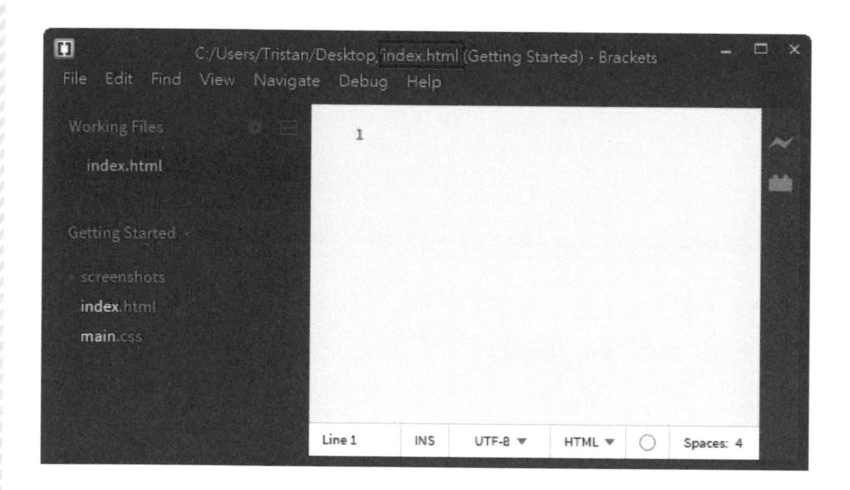

2 輸入 HTML 標籤

輸入下面這些 HTML 內容。HTML 是利用半形文字所組成的**標籤（Tag）**記號來標記。基本上標籤都有開始標籤與結束標籤，二者成對使用。例如 <html> 對應的結束標籤為 </html>，結束標籤上必定會有一個斜線「/」。

<html>
<head>
</head> 成對的標籤
<body>
</body> 成對的標籤
</html> 成對的標籤

3 輸入 HTML 文件的標題

在 <head> 與 </head> 之間，加上成對的 title 標籤，兩個 title 標籤所包住的內容就代表這個網頁的「標題」，輸入後請儲存檔案。

```
<html>
<head>
<title>HTML 練習</title>
</head>
<body>
</body>
</html>
```

4 用瀏覽器確認結果

接著開啟瀏覽器視窗，直接將 index.html 拖拉到視窗裡。可以看到瀏覽器最上方的標題列，顯示剛才在 <title> 標籤裡輸入的文字。

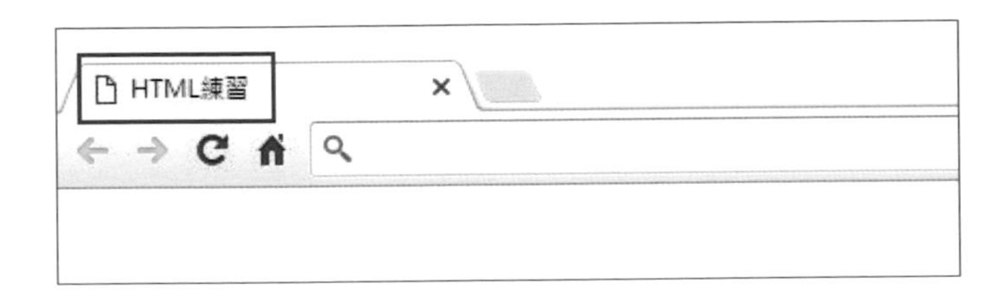

5 撰寫網頁內容

在 <body> 與 </body> 之間，輸入底下的文字。並於儲存檔案後，在瀏覽器上按 [F5] 重新整理內容，確認結果。

```
<html>
<head>
<title>HTML 練習</title>
</head>
<body>
HTML 初體驗
今天第一次寫 HTML。
</body>
</html>
```

6 用瀏覽器確認結果

在瀏覽器上，可看到 <body> 與 </body> 之間輸入的文字，不過並沒有換行，而是顯示在同一列。這是因為我們還沒利用 HTML 各標籤賦予這些文字意義，底下就來進行。

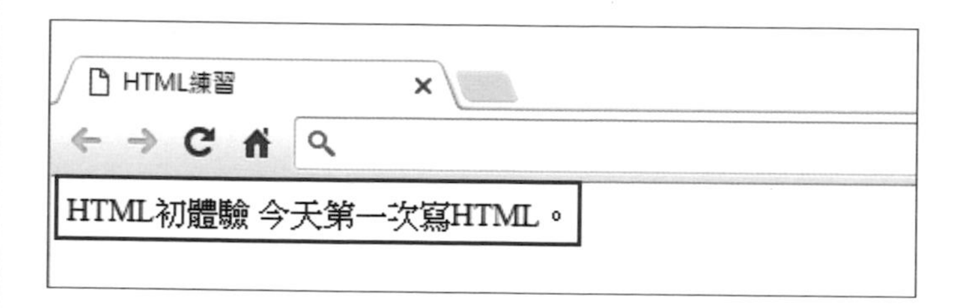

7 利用 HTML 的標籤定義標題和內文

如下所示，分別加上 HTML 標籤來定義「標題」和「內文」。

```
<html>
<head>
<title>HTML 練習</title>
</head>
<body>
<h1>HTML 初體驗</h1>
<p>今天第一次寫 HTML。</p>
</body>
</html>
```

Memo

<h1> 是定義內容標題的標籤；<p> 則是定義文字段落的標籤。

8 用瀏覽器確認結果

從下圖可看到標題與內容分別顯示在不同列，而且標題的字型較大。因為我們已經用 <h1> 標籤告訴瀏覽器，「HTML 初體驗」這幾個字是內容的標題。

Memo 透過 <h1> 標籤，瀏覽器就知道該行被定義為標題，並使用較大的字來顯示。

像這樣，利用 HTML 標籤您就已經寫出第一個 HTML 文件了，在步驟 2 所撰寫的那幾行，就是 HTML 文件最基本的結構。而步驟 5 在 **<body> 與 </body> 之間所輸入的內容則是實際會在瀏覽器顯示的內容**。

利用 CSS 修改樣式

前面在文字內容上加上 HTML 標籤（例如 <h1>）之後，文字在外觀上就會產生變化。但 HTML 最主要的功用並不在於做外觀的設計。控制 HTML 文件的外觀顯示，則是 CSS 的職責。

以下利用簡單的 CSS 語法將 HTML 文件做一些外觀上的變化。

1 在 <head> 標籤內，加入 CSS 區塊。

```
<head>
<title>HTML 練習</title>
<style>   ─┐
</style>  ─┴─ 加入此區塊
</head>
```

2 將標題列改成紅字

在 <style> ～ </style> 之間，加入以下 CSS 語法，表示要把以 <h1> 標籤所標記的標題文字改為紅字。在 color 與 red 之間的是「:(冒號)」，句末則是「;(分號)」。所有敘述都必須以半形英數字撰寫。

```
<style>
    h1{color:red;}
</style>
```

3 儲存檔案後以瀏覽器顯示

再重新整理瀏覽器的畫面看看，<h1> 標籤所圈住的「HTML 初體驗」變成了紅色，表示 CSS 成功改變了網頁內容的外觀。

CSS 就是先指定某個 HTML 標籤 (此例為 h1 標籤)，接著設定各種「屬性」(例如文字顏色、字型大小、背景、框線等等)，這樣就可以改變 h1 標籤圍住的這些內容的樣式了。

Memo
以上簡單撰寫幾行 HTML、CSS 程式，應該對於兩者如何連動，以及各自的用途有所概念了吧！

CHAPTER 01

Step by Step 製作 HTML 網頁

撰寫 HTML 最重要的是充份了解各 HTML 標籤被賦與的角色, 很多人即便認真地將常用標籤都演練一遍, 但完成的只是一個又一個的 HTML 練習檔, 這樣就算懂網頁製作嗎? 當然不是!還得懂流程才行!本章就帶您把一個純文字檔一步步「變身」為 HTML 網頁, 您可以清楚了解 HTML 標籤該怎麼用, 學會正確的 HTML 知識。

LESSON

01

HTML 概要

LESSON 01 先帶您簡單了解 HTML 的用途與撰寫規則。

解說　HTML 的用途與撰寫規則

HTML 的用途

HTML (HyperText Markup Language, 超文字標記語言) 是用來製作網頁的標記式語言。所謂「標記」(Markup), 指是的在某段內容的**開頭**及**結尾**處加上名為「**標籤 (Tag)**」的記號, 用來定義該段內容的意義。例如：

```
<p>HTML初體驗</p>
```

以本例來說, 我們用了一個 p 標籤, p 是段落 (paragraph) 的意思, **開始標籤 <p>** 與**結尾標籤 </p>** 之間的內容就被定義為「段落」。其它還有標題、條列項目、粗體等各種標籤, 之後會一一說明。HTML 的功用正是利用這些標籤定義文字的意義 (此動作即稱為**標記 (markup)**), 讓瀏覽器可以解讀。

HTML 的構成元件

▶ **元素 (Element)**

開始標籤與結束標籤所框住的範圍稱為「**元素**」。以上面的例子來說, <p> 和 </p> 是標籤, 包含兩個標籤及其中間的內容, 這一整串就稱為**元素**, 元素即為構成 HTML 的最小單位。要留意的是, 標籤與元素這兩個名詞經常被混用, 例如 <p> 標籤常被以 <p> 元素來稱呼, 但嚴謹來說兩者的關係如下圖所示：

● 標籤與元素

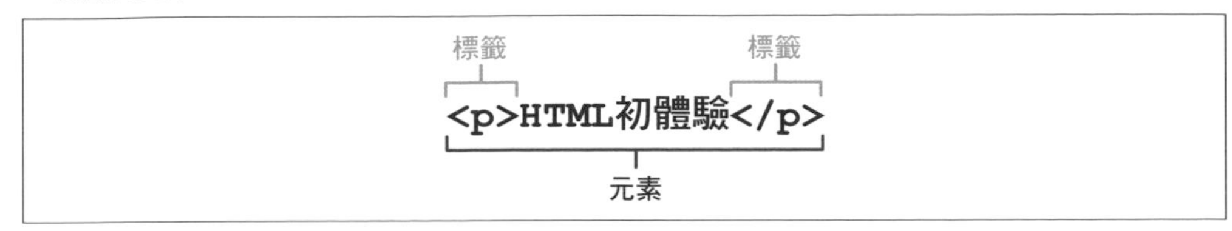

▶ 屬性 (Attribute)

「**屬性**」是用來對元素進行各種設定。有些屬性是所有元素都有，有些屬性則只適用於特定元素。例如下例指定了 a 元素才有的 href 屬性，a 元素是用來定義網頁的超連結 (Hyperlink)，href 屬性是用來指定要連到哪個網址。

● 屬性

HTML 文件的結構

最基本的元素就是 **html 元素**。在 html 元素中，再加入 **head 元素**和 **body 元素**就組成了 HTML 文件最基本的結構。此外，在文件的一開頭，應加入 **DOCTYPE 宣告**，用來宣告該文件所使用的 HTML 版本。

● HTML 文件的結構

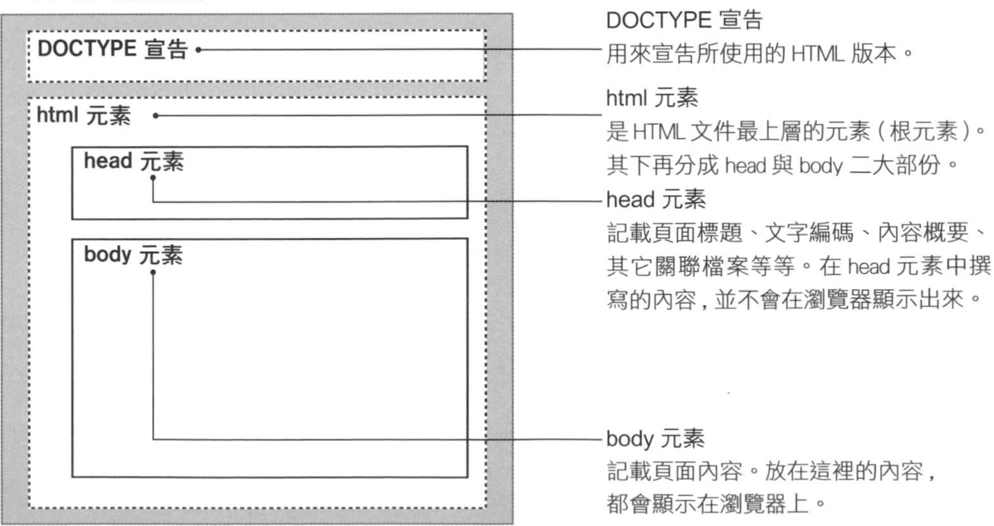

DOCTYPE 宣告
html 元素
head 元素
body 元素
DOCTYPE 宣告
用來宣告所使用的 HTML 版本。
html 元素
是 HTML 文件最上層的元素 (根元素)。
其下再分成 head 與 body 二大部份。
head 元素
記載頁面標題、文字編碼、內容概要、
其它關聯檔案等等。在 head 元素中撰
寫的內容，並不會在瀏覽器顯示出來。
body 元素
記載頁面內容。放在這裡的內容，
都會顯示在瀏覽器上。

COLUMN

樹狀的網頁結構

HTML 文件是由一層一層形成巢狀的元素所組成的樹狀結構（Document tree），巢狀指的是元素裡面還可以再放入元素，在上層（外層）的元素為**父元素**，在下層（內層）的為**子元素**。所有元素就構成一個樹狀結構：

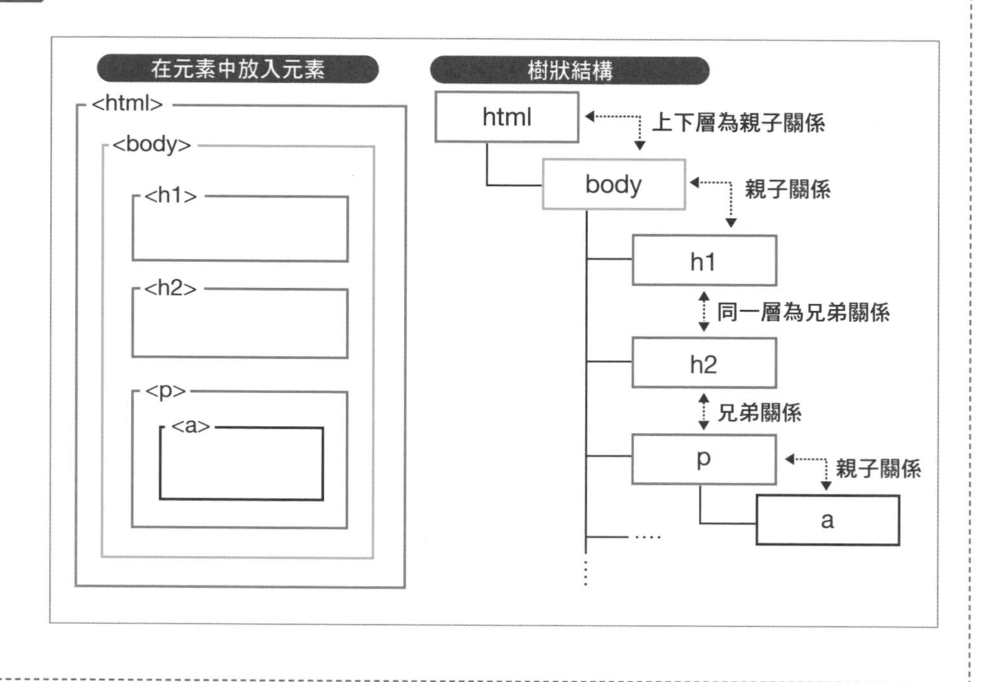

DOCTYPE 宣告

DOCTYPE 宣告是用來宣告此網頁文件是使用哪一版本的 HTML 來製作，必須寫在 HTML 文件的最開頭。現在的標準規格是 HTML5，因此若沒有特別理由，直接寫 **<!DOCTYPE html>** 即可。

```
<!DOCTYPE html>
```

COLUMN

HTML5 以外的舊規格

HTML5 雖然早已是網站製作的標準規格，但還是有許多舊網站是用 HTML5 之前的版本 - 例如 HTML4.01 或 XHTML1.0 製作而成。由於本書是以 HTML 初學者為對象，現在已經沒有學習 HTML4.01 和 XHTML1.0 等舊版本的必要，因此不會對舊版進行解說。

讀者只要知道不管是 HTML4.01 或 XHTML1.0，不同版本的 HTML 規格都有些許不同，因此在進行網站維護工作時，最好先查看 HTML 文件中的 DOCTYPE 宣告，確認使用的是哪個版本的 HTML。

新舊版不同之處大致在於可使用的標籤和部份語法有差異，假設日後真有需要接觸舊版的 HTML 文件，勢必得再了解新舊版差異的地方。

html 元素

html 元素位於 HTML 文件的最上層，是涵括整篇文件的元素。html 元素中通常會設定 lang 屬性（文件的語言識別碼），例如 zh-TW（繁體中文）、ja（日文）、en（英文）等識別碼。

```
<html lang="zh-TW">
```

head 元素

用來記錄 HTML 文件的頁面標題、文字編碼、關鍵字等相關資訊。若要指定載入 CSS 或 JavaScript 等外部檔案，或者提供資訊給搜尋引擎，也都寫在這個元素內。head 元素內通常包含了 **title 元素**和 **meta 元素**。

```
<head>～</head>
```

▶ title 元素

title 元素是用來指定 HTML 文件的頁面標題。在做網站行銷進行搜尋引擎最佳化 (SEO) 時，title 元素就很重要。所有 HTML 文件都應該視它的內容訂一個符合內容的標題。

```
<title>頁面標題</title>
```

▶ meta 元素

meta 元素是用來記述文字編碼、內容概要、此網頁的關鍵字 .. 等資訊，所記述的內容不會顯示在瀏覽器上，主要是給瀏覽器或搜尋引擎看的，設定範例如下：

```
<meta charset="utf-8">
<meta name="description" content="網頁概述">
<meta name="keywords" content="關鍵字A, 關鍵字B">
```

設定文字編碼

製作 HTML 時，一定要在 meta 元素中指定文字編碼。例如上面看到的範例是：

```
<meta charset="utf-8">
```

關於文字編碼也可看到下面這種較長的寫法，最好都知道一下：

```
<meta http-equiv="Content-Type" content="text/html; charset="utf-8">
```

在用 HTML 文字編輯器編寫文件時，編輯器中所指定文字編碼，一定要和 meta 元素中所指定的編碼一致。若二者不一致將導致瀏覽器顯示亂碼。

● 文字編輯器中的文字編碼設定

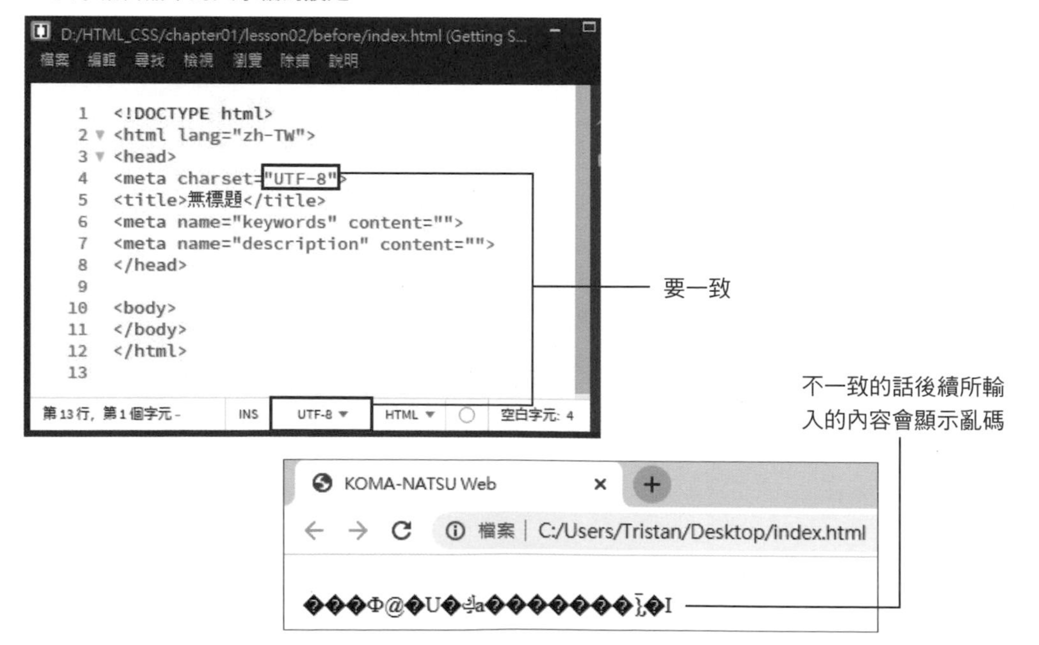

若編輯器的編碼與您想用的文字編碼不同，請在編輯器選擇對應的文字編碼後再儲存檔案。近年來網頁製作都以 UTF-8 做為標準，因此請都以 UTF-8 製作。

複習

在 LESSON01 最後，用下列網頁原始碼來回顧一下前面介紹的各種元素，請看看是否都能理解每個元素的意義。

```
<!DOCTYPE html>
<html lang="zh-TW">
<head>
<meta charset="utf-8">
<title>無標題</title>
<meta name="keywords" content="">
<meta name="description" content="">
</head>

<body>
</body>
</html>
```

Point

- **HTML 的功用在於將內容標記成瀏覽器看得懂的資訊。**
- **必須使用「DOCTYPE」宣告該文件使用的 HTML 版本。**
- **請務必理解本堂課每一行原始碼的意義。**

LESSON

02 編寫 HTML 文件

LESSON 02 將以簡單的純文字範例，先帶您分析文字內容的結構，再利用 HTML 各元素替內容做標記。當中可學習到分析文件結構的技巧以及各 HTML 元素的用法。

Sample File chapter01 ▶ lesson02 ▶ before ▶ index.html

實作 練習編寫 HTML 文件

利用 HTML 樣版檔製作基本網頁

範例檔案 lesson02/before 資料夾中，包含了純文字原稿 (text-index.txt) 與 HTML 樣版檔 (index.html)。在 HTML 樣版檔中，已預先寫好 LESSON01 所提到的 DOCTYPE 宣告等 HTML 文件必備語法，接著就來撰寫網頁內容。我們要將文字原稿 (text-index.txt) 的內容複製到 HTML 樣版檔內，然後利用各種元素逐一做標記。

1 開啟樣版檔

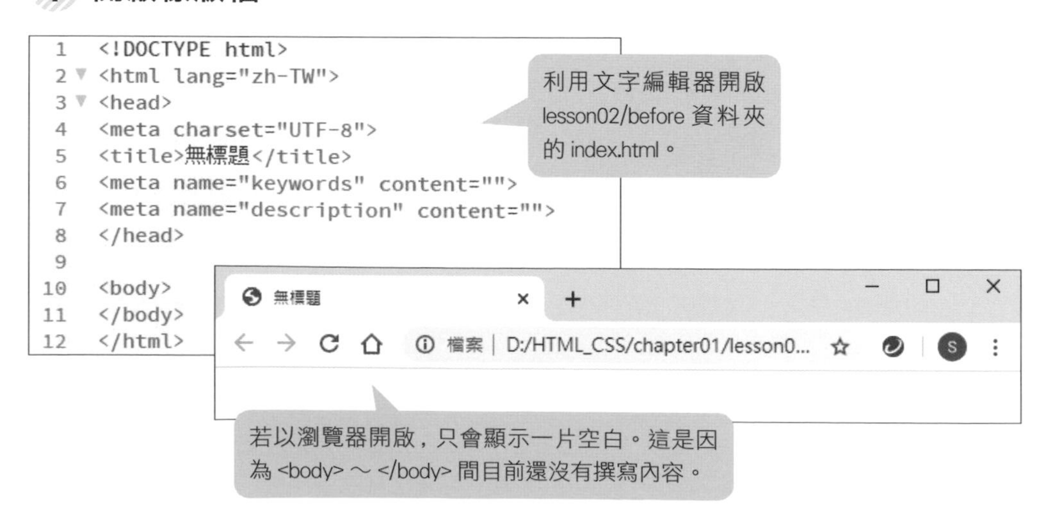

1 <!DOCTYPE html>
2 <html lang="zh-TW">
3 <head>
4 <meta charset="UTF-8">
5 <title>無標題</title>
6 <meta name="keywords" content="">
7 <meta name="description" content="">
8 </head>
9
10 <body>
11 </body>
12 </html>
利用文字編輯器開啟 lesson02/before 資料夾的 index.html。
無標題
檔案 | D:/HTML_CSS/chapter01/lesson0...
若以瀏覽器開啟，只會顯示一片空白。這是因為 <body> ~ </body> 間目前還沒有撰寫內容。

2 設定頁面標題

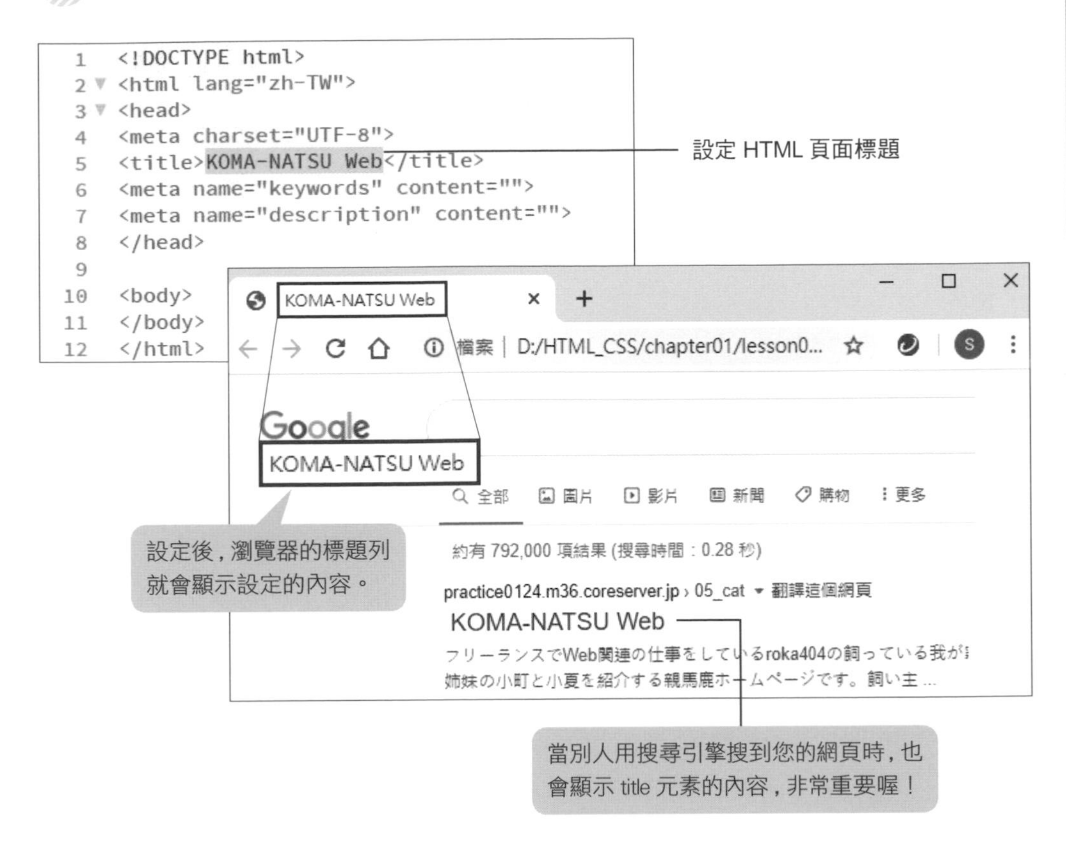

1 <!DOCTYPE html>
2 <html lang="zh-TW">
3 <head>
4 <meta charset="UTF-8">
5 <title>KOMA-NATSU Web</title>
6 <meta name="keywords" content="">
7 <meta name="description" content="">
8 </head>
9
10 <body>
11 </body>
12 </html>
設定 HTML 頁面標題
KOMA-NATSU Web
檔案 | D:/HTML_CSS/chapter01/lesson0...
Google
KOMA-NATSU Web
全部 圖片 影片 新聞 購物 更多
約有 792,000 項結果 (搜尋時間：0.28 秒)
practice0124.m36.coreserver.jp › 05_cat ▾ 翻譯這個網頁
KOMA-NATSU Web
設定後，瀏覽器的標題列就會顯示設定的內容。
當別人用搜尋引擎搜到您的網頁時，也會顯示 title 元素的內容，非常重要喔！

3 在 meta 元素中設定關鍵字及內容概要

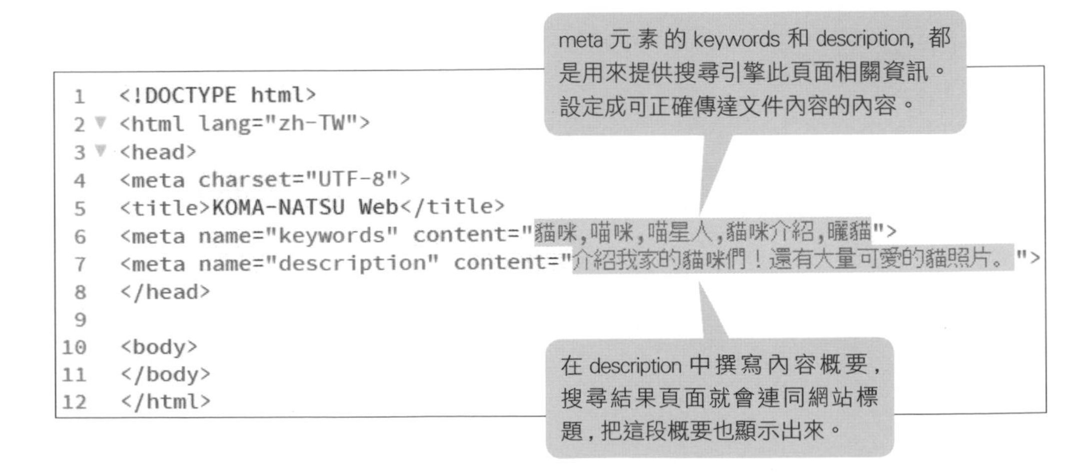

meta 元素的 keywords 和 description，都是用來提供搜尋引擎此頁面相關資訊。設定成可正確傳達文件內容的內容。
1 <!DOCTYPE html>
2 <html lang="zh-TW">
3 <head>
4 <meta charset="UTF-8">
5 <title>KOMA-NATSU Web</title>
6 <meta name="keywords" content="貓咪,喵咪,喵星人,貓咪介紹,曬貓">
7 <meta name="description" content="介紹我家的貓咪們！還有大量可愛的貓照片。">
8 </head>
9
10 <body>
11 </body>
12 </html>
在 description 中撰寫內容概要，搜尋結果頁面就會連同網站標題，把這段概要也顯示出來。

 把文字原稿複製到 <body> 跟 </body> 之間

將 text-index.txt 文字原稿的內容，複製到index.html的<body> 與 </body>之間。

```
1   <!DOCTYPE html>
2   <html lang="zh-TW">
3   <head>
4   <meta charset="UTF-8">
5   <title>KOMA-NATSU Web</title>
6   <meta name="keywords" content="貓咪,喵咪,喵星人,貓咪介紹,曬貓">
7   <meta name="description" content="介紹我家的貓咪們！還有大量可愛的貓照片。">
8   </head>
9
10  <body>
11  KOMA-NATSU Web
12
13  介紹一下我家的偶像貓咪們！
14
15  ・關於本站
16  ・我家的貓咪
17  ・飼主介紹
18
19  /*------------------------------*/
20
21  關於本站
22  歡迎光臨本站。
23  這裡是介紹我家貓主子姐妹的曬貓網站，有大量的可愛相片。
24  ※未經許可，請勿擅自複製轉載。
25
26  /*------------------------------*/
27
28  我家的貓咪
29
30  ●小町（KOMACHI・♀）
31   [相片]
32  出生不到2個月就到家的貓姐姐。
33  從出生就是養在溫室裡的花朵，所以非常膽小怕生。因為太怕生，只要聽到門鈴聲就會躲起來，所以就算是來我家的客人也難以見到。
34  →更多介紹
35
36  ●小夏（KONATSU・♀）
37   [相片]
38  為了讓小町有個伴，在1年後抱回來貓妹妹。
39  原本是在埼玉縣飯能市的煤礦場出生長大的小野貓。和小町不同，是個性活潑親人，愛吃、愛玩、愛睡的元氣寶寶。
40  →更多介紹
41
42  /*------------------------------*/
43
44  飼主介紹
45   [大頭照]
46  暱稱 ：roka404
47  職業 ：Web相關工作的SOHO族
48  mail ：info@roka404.main.jp
49  Web ：http://roka404.main.jp/blog/
50
51  Copyright © KOMA-NATSU Web All Rights Reserved.
52  </body>
53  </html>
54
```

Caution 想要在瀏覽器上顯示的內容，全部放在 <body> ～ </body> 之間就對了。

思考文字原稿的結構

1 看看標記 HTML 前的結果

貼入文字內容後，用瀏覽器開啟 index.html，可看到顯示結果如下。

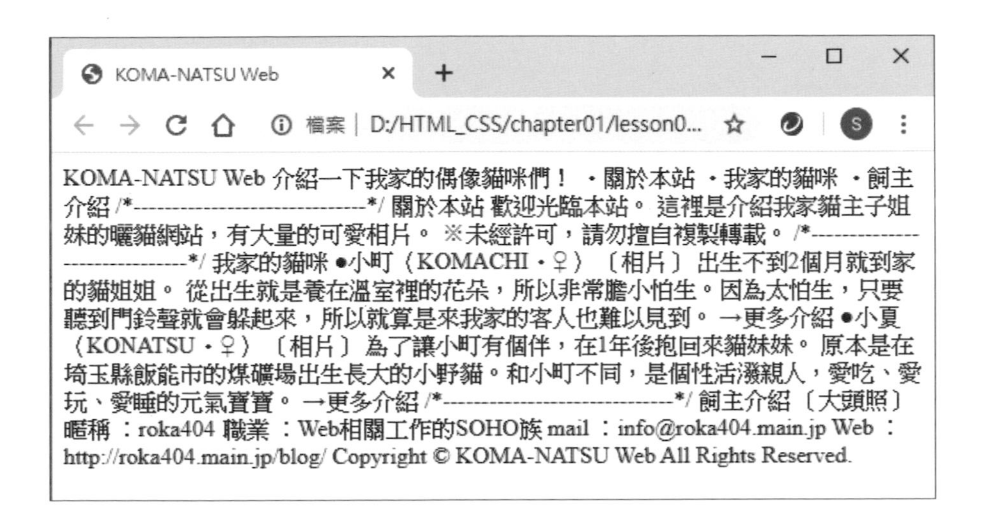

因為內容還沒有加上各種 HTML 標籤，所以上圖可以看到內容完全沒有換行、全連成一串。「這篇文章的標題在哪裡？」「從哪裡到哪裡是一個項目的標題和內容？」「哪裡是主選單？」，都很難看出來。

這種沒有經過「標記」的 HTML 文件，對瀏覽器來說，就只是一大堆文字。因此，製作網頁的人就必須利用 HTML 標籤，為不同的文字內容賦予各自代表的意思，讓瀏覽器解析它的結構，這正是「標記」HTML 文件的用意。

2 分析文字原稿的結構

要標記 HTML 文件，首先要分析原始文字內容的結構，然後加入適當的 HTML 元素，這些都必須依靠網頁製作者來判斷。此步驟我們先檢視文字原稿 (text-index.txt)，定出大致的結構。

● 開啟文字原稿 (text-index.txt) 檢視結構

```
KOMA-NATSU Web                                         大標題

介紹一下我家的偶像貓咪們！

・關於本站                              跳轉到內容 1、2、3 的連結
・我家的貓咪
・飼主介紹

/*------------------------------*/

關於本站                                    內容 1「關於本站」
歡迎光臨本站。
這裡是介紹我家貓主子姐妹的曬貓網站，有大量的可愛相片。
※未經許可，請勿擅自複製轉載。

/*------------------------------*/

我家的貓咪                                  內容 2「貓咪介紹」

●小町（KOMACHI・♀）                              第 1 隻
 [相片]
出生不到2個月就到家的貓姐姐。
從出生就是養在溫室裡的花朵，所以非常膽小怕生。因為太怕生，只要聽到門鈴聲就會躲起來，
所以就算是來我家的客人也難以見到。
→更多介紹

●小夏（KONATSU・♀）                              第 2 隻
 [相片]
為了讓小町有個伴，在1年後抱回來貓妹妹。
原本是在埼玉縣飯能市的煤礦場出生長大的小野貓。和小町不同，是個性活潑親人，愛吃、愛
玩、愛睡的元氣寶寶。
→更多介紹

/*------------------------------*/

飼主介紹                                    內容 3「飼主介紹」
 [大頭照]
暱稱 ：roka404
職業 ：Web相關工作的SOHO族
mail ：info@roka404.main.jp
Web ：http://roka404.main.jp/blog/

Copyright © KOMA-NATSU Web All Rights Reserved.
```

3 標記大小標題，確立文件結構

思考文章結構時，最基本的就是「**標題**」。先思考內容是與什麼有關，然後將內容分門別類，把每個資料群組中可做為標題的部份找出來，用 **<h> 元素**來標記標題。HTML 中依大標題、中標題、小標題等標題等級，可分為 **h1 ～ h6 六個階層**，通常是依標題的階層選用對應的元素，標記時依樹狀結構依序以 h1 → h2 → h3... 這樣的順序標記即可。

● 以標題元素 <h> 建立樹狀結構

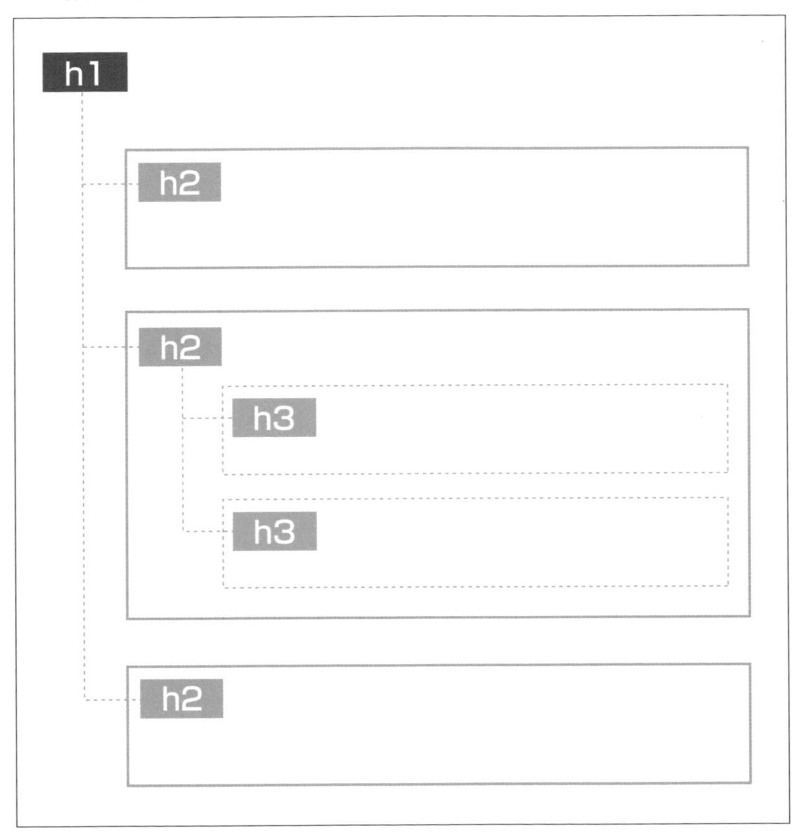

Memo 標記時的第一要務，就是檢視整個文件的內容結構，找出各大小標題在哪裡。從標題到下一個相同層次的標題之間，就可視為一區，如上圖就有 3 個 <h2> 資料區。

4 標記標題以外的元素

▶ 找出條列項目

訂好標題後，接下來比較容易找出來的是**條列項目**，有些內容本身就是條列的形式（第 1 點、第 2 點…），因此很好找。此外，為了在 HTML 文件中快速移動，大多會設置一些導覽用連結，這類連結通常是以 **ul** 元素或 **ol** 元素標記。此外，有些條列項目還包含了對應的說明，並非只有項目本身的排列，這類的項目可以利用 **dl** 元素標記。

▶ 找出文章段落

決定了標題和條列項目後，剩下的就是單獨的字句或成篇的文章。這些可劃分出來的內容區塊，就以 **p** 元素標記成段落。

▶ 其它部份

除了標題、條列項目、段落外，一般使用頻率較高的還有表格、表單等元素。下表列出一些常用的其它元素。

● 網頁中常出現的元素

分類	元素	用途	備註	使用頻率
block 類型的元素	<h1>～</h1> …… <h6>～</h6>	標題	分為 h1～h6 六個階層	★★★
	<p>～</p>	段落		★★★
	<ul>～</ul>	條列式列表 (不分順序)	與 li 元素一起使用	★★★
	<ol>～</ol>	條列式列表	與 li 元素一起使用	★★
	<dl>～</dl>	定義用列表	與 dt 元素、dd 元素一起使用	★★
	<table>～</table>	表格	與 tr 元素、td 元素一起使用	★★
	<address>～ </address>	聯絡方式		★
	<div>～</div>	任意範圍, 群組化		★★★
inline 類型的元素	<a>～</a>	超連結		★★★
	<em>～</em>	強調		★
	<strong>～</strong>	重點標示		★★
	<img>	圖片		★★★
	<span>～</span>	任意範圍		★★★

Memo

上表所列出的都是在 HTML5 之前就已經存在的元素，適用於任何版本的 HTML。HTML5 之後才有的新元素，將在 Chapter05 的 Lesson16 中介紹。

先帶您預覽我們所標記的結果，請先大致瀏覽一下：

● 文檔結構與使用的元素

h1 KOMA-NATSU Web 大標題

p 介紹一下我家的偶像貓咪們！

ul ・關於本站
・我家的貓咪
・飼主介紹
跳轉到內容 1、2、3 的連結

/*------------------------------*/

內容 1「關於本站」

h2 關於本站

p 歡迎光臨本站。
這裡是介紹我家貓主子姐妹的曬貓網站，有大量的可愛相片。
※未經許可，請勿擅自複製轉載。

/*------------------------------*/

內容 2「貓咪介紹」

h2 我家的貓咪

第 1 隻

h3 ●小町（KOMACHI・♀）

相片

p 出生不到2個月就到家的貓姐姐。
從出生就是養在溫室裡的花朵，所以非常膽小怕生。因為太怕生，
只要聽到門鈴聲就會躲起來，所以就算是來我家的客人也難以見到。

p →更多介紹

＊跟第 1 隻一樣 第 2 隻

/*------------------------------*/

內容 3「飼主介紹」

h2 飼主介紹

相片

dl 暱稱 ：roka404
職業 ：Web相關工作的SOHO族
mail ：info@roka404.main.jp
Web ：http://roka404.main.jp/blog/

p Copyright © KOMA-NATSU Web All Rights Reserved.

5 將文件內容分組

利用 HTML 的基本元素標記標題、條列項目、段落等元素後，就完成了基本的工作，不過在最新的 HTML5 標準中，通常還要依文件結構，將文件內容依不同用途標記成**群組區塊**，例如頁首、連結、主內容 ... 等等，如下所示：

● 分組的結果

針對這些內容區塊，在 HTML5 以前並沒有可個別定義的元素，想要分組的話只能利用標記區塊 **div** 元素來做。但 HTML5 中新增了 header、footer、section 等用於表示文件區塊的元素，可以依內容的實際結構選用適合的元素來標記。下表是用來標記群組區塊的新元素。

● HTML5 新增的區塊元素

元素	意義
header	文件或區塊的開頭
footer	文件或區塊的結尾
main	主內容
section	有標題的一般區塊
article	具有獨立內容的區塊
aside	附加的內容, 例如側邊欄
nav	導覽用的區塊

Memo

群組區塊 (section)

群組區塊包含了標題與它對應的內容。在 HTML5 中，一般的區塊以 section 元素標記，具有特別涵義的區塊則可依它在文件中的意義，使用 article、aside 元素、nav 等元素標記。

● 利用 HTML5 的區塊元素做標記

總結來說，撰寫 HTML 網頁時，必須將原稿內容整理分類，確定它的內容結構，以及每個部份應使用的 HTML 元素，這正是所謂的「標記」，也就是撰寫 HTML 文件最重要的一環。

為原稿內容做標記，當內容愈複雜，每個人標記的結果可能就愈不一樣，不過，標記 HTML 文件並不是一成不變，只要使用的元素標籤能夠符合其涵義就好了。

COLUMN

div 元素與區塊元素的差異

前面我們已經知道使用 HTML 標籤所標記的內容，都會被賦予某種涵義，但 div 元素是沒有特定涵義的群組化元素，因此通常只有在要套用 CSS 設計版面，添加裝飾的時候，才會利用 div 元素切分區塊，以方便後續的 CSS 操作。

而 header、footer、section 等區塊元素，除了能做到群組化，更賦予了文件結構上的意義，若只單純為了版面設計而做區塊的切分，則不應該使用這類元素。

綜上所述，div 元素與區塊元素在用途上有明顯差異，最好不要混用。

話說回來，倒也沒有硬性規定一定要標記區塊元素，就算在應該使用區塊元素的地方標記 div 元素，在語法上、網頁的開啟執行也不會有問題。因此，標記時也可以將要群組化的元素先都以 div 元素切分區塊，再回頭依內容的涵義修改成各種區塊元素，這是實務上較常使用的做法。

Point

- **標記 HTML 的關鍵在於充份檢視文件內容，找出文件結構。**
- **HTML 文件的基本結構包含標題、條列項目、段落。**
- **HTML5 的文件應利用 section 等元素標記文件的區塊。**

LESSON

03 實際進行標記

LESSON 03 將依 LESSON 02 中所定出的文件結構，對範例實際標記 HTML 標籤，請跟著我們了解各標籤的語法與使用方法。

Sample File chapter01 ▶ lesson03 ▶ before ▶ index.html

● Before

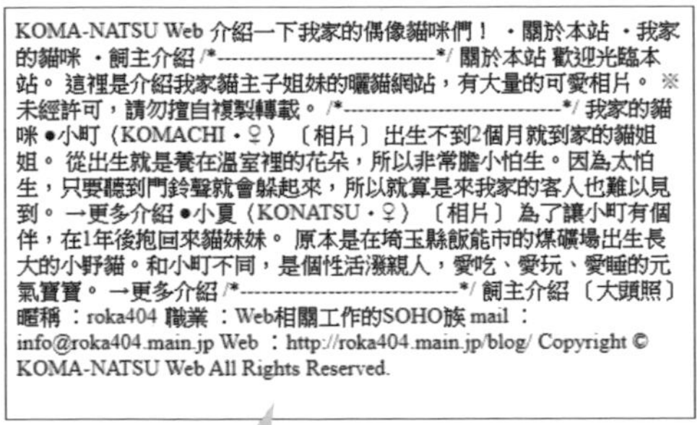

KOMA-NATSU Web 介紹一下我家的偶像貓咪們！ ・關於本站 ・我家的貓咪 ・飼主介紹 /*-----------------------------*/ 關於本站 歡迎光臨本站。 這裡是介紹我家貓主子姐妹的曬貓網站，有大量的可愛相片。 ※未經許可，請勿擅自複製轉載。 /*-----------------------------*/ 我家的貓咪 ●小町（KOMACHI・♀）〔相片〕 出生不到2個月就到家的貓姐姐。 從出生就是養在溫室裡的花朵，所以非常膽小怕生。因為太怕生，只要聽到門鈴聲就會躲起來，所以就算是來我家的客人也難以見到。 →更多介紹 ●小夏（KONATSU・♀）〔相片〕 為了讓小町有個伴，在1年後抱回來貓妹妹。 原本是在埼玉縣飯能市的煤礦場出生長大的小野貓。和小町不同，是個性活潑親人，愛吃、愛玩、愛睡的元氣寶寶。 →更多介紹 /*-----------------------------*/ 飼主介紹 〔大頭照〕 暱稱 ：roka404 職業 ：Web相關工作的SOHO族 mail ：info@roka404.main.jp Web ：http://roka404.main.jp/blog/ Copyright © KOMA-NATSU Web All Rights Reserved.

未經標記的文件，內容全擠在一起

● After

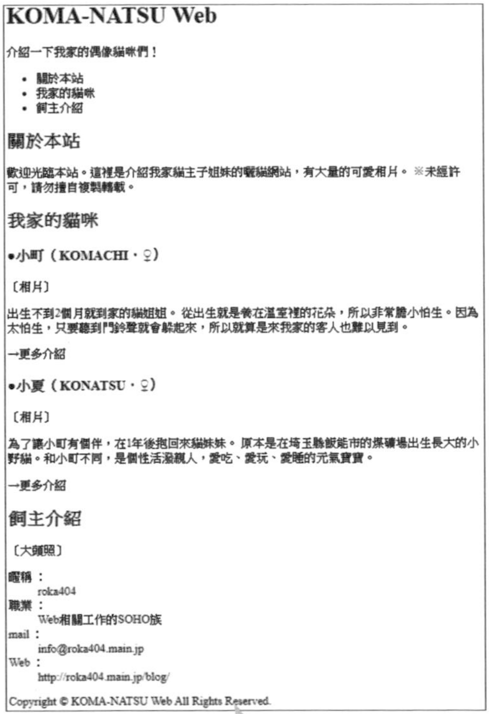

KOMA-NATSU Web

介紹一下我家的偶像貓咪們！

- 關於本站
- 我家的貓咪
- 飼主介紹

關於本站

歡迎光臨本站。這裡是介紹我家貓主子姐妹的曬貓網站，有大量的可愛相片。 ※未經許可，請勿擅自複製轉載。

我家的貓咪

●小町（KOMACHI・♀）

〔相片〕

出生不到2個月就到家的貓姐姐。 從出生就是養在溫室裡的花朵，所以非常膽小怕生。因為太怕生，只要聽到門鈴聲就會躲起來，所以就算是來我家的客人也難以見到。

→更多介紹

●小夏（KONATSU・♀）

〔相片〕

為了讓小町有個伴，在1年後抱回來貓妹妹。 原本是在埼玉縣飯能市的煤礦場出生長大的小野貓。和小町不同，是個性活潑親人，愛吃、愛玩、愛睡的元氣寶寶。

→更多介紹

飼主介紹

〔大頭照〕

暱稱 ：
roka404
職業 ：
Web相關工作的SOHO族
mail ：
info@roka404.main.jp
Web ：
http://roka404.main.jp/blog/

Copyright © KOMA-NATSU Web All Rights Reserved.

利用 HTML 標記後，結構都出來了

實作 各種元素的標記手法

1 用 <hx> 元素標記「標題」

● hx 元素的語法

```
<h1>標題</h1>
```

● index.html

```
10 ▼ <body>
11   <h1>KOMA-NATSU Web</h1>
12
13   介紹一下我家的偶像貓咪們！
---------------------------- 省略 ----------------------------
21   <h2>關於本站</h2>
22   歡迎光臨本站。
---------------------------- 省略 ----------------------------
28   <h2>我家的貓咪</h2>
29
30   <h3>●小町（KOMACHI・♀）</h3>
31    [相片]
32   出生不到2個月就到家的貓姐姐。
---------------------------- 省略 ----------------------------
36   <h3>●小夏（KONATSU・♀）</h3>
37    [相片]
38   為了讓小町有個伴，在1年後抱回來貓妹妹。
---------------------------- 省略 ----------------------------
44   <h2>飼主介紹</h2>
45    [大頭照]
46   暱稱 ：roka404
```

在要當做標題的文字前後，以 <h1> 文字 </h1> 的形式，將開始標籤和結束標籤框住文字。請參照此圖，在指定位置分別加上 <h1> ～ </h1>、<h2> ～ </h2>、<h3> ～ </h3>。

標記好後請儲存檔案，並用瀏覽器開啟來檢視結果。

KOMA-NATSU Web

介紹一下我家的偶像貓咪們！ ・關於本站 ・我家的貓咪 ・飼主介紹 /*-------------------------------*/

關於本站

歡迎光臨本站。 這裡是介紹我家貓主子姐妹的曬貓網站，有大量的可愛相片。 ※未經許可，請勿擅自複製轉載。 /*-------------------------------*/

我家的貓咪

●小町（KOMACHI・♀）

〔相片〕 出生不到2個月就到家的貓姐姐。 從出生就是養在溫室裡的花朵，所以非常膽小怕生。因為太怕生，只要聽到門鈴聲就會躲起來，所以就算是來我家的客人也難以見到。 →更多介紹

●小夏（KONATSU・♀）

〔相片〕 為了讓小町有個伴，在1年後抱回來貓妹妹。 原本是在埼玉縣飯能市的煤礦場出生長大的小野貓。和小町不同，是個性活潑親人，愛吃、愛玩、愛睡的元氣寶寶。 →更多介紹 /*-------------------------------*/

飼主介紹

〔大頭照〕 暱稱 ：roka404 職業 ：Web相關工作的SOHO族 mail ：info@roka404.main.jp Web ：http://roka404.main.jp/blog/ Copyright © KOMA-NATSU Web All Rights Reserved.

設定為標題的地方，字型會變大、變粗且自動換行，前後行距也加大，這是因為瀏覽器已經知道這些地方是標題，因此以合乎標題的方式顯示。至於字型大小與前後行距..等設定，這些之後都能透過CSS設定，在做HTML標記時先不用太在意。

標題元素共分為 h1 到 h6 六個階層，最上層的標題以 h1 標記，每個頁面應有 1 個。h2 以下可依文件結構適當選用，原則上不可有階層亂跳或上下關係互換的情況發生。再次重申，**利用 h1 ～ h6 標題元素所建立的結構，將會成為 HTML 文件的骨架**。

2 標記「段落」

● p 元素的語法

```
<p>段落內容</p>
```

● index.html

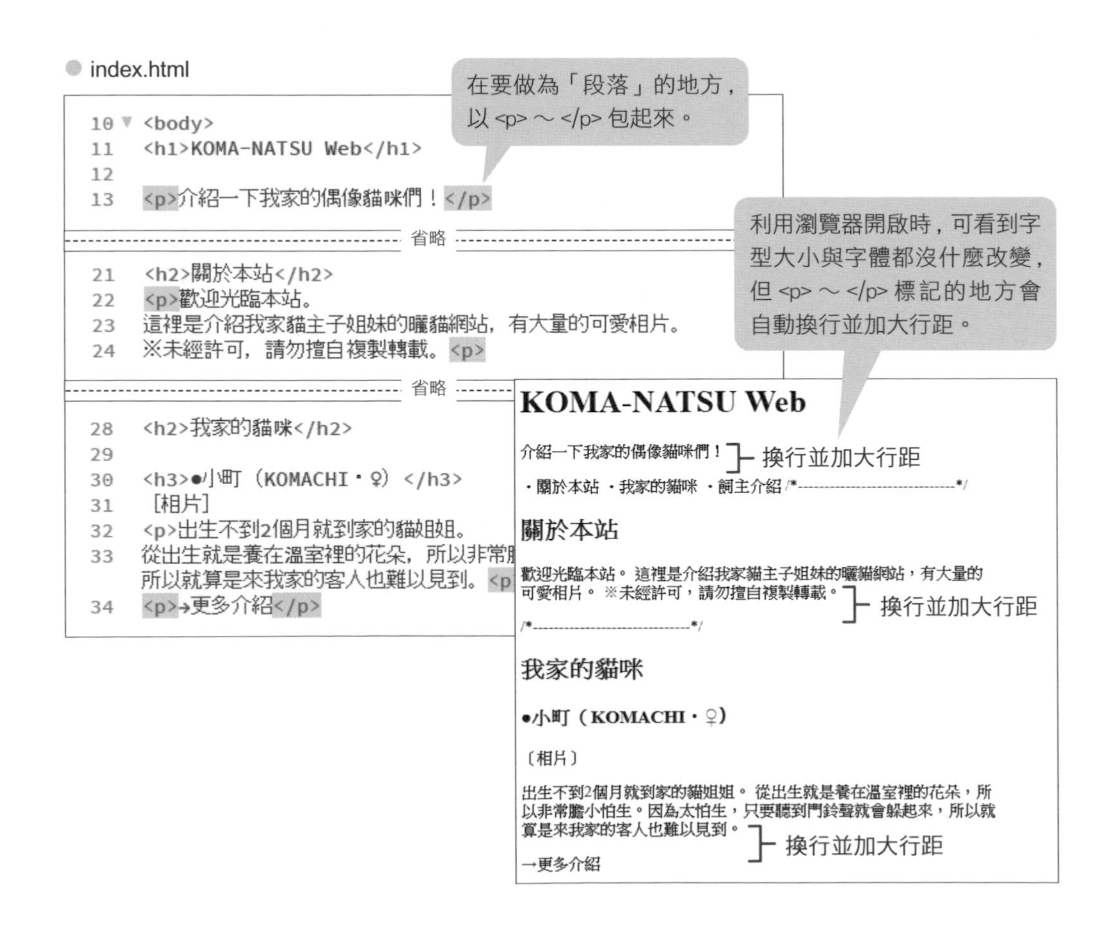

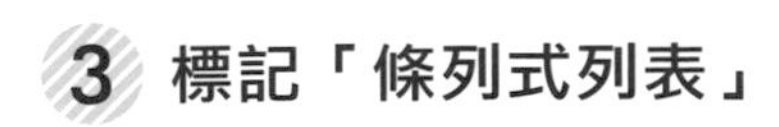

3 標記「條列式列表」

● ul 元素、ol 元素的語法

```
<ul>
  <li>列表項目</li>
</ul>
```

```
<ol>
  <li>列表項目</li>
</ol>
```

想要製作條列式列表，可利用 **ul** 元素或 **ol** 元素，兩者都是條列式列表的元素，差別在於 ul 元素沒有編號也不用管各項的順序，而 ol 元素是用來標記有順序的項目。下圖用瀏覽器顯示分別用 <ul> 和 <ol> 標記的清單，可明顯看出差異。<ul> 的項目前面是「•」符號，沒有順序性，而 <ol> 的項目前面則有編號「1.2.3...」。本例使用 ul 元素即可。

● ul 與 ol 的比較

ul	ol
• ul項目	1. ol項目
• ul項目	2. ol項目
• ul項目	3. ol項目

和 h 元素與 p 元素不同，ul（ol）元素不是使用成對的開始標籤和結束標籤來標記，而是由「**外圈範圍 (ul 或 ol)**」與「**內圈每個項目 (li)**」兩部份組成。標記方式如下圖所示（標記時請先將文字原稿中每個項目前的「•」刪除）。

● index.html

```
15 ▼ <ul>
16      <li>關於本站</li>
17      <li>我家的貓咪</li>
18      <li>飼主介紹</li>
19    </ul>
```

- 關於本站
- 我家的貓咪
- 飼主介紹

結果

切記，ul（ol）元素與 li 元素必須一起使用，無法單獨使用，而且 ul（ol）元素的下方必須緊接著放 li 元素。此外，在 li 元素之間可以再插入其它元素，因此可以像下圖這樣，將 ul（ol）元素放進去，就能組合出巢狀的條列式列表。

● 巢狀列表

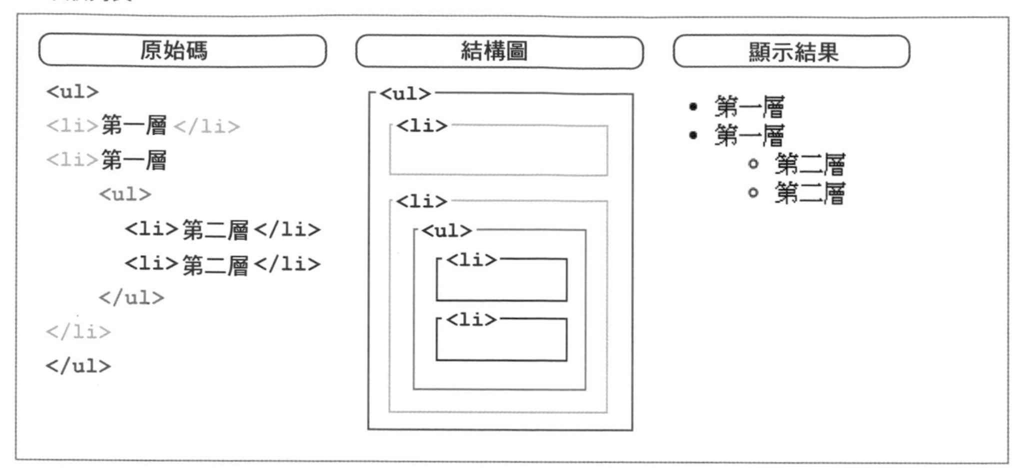

4 標記「定義用列表」

● dl 元素的語法

```
<dl>
  <dt>列表標題</dt>
  <dd>列表內容</dd>
</dl>
```

定義用列表是將「某個標題項目」及「針對這個項目的説明」合成一組。如下所示，先用 <dl> ～ </dl> 將整個列表圍住，再用 <dt> ～ </dt> 標記標題項目，而項目的説明則用 <dd> ～ </dd> 標記。

<dt> 與 <dd> 要合成一組才完整，無法單獨使用，而一個 <dt> 元素之下可同時存在多個 <dd>。

範例中飼主介紹的部份，就可以標記成**定義用列表**。

暱稱：
roka404
職業：
Web相關工作的SOHO族
mail：
info@roka404.main.jp
Web：
http://roka404.main.jp/blog/

Memo

dl 元素原本是用於標記「詞彙」及其「定義」，因此被稱為「定義用列表」。但在實務上並不只會用來標記詞彙的定義，因此在 HTML5 中便擴大了它的用途，例如更新記錄中的「日期與更新內容」、Q&A 的「問題與回答」等，都可利用 dl 元素來標記。不過，隨著用途的擴大，若回過頭要用於定義詞彙時，應在 dt 元素裡加上 dfn 元素來標出要定義的詞語，標記方式為「<dt><dfn> 詞彙 </dfn></dt>」，這一點稍微知道即可，本書並不會使用到。

5 標記內容區塊

● section 元素的語法

```
<section>內容區塊</section>
```

完成個別元素的標記後，接下來標記頁首、頁尾、章節等區塊結構。在標記區塊元素或 div 元素等群組化元素時，開始標籤與結束標籤往往離得很遠，因此像本範例這樣留在後面才標記時，不要從上而下標記，最好是在確認群組化範圍後，跳行「同時」標記開始標籤與結束標籤，這樣比較不會出錯。

另外，與標題和條列式表示等標籤不同，標記完區塊元素後，瀏覽器顯示出來的畫面「不會」有任何變化喔！群組化後的區塊必須再利用 CSS 訂定樣式才能做出各種效果。重申一次，在標記的階段，完全不需考慮頁面顯示結果，只需考慮結構定義的是否正確即可。

● 本例的區塊結構

標記各種區塊元素

KOMA-NATSU Web

介紹一下我家的偶像貓咪們！

header

- 關於本站
- 我家的貓咪
- 飼主介紹

nav

main

關於本站

歡迎光臨本站。這裡是介紹我家貓主子姐妹的曬貓網站，有大量的可愛相片。 ※未經許可，請勿擅自複製轉載。

section

我家的貓咪

section

●小町（KOMACHI・♀）

section

〔相片〕

出生不到2個月就到家的貓姐姐。 從出生就是養在溫室裡的花朵，所以非常膽小怕生。因為太怕生，只要聽到門鈴聲就會躲起來，所以就算是來我家的客人也難以見到。

→更多介紹

●小夏（KONATSU・♀）

section

〔相片〕

為了讓小町有個伴，在1年後抱回來貓妹妹。 原本是在埼玉縣飯能市的煤礦場出生長大的小野貓。和小町不同，是個性活潑親人，愛吃、愛玩、愛睡的元氣寶寶。

→更多介紹

飼主介紹

section

〔大頭照〕

暱稱：
　roka404
職業：
　Web相關工作的SOHO族
mail：
　info@roka404.main.jp
Web：
　http://roka404.main.jp/blog/

Copyright © KOMA-NATSU Web All Rights Reserved.

footer

● index.html

```
10 ▼ <body>
11 ▼ <header>
12      <h1>KOMA-NATSU Web</h1>
13      <p>介紹一下我家的偶像貓咪們！</p>
14   </header>
15   /*-------------------------*/
16 ▼ <nav>
17 ▼    <ul>
18         <li>關於本站</li>
19         <li>我家的貓咪</li>
20         <li>飼主介紹</li>
21      </ul>
22   </nav>
23
24 ▼ <main>
25
26 ▼ <section>
27      <h2>關於本站</h2>
28      <p>歡迎光臨本站。這裡是介紹我家貓主子姐妹的曬貓網站，有大量的可愛相片。
```

文件裡原本的分隔線可自行刪除。

省略

```
29      ※未經許可，請勿擅自複製轉載。<p>
30   </section>
31
32 ▼ <section>
33      <h2>我家的貓咪</h2>
34
35 ▼    <section>
36         <h3>●小町（KOMACHI・♀）</h3>
37          [相片]
38         <p>出生不到2個月就到家的貓姐姐。
```

省略

```
40         <p>→更多介紹</p>
41      </section>
42 ▼    <section>
43         <h3>●小夏（KONATSU・♀）</h3>
44          [相片]
45         <p>為了讓小町有個伴，在1年後抱回來貓妹妹。
46   原本是在埼玉縣飯能市的煤礦場出生長大的小野貓。和小町不同，是個性活潑親人，愛吃、愛
     玩、愛睡的元氣寶寶。</p>
47         <p>→更多介紹</p>
48      </section>
49   </section>
50
51 ▼ <section>
52      <h2>飼主介紹</h2>
53      [大頭照]
54 ▼    <dl>
55         <dt>暱稱　：</dt><dd>roka404</dd>
56         <dt>職業　：</dt><dd>Web相關工作的SOHO族</dd>
57         <dt>mail　：</dt><dd>info@roka404.main.jp</dd>
58         <dt>Web　：</dt><dd>http://roka404.main.jp/blog/</dd>
59      </dl>
60   </section>
61
62   </main>
63
64 ▼ <footer>
65      <p>Copyright © KOMA-NATSU Web All Rights Reserved.</p>
66   </footer>
67   </body>
68   </html>
```

解說　HTML 標記的規則

本書各 LESSON 實作結束後都會安排「解說篇」複習一些重要觀念，或者補充實作時該留意的各種事項，這一堂課最重要的就是元素間的關係這個概念了。

元素間的關係

整個 HTML 文件就是以 html 元素為最上層的父元素，然後在底下建立子元素、孫元素 ... 等，形成一個巢狀結構。外層的元素為「父元素」，內層的元素為「子元素」，再更內層的為「孫元素」。除了上、下的巢狀關係外，同一層並列的元素互為「兄弟元素」，原始碼中順序在前的是「兄元素」，在後的則為「弟元素」。

● 元素間的關係

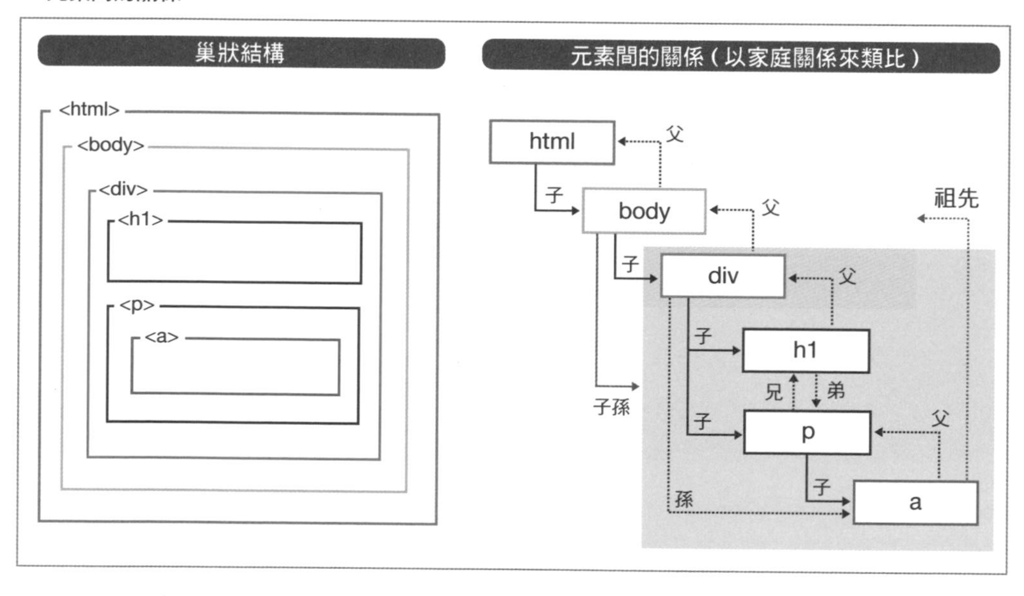

瀏覽器載入 HTML 檔案時，會分析原始碼中元素的巢狀關係，建立各元素的樹狀結構。結構若有錯誤，瀏覽器的顯示結果就會有問題。因此，在標記 HTML 時，一定要注意元素的巢狀關係是否正確。

● 巢狀元素的使用例

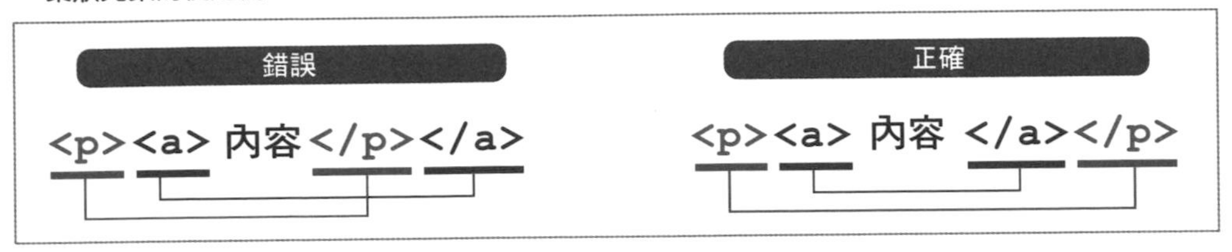

下圖是一組網頁原始碼轉換成巢狀結構的示意圖，這樣的元素巢狀關係在以 CSS 進行版面設定時非常重要，一定要清清楚楚，設定樣式時才不會混亂。

● 原始碼與巢狀結構的轉換

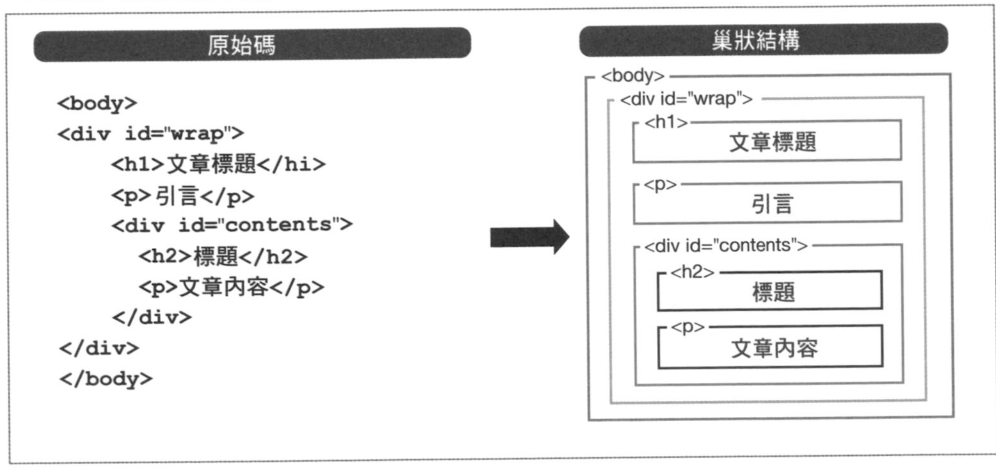

文件內容模型 (Content Model) 與元素的分類

前面提到 HTML 是由元素的巢狀關係組成，但在進行巢狀配置時，必須遵循明確的規則，這個規則就是「**文件內容模型**」(Content Model)，簡單說就是「某一元素中，能放入哪些元素」的規則。

坦白說，最新版 HTML5 的文件內容模型非常複雜，現在就通通搬出來您大概會頭暈，之後我們再慢慢介紹。這裡我們先掌握簡單的概念就好，那就是依循 HTML 舊版規格中「**block 元素 / inline 元素**」的分類方式。

在 HTML5 之前的規格中，幾乎所有元素都可歸類為「**block 元素**」與「**inline 元素**」二大類。

屬於「**block 元素**」的有標題、段落、條列式項目、表格等等。凡是用來組成文件結構的元素都屬於此類，可以把它們想做是收納「物品」的容器。而所謂的「物品」就是文字資料、圖片等內容，「**inline 元素**」就是用來定義這些做為物品的資料。

將 HTML 的元素分成這二大類時，要掌握的規則就只有一個，「**block 元素裡可以放 inline 元素，但反過來不行**」。

● block / inline 概念圖

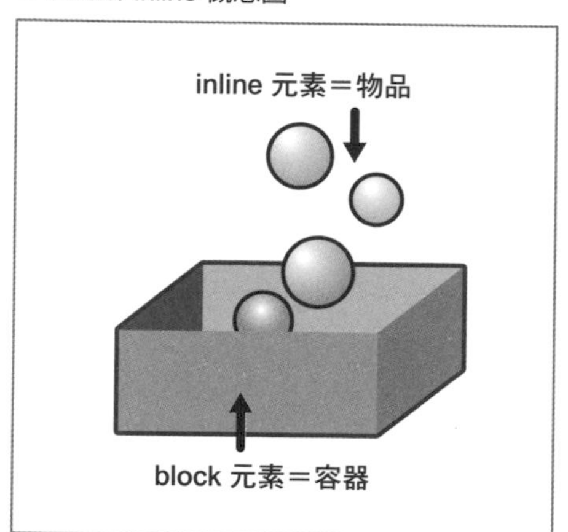

● block / inline 的關係

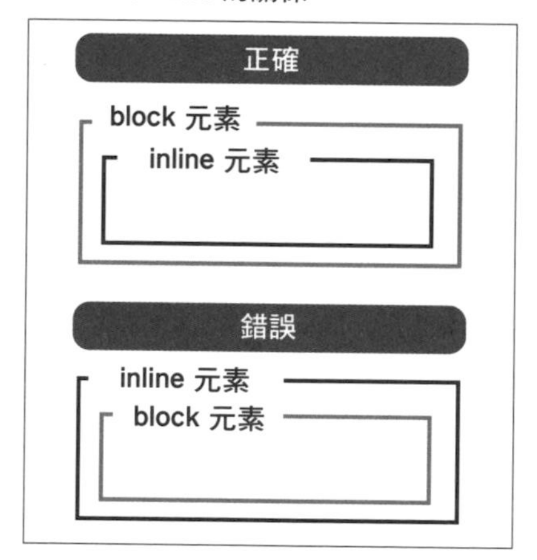

Point

- **個別元素有其特定的語法規則，例如 ul、ol、dl 等元素就必須與特定標籤一起搭配使用。**
- **進行標記時必須遵循元素巢狀架構的規則。**

LESSON

04 換行、強調內容、插入圖片與連結

LESSON 04 將說明在 HTML 文件中如何換行、強調某段內容，以及插入圖片、設定超連結 ... 等等。在設定連結時會提到絕對路徑、相對路徑這兩個概念，它們是網站製作上必備的觀念，請務必確實搞懂。

Sample File chapter01 ▶ lesson02 ▶ before ▶ index.html

● Before

KOMA-NATSU Web

介紹一下我家的偶像貓咪們！

- 關於本站
- 我家的貓咪
- 飼主介紹

關於本站

歡迎光臨本站。這裡是介紹我家貓主子姐妹的曬貓網站，有大量的可愛相片。 ※未經許可，請勿擅自複製轉載。

我家的貓咪

●小町（KOMACHI・♀）

〔相片〕

出生不到2個月就到家的貓姐姐。 從出生就是養在溫室裡的花朵，所以非常膽小怕生。因為太怕生，只要聽到門鈴聲就會躲起來，所以就算是來我家的客人也難以見到。

→更多介紹

●小夏（KONATSU・♀）

〔相片〕

為了讓小町有個伴，在1年後抱回來貓妹妹。 原本是在埼玉縣飯能市的煤礦場出生長大的小野貓。和小町不同，是個性活潑親人，愛吃、愛玩、愛睡的元氣寶寶。

→更多介紹

飼主介紹

〔大頭照〕

暱稱：
roka404
職業：
Web相關工作的SOHO族
mail：
info@roka404.main.jp
Web：
http://roka404.main.jp/blog/

Copyright © KOMA-NATSU Web All Rights Reserved.

● After

KOMA-NATSU Web

介紹一下我家的偶像貓咪們！

- 關於本站
- 我家的貓咪
- 飼主介紹

關於本站

歡迎光臨本站。
這裡是介紹我家貓主子姐妹的曬貓網站，有大量的可愛相片。
※未經許可，請勿擅自複製轉載。

我家的貓咪

●小町（KOMACHI・♀）

出生不到2個月就到家的貓姐姐。
從出生就是養在溫室裡的花朵，所以非常膽小怕生。因為太怕生，只要聽到門鈴聲就會躲起來，所以就算是來我家的客人也難以見到。

→更多介紹

●小夏（KONATSU・♀）

為了讓小町有個伴，在1年後抱回來貓妹妹。
原本是在埼玉縣飯能市的煤礦場出生長大的小野貓。和小町不同，是個性活潑親人，愛吃、愛玩、愛睡的元氣寶寶。

→更多介紹

實作　標記文章內容

1 設定換行

● br 元素 (強制換行) 的語法

```
<br>
```

在本章範例的文字原稿（\lesson02\before\text-index.txt）中，雖然有些地方看起來有換行，但瀏覽器在處理純文字檔的換行時，只會把它當做是一個半形空白，並不會換行，在 HTML 文件中有要換行的地方，必須插入 **br 元素**才會換行。

接下來我們就在文字檔要換行的地方插入 br 元素，再用瀏覽器檢視結果。br 元素只有開始標籤而沒有結束標籤，像這樣的元素被稱為「空元素」。

● index.html

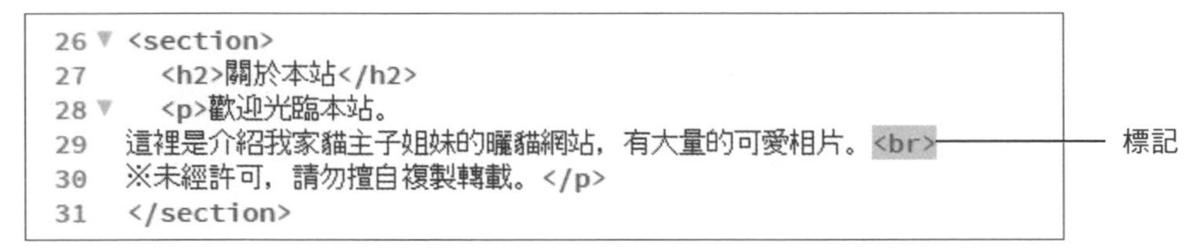

```
26 ▼ <section>
27      <h2>關於本站</h2>
28 ▼    <p>歡迎光臨本站。
29   這裡是介紹我家貓主子姐妹的曬貓網站，有大量的可愛相片。<br>
30   ※未經許可，請勿擅自複製轉載。</p>
31   </section>
```


關於本站

歡迎光臨本站。
這裡是介紹我家貓主子姐妹的曬貓網站，有大量的可愛相片。
※未經許可，請勿擅自複製轉載。

這裡強制換行

● br 元素的錯誤用法

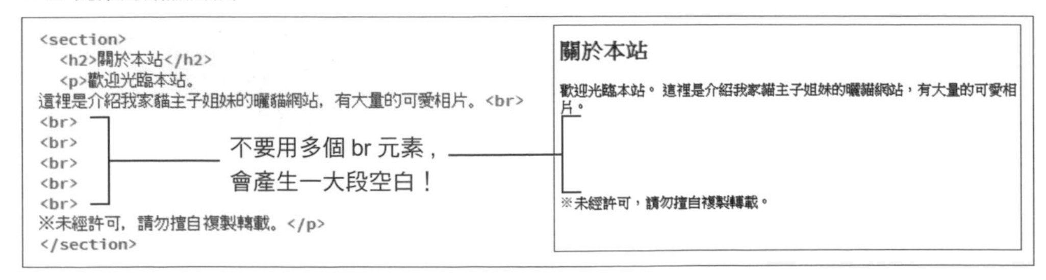

```
<section>
  <h2>關於本站</h2>
  <p>歡迎光臨本站。
這裡是介紹我家貓主子姐妹的曬貓網站，有大量的可愛相片。<br>
<br>
<br>
<br>
<br>
<br>
※未經許可，請勿擅自複製轉載。</p>
</section>
```

2 強調重點字句

● strong 元素 (標示重要字句) 的語法

```
<strong>重要字句</strong>
```

文章中若有特別重要的字句，可使用 **strong 元素**做重點標示。許多瀏覽器在遇到 strong 元素時，會將文句以粗體字顯示，但可不要為了顯示粗體字而使用 strong 元素，想要顯示粗體有其他元素可以使用。這裡變成粗體的意義是為了「**突顯重點**」。

● index.html

```
26 ▼ <section>
27      <h2>關於本站</h2>
28 ▼    <p>歡迎光臨本站。
29   這裡是介紹我家貓主子姐妹的曬貓網站，有大量的可愛相片。<br>
30   <strong>※未經許可，請勿擅自複製轉載。</strong></p>
31   </section>
```

關於本站

歡迎光臨本站。 這裡是介紹我家貓主子姐妹的曬貓網站，有大量的可愛相片。

※未經許可，請勿擅自複製轉載。

此例是想強調這個警語

Memo

除了 strong 元素，還有 em 元素、b 元素、i 元素等可用於強調內容的元素，每個元素的用途不同，讀者可一一套用在上面的例子試試。

● 強調或區隔內容的元素

元素名	意義
strong	突顯重要字句、內容 (會變粗體字)。
em	透過強調這段內容表現語感的變化 (會變斜體字)。
i	標示心情、心聲、專業用語 (會變斜體字)。
b	標出關鍵字、專有名詞等, 與其它內容做區隔 (會變粗體字)。

3 標記註解、補充事項等內容

HTML5 中的 **small 元素**可用來標記網頁中的免責條款、警告、法律規範、版權宣告、建議環境版本等注意事項，標記後會以較小的文字來顯示。

● small 元素的語法（免責條款、警告、法律規範、版權宣告等）

```
<small>文字內容</small>
```

在本例中，只有最下面的版權宣告適合使用，標記如下：

● index.html

```
67 ▼ <footer>
68     <p><small>Copyright c KOMA-NATSU Web All Rights Reserved.</small>
       </p>
69   </footer>
```

雖然使用 small 元素標記會自動以小一號的文字顯示，但這是在賦予該段文字註解、補充事項等意義，因此不要為了想讓文字小一點就使用 small 元素。

4 插入圖片

在 HTML 中要插入圖片，必須使用 **img 元素**，語法如下：

● img 元素的語法

```
<img src="img/subaru.jpg" width="320" height="100" alt=" 小昂 ">
```

① 圖檔的路徑　② 寬度　③ 高度　④ 替代文字

① src 屬性

標記圖檔的路徑（關於路徑的寫法待會就會介紹）。

② width（寬度）屬性與 ③ height（高度）屬性

不是必填項目。當想固定顯示出來的尺寸時，就必須設定這二個屬性。

④ alt 屬性

當圖片因故無法顯示時，可以指定要顯示什麼文字。alt 所設定的文字，應讓人一看就知道原本是要放什麼圖片。

接下來我們在第一隻貓咪的介紹中插入照片。請將文字原檔中的「相片」二字刪除，然後插入第 1 張照片。

● index.html

```
36 ▼   <section>
37       <h3>●小町 (KOMACHI・♀) </h3>
38       <img src="img/komachi.jpg" width="480" height="320" alt="小町">
39       <p>出生不到2個月就到家的貓姐姐。<br>
40   從出生就是養在溫室裡的花朵, 所以非常膽小怕生。因為太怕生, 只要聽到門鈴聲就會躲起來,
     所以就算是來我家的客人也難以見到。</p>
41       <p><a href="cats/komachi.html">→更多介紹</a></p>
42     </section>
```

●小町（KOMACHI・♀）
出生不到2個月就到家的貓姐姐。
從出生就是養在溫室裡的花朵，所以非常膽小怕生。因為太怕生，只要聽到門鈴聲就會躲起來，所以就算是來我家的客人也難以見到。

小夏的照片和飼主介紹的大頭照，也請用同樣的方式插入 img 語法：

● 小夏的照片

```
<img src="img/konatsu.jpg" width="480" height="320" alt="小夏">
```

● 飼主介紹的大頭照

```
<img src="img/avatar.png" width="250" height="250" alt="大頭照">
```

5 設定連結

使用 **a 元素**即可在網頁內容插入超連結 (hyperlink), 基本語法如下：

● a 元素的語法

```
<a href="index.html">文字內容</a>
```

搭配 href 屬性設定連結路徑

要插入連結，必須將顯示的文字用 **<a>** ～ **</a>** 包起來，並利用 **href 屬性**設定連結路徑，指明要連到的網頁。連結路徑有下列幾種類型：

- 同一「網頁」中的其它位置 (網頁內部連結)。
- 同一「網站」中的其它網頁 (網站內部連結)。
- 其他網站的網頁 (外部連結)。

▶ 插入網頁內部連結

若要設定的是網頁內部連結，必須先在要連過去的位置加上 id 屬性。在本例中，我們要先在「關於本站」、「我家的貓咪」、「飼主介紹」這 3 個區塊的 section 元素中設定 id 屬性。

● index.html

利用 id 屬性為元素設定名稱，才知道要連到這裡。

```
26 ▼ <section id="intro">
27     <h2>關於本站</h2>
28 ▼   <p>歡迎光臨本站。<br>
29 這裡是介紹我家貓主子姐妹的曬貓網站，有大量的可愛相片。<br>
30     <strong>※未經許可，請勿擅自複製轉載。</strong></p>
31 </section>
32
33 ▼ <section id="cats">
34     <h2>我家的貓咪</h2>
35 ▼   <section>
36       <h3>●小町（KOMACHI・♀）</h3>
37       <img src="img/komachi.jpg" width="480" height="320" alt="小町">
38       <p>出生不到2個月就到家的貓姐姐。<br>
39 從出生就是養在溫室裡的花朵，所以非常膽小怕生。因為太怕生，只要聽到門鈴聲就會躲起來，
   所以就算是來我家的客人也難以見到。</p>
40       <p><a href="cats/komachi.html">→更多介紹</a></p>
41     </section>
42 ▼   <section>
43       <h3>●小夏（KONATSU・♀）</h3>
44       <img src="img/konatsu.jpg" width="480" height="320" alt="小夏">
45       <p>為了讓小町有個伴，在1年後抱回來貓妹妹。<br>
46 原本是在埼玉縣飯能市的煤礦場出生長大的小野貓。和小町不同，是個性活潑親人，愛吃、愛
   玩、愛睡的元氣寶寶。</p>
47       <p><a href="cats/konatsu.html">→更多介紹</a></p>
48     </section>
49 </section>
50
51 ▼ <section id="profile">
52     <h2>飼主介紹</h2>
53     <img src="img/avatar.png" width="250" height="250" alt="大頭照">
54 ►   <dl>···</dl>
60 </section>
```

> **Caution**　連結位置的名稱，可用半形英數字、「-（橫線）」「_（底線）」命名，但名稱必須以英文字母開頭，不可使用數字或符號開頭。

在要連過去的位置設好 id 屬性後，利用 a 元素的 href 屬性，以「**#連結的 id 名稱**」的形式撰寫連結即可。這裡的 # 是代表「現在所在網頁」。例如 <a href="#intro"> 就表示現在所在網頁中，id 名稱為 intro 的地方。

設定好網頁內部連結後，請重新整理網頁，可刻意將瀏覽器視窗高度縮小，實際點按連結看看，若能跳到所指定的位置，就算設定成功。

● index.html

```
16 ▼ <nav>
17 ▼   <ul>
18       <li><a href="#intro">關於本站</a></li>
19       <li><a href="#cats">我家的貓咪</a></li>
20       <li><a href="#profile">飼主介紹</a></li>
21     </ul>
22   </nav>
```

▶ 插入網站內部連結

若要連到同一網站內的其它網頁，在利用 href 屬性指定網站內部連結時，寫明目的網頁的路徑即可。

這裡以每隻貓咪介紹文最後的「更多介紹→」為例，分別插入網站內其它網頁的連結路徑。

● index.html

```
35 ▼   <section>
36       <h3>●小町（KO
37       <img src="i                          480" height="320" alt="小町">
38       <p>出生不到2
39   從出生就是養在溫室裡的花朵，所        非常膽小怕生。因為太怕生，只要聽到門鈴聲就會躲起來，
     所以就算是來我家的客人也難以見到。</p>
40       <p><a href="cats/komachi.html">→更多介紹</a></p>
41     </section>
42 ▼   <section>
43       <h3>●小夏（KONATSU・♀）</h3>
44       <img src="img/konatsu.jpg" width="480" height="320" alt="小夏">
45       <p>為了讓小町有個伴，在1年後抱回來貓妹妹。<br>
46   原本是在埼玉縣飯能市的煤礦場出生長大的小野貓。和小町不同，是個性活潑親人，愛吃、愛
     玩、愛睡的元氣寶寶。</p>
47       <p><a href="cats/konatsu.html">→更多介紹</a></p>
48     </section>
```

這叫做「相對路徑」，待會「解說篇」會再介紹。

● 檔案結構

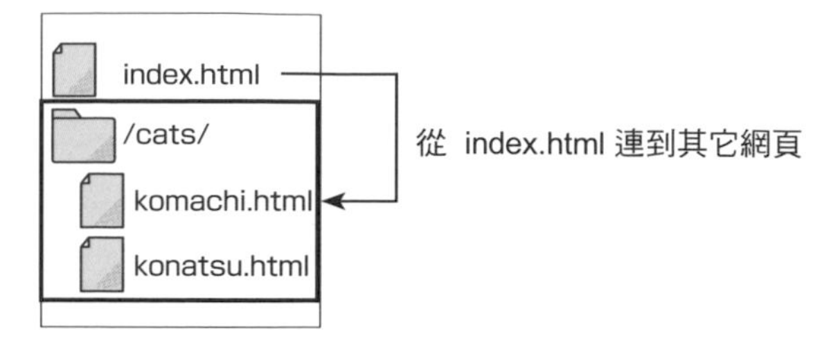

▶ 插入外部連結

接著，在飼主介紹中插入連往外部網站部落格的連結。連到不同網域（Domain）網站的連結稱為「外部連結」，要插入外部連結時，必須在 href 屬性中指定以 http 開始的完整網址（稱為**絕對路徑**，後述）。另外，若將 **target 屬性設定為「_blank」**，就可在新視窗／新分頁中開啟目的網頁，原本的網頁仍會保留。

● index.html

```
54 ▼   <dl>
55       <dt>暱稱 ：</dt><dd>roka404</dd>
56       <dt>職業 ：</dt><dd>Web相關工作的SOHO族</dd>
57       <dt>mail ：</dt><dd>info@roka404.main.jp</dd>
58       <dt>Web ：</dt><dd><a href="http://roka404.main.jp/blog/"
         target="_blank">http://roka404.main.jp/blog/</a></dd>
59     </dl>
```

▶ 插入電子郵件連結

在 href 屬性中以「**mailto: 電子郵件網址**」的語法指定電子郵件網址，就可在點按連結時自動啟動電子郵件軟體。但在網站上加入這種隨時可寄電子郵件的設定後，被利用來寄垃圾郵件或惡意郵件的危險性大增，所以要審慎評估是否要這麼做。

● index.html

```
54 ▼   <dl>
55       <dt>暱稱 ：</dt><dd>roka404</dd>
56       <dt>職業 ：</dt><dd>Web相關工作的SOHO族</dd>
57       <dt>mail ：</dt><dd><a href="mailto:info@roka404.main.jp">info@roka404.main.jp</a></dd>
58       <dt>Web ：</dt><dd><a href="http://roka404.main.jp/blog/"
         target="_blank">http://roka404.main.jp/blog/</a></dd>
59     </dl>
```

解說 絕對路徑與相對路徑

在插入圖片或連結時，都必須指定「路徑」，也就是指明檔案的位置，路徑的寫法有分**絕對路徑**與**相對路徑** 2 種，底下分別說明。

絕對路徑

絕對路徑是指檔案位置是以「**http 開始的完整網址 (URL)**」來描述，位置的最上層稱為根目錄。以下以 http://www.hogehoge.com/ 網站為例，說明路徑的結構。

● 絕對路徑

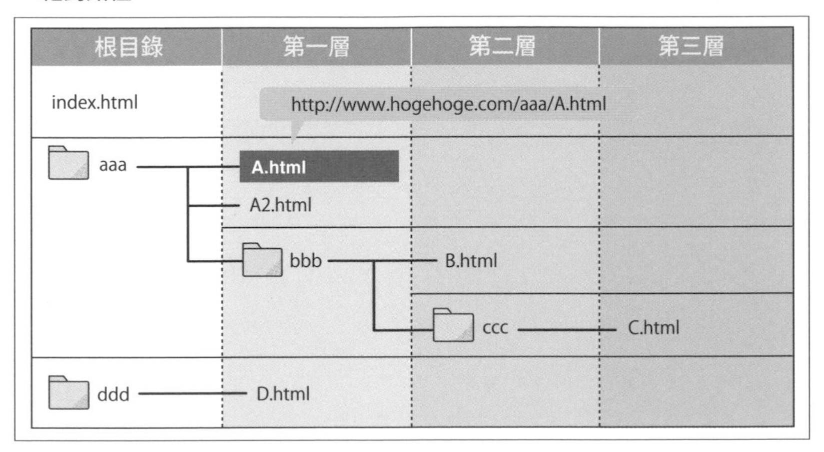

絕對路徑就像地址一樣，是以完整的 URL 表示檔案位置，例如上圖要連結 A.html 時，路徑就寫為 http://www.hogehoge.com/aaa/A.html。要指定 C.html 時，路徑就寫為 http://www.hogehoge.com/aaa/bbb/ccc/C.html。

相對路徑

相對路徑是指**「現在所在位置」與「目的檔案」之間的相對位置關係**。要指定同一網站內的其它位置時，通常會利用這個方法設定。與絕對路徑比起來，相對路徑會比較難懂一點，但這個概念非常重要，請務必確實理解。

▶ 同一階層的路徑

在相對路徑中，與現在所在位置同一階層者，以「./」表示。下圖中 A.html 與 A2.html 是在同一階層，因此在 A.html 當中，想撰寫連到 A2.html 的路徑的話就寫「./A2.html」。不過「./」可以省略，因此通常會直接寫做「A2.html」。

● 同一階層的路徑

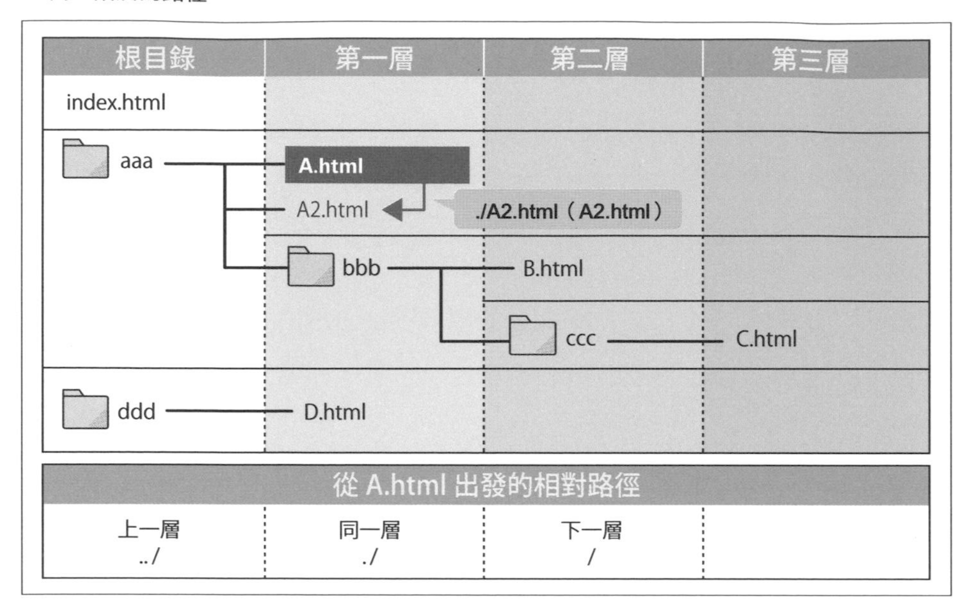

▶ 到下一層的路徑

要指定下一層路徑，是將資料夾名稱加上「/」後再加檔案名稱。例如在 A.html 當中，想撰寫連到 bbb 資料夾內的 B.html 時，路徑即為「bbb/B.html」。要從 A.html 連到 C.html 時，路徑即為「bbb/ccc/C.html」。只要是比現在位置還要下層的檔案，都把抵達目的檔案前會經過的資料夾名稱以「/」分隔即可。

● 到下一層的路徑

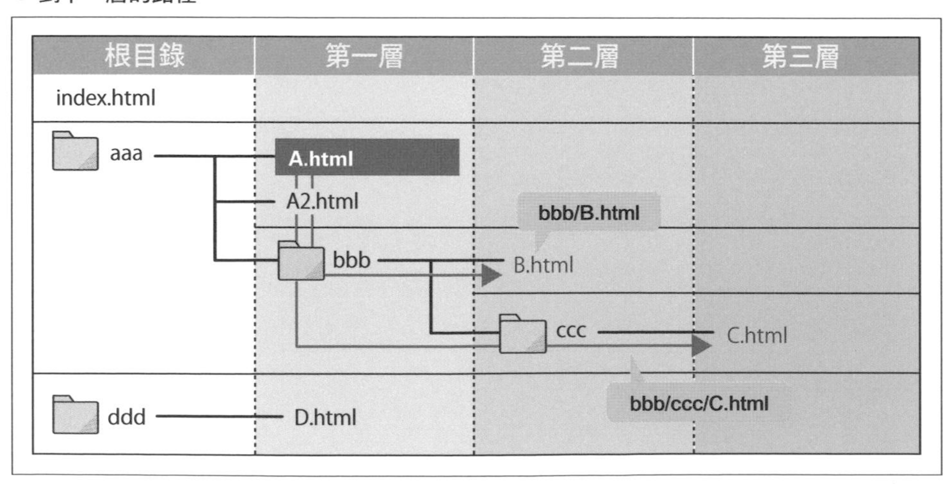

▶ 到上一層的路徑

要指定比所在位置還要上層的路徑時，上一層是以「../」，上二層是「../../」，上三層是「../../../」。因此在 A.html 當中，想撰寫連到上一層的 index.html 的路徑，就寫成「../index.html」；從 C.html 要連到上兩層的 A.html 的路徑，就寫成「../../A.html」，從 C.html 要連到根目錄的 index 的路徑，就寫成「../../../index.html」。

● 到上一層的路徑

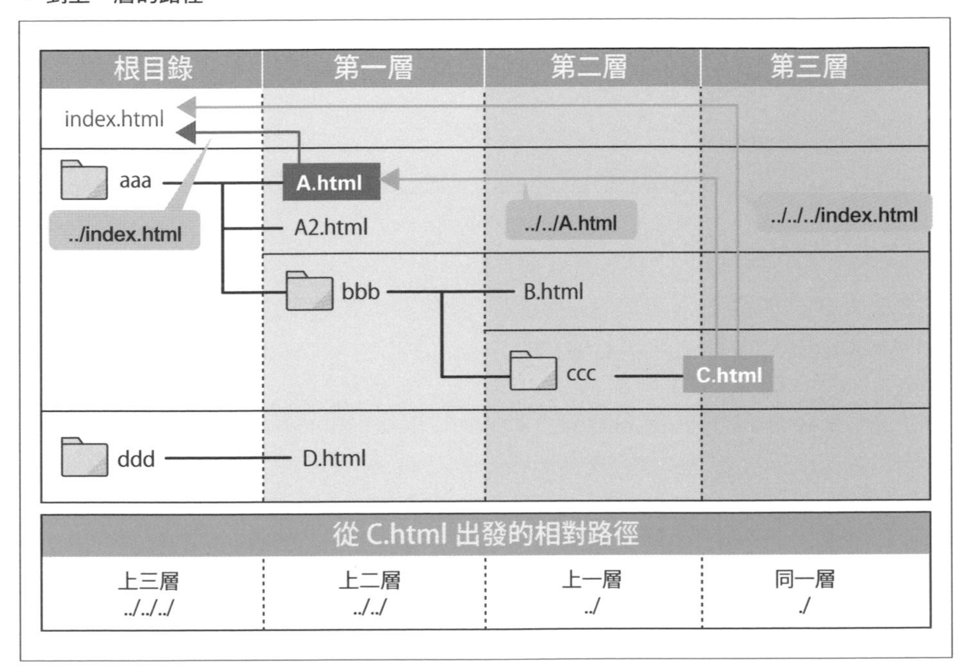

▶ 跨資料夾時的路徑寫法

若要指定從 A.html 到 D.html 這樣分屬不同資料夾的檔案時，必須先往上走到有相同父目錄的那一層，再從那一層往下走到目的資料夾。以 A 到 D 來說，必須先回到上一層 aaa 資料夾，即兩者有著相同父目錄的那一層，再由那裡進入 ddd 資料夾。以相對路徑來標示時，即為「../ddd/D.html」。同理，若要由 C 到 D, 路徑則為「../../../ddd/D.html」。

● 跨資料夾時的路徑

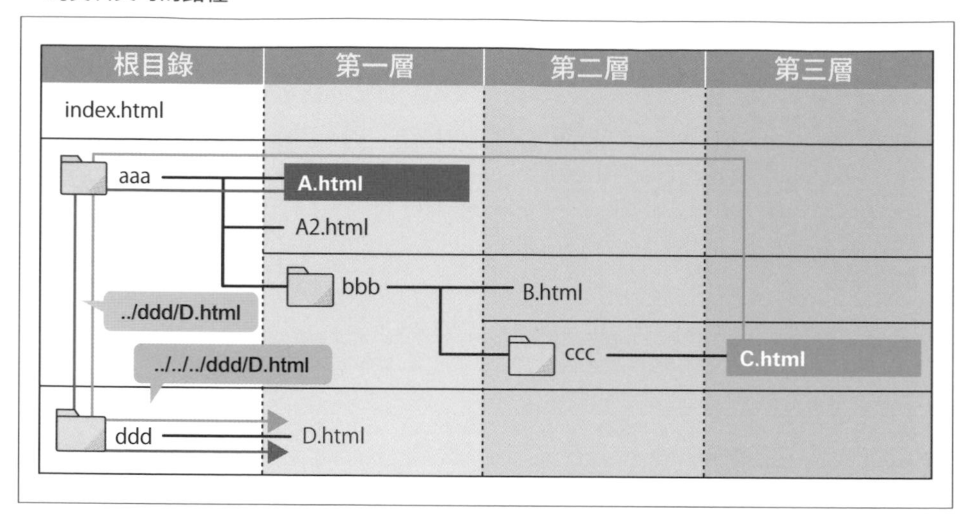

對初學者來說，相對路徑可能有些難懂，但它最大的優點是「即使是在本機環境（自己的電腦上），連結也能正常運作」。

回想一下，絕對路徑是記述完整的主機位置，因此只要網頁有修改，就必須將檔案上傳到網站主機，才能測試路徑是否有誤。相對地若使用相對路徑，就算更換主機，也不需要修改連結的路徑，因為**檔案相互之間的位置關係並沒有改變**，因此不會受到影響。

根目錄相對路徑

在本書範例中雖未使用到，但還有一種**根目錄相對路徑**。上述的相對路徑是以現在所在位置為基準，而根目錄相對路徑則是一律以最上層的根目錄為基準。例如要從 A 到 A2 時，一般相對路徑直接寫「A2.html」就可以，而根目錄相對路徑則永遠從「/」（即根目錄）出發，因此路徑為「/aaa/A2.html」。根目錄相對路徑較常用於高階的網站製作，本書是以入門為主，因此您只要稍微了解一下就好了。

● 根目錄相對路徑

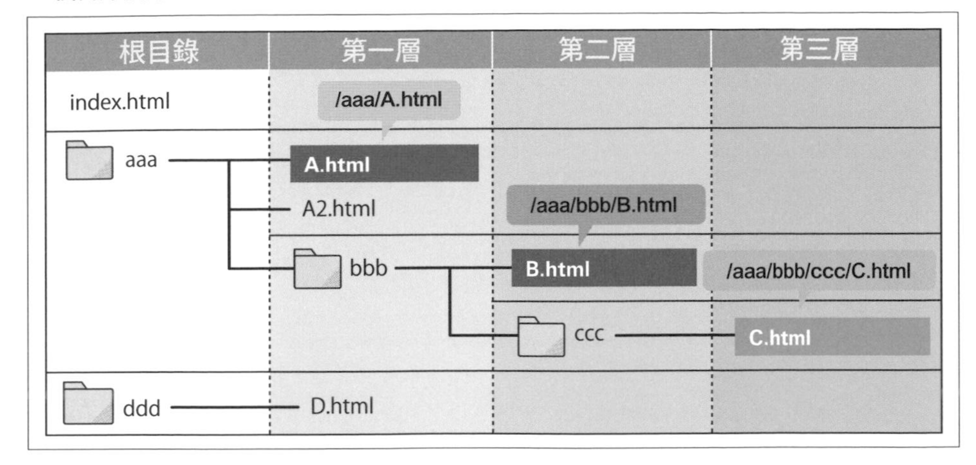

COLUMN

HTML 語法檢查工具

將網頁標記完成後，可以使用 HTML 的語法檢查工具做檢查。現在有許多檢查 HTML 語法的線上服務，其中又以 W3C（World Wide Web Consortium）提供的「W3C Markup Validation Service」最便利。

URL http://validator.w3.org/

W3C Markup Validation Service
Check the markup (HTML, XHTML, ...) of Web documents

Validate by URI | Validate by File Upload | Validate by Direct Input

Validate by URI
Validate a document online:
Address:
▸ More Options
Check

This validator checks the markup validity of Web documents in HTML, XHTML, SMIL, MathML, etc. If you wish to validate specific content such as RSS/Atom feeds or CSS stylesheets, MobileOK content, or to find broken links, there are other validators and tools available. As an alternative you can also try our non-DTD-based validator.

I ♥ VALIDATOR
The W3C validators rely on community support for hosting and development.
Donate and help us build better tools for a better web.
3608

Home About... News Docs Help & FAQ Feedback Contribute

This service runs the W3C Markup Validator, v1.3.
COPYRIGHT © 1994-2012 W3C® (MIT, ERCIM, KEIO), ALL RIGHTS RESERVED. W3C LIABILITY, TRADEMARK, DOCUMENT USE AND SOFTWARE LICENSING RULES APPLY. YOUR INTERACTIONS WITH THIS SITE ARE IN ACCORDANCE WITH OUR PUBLIC AND MEMBER PRIVACY STATEMENTS.

點開最右邊的頁籤，可直接將原始碼輸入表單中做檢查。

也可以點開中間的頁籤，將要做確認的檔案上傳上去來做檢查。

也可以直接輸入網頁的 URL，檢查已發布在網站上的檔案。

● HTML5 文件的檢查結果

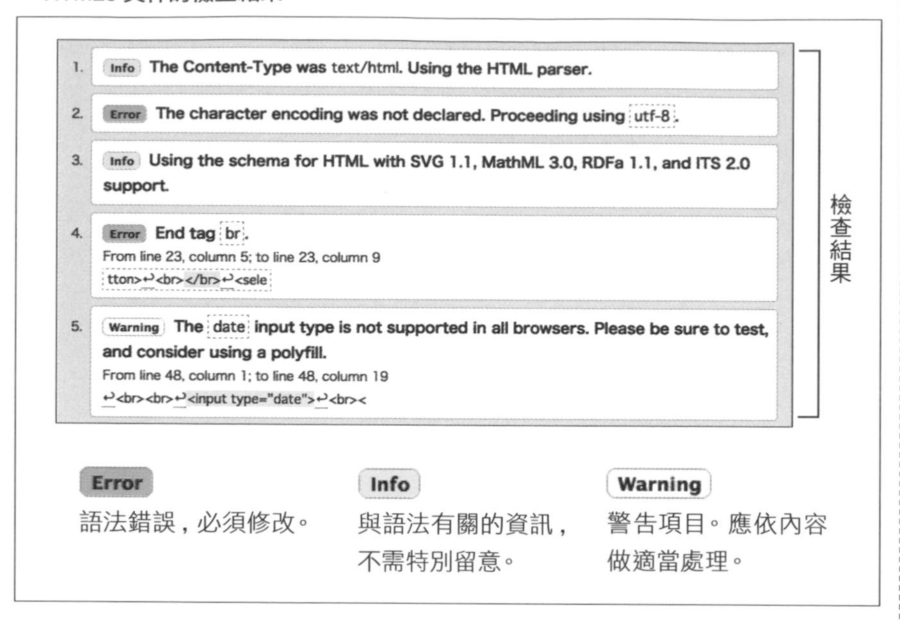

- **設定 img 元素時，請務必以 alt 屬性指定替代文字。**
- **透過 a 元素的 href 屬性，可指定各種不同類型的連結。**
- **相對路徑的概念請確實搞懂，這是製作網站的必備知識。**

CHAPTER 02

CSS 基本功

本章將介紹 CSS 的基本寫法, 包括選擇器（selector）、屬性（property）等一定要會的知識。主要會以加底色、設定留白、換文字樣式等 CSS 屬性繼續完成我們的範例網頁。

LESSON

05 CSS 概要

LESSON 05 將說明 CSS 的用途與寫法，請跟著我們熟悉 CSS 的基本知識。

解說 CSS 的基本知識

CSS 所扮演的角色

CSS（Cascading Style Sheets）是用來美化網頁，以及進行版面設計的語言。CSS 是建立在 HTML 的基礎上，因此 HTML 的標記一定要正確，後續的 CSS 設定才能順利進行。

HTML 與 CSS 的關係，大致就像大樓的骨架與內部裝潢、外牆設計的關係：

● HTML 與 CSS 的關係

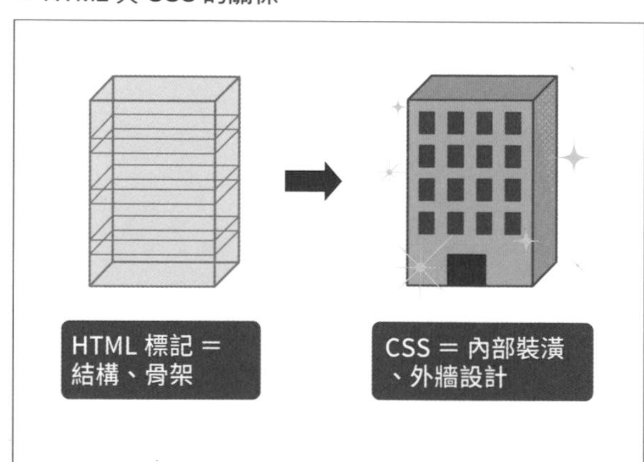

CSS 的用途

具體來說，CSS 有下列用途：

- 設定文字段落樣式（字型大小、樣式、行距、字距、縮排、對齊方式等）。
- 設定顏色（前景色、背景色）。
- 調整版面（區塊大小、留白、段落等）。
- 美化元素（陰影、圓角、漸層、背景圖等）。
- 調整元素外觀（放大縮小、旋轉、傾斜、翻轉等）。
- 動畫效果（轉場效果）。
- 依特定條件變化顯示樣式（Media Queries）等等。

CSS 剛誕生時只能用來調整文字段落樣式、顏色以及簡單的版面設定，但不斷進化下來已經可以用於外觀美化、增加動畫效果以及複雜的版面設定，未來還可能增加更多功能。不過要注意一點，各家瀏覽器對 CSS 功能的支援程度不盡相同，本書原則上介紹的都是可以在大部分瀏覽器上使用的功能，有例外的話會特別註明。

在 HTML 中套用 CSS 的方法

要在 HTML 中套用 CSS，可使用下列 3 種方法。

❶ 利用 style 屬性

```
<h1 style="color:#FF0000;"> 標題1 </h1>
```

直接在 HTML 標籤中，加上 **style 屬性**做 CSS 設定。雖然這個方法很直覺，但前面提到 HTML 程式碼是用來表示結構，最好不要再混入呈現視覺設計的 CSS 程式碼，因此原則上不要採用這種方法。重申一次，結構與設計分開，已是當前設計的主流了。

❷ 利用 <style> 標籤

```
<head>
<style>
  h1{color:#FF0000;}
</style>
</head>
```

在 HTML 文件的 head 元素中加上 **style** 元素，然後將 CSS 撰寫在裡面。這麼做雖然可將 HTML 原始碼與 CSS 的內容分開，但寫在 head 元素裡的 CSS 就只能用在這個網頁，一般比較少用這種方式。

❸ 載入 CSS 檔案

```
<head>
    <link href=" CSS 檔案的路徑" rel="stylesheet" media="all">
</head>
```

或是

```
<head>
<style>
    @import url(CSS 檔案的路徑);
</style>
</head>
```

最常見的就是這個方式，我們先將 CSS 程式碼統一放到一個 *.css 檔案內，再到 HTML 內載入這個檔案。在 HTML 中可使用 **link 元素**或 **@import** 這二種方式來載入，寫法如上，一般比較常用 link 元素的寫法。

COLUMN

把 CSS 放到外部檔案的優點

將 CSS 程式放在單一檔案內，優點就是多個網頁可以共用同一個 CSS。因為若在個別 HTML 檔中撰寫 CSS，當設計有變動時，必須修改所有的 HTML 檔，但若放到一個檔案統一管理，則就算有上百個網頁，只需要維護一個 CSS 檔案就好了。

● 共用 CSS

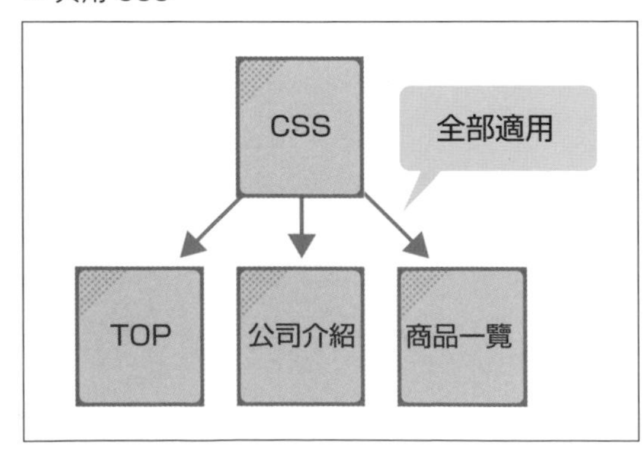

不過，具一定規模的網站，它的 CSS 資料量可能相當龐大，全部只放在單一檔案也不好管理，因此通常會依其角色，分割成多個 CSS 檔案。例如：網站共通 CSS、首頁專用 CSS、下層網頁 CSS 等，再依狀況分別載入需要的 CSS 檔。

● 分割管理的概念

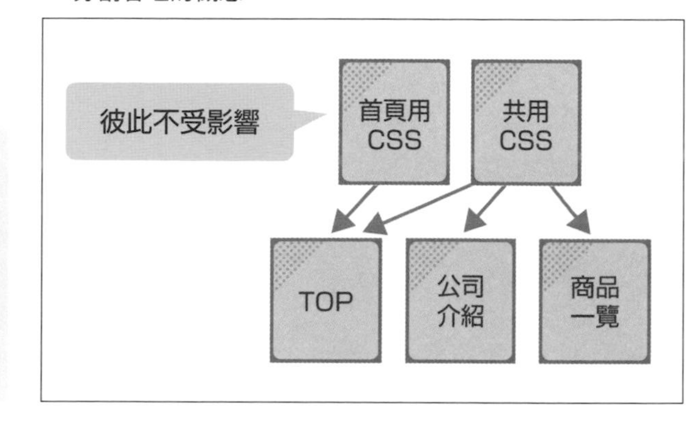

Memo

不過，若把網頁區域分割得太細，進而建立太多 CSS 檔案，可能會造成顯示速度變差。因此在分割時，一般是一個 CSS 檔案負責數個區域的樣式。

CSS 的寫法

CSS 的寫法非常單純，就是決定 HTML 原始碼中「哪一區塊」、「哪個屬性」要「怎麼顯示」，依這個格式來寫即可。

● CSS 基本寫法

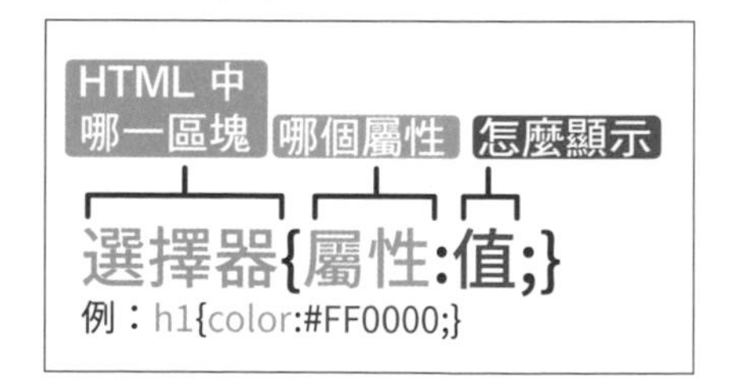

▶ 用 CSS 指定顏色

以上面的例子 h1{color:#FF0000;} 來說，是指「**將 HTML 中 h1 元素包住的文字以紅字顯示**」。設定顏色可說是練習 CSS 的第一步，在 CSS 中設定顏色時，一般是使用十六進位的 RGB 值來設定。

十六進位的 RGB 值不分大小寫，且當第 1、2 碼，第 3、4 碼、第 5、6 碼分別有重複時，可分別省略 1 碼，改以 3 碼長度的值來設定。以此例來說，屬性值寫 #FF0000、#ff0000、#F00、#f00 的結果都一樣。

● 十六進位碼

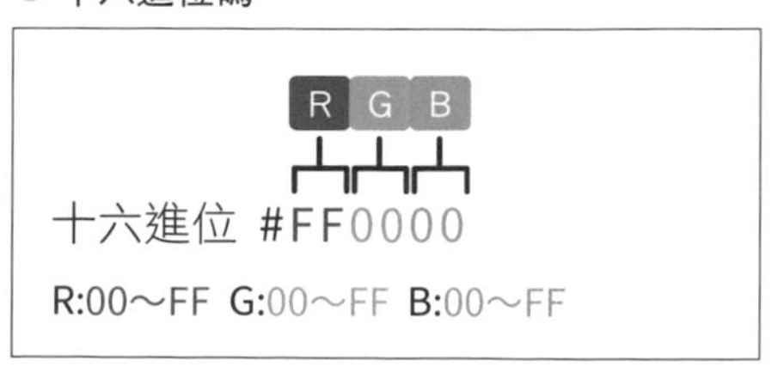

● 顏色設定值 (以下都指紅色)

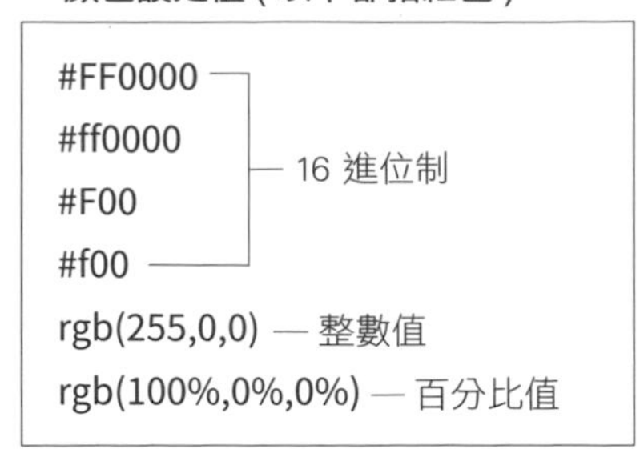

● 常用顏色 (編：以「CSS 色碼」來搜尋可找到更多資料)

black(#000000)	silver(#c0c0c0)
navy(#000080)	aqua(#00ffff)
olive(#808000)	lime(#00ff00)
maroon(#800000)	fuchsia(#ff00ff)
gray(#808080)	white(#ffffff)
teal(#008080)	blue(#0000ff)
green(#008000)	yellow(#ffff00)
purple(#800080)	red(#ff0000)
snow(#fffafa)	skyblue(#87ceeb)
pink(#ffc0cb)	tomato(#ff6347)

▶ CSS 中使用的單位

在設定尺寸相關的屬性時需要指定單位，網頁製作時常用的有「**px**」、「**%**」、「**em**」這幾個單位，下表整理了常見的單位，先大致瀏覽一下。

● 常用單位一覽

絕對單位 (註：固定值)

px	代表螢幕中每個「像素點」(pixel)。註：雖是絕對單位，但會因為螢幕裝置不同而有所差異
pt	以 1 個 point（1/72 吋）為單位
pc	以 1 個 picas（12 pt）為單位
mm	以公厘為單位
cm	以公分為單位
in	以英吋（2.54 公分）為單位

相對單位 (註：根據別的尺寸值計算出來的)

%	某元素透過「百分比」乘以其父元素的 px 值，就是此元素要設定的尺寸
em	某元素透過「倍數」乘以其父元素的 px 值，就是此元素要設定的尺寸
rem	某元素透過「倍數」乘以「根元素」的 px 值，就是此元素要設定的尺寸

特別提一下「**em**」這個以父元素的字型大小為基準的好用單位。在網頁設計上，顯示出的字型大小可能依使用者的瀏覽器環境而有所不同，因此若想彈性一點，可以如右圖這樣設定「文字高度設 1em，而行距高度設 1.5em」，這就表示無論瀏覽環境如何變化，行距高度始終會是文字高度的 1.5 倍。至於 1em 是多少，就看父元素的 font-size 設多少 px 而定。雖然 em 不是日常生活中常見的單位，但在 CSS 中卻很常用。

● em 的使用例

例：行距設為文字高度的 1.5 倍

COLUMN

em 與 rem 的差異

上頁表格有個跟 em 類似的單位叫做 rem，我們來看一下兩者差異。em 是以離它最近的**父元素**的字型大小 (font-size) 為基準，而 rem 則固定以最上層**根 (root) 元素**的字型大小為基準。下例是在根元素 (html 元素) 的字型大小為 16px 時，將 li 元素分別設定為 1.2em 與 1.2rem 時的差異對照。讀者可以比對一下兩層 li 元素的字型尺寸設定：

● em 與 rem 的差異

原始碼

```
<ul>
        <li> 第一層文字內容 </li>
        <li> 第一層文字內容
                <ul>
                        <li> 第二層文字內容 </li>
                </ul>
        </li>
</ul>
```

單位為 em 時

```
html { font-size: 16px; }
li { font-size: 1.2em; }
```

第一層 li 以父元素 html 的 16px 為基準，乘上 1.2 倍

・第一層文字內容
・第一層文字內容

16×1.2＝19.2px

・第二層文字內容

19.2×1.2= 23.04px

第二層 li 以父元素 (第一層 li) 算出來的 19.2px 為基準，乘上 1.2 倍

單位為 rem 時

```
html { font-size: 16px; }
li { font-size: 1.2rem; }
```

・第一層文字內容
・第一層文字內容

16×1.2＝19.2px

・第二層文字內容

16×1.2= 19.2px

第二層 li 固定以根元素 (html) 的 16px 為基準，乘上 1.2 倍

Point

- CSS就是在設定「哪一區塊(選擇器)的哪個屬性要怎麼顯示(值)」。
- 原則上 CSS 程式集中放到檔案中較好管理。
- 認識十六進位的 RGB 色碼，以及 px、%、em 等常見單位。

LESSON

06 基本屬性的使用方法

LESSON 06 將以顏色、文字樣式、區塊大小、留白等常用屬性來練習美化網頁的步驟，也會介紹比較有效率的 CSS 寫法。

Sample File chapter02 ▶ lesson06 ▶ before ▶ index.html、style.css

實作 用基本屬性美化網頁

請以文字編輯器開啟 lesson06/before 的 index.html 與 style.css，並用瀏覽器開啟 index.html。為了能立即確認 CSS 中寫的東西會如何顯示，建議您依下圖所示，將編輯器視窗（左）與瀏覽器視窗（右）並列顯示。

● 將兩視窗並列，方便看出效果

```
1  <!DOCTYPE html>
2  <html lang="zh-TW">
3  <head>
4  <meta charset="UTF-8">
5  <title>KOMA-NATSU Web</title>
6  <meta name="keywords" content="貓咪,喵咪,喵星人,貓咪介紹,曬貓">
7  <meta name="description" content="介紹我家的貓咪們！還有大量可愛的貓照片。">
8  </head>
9
10 <body>
11 <header>
12   <h1>KOMA-NATSU Web</h1>
13   <p>介紹一下我家的偶像貓咪們！</p>
14 </header>
15
16 <nav>
17   <ul>
18     <li><a href="#intro">關於本站</a></li>
19     <li><a href="#cats">我家的貓咪</a></li>
```

```
1  @charset "utf-8";
2
3  /*視窗背景色設定*/
4
5
6  /*連結顏色設定*/
7
8
9  /*頁首，導覽，頁尾的共通設定*/
10
11
12 /*導覽樣式設定*/
13
14
15 /*頁面標題設定*/
16
17
```

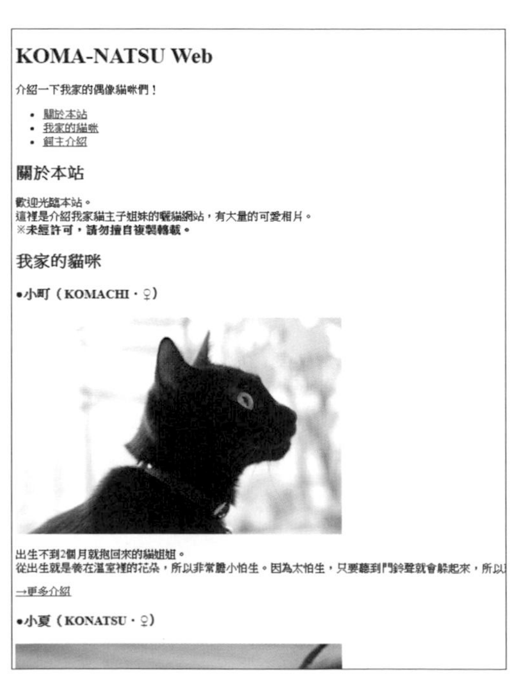

本堂課會完成的結果

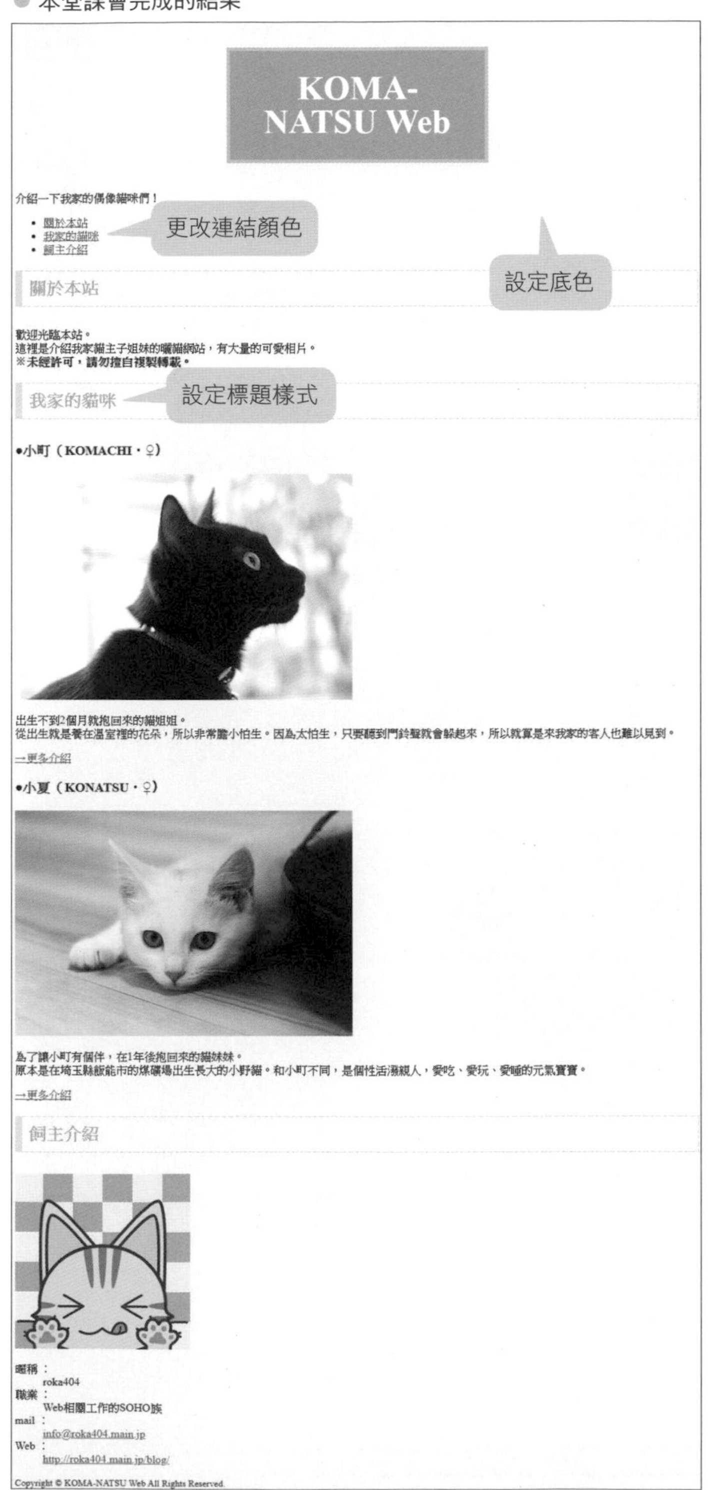
KOMA-NATSU Web
介紹一下我家的偶像貓咪們！
關於本站
我家的貓咪
飼主介紹
更改連結顏色
設定底色
關於本站
歡迎光臨本站。
這裡是介紹我家貓主子姐妹的曬貓網站，有大量的可愛相片。
※未經許可，請勿擅自複製轉載。
我家的貓咪
設定標題樣式
●小町（KOMACHI・♀）
出生不到2個月就抱回來的貓姐姐。
從出生就是養在溫室裡的花朵，所以非常膽小怕生。因為太怕生，只要聽到門鈴聲就會躲起來，所以就算是來我家的客人也難以見到。
→更多介紹
●小夏（KONATSU・♀）
為了讓小町有個伴，在1年後抱回來的貓妹妹。
原本是在埼玉縣飯能市的煤礦場出生長大的小野貓。和小町不同，是個性活潑親人，愛吃、愛玩、愛睡的元氣寶寶。
→更多介紹
飼主介紹
暱稱：
roka404
職業：
Web相關工作的SOHO族
mail：
info@roka404.main.jp
Web：
http://roka404.main.jp/blog/
Copyright © KOMA-NATSU Web All Rights Reserved.

套用外部 CSS 檔

1 撰寫外部 CSS 檔

一開始先準備好 CSS 範本檔，將檔案命名為 style.css (\chapter02\lesson06\before\stype.css 已準備好了)。

● style.css

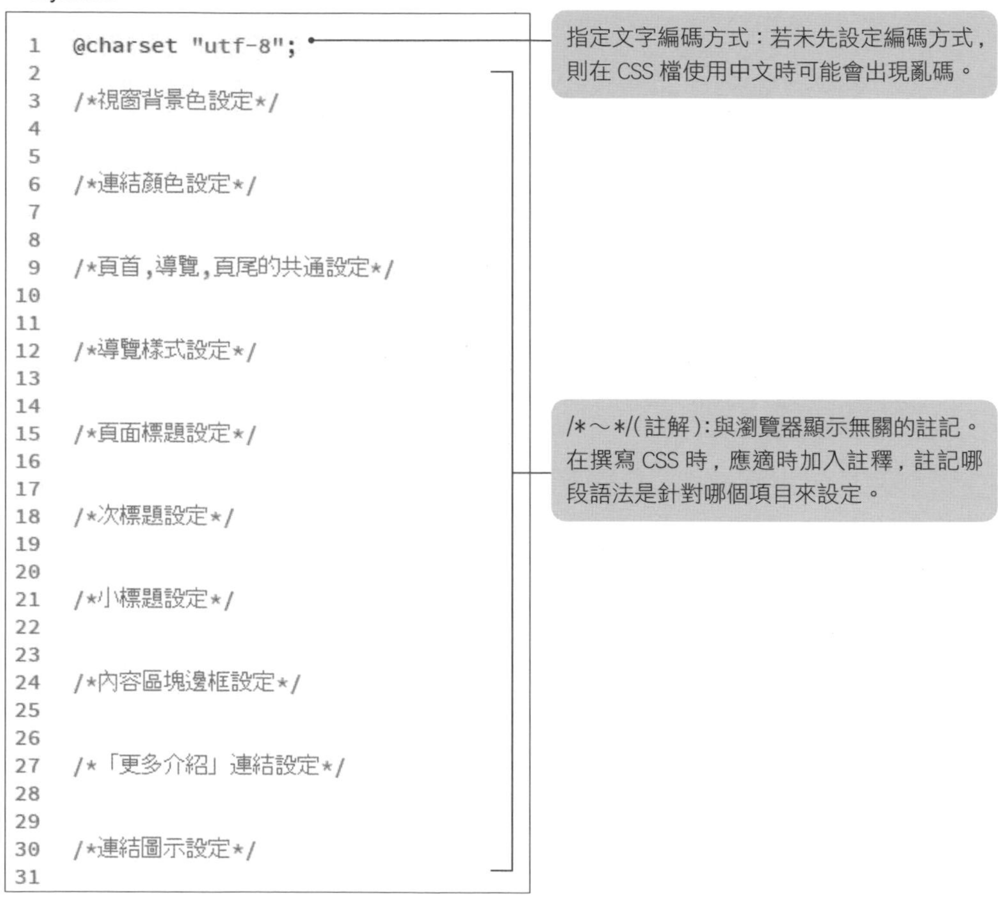

```
1  @charset "utf-8";
2
3  /*視窗背景色設定*/
4
5
6  /*連結顏色設定*/
7
8
9  /*頁首,導覽,頁尾的共通設定*/
10
11
12 /*導覽樣式設定*/
13
14
15 /*頁面標題設定*/
16
17
18 /*次標題設定*/
19
20
21 /*小標題設定*/
22
23
24 /*內容區塊邊框設定*/
25
26
27 /*「更多介紹」連結設定*/
28
29
30 /*連結圖示設定*/
31
```

指定文字編碼方式：若未先設定編碼方式，則在 CSS 檔使用中文時可能會出現亂碼。
/*～*/(註解)：與瀏覽器顯示無關的註記。在撰寫 CSS 時，應適時加入註釋，註記哪段語法是針對哪個項目來設定。

2 在 HTML 檔中載入外部 CSS 檔

接著要在 index.html 的 head 元素中，以 link 元素指定 CSS 檔的位置。請開啟 lesson06/before 的 index.html，並在 head 元素中加入以下敘述。

● index.html

```
7  <meta name="description" content="介紹我家的貓咪們！還有大
   量可愛的貓照片。">
8  <link href="style.css" rel="stylesheet" media="all">
9  </head>
```

● 載入 CSS 檔的語法

```
<link href="style.css" rel="stylesheet" media="all">
```

href 屬性　rel 屬性　media 屬性

href 屬性	指定 CSS 檔案的路徑。
rel 屬性	指定載入檔案的類型，載入 CSS 檔時都固定寫成 stylesheet 這個屬性值。
media 屬性	指定適用此 CSS 檔的媒體種類。

Memo

Media 屬性可用的值

media 屬性的主要的設定值有：screen（螢幕）、print（印表機）、speech（朗讀裝置）、all（所有媒體）這 4 種，一般選擇 all 即可。

開始對各元素做裝飾

接著就可開始對 HTML 內的元素內容做裝飾。以下敘述請都寫在 style.css 內，每寫完一個屬性的設定後就儲存，並在瀏覽器上確認顯示結果。如此不但可確認寫得是否正確，對學習屬性與顯示結果的關係也很有幫助。

1 設定視窗底色

這裡要設定的是視窗整體的底色，因此以 body 元素做為選擇器，如下撰寫。

● style.css

```
3   /*視窗背景色設定*/
4 ▼ body {
5     background-color: #fbf9cc;
6   }
```

語法 background-color：[底色色碼]

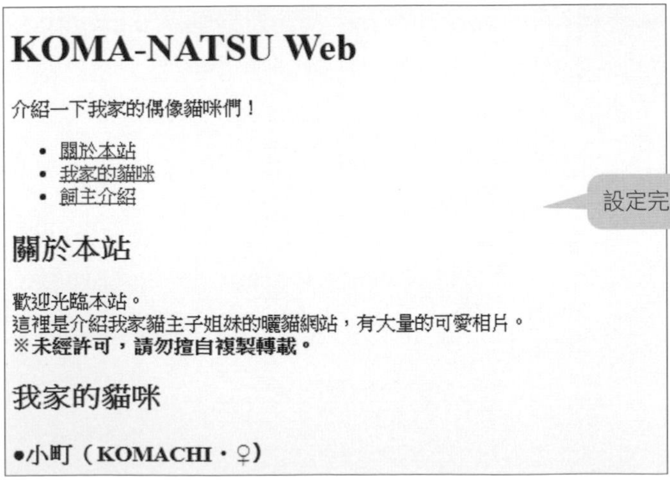

KOMA-NATSU Web

介紹一下我家的偶像貓咪們！

- 關於本站
- 我家的貓咪
- 飼主介紹

關於本站

歡迎光臨本站。
這裡是介紹我家貓主子姐妹的曬貓網站，有大量的可愛相片。
※未經許可，請勿擅自複製轉載。

我家的貓咪

●小町（KOMACHI・♀）

設定完成

2 設定連結顏色

● style.css

```
 8   /*連結顏色設定*/
 9 ▼ a {
10     color: #df4839;
11   }
```

- 關於本站
- 我家的貓咪
- 飼主介紹

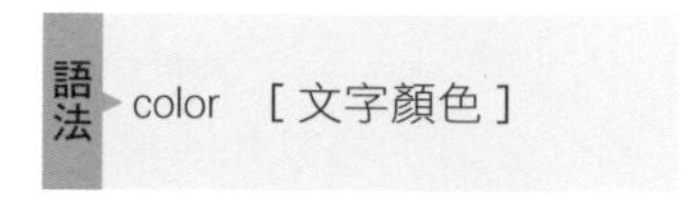

選擇 **a 元素**，再以 color 屬性指定超連結文字的顏色。提到 color 屬性時，常會說它是用於設定文字顏色，但實際上，不只是文字的顏色，線條顏色等也都可利用 color 屬性來指定，因此嚴格來說，它的作用應該是設定「**前景色**」。不過，要指定線條顏色還有「border-color」這個專用的屬性可用，實際上用 border-color 設線條顏色的人也比較多，因此實務上用到 color 屬性時，幾乎都是設定文字顏色。

3 設定頁面標題（h1）區塊的樣式及尺寸

接著來設定 **h1 元素**，我們先從底色與文字顏色設定起。

● style.css

```
19   /*頁面標題設定*/
20 ▼ h1 {
21     background-color: #6fbb9a;
22     color: #fff;
23   }
```

KOMA-NATSU Web

介紹一下我家的偶像貓咪們！

設定好底色後，就能很明顯看出元素邊界範圍，範圍內的部份稱為「區塊（BOX）」，我們要針對此區塊再做些設定。

▶ border / padding / margin

在 CSS 的世界裡，元素的邊界稱為 **border**，在 border 內側邊界稱為 **padding**，外側邊界稱為 **margin**。要設定元素本身的內間距時就用 padding，與隔壁元素之間的外間距時就用 margin。請依下圖所示分別設定 margin、padding、border，屬性值表示的意義可參考下頁的說明。

● style.css

```
19   /*頁面標題設定*/
20 ▼ h1 {
21 ▼   margin: 40px;
22     padding: 30px;
23     border: 5px solid #95dbbd;
24     background-color: #6fbb9a;
25     color: #fff;
26   }
```

● border / margin / padding 示意圖

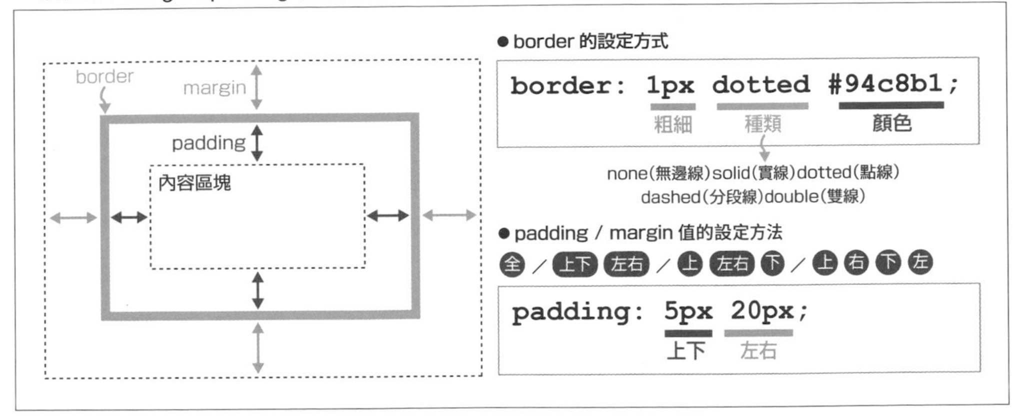

▶ width / height

接著，整個區塊的尺寸可用 width（寬）和 height（高）這二個屬性設定。這二個屬性如果沒設定，就會自動指定為預設值 auto，因此通常只有需要指定特定尺寸時，才會設定 width 屬性和 height 屬性。尤其是用來設定高度的 height 屬性，在網頁設計時基本上都是以預設值「auto＝依內容自動改變」來設定高度。

> Memo 關於區塊尺寸設定的細節與規則，請參照Lesson10。

● style.css

```
19  /*頁面標題設定*/
20  h1 {
21    width: 300px;
22    margin: 40px;
23    padding: 30px;
24    border: 5px solid #95dbbd;
25    background-color: #6fbb9a;
26    color: #fff;
27  }
```

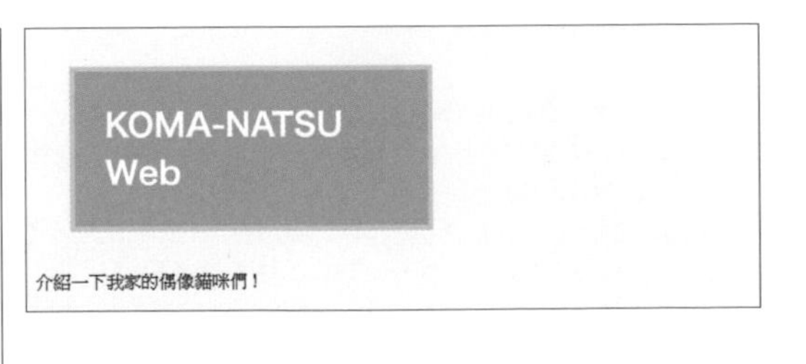

從上圖可以看出，用 width:300px 設定區塊寬度後，區塊會靠左顯示，這是因為所有區塊預設都是靠左排列，針對設定了 width 屬性的區塊，可將左右 margin 屬性設定為 auto，就可讓區塊顯示在瀏覽器水平方式的中央，如下圖所示。

> Memo margin 屬性同時設定 2 個值時，第一個值是用來指上下，第二個值指左右。詳細請參照本頁上圖或 Lesson 08 關於屬性簡寫的說明。

● style.css

```
19   /*頁面標題設定*/
20 ▼ h1 {
21     width: 300px;
22     margin: 40px auto;
23     padding: 30px;
24     border: 5px solid #95dbbd;
25     background-color: #6fbb9a;
26     color: #fff;
27   }
```

語法

width [元素寬度]
height [元素高度]
border [框線]
padding [框線內側邊界]
margin [框線外側邊界]

4 設定頁面標題（h1）的文字內容

接著設定 h1 標題的樣式，將文字加大並置中。另外，為避免行與行之間的留白太多，將行高（line-height）設為與文字大小相同的 1em。

● style.css

```
19   /*頁面標題設定*/
20 ▼ h1 {
21     width: 300px;
22     margin: 40px auto;
23     padding: 30px;
24     border: 5px solid #95dbbd;
25     background-color: #6fbb9a;
26     color: #fff;
27 ▼   font-size: 300%;
28     text-align: center;
29     line-height: 1;
30   }
```

語法

font-size [字型大小]
text-align [對齊方式]
（值為 left、center、right、justify 四種）
line-height [行高]

Memo

依您所使用的電腦環境，標題可能會分成 2 行顯示，這裡先不用在意。

5 設定次標題（h2）

接著使用一些基本屬性來裝飾 h2 標題元素。

前面提到 border / padding / margin 的設定，如底下的 CSS 程式所示，若只想設定下方的 margin 時可用 margin-bottom，只設定左框線時可用 border-left，也就是在屬性名稱分別加上 "-top"、"-bottom"、"-left"、"right"，即可指定上下左右的值。

● style.css

```
33   /*次標題設定*/
34 ▼ h2 {
35      padding: 10px;
36      margin-bottom: 30px;
37      border: 1px dotted #94c8b1;
38      border-left: 10px solid #d0e35b;
39      color: #6fbb9a;
40   }
```

關於本站

編註：這兩行都在設定 border 框線，其中第 2 行針對左框線額外再設定，這涉及屬性的「覆寫」概念，待會「解說篇」就會說明

小結

目前演練了部份屬性，練習時若不確定哪個屬性是設定哪部分，可刻意先將值設大一點，整理網頁後從結果就可以清楚看出。下表整理了與顏色、文字段落、元素區塊樣式有關的屬性，是網頁製作基礎中的基礎，後續也會經常遇到：

● 常用的基本屬性

● **顏色**

屬性	意思	值
background-color	背景色	色碼、顏色名
color	文字顏色（前景色）	色碼、顏色名

● **字型、文字排列**

屬性	意思	值
font-family	字型種類	字型名稱
font-size	字體大小	含單位的數值
font-weight	字體粗細	normal / bold
font-style	字體樣式	normal / italic
text-align	對齊方式	left / center / right / justify
text-decoration	底線、上劃線、刪除線	none / underline / overline / line-through
text-indent	文字縮排	含單位的數值
letter-spacing	字距	含單位的數值
lin-height	行高	建議使用不含單位的數值

● 元素區塊

屬性	意思	值
width	元素寬度	auto／含單位的數值
height	元素高度	auto／含單位的數值
margin	框線外側邊界	auto／含單位的數值
padding	框線內側邊界	含單位的數值
border	框線	框線寬度、框線種類、框線顏色

COLUMN

為什麼寫好的 CSS 沒有作用？

遇到這種情況時，請確認下列項目有沒有問題。

❶ 屬性名稱與值有沒有拚錯？

❷「:」或「;」等是否正確？

❸ 大括號 {} 和右括號有無遺漏？

❹ 是否誤用了全形？

❺ 選擇器是否正確？

❻ 十六進位色碼的 # 有無遺漏？（設定顏色時）

❼ 十六進位色碼的長度是否正確？（設定顏色時）

❽ 打好的檔案有無存檔？

❾ HTML 中是否正確指定了對應的 CSS 檔？

❿ 瀏覽器上開啟的檔案是否確實是要查看的檔案？

W3C CSS 檢核服務（http://jigsaw.w3.org/css-validator/）

W3C CSS 檢核服務可用來檢核 CSS 的語法，挑出有錯的地方。當無法找出錯誤在哪裡時，可利用這項服務。不過，遺漏右括號等結構上的錯誤，將會造成解析錯誤，因此不見得能夠百分之百挑出問題。剛學習對 CSS 還不熟時，容易因疏忽造成錯誤，為了更容易找出問題，請養成在修改 CSS 後就用瀏覽器確認結果的好習慣。

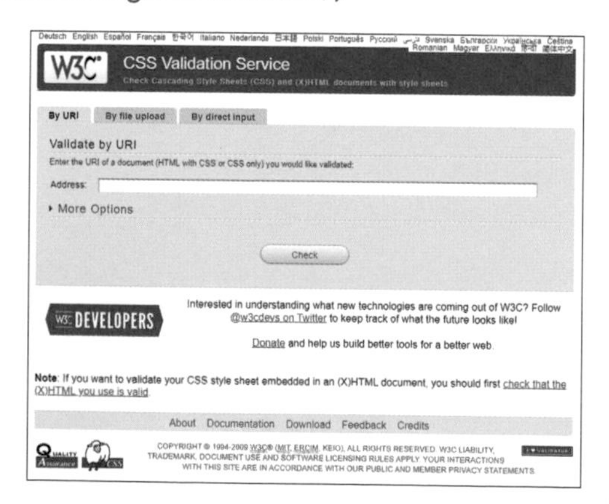

解說　屬性的繼承與覆寫

在 CSS 的處理機制中，最基本的規則就是屬性的**繼承**與**覆寫**。

屬性的繼承

「繼承」是指在元素中設定屬性值後，該元素的子元素和孫元素也會繼承這些屬性值。要知道哪些屬性值會被繼承，嚴格來說必須查閱每個屬性的規格文件，不過大致如下：

- 關於文字與段落有關的屬性會被繼承。
- 除上述以外的屬性，大多不會被繼承。

舉例來說，下例在 section 父元素中做好文字設定（字型色彩、字體大小、行高、對齊方式等），則它底下的 h2、p 子元素都會自動繼承這些設定值，不需再做設定。

● 屬性的繼承

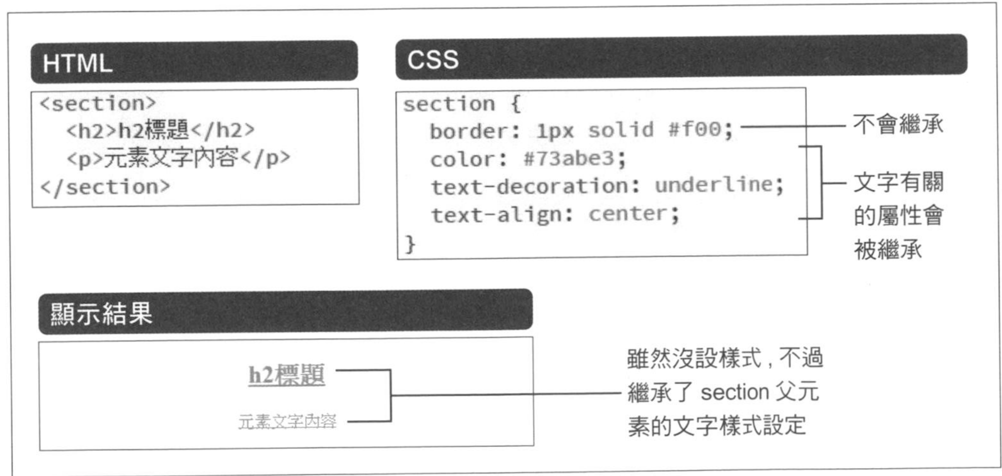

屬性值的覆寫

另外，由於 CSS 是從上而下依序載入，因此當同一個屬性被設定了不同的屬性值時，順序在「後面」的值會覆寫前面的值。以前面練習的 h2 標題樣式為例：

```
h2 {
        …省略…
        border: 1px dotted #94c8b1;
        border-left: 10px solid #d0e35b;
        …省略…
}
```

首先設定 border 屬性將四個邊框都指定為 1px 的虛線，而下一行敘述再設定 border-left 屬性，將左邊框改成 10px 的實線。下圖比較了這二行敘述不同的撰寫順序，可以清楚看出順序在後的敘述會覆寫前面敘述所設定的值：

● 屬性值的覆寫

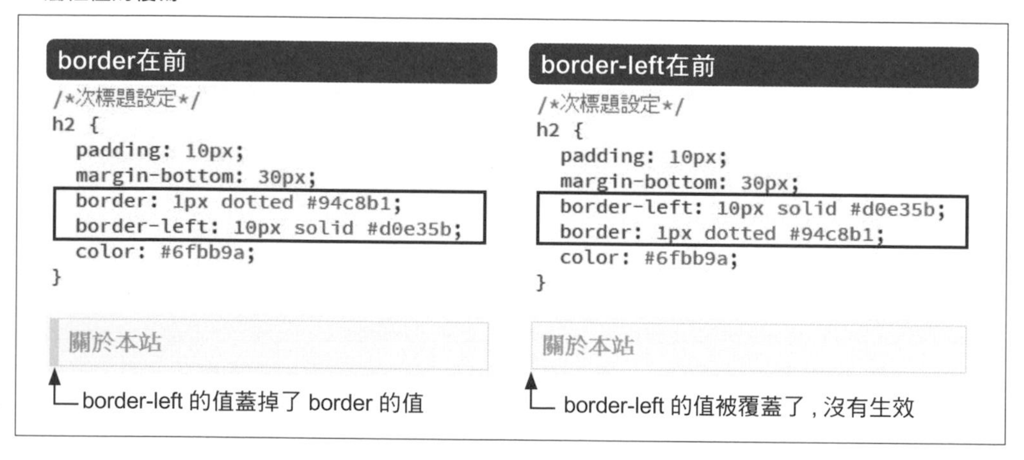

高效率的 CSS 寫法

CSS 初學者所寫的原始檔，常會出現同一屬性反覆被設定，或者某屬性設了用不到等狀況，這些都是因為沒有確實理解 CSS 最基本的繼承與覆寫機制，才會發生這些問題。

因此，有要效率地撰寫 CSS，首要在於避免不需要的敘述，在撰寫時應注意下列事項：

- 可以用預設值的，就不要再特意去設定。
- 善用從父元素繼承來的屬性，將屬性被覆寫的機會降到最低。

- **border / margin / padding 在撰寫 CSS 會很常遇到，請熟悉彼此的差異。**
- **常用的基本屬性請多加練習。**
- **請確實了解 CSS 的繼承與覆寫概念。**

LESSON

07 基本選擇器的使用方法

LESSON 07 再繼續演練基本選擇器的使用方法，要讓網頁依自己所想的樣式呈現，一定要先熟悉各種選擇器的使用方式。

Sample File chapter02 ▶ lesson07 ▶ before ▶ index.html、style.css

實作 用基本選擇器美化網頁

● Before

● After

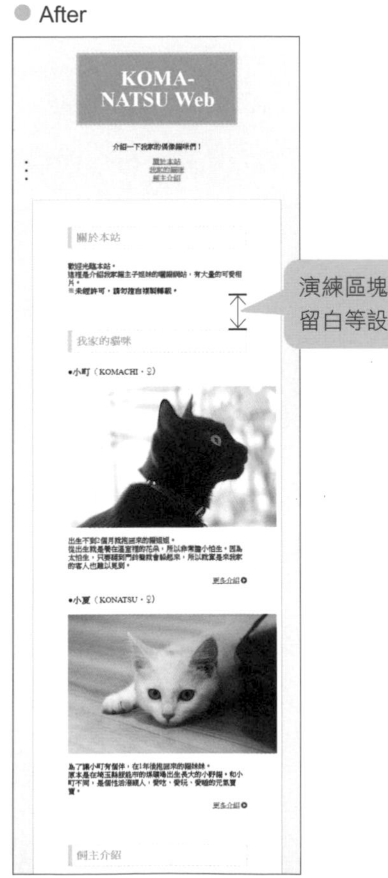

先為元素加上名稱再設定樣式

在 Lesson06 都是以元素本身做為選擇器，直接設定樣式，不過實務上製作網頁時常會重複使用同一元素，但並不見得每個相同元素都要顯示相同樣式，因此實際上不太會直接對元素設定樣式。而且，就算一開始製作時相同元素都用相同樣式即可，但在網站營運的過程中，很有可能會出現需要用不同樣式顯示的需求。

若都直接對 HTML 的元素設定樣式，在遇到上述狀況時就會很麻煩，因此一般的做法都是先給元素一個名稱，再利用那個名稱設定元素的樣式。

有 2 個方法可以為元素設定名稱，分別是利用「**id 屬性**」和利用「**class 屬性**」來設定。本節將分別介紹使用「id 屬性」和「class 屬性」為元素加上名稱並設定樣式的方法。

以下練習，都是依「修改 HTML→撰寫 CSS」的順序，分別修改 HTML 與 CSS 檔。

1 設定主內容區塊的名稱 HTML

先為標記為 main 元素的主內容區塊加上「**contents**」名稱，這裡不管是用「id 屬性還是 class 屬性都可以，但主內容區塊在整個網頁中應該只有 1 個，為它而設的樣式內容應該也不會用於其它地方。像這樣整個網頁「只有一個」的區塊，在設定名稱時就請使用「**id 屬性**」。

● index.html

```
25 ▼ <main id="contents">
26
27 ▼ <section id="intro">
28      <h2 class="h">關於本站</h2>
29 ▼    <p>歡迎光臨本站。<br>
```

id 屬性是用來識別 HTML 中特定位置的屬性，同一個名稱在 HTML 檔中只能出現一次，以此例來說，若在同一網頁中撰寫多個 id="contents"，將會造成語法錯誤。

2 以 id 屬性的值為選擇器，設定樣式 CSS

在 HTML 設定好 id 名稱後，就可以到 CSS 內設定 id 選擇器。id 選擇器是以「**元素名稱 #id 名稱**」的形式撰寫。例如 HTML 內是 <main id="contents">，CSS 內的選擇器就寫做 main#contents。不過，前面提到 id 屬性只可用於網頁中僅出現一次的內容，因此不需特意將元素名寫出來。一般通常會省略元素名，直接寫做 #contents。

● style.css

```
45   /*內容區塊邊框設定*/
46 ▼ #contents {
47     margin: 40px;
48     padding: 40px 80px;
49     border: 1px solid #f6bb9e;
50     background-color: #fff;
51   }
```

如上設定

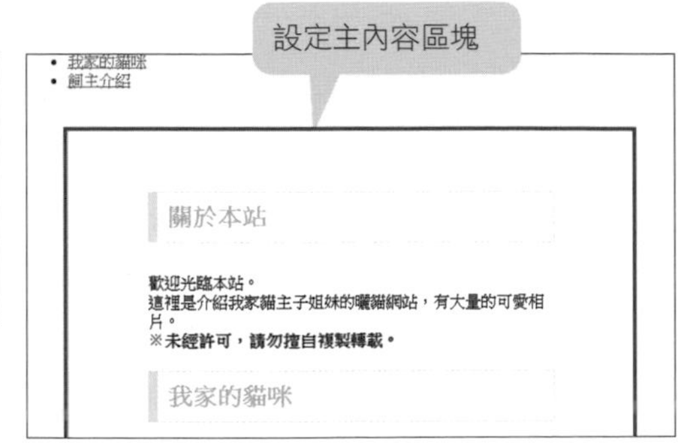

3 以 class 屬性設定「更多介紹」連結的名稱 HTML

接下來要把可連到貓咪介紹頁的「更多介紹」連結，設為靠右對齊。這裡使用的是 p 元素，而 p 元素會被重複應用在多個地方，因此在此先設定名稱，才能讓它們分別套用不同樣式。與前面介紹的主內容區塊不同，本例網頁會出現 2 次「更多介紹」連結，且 2 個都必須靠右對齊，因此無法使用 id 屬性。像這樣有多處要設為相同樣式時，就必須利用 class 屬性來命名。

● index.html

```
42        <p class="more"><a href="cats/komachi.html">更多介紹</a></p>
43      </section>
```

※ 另一隻貓咪的「更多介紹」連結也同樣加上 class="more"。

4 以 class 屬性為選擇器，設定樣式 CSS

class 選擇器是以「**元素名稱 .class 屬性名稱**」的形式撰寫，此例 HTML 中為 <p class="more">，選擇器就寫做 p.more。也可以省略元素名稱，只寫「.more」即可。若有標明元素名稱，則為只限該元素使用的 class 選擇器；若省略元素名稱，則為所有元素都可使用的通用 class 選擇器。

● style.css

```
53   /*「更多介紹」連結設定*/
54 ▼ .more {
55     text-align: right;
56   }
```

所以就算是來我家

更多介紹

5 利用 class 選擇器設定 h2、h3 標題樣式 HTML ／ CSS

接下來繼續為次標題（h2）和小標題（h3）設定 class 名稱，並修改樣式。

● index.html

```
27 ▼ <section id="intro">
28     <h2 class="h">關於本站</h2>
29 ▼   <p>歡迎光臨本站。<br>
30     這裡是介紹我家貓主子姐妹的曬貓網站，有大量的可愛相片。<br>
31     <strong>※未經許可，請勿擅自複製轉載。</strong></p>
32   </section>
33
34 ▼ <section id="cats">
35     <h2 class="h">我家的貓咪</h2>
36
37 ▼   <section>
38       <h3 class="h-sub">●小町<span>（KOMACHI・♀）</span></h3>
39       <img src="img/komachi.jpg" width="480" height="320" alt="小町">
40       <p>出生不到2個月就抱回來的貓姐姐。<br>
------------------------------------------------ 省略 ------------------------------------------------
49   原本是在埼玉縣飯能市的煤礦場出生長大的小野貓。和小町不同，是個性活潑親人，愛吃、
     愛玩、愛睡的元氣寶寶。</p>
50       <p><a href="cats/konatsu.html">→更多介紹</a></p>
51     </section>
------------------------------------------------ 省略 ------------------------------------------------
56 ▼ <section id="profile">
57     <h2 class="h">飼主介紹</h2>
58     <img src="img/avatar.png" width="250" height="250" alt="大頭照">
```

● style.css

```
32  /*次標題設定*/
33 ▼ .h {
34    padding: 10px;
35    margin-bottom: 30px;
36    border: 1px dotted #94c8b1;
37    border-left: 10px solid #d0e35b;
38    color: #6fbb9a;
39  }
```

利用元素的親子關係設定樣式

除了利用 id 屬性或 class 屬性設定名稱的方式之外，也可以利用元素的親子關係來指定樣式的範圍，這種方法稱為「子孫選擇器」。接下來的步驟就利用它來設定樣式。

1 用 span 元素框住小標題（h3）的英文名和性別部份 HTML

首先來將小標題中的英文名和性別的部份，改以較小的文字顯示。由於只有在 HTML 中有被元素框住的部份，才能利用 CSS 設定樣式，但英文名和性別目前並沒有被任何標籤框住，所以必須加上一個用來設定樣式的元素。在 HTML 加元素時，通常要用符合文件結構意義，但若要像這裡一樣，只是為了設定樣式而要加上元素可使用 div 元素或 span 元素。div 元素適用於區塊範圍內還有其它元素時，span 元素則適合用於指定文字內容的範圍，因此這裡使用 **span 元素**。

● index.html

```
37 ▼  <section>
38      <h3 class="h-sub">●小町<span>（KOMACHI・♀）</span></h3>
39      <img src="img/komachi.jpg" width="480" height="320" alt="小町">
40      <p>出生不到2個月就抱回來的貓姐姐。<br>
---------------------------------- 省略 ----------------------------------
45 ▼  <section>
46      <h3 class="h-sub">●小夏<span>（KONATSU・♀）</span></h3>
47      <img src="img/konatsu.jpg" width="480" height="320" alt="小夏">
48      <p>為了讓小町有個伴，在1年後抱回來的貓妹妹。<br>
```

2 改變英文名和性別的字型 CSS

「小標題（.h-sub）中的 span 元素」這種以元素間的親子關係來識別的範圍，可使用子孫選擇器。子孫選擇器的撰寫格式為「**父元素 子元素**」，由外側的祖先元素開始，依序以半形空白分隔並列出元素，就可指定特定範圍。

● style.css

```
42   /*小標題設定*/
43 ▼ .h-sub span{
44     font-weight: normal;
45   }
```

指定 h-sub 這個 class 當中的 span 元素

●小町（KOMACHI・♀）

●小夏（KONATSU・♀）

利用元素的兄弟、親子關係設定樣式

除了子孫選擇器之外，還有下列利用 HTML 元素結構設定的選擇器。

- **相鄰選擇器：**適用於與某元素直接相鄰的兄弟元素。
- **子選擇器：**適用於直屬於某元素的子元素。

接下來利用這些選擇器，如右圖所示，設定 #contents 下一層區塊之間的留白。

● 區塊之間的留白

1 在 section 元素與 section 元素之間加上留白

要在段落間留白，首先必須在與 section 元素直接相鄰的下一個 section 元素設定上方留白，這裡選擇器的寫法是 **section + section**，也就是**相鄰選擇器 (Adjacent selector)** 的寫法，見底下程式的說明：

● style.css

```
64  /*區塊間分隔*/
65 ▼ section + section {
66     margin-top: 80px;
67  }
```

編註：這個兩個元素相加的選擇器稱為相鄰選擇器，但倒底選到的是哪個元素呢？答案是 + 號後面的這個 section，只不過多設了「+ 號前面也必須是 section 元素」的條件。section + secion 這整串白話來說就讀作："選擇「緊接在 section 元素後面」的那個 section 元素"。

而由於選到的是後面的那個 section 元素，替後面的 section 元素設定 margin-top (上邊界)，就代表設前後兩個 section 元素之間的間距啦！

但設完之後如右圖所示，連 ❸ 小標題 h3 及其下的區塊 (編：左頁紅色框線區的兩個 section 區塊) 都會成為樣式適用對象：

關於本站
歡迎光臨本站。
這裡是介紹我家貓主子姐妹的曬貓網站，有大量的可愛相片。
※未經許可，請勿擅自複製轉載。
❶ 兩個 section 之間留 80px 的間距，是我們要的
我家的貓咪
●小町（KOMACHI・♀）
出生不到2個月就抱回來的貓姐姐。
從出生就是養在溫室裡的花朵，所以非常膽小怕生。因為太怕生，只要聽到門鈴聲就會躲起來，所以就算是來我家的客人也難以見到。
更多介紹
●小夏（KONATSU・♀）
為了讓小町有個伴，在1年後抱回來的貓妹妹。
原本是在埼玉縣飯能市的煤礦場出生長大的小野貓。和小町不同，是個性活潑親人，愛吃、愛玩、愛睡的元氣寶寶。
→更多介紹
❷ 兩個 section 之間留 80px 的間距，是我們要的
飼主介紹

❸ 但請看左頁的圖，這裡也是兩個 section 之間 (紅色 section 與紅色 section)，以上的設定使得這裡也變成留白 80px，但我們不希望這裡留白這麼多，因此要讓這裡撇除在樣式套用範圍。下一步就來看怎麼做！

 限定只有 #contents 下一層的 section 元素要上方留白

怎麼解決呢？這裡改利用**子選擇器** (Descendant selector) 的語法，將適用對象限定為 #contents 的下一層 section 元素 (即 2-24 頁藍色 section 標籤) 就好，而不含再下一層的 section 元素 (即 2-24 頁紅色 section 標籤)，這樣就能讓 2-24 頁兩個紅色 section 標籤之間不留白。子選擇器是使用「>」符號來寫。

● style.css

```
64   /*區塊間分隔*/
65 ▼ #contents > section + section {
66     margin-top: 80px;
67   }
```

編註：加上 > 表示選 contents 的子元素就好 (不含孫元素)，這整串選擇器白話來說讀作："選擇 #contents 裡頭，「緊接在 section 子元素後面的」那個 section 子元素"。

關於本站

歡迎光臨本站。
這裡是介紹我家貓主子姐妹的曬貓網站，有大量的可愛相片。
※未經許可，請勿擅自複製轉載。

我家的貓咪

•小町（KOMACHI・♀） section

出生不到2個月就抱回來的貓姐姐。
從出生就是養在溫室裡的花朵，所以非常膽小怕生。因為太怕生，只要聽到門鈴聲就會躲起來，所以就算是來我家的客人也難以見到。

更多介紹

•小夏（KONATSU・♀） section

為了讓小町有個伴，在1年後抱回來的貓妹妹。
原本是在埼玉縣飯能市的煤礦場出生長大的小野貓。和小町不同，是個性活潑親人，愛吃、愛玩、愛睡的元氣寶寶。

→更多介紹

飼主介紹

對 contents 來說是孫元素的 section 區塊之間就不會套用到樣式，留白不再是 80px

Memo

編註：這兩頁的相鄰選擇器、子選擇器算是稍微進階的技巧，不過這段實作目前在於讓您先做過一遍，有點感覺就好。詳細的語法及使用方式，在後續的「解說篇」及 Chapter06 都會再做整理、演練。這裡先大致跟著實作有個概念就可以囉！

多個選擇器套用相同的樣式

只要以**逗號「,」**分隔多個選擇器，就可將這些選擇器視為同一群組，進而設定相同的樣式。這裡就用這個方法將頁首、導覽、頁尾這三個區塊的文字都設定為置中對齊。

● style.css

```
13   /*頁首,導覽,頁尾的共通設定*/
14 ▼ header,nav,footer {
15     text-align: center;
16   }
```

設定在特定狀況下才生效的樣式

接著來設定文字顏色的基本樣式。為了視覺上可以清楚區隔文字連結「可以點按」，通常會設定滑鼠移入時有些變化。要做出這類只有在元素處於特定條件下才生效的效果，需使用「**虛擬類別 (Pseudo Class)**」選擇器。與連結有關的包含「:link（未連過的連結）」、「:visited（曾連過的連結）」、「:hover（滑鼠移入時）」、「:active（點按滑鼠時）」、「:focus（元素取得焦點時）」等，可分別設定切換不同顯示結果。像本例這樣，只針對滑鼠移入與否進行兩種顯示切換，只需指定 :hover 即可。

● style.css

```
 8   /*連結顏色設定*/
 9 ▼ a {
10     color: #df4839;
11   }
12 ▼ a:hover {
13     color: #ff705b;
14     text-decoration: none;
15   }
```

關於本站
我家的貓咪
飼主介紹

● 用於連結的虛擬類別選擇器

:link	未連過的連結
:visited	曾連過的連結
:hover	滑鼠移入時
:active	點按滑鼠時
:focus	取得焦點時

Memo

編註：「虛擬」的意思應該不難懂吧！一般我們都是指定 HTML 文件當中「具體」的元素來套用樣式，而用虛擬類別選擇器就能針對一些非實際存在 HTML 文件當中的元素（例如滑鼠的位置、未連過 / 曾連過的連結）這類的外部事件套用樣式。

在「更多介紹」連結後面加入箭頭小圖

本例想在「更多介紹」連結後面加入箭頭圖示，由於這個圖示只是用於裝飾，因此不建議在 HTML 裡直接加上圖示，最好是在 CSS 裡設定。

利用「**虛擬元素 (Pseudo Element)**」這種特殊的選擇器，不必在 HTML 標記，只透過 CSS 就能插入想顯示的內容。虛擬元素 (Pseudo Element) 的名稱跟上一頁的虛擬類別 (Pseudo Class) 有點像，初學很容易搞混，最容易的記法是虛擬元素的語法是用 ::（兩個冒號）來寫（待會就會看到），而上一頁的虛擬類別則是使用 :（一個冒號）而已。語法如下：

● style.css

```
62  /*「更多介紹」連結設定*/
63▼ .more {
64    text-align: right;
65  }
66▼ .more::after {
67    content: url(img/ico_arrow.png);
68    margin-left: 3px;
69    vertical-align: middle;
70  }
```

更多介紹 ▶

編：白話來說就是指 .more「後面的位置」

虛擬元素是指 HTML 中並沒有這個元素，但想在 CSS 中操作時，可以利用實際存在的元素來選定，此例的 **::after** 就是一種虛擬元素。::after 虛擬元素可在指定元素的結束標籤前，用 content 屬性插入要顯示的內容。在這裡將值設定為 url(img/ico-arrow.png), 表示插入一個圖示。

Memo

跟 ::after 類似的還有「::before」虛擬元素，::before 可在指定元素的開始標籤後插入內容。關於 ::before / ::after 以及其它虛擬元素，待會「解說篇」會有列表整理，但不必一時急於全部搞懂，後續 Chapter06 課程中還會有詳細介紹，這裡只要先實作試試有個印象即可。

依連結種類顯示對應的圖示

接下來，在會另開視窗的連結或電子郵件地址的連結旁加上對應的圖示。要判斷連結是否會另開視窗，可從 a 元素的 target 屬性是否為 _blank 判斷，寫法為 **a[target="_blank"]**。而要判斷連結是否是電子郵件地址，則只需確認 a 元素的 href 屬性是否是以 mailto: 開始的字串即可。像這類利用元素屬性值來指定元素的選擇器，稱為「**屬性選擇器**」(Chapter 6 還會有詳細介紹)。

● style.css

```
72   /*連結圖示設定*/
73 ▼ a[target="_blank"]::after {
74     content: url(img/ico_blank.png);
75     margin-left: 5px;
76     vertical-align: middle;
77   }
78 ▼ a[href^="mailto:"]::after {
79     content: url(img/ico_mail.png);
80     margin-left: 5px;
81     vertical-align: middle;
82   }
```

mail ：
info@roka404.main.jp
Web ：
http://roka404.main.jp/blog/

解說 CSS 選擇器的種類與使用規則

至少必須學會的選擇器

熟悉選擇器的用法是精通 CSS 的第一步。前面我們實作了元素、id、class 這三種基本的選擇器，也介紹了群組、元素間的關係來設定選擇器。在這些選擇器中，又以 class 選擇器與子孫選擇器的使用率最高，下面為您做個整理。

▶ 3 種基本選擇器：元素選擇器、id 選擇器、class 選擇器

● 選擇器的種類

元素選擇器（以指定的元素當做選擇器）

`<h1>標題</h1>` → `h1{color:#FF0000;}`

id 選擇器（利用 id 屬性為元素設定單一名稱，並做為選擇器）

`<h1 id="foo">標題</h1>` → `h1#foo{color:#FF0000;}`

- 元素名可省略
- 利用 id 屬性設定的名稱，在該頁面只能出現 1 次，不可重複。

class 選擇器（利用 class 屬性為為元素設定任意名稱，並做為選擇器）

`<h1 class="foo">標題></h1>` → `h1.foo{color:#FF0000;}`

- 省略元素名時，將被視為通用 class，所有元素都可使用。
- 若不省略元素名，則樣式只有在該元素內才適用。
- 利用 class 屬性所設定的名稱，可在網頁多處重複出現。

▶ 依群組、元素間的關係來設定的選擇器

● 選擇器的排列組合

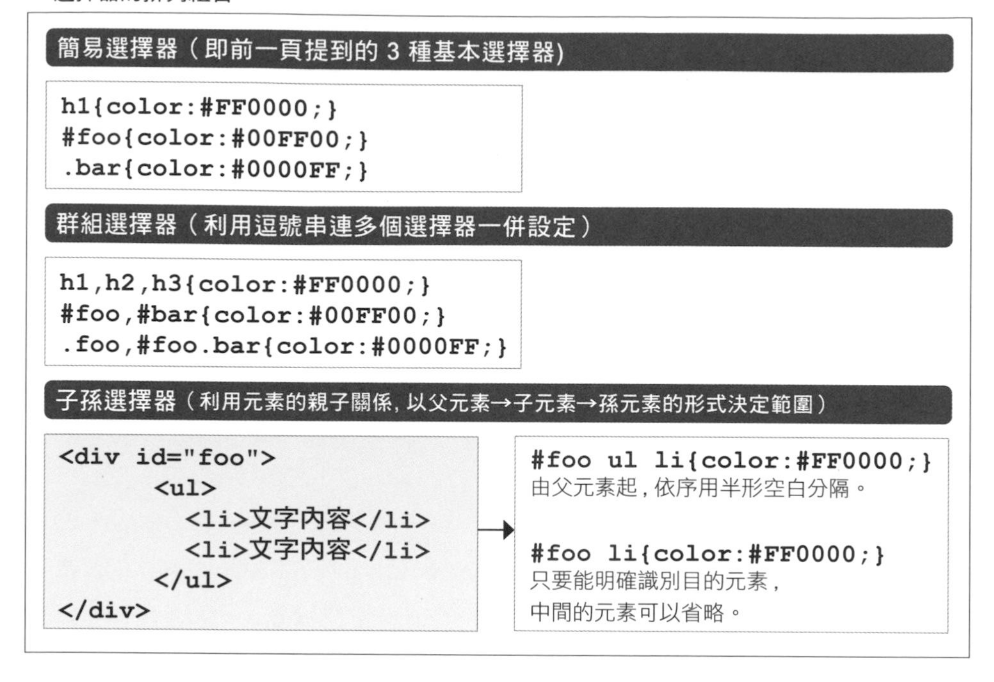

簡易選擇器（即前一頁提到的 3 種基本選擇器）
h1{color:#FF0000;}
#foo{color:#00FF00;}
.bar{color:#0000FF;}
群組選擇器（利用逗號串連多個選擇器一併設定）
h1,h2,h3{color:#FF0000;}
#foo,#bar{color:#00FF00;}
.foo,#foo.bar{color:#0000FF;}
子孫選擇器（利用元素的親子關係，以父元素→子元素→孫元素的形式決定範圍）
<div id="foo">
<ul>
<li>文字內容</li>
<li>文字內容</li>
</ul>
</div>
#foo ul li{color:#FF0000;}
由父元素起，依序用半形空白分隔。
#foo li{color:#FF0000;}
只要能明確識別目的元素，
中間的元素可以省略。

選擇器的優先順位

當多個選擇器同時指定同一位置同一屬性不同的值時，會依 CSS 中用來判斷選擇器優先順位的機制，判定最後以哪個樣式顯示。

基本上是**寫在「後面」的敘述優先於寫在「前面」的敘述**，將後面指定的值覆寫上去。但選擇器的「明確度」，也會影響優先順位。

如同字面所示，選擇器的明確度（Specificity）是用來表示選擇器內容明確程度的值，值愈大其優先順位也愈高。當明確度相同時，以後面出現的選擇器為優先。當明確度一高一低時，不論二者在檔案中是誰先誰後，一律以明確度高者為優先。

明確度是依選擇器種類等因素累計積分，以積分的數值管理。不過，積分的計算方式有些複雜，只要先記得一些基本規則即可。

- 元素選擇器 < class 選擇器 < id 選擇器 。
- 外部 CSS 檔案 < 用 <style> 標籤寫的 CSS < 用元素的 style 屬性所寫的 CSS。

● CSS 語法重覆時的套用順序

!important

當撰寫好的 CSS 樣式未被套用時，原則上會新做一個明確度較高的選擇器取代原有的。不過有個快速的方法，可在屬性後面加上「!important」，直接指定它為最優先。

以下列原始碼為例，第一行因為使用了 id 選擇器，明確度會比只使用了 class 選擇器的第二行高，因此第一行的選擇器會較優先。

● 原本的優先順位

```
#hoge .fuga{ color: red; }   /*優先*/
.fuga{ color: blue; }
```

但若加入 !important, 則不管明確度為何，有 !important 的選擇器優先。

● 指定 !important 後的優先順位

```
#hoge .fuga{ color: red; }
.fuga{ color: blue !important; }   /*優先*/
```

不過，!important 是在沒有更好的辦法時，才建議使用。若胡亂使用，可能會破壞 CSS 的規則，因此原則上應儘量避免使用。

- 選擇器種類非常多，最應先熟練的是 id、class 選擇器和子孫選擇器 .. 等。
- 了解當 CSS 語法有衝突時，套用的優先順位是怎麼決定的。
- 認識 !important 的用法。

補充說明

在 CSS 2.1/3 中定義的選擇器

在前面的實作中，介紹了基本的選擇器種類及使用方式，其實瀏覽器可用的選擇器還有很多，底下整理了各種選擇器供您參考，現階段您不必細看，只要大概瀏覽一下就可以了。

▶ 選擇器一覽

選擇器	名稱	意思	例	CSS Level
*	通用選擇器 (Universal selectors)	選擇所有的元素	`* { margin: 0; }`	CSS2.1
E	元素選擇器	選擇指定元素（E）	`h1 { color: #ff0000; }`	CSS2.1
#id	id 選擇器	id 屬性為〔id值〕的元素	`#title { font-size: 150%; }`	CSS2.1
.class	class 選擇器	class 屬性為〔class值〕的元素	`.note { font-size: 80%; }`	CSS2.1
E F	子孫選擇器	選擇在父元素 E 下的子元素 F	`h1 span { color: #ff0000; }`	CSS2.1
E > F	子選擇器	選擇父元素 E 的直接子元素 F	`ul > li { border-top: #ccc 1px solid; }`	CSS2.1（這兩個前面實作時有練習過）
E + F	相鄰選擇器	選擇兄元素 E 直接相鄰的子元素	`h2 + p { margin-top: 0; }`	CSS2.1（這兩個前面實作時有練習過）
E ~ F	間接選擇器	選擇兄元素 E 之後登場的所有弟元素 F	`h2 ~ p { text-indent: 1em; }`	CSS3

▶ 子選擇器、相鄰選擇器、間接選擇器

子選擇器（利用元素的親子關係，選擇其下直接子元素的選擇器）

```
<ul class="bar">
    <li>文字內容</li>
    <li>文字內容
        <ul>
           <li>文字內容</li>
        </ul>
    </li>
</ul>
```

`.bar > li {color=#FF0000;}`
父元素與直接子元素之間以「>」串連。

2-30 頁提到的子孫選擇器其作用範圍概括了所有子元素和孫元素，但子選擇器只會影響到其下的直接子元素，孫元素的樣式並不受影響。

相鄰選擇器（利用元素的兄弟關係，選擇相鄰元素）

```
<h2>標題</h2>
<p>文字文字</p>
<p>文字文字</p>
<p>文字文字</p>
<p>文字文字</p>
```

→

```
h2 + p {margin-top:15px;}
```

指定元素與其下一行提到的元素，二者之間以＋串連。

例如「p 元素下一行的 p 元素」、「h2 元素下一行的 div 元素」。

間接選擇器（利用元素的兄弟關係，選擇之後所有的弟元素）

```
<h2>標題</h2>
<p>文字文字</p>
<p>文字文字</p>
<div><img src="xxx.png" >
  </div>
<p>文字文字</p>
<p>文字文字</p>
```

→

```
h2 ~ p {margin-top:15px;}
```

指定元素之後出現的所有元素，二者之間以「~」串連。

例如「p 元素下一行的 p 元素」、「h2 元素之後所有的 p 元素」。

▶ 屬性選擇器

選擇器	意思	例子	CSS Level
E[attr]	選擇有屬性 attr 的元素（E）	**a[href]** 擁有 href 屬性的 a 元素	CSS2.1
E[attr="value"]	選擇有屬性 attr 的值為 value 的元素（E）	**a[target="_blank"]** target 屬性值為 _blank的 a 元素	
E[attr^="value"]	選擇屬性 attr 的值是以 value 開頭的元素（E）	**a[href^="mailto:"]** href 屬性值是以 mailto: 開頭的 a 元素	CSS3
E[attr$="value"]	選擇屬性 attr 的值是以 value 結束的元素（E）	**a[href$=".pdf:"]** href 屬性值是以 .pdf 結尾的a元素	
E[attr*="value"]	選擇屬性 attr 的值是包含 value 的元素（E）	**[class*="icon_"]** class 屬性包含 icon_的所有元素	

▶ 虛擬類別選擇器

種類	選擇器	意思	CSS Level
連結虛擬類別 ※:link 和 :visited 只能用在 a 元素，其餘選擇器 a 元素以外的元素也可用。	:link	未連過的連結	CSS2.1
	:visited	曾連過的連結	
	E:hover	滑鼠移入元素時	
	E:active	在元素上點按滑鼠時	
	E:focus	元素獲得焦點時	

接下頁

▶ 虛擬類別選擇器

種類	選擇器	意思	CSS Level
語言虛擬類別	E:lang()	元素中有指定某文字編碼時	CSS2.1
結構虛擬類別	E:first-child	第一個子元素（E）	
	E:last-child	最後的子元素（E）	CSS3
	E:nth-child(n)	第 n個子元素（E）	
	E:nth-last-child(n)	倒數第 n 個子元素（E）	
	E:only-child	唯一的子元素（E）	
	E:first-of-type	第一個 E 元素	
	E:last-of-type	最後一個 E 元素	
	E:nth-of-type(n)	第 n 個 E 元素	
	E:nth-last-of-type(n)	倒數第 n 個 E 元素	
	E:only-of-type	唯一的 E 元素	
	:root	文檔的根元素（html 元素）	
否定虛擬類別	E:not(s)	不含 s 選擇器的 E 元素	
目標虛擬類別	E:target	目標元素 E	
UI虛擬類別	E:enabled	可輸入資料的 E元素（限為 UI 元素）	
	E:disabled	無法輸入資料的 E 元素（限為 UI 元素）	
	E:checked	已點選的 E 元素（限為 UI 元素）	

▶ 虛擬元素

選擇器	意思	例子	CSS Level
E::first-letter	E 元素的第 1 個字	`p::first-letter {font-size: 200%;}`	CSS2.1
E::first-line	E 元素的第 1 行	`p::first-line { font-weight: bold; }`	
E::before	在 E 元素前面的內容	`p::before {content: "『";`	
E::after	在 E 元素後面的內容	`p::after {content: "}";}`	
E::selection	E 元素中使用者選擇的區域	`p::selection {background-color: #ff0;}`	CSS3

● 虛擬元素的例子

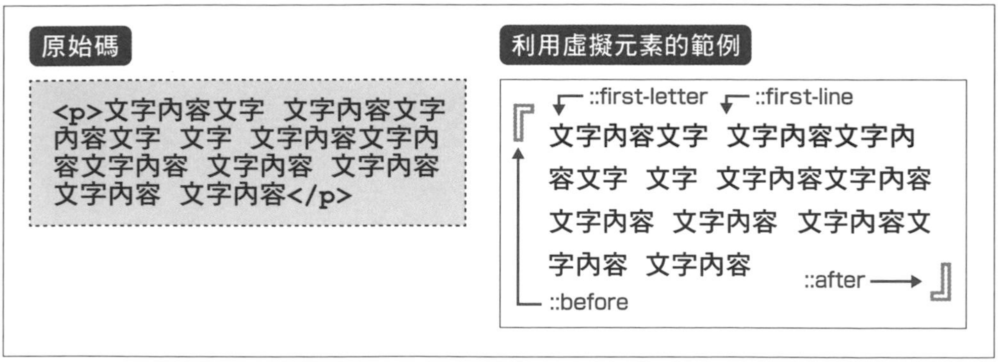

原始碼

<p>文字內容文字 文字內容文字內容文字 文字 文字內容文字內容文字內容 文字內容 文字內容文字內容 文字內容</p>

利用虛擬元素的範例

::first-letter ::first-line

『文字內容文字 文字內容文字內容文字 文字 文字內容文字內容文字內容 文字內容 文字內容文字內容 文字內容』

::before ::after

▶ ::before 以及 ::after 虛擬元素

特別介紹一下 ::before 虛擬元素與 ::after 虛擬元素，可在 HTML 檔中實際並沒有元素的地方，彷彿插入一個元素，然後設定這個虛擬元素的樣式。

● ::before 及 ::after 所虛擬出的元素位置

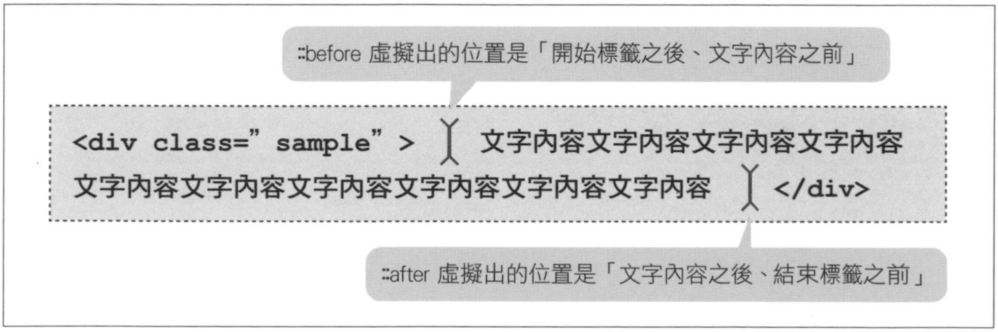

::before 虛擬出的位置是「開始標籤之後、文字內容之前」

<div class=" sample" > 文字內容文字內容文字內容文字內容文字內容文字內容文字內容文字內容文字內容文字內容 </div>

::after 虛擬出的位置是「文字內容之後、結束標籤之前」

要利用 ::before 或 ::after 插入內容，必須搭配 content 屬性，可用來產生文字、圖片等：

● 例

```
＜產生文字＞
.sample::before {
        content: "文字";
}
＜產生圖片＞
.sample::before {
content: url(圖檔路徑);
}
```

SUPPLEMENTARY LESSON

LESSON

08 用背景圖裝飾元素

LESSON 08 將練習在網頁內加上背景圖，不是說單純指定一張圖片就好喔！其中蘊藏許多 CSS 設計 knowhow，學會後能讓你的功力更上一層樓。

Sample File　chapter02 ▶ lesson08 ▶ before ▶ index.html、style.css

實作　套用背景圖

將背景改成條紋圖

1 確認使用的素材

本例所使用的圖片為 img 資料夾內的 bg.png，尺寸為 100 ╳ 140px。

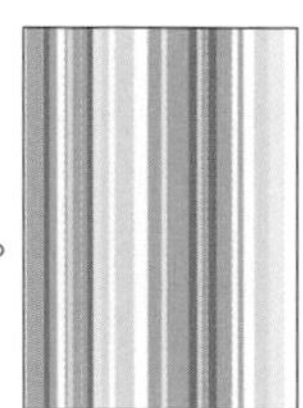

2 在 body 元素設定背景圖

利用 background-image 屬性將素材指定為背景圖，並依水平、垂直雙向重複到 body 元素被圖片填滿為止。

● style.css

```
3   /*視窗背景色設定*/
4 ▼ body {
5     background-color: #fbf9cc;
6     background-image: url(img/bg.png);
7   }
```

3 指定背景圖的重複方向

要讓素材依水平方向重複時，指定值為 repeat-x；依垂直方向重複指定值為 repeat-y；不重複時為 no- repeat。預設值是 repeat（水平重複）。

● style.css

```
3   /*視窗背景色設定*/
4 ▼ body {
5     background-color: #fbf9cc;
6     background-image: url(img/bg.png);
7     background-repeat: repeat-x;
8   }
```

語法 background-repeat〔背景圖重複方向〕
值：repeat、repeat-x、repeat-y、no-repeat

4 試試其它背景相關屬性

還有許多屬性可用來控制背景圖的顯示效果，雖然本章的範例不會全都用上，這裡還是介紹幾個常見的屬性。

▶ background-position（背景圖的顯示位置）

若將 background-repeat 指定為 no-repeat, 圖片就會顯示在 body 元素的左上角。這是因為決定背景圖顯示位置的 background-position, 預設值是「left top（左上）」。您可以試著將屬性值改為「right top（右上）」或「center bottom（中央下）」等值，就可以改變背景圖的顯示位置。

● style.css

```
3   /*視窗背景色設定*/
4 ▼ body {
5     background-color: #fbf9cc;
6     background-image: url(img/bg.png);
7     /*測試背景色相關屬性*/
8     background-repeat:no-repeat;   /*不重複*/
9     background-position: right top;   /*靠右上顯示*/
10  }
```

▶ background-attachment（背景圖固定）

若將 background-attachment 的值改為 fixed，則在捲動瀏覽器視窗時，會發現只有背景圖固定不動，只有內容會跟著捲動。

● style.css

```
 3   /*視窗背景色設定*/
 4 ▼ body {
 5     background-color: #fbf9cc;
 6     background-image: url(img/bg.png);
 7     /*測試背景色相關屬性*/
 8     background-repeat:no-repeat;  /*不重複*/
 9     background-position: right top;  /*靠右上顯示*/
10     background-attachment: fixed;  /*背景圖位置固定*/
11   }
```

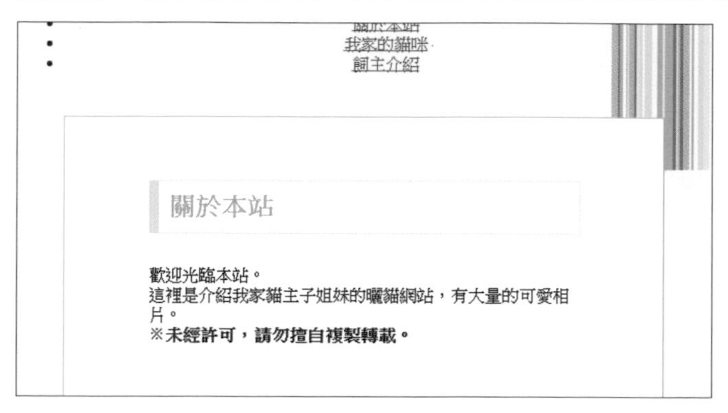

▶ background-size（背景圖顯示的尺寸）

顯示背景圖時，預設是依原圖大小顯示，但利用 background-size 屬性，就可透過 CSS 變更尺寸。這裡試著將 100 × 140px 的圖縮小成 50 × 70px。

● style.css

```
 3   /*視窗背景色設定*/
 4 ▼ body {
 5     background-color: #fbf9cc;
 6     background-image: url(img/bg.png);
 7     /*測試背景色相關屬性*/
 8     background-repeat:no-repeat;
 9     background-position: right top;
10     background-attachment: fixed;
11     background-size: 50px 70px;
12   }
```

與背景圖有關的屬性有很多，可配合版面設計使用。接下來請先刪掉剛才測試背景圖相關屬性的敘述，將 CSS 檔回復到步驟 3 的內容後再繼續底下的操作。

5 以簡寫 (Shorthand) 的寫法設定屬性

背景圖的相關屬性，可以用簡寫（Shorthand）的方式在 background 屬性中統整設定，做法上是**以半形空白做為區隔，將屬性值並列即可**。被省略的值，會由系統自動帶入預設值。設定 background 屬性時，值的順序不限，可依自己覺得易讀易懂的順序撰寫。

● style.css

```
3   /*視窗背景色設定*/
4   body {
5     /*
6     background-color: #fbf9cc;
7     background-image: url(img/bg.png);
8     background-repeat: repeat-x;
9     */
10    background: #fbf9cc url(img/bg.png) repeat-x;
11  }
```

這裡因為要介紹屬性簡寫的寫法，因此將之前的程式碼以 /* ～ */ 框住，成為註解。
這是簡寫的寫法（詳情見下一頁的說明）

COLUMN

屬性簡寫

在 CSS 中，很常用簡寫 (Shorthand) 的方式將多種屬性整合在同一行，可用簡寫進行設定的屬性很多，其中又以下列三種最為常用。

❶ margin / padding

可一次設定上下左右的 margin / padding，設定時需遵照順序。

● margin 相關屬性的簡略寫法

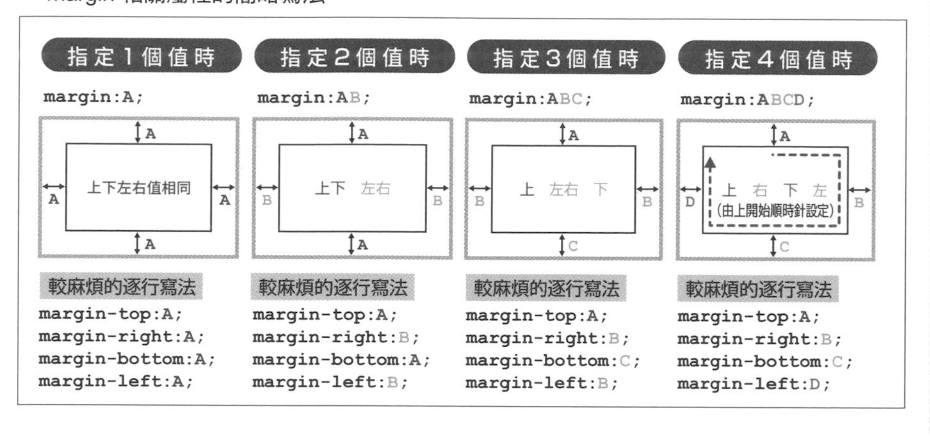

❷ border

border-style、border-width、border-color 這三個屬性也可統整設定，設定值無順序上的差異，但除了 border-color 之外的二個屬性都必須指定值，border-color 的話可以省略，若省略會繼承父元素的 color 屬性值。

● border 相關屬性的簡略寫法

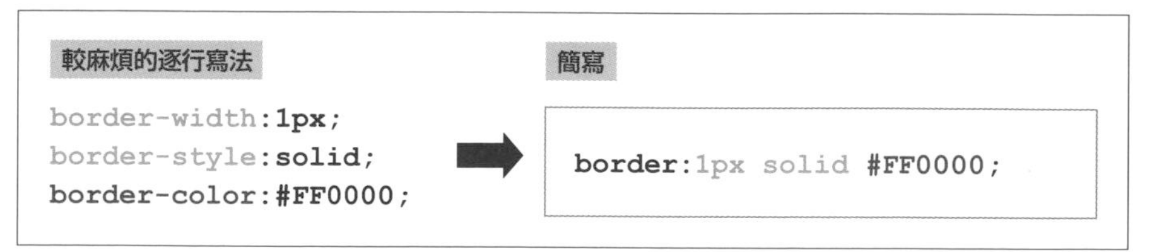

❸ background

可將與 background 有關的多種屬性統整設定。除了 background-size 之外，其它的設定值皆無順序上的差異，誰先誰後都可以。此外，若欲設定的值與預設值相同，可省略不寫，系統會自動以預設值代入。

不過，簡寫時若想插入 background-size 的值，則在 background-position 之後必須加上「/（斜線）」。而且此時就算 background-position 的值與預設值相同，也不可省略。

● background 相關屬性的簡寫

● background 的屬性簡寫（插入 background-size 時）

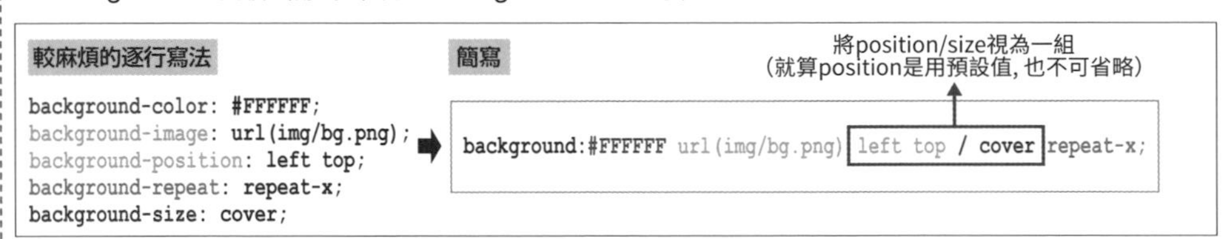

● background 相關屬性及其預設值

屬性	意思	值	預設值
background-color	底色	顏色碼｜顏色名｜transparent	transparent（透明）
background-image	背景圖	url（檔案路徑）｜none	none（無圖）
background-repeat	背景圖重複方向	repeat｜repeat-x｜repeat-y｜no-repeat	repeat（水平垂直重複）
background-position	背景圖位置	表示位置的關鍵字｜%｜數值（px）	左上（left top｜0% 0%｜0px 0px）
background-attachment	背景圖位置固定、可捲動	fixed｜scroll	scroll
background-size	背景圖的顯示尺寸	auto｜cover｜contain｜寬、高（註：用含單位的數值設定）	auto（原圖大小）

補充 背景相關屬性

以數值設定 background-position

基本上設定背景圖位置時只要如下圖所示，利用關鍵字分別設定即可：

● background-position 屬性的語法

```
background-position:left top;
```

❶ 水平方向的位置，值可為 left、center、right。
❷ 垂直方向的位置，值可為 top、center、bottom。

實際上也可用 px 等單位的數值設定。以數值設定時，起點一律為左上角：

● background-position 屬性的設定方式

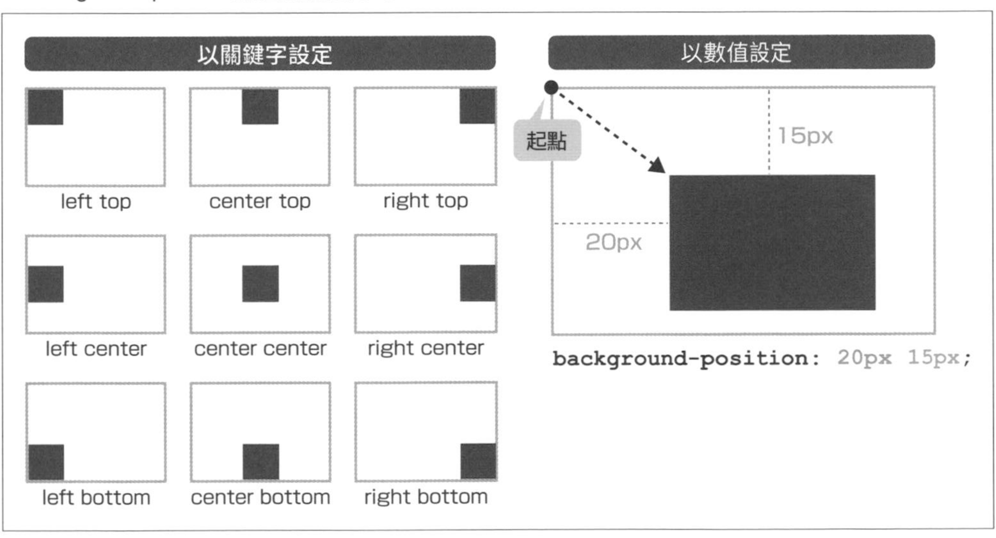

若要設定「離右端 10px，離上方 10px」這種不以左上角為起點的位移時，可寫為「**background-position: right 10px top 10px;**」，也就是在 left / right 和 top / bottom 之後加上位移數值（px 或 %）即可。

「簡寫時若省略顏色設定」的注意事項

設定背景圖相關屬性時，也可以單獨將 background-color 抽出來個別指定，其餘屬性則維持簡寫的方式。此時，必須特別注意敘述的撰寫順序。

● 錯誤的寫法　　　　　　　　不可先寫

```
選擇器{
    background-color: #ff0000;
    background: url(img/bg.gif) right top no-repeat;
}
```

● 正確的寫法　　　　　　　　後寫才對

```
選擇器{
    background: url(img/bg.gif) right top no-repeat;
    background-color: #ff0000;
}
```

在【錯誤的寫法】中，backgorund-color 的語法寫在簡寫之前，這一行並不會生效，原因與下列 2 項 CSS 的規則有關：

- 在 background 的簡寫中被省略的值，將自動以預設值帶入。
- 同一元素的同一屬性有不同設定值時，以敘述在後面的值為優先。

【錯誤的寫法】在一開始設定了 background-color 為紅色之後，下一行又以簡寫的方式設定 background 屬性，在下一行的簡寫中省略了 background-color 的值，因此會自動以預設值 transparent（透明）覆寫上一行的設定，顯示時就不會有底色。

「同時使用多張圖做為背景」的注意事項

1 個元素中可設定多張背景圖，例如要在 4 個角落分別放上邊框時，可如下所示，在 1 個元素的設定 4 張背景圖，分別顯示在 4 個角落。

● HTML

```
<div class="frame"><p>在4個角落分別放上背景圖</p></div>
```

● CSS

```
.frame {
    width: 400px;
    padding: 100px;
    background:
        url(img/bg_frame01.png) left top no-repeat,
        url(img/bg_frame02.png) right top no-repeat,
        url(img/bg_frame03.png) left bottom no-repeat,
        url(img/bg_frame01.png) right bottom no-repeat;
    text-align: center;
}
```

同時使用多張背景圖時，第一個指定的圖會顯示在最上層，最後一個指定的會顯示在最下層，因此若要製作背景圖重疊在一起的效果，在設定時請務必留意順序。例如下面的例子要在海的照片（sea.jpg）上，加上花的圖片（flower.png），則設定背景圖時應先指定花的圖片，再指定海的照片。

● HTML

```
<div class="multi-bg"> </div>
```

● CSS

```
.multi-bg{
    padding-top: 50%;
    background:
        url(img/flower.png) no-repeat,          /*顯示在上層*/
        url(img/sea.jpg) no-repeat;             /*顯示在下層*/
}
```

COLUMN

網頁常用的圖檔格式

常見的圖檔格式有 JPEG、PNG、GIF 三種，請依用途選擇使用。

● 圖檔格式的比較

格式	GIF	JPEG	PNG-8	PNG-24/32
顏色數	最大 256 色	全彩	最大 256 色	全彩
壓縮方式	非破壞性壓縮	破壞性壓縮	非破壞性壓縮	非破壞性壓縮
壓縮率	中	高	高	低
透明效果	○	×	○	○
Alpha Channel	×	×	△	○
動畫	○	×	×	×
主要用途	icon、圖案、圖形文字、動畫	照片	icon、圖案、圖形文字	半透明的圖片

另外，上表所列都是點陣圖，近年來「SVG」格式的向量圖也逐漸被採用。向量圖是指用 Adobe Illustrator 等工具製作的圖檔格式，與點陣圖最大的差異就是無論放大縮小還是很清晰，很常用於 icon、Logo 的設計。

Point

- **務必熟記常用的背景圖屬性。**
- **好好熟悉屬性的簡寫 (Shorthand) 方式。**
- **要在一個元素同時設定多個背景圖時，必須留意設定順序。**

LESSON

09 用 CSS 美化元素

LESSON 09 將介紹在 CSS3 新登場的屬性，練習如何利用 CSS 設計及美化版面。活用這些屬性，就算不使用 Photoshop 等繪圖軟體，只靠 CSS 也能做出亮眼的設計。

實作 用 CSS 設計 LOGO

1 將 LOGO 圖變成橢圓形

元素的邊框預設都是四方形，只要利用 **border-radius** 就可將邊框的四角改成圓角，甚至變成圓形。例如若想變成圓形，只需將 border-radius 的值指定為 50% 以上的數字(或與 width / height 相同數值)，則原本是正方形的元素就會變成正圓形；原本是長方形的元素就會變成橢圓形。

● style.css

```
25   /*頁面標題設定*/
26 ▼ h1 {
```

----------------------------- 省略 -----------------------------

```
36      border-radius: 50%;
37   }
```

● border-radius 語法

```
border-radius: 圓角半徑;
例：border-radius: 10px;    例：border-radius:5px 10px 15px 20px;
           （四角）                    （左上  右上  右下  左下）
```

2 利用陰影做出立體字

text-shadow 屬性可用來設定文字陰影，本例我們在文字右下加上陰影。除了為文字加上陰影外，還能用來做出各種不同效果（Chapter06 的 LESSON 20 有更多的效果展示）。

● style.css

```
25   /*頁面標題設定*/
26 ▼ h1 {
```

----------------------------- 省略 -----------------------------

```
36      border-radius: 50%;
37      text-shadow: 1px 1px 2px #307657;
38   }
```

KOMA-
NATSU
Web

Web

● text-shadow 語法

```
text-shadow: 水平位移x  垂直位移y  模糊強度  陰影色;
例：text-shadow: 1px 1px 5px #000;
```

3 用陰影做出立體邊框

box-shadow 屬性是用來設定元素的陰影，本例我們在 LOGO 整體邊框加上一層陰影。跟 text-shadow 一樣，此屬性最典型的用法是為在元素邊框加上陰影，但實際上還能用來做出各種不同效果。

● style.css

```
25   /*頁面標題設定*/
26 ▼ h1 {
------------------------------ 省略 ------------------------------
36     border-radius: 50%;
37     text-shadow: 1px 1px 2px #307657;
38     box-shadow: 0 0 10px rgba(0,0,0,0.5);
39   }
```

Memo　關於其它可用 box-shadow 做出的效果，請參照 Chapter06 的 LESSON20。

● box-shadow 語法

box-shadow: 水平位移x　垂直位移y　模糊強度　擴散強度※可省略　陰影色　內側指定※可省略;

例：box-shadow: 2px 2px 10px #000;
例：box-shadow: 0 0 5px 2px #000 inset;

Memo　設定**陰影色**這個屬性值時，可使用 16 進位碼或 RGB 值設定顏色，而如果在它下層有照片或背景圖等顏色較多的元素時，為避免單一不透明色會造成突兀感，可像本例一樣利用 rgba() 指定半透明的顏色。

4 將 LOGO 底色改為漸層

接下來我們要把 LOGO 的底色改為漸層色。利用 background 中的 **linear-gradient()** 或 **radial-gradient()** 就可以不使用圖片，單靠 CSS 就做出漸層效果。在本例中我們將底色改為線性的漸層。

● style.css

```
25   /*頁面標題設定*/
26 ▼ h1 {
------------------------------ 省略 ------------------------------
36     border-radius: 50%;
37     text-shadow: 1px 1px 2px #307657;
38     box-shadow: 0 0 10px rgba(0,0,0,0.5);
39     background-image: linear-gradient(to bottom, #6fbb9a, #4a9d79);
40   }
```

● linear-gradient() 語法

```
linear-gradient(角度, 色彩端點, 色彩端點);

・角度（W3C規格）: to bottom、to top、to right、to left、數值deg
・色彩端點: 顏色 位置

例：background: linear-gradient(to right, #f00, #fff);
例：background: linear-gradient(to top, #f00 0%, #0ff 50%, #fff
   100%);
```

Memo　漸層的詳細說明與其它實例，請參照 Chapter06 的 LESSON20。

5 使用 Web 字型

在網頁的世界中，字型基本上都用使用者電腦上有的微軟正黑體、細明體 .. 等標準字型，若想在網頁中使用特殊字型，得考慮到使用者的環境是否有那個字型，否則就會顯示不出來。考量到這點，可以利用「Web 字型」來做設計，這樣即便使用者的電腦上沒有這些特殊字，透過網路也可以正常顯示。

接下來就利用 Google 免費 Web 字型服務「Google Fonts」將 Logo 裡的文字改成不一樣的字型。

❶ 進入 Google Fonts 網站（https://fonts.google.com/）

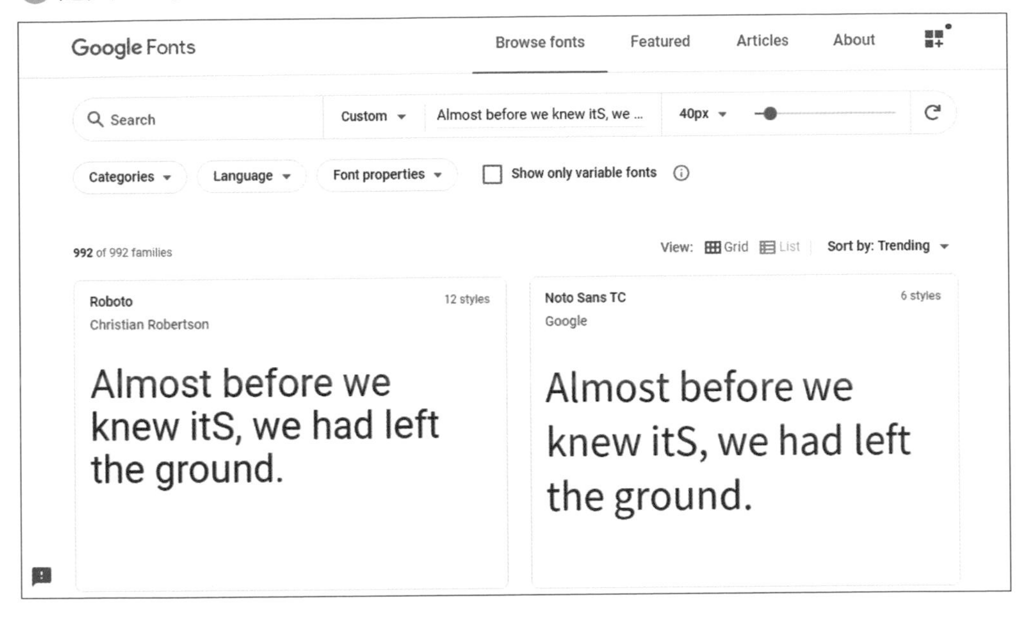

❷ 輸入「Limelight」搜尋字型

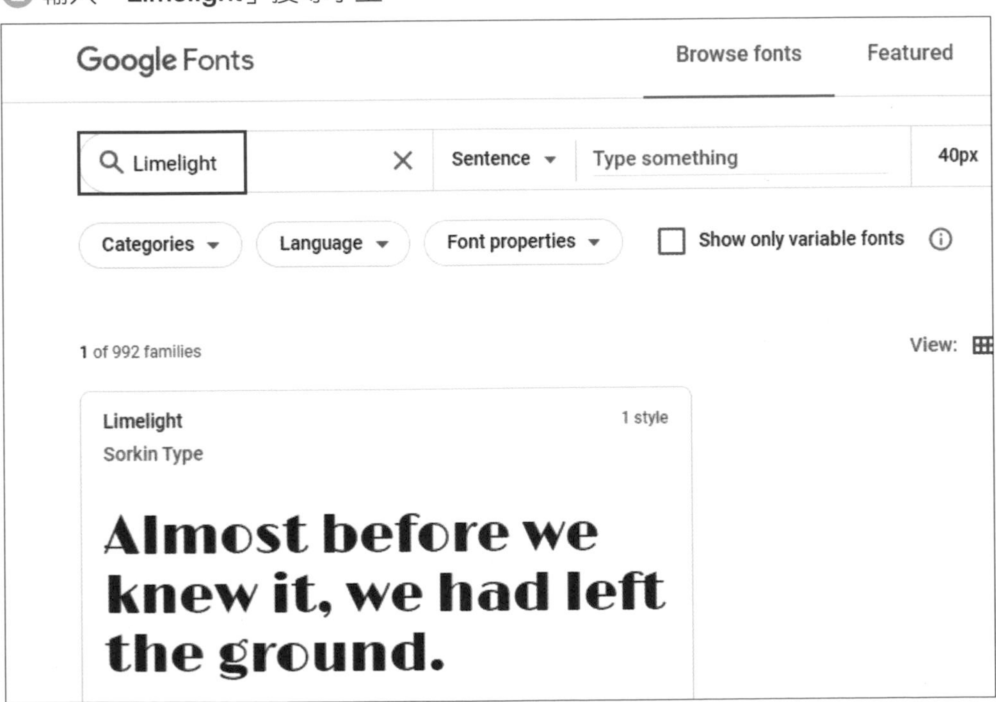

③ 點按「+ Select this style」後，再點選「EMBED」頁籤，即會顯示載入字型用的 link 元素原始碼。

④ 複製 link 元素原始碼，貼到 index.html 的 head 元素裡。

● index.html

```
1    <!DOCTYPE html>
2 ▼ <html lang="zh-TW">
3 ▼ <head>
4    <meta charset="UTF-8">
5    <title>KOMA-NATSU Web</title>
6    <meta name="keywords" content="貓咪,喵咪,喵星人,貓咪介紹,曬貓">
7    <meta name="description" content="介紹我家的貓咪們！還有大量可愛的貓照
     片。">
8    <link href="style.css" rel="stylesheet" media="all">
9    <link href="https://fonts.googleapis.com/css2?
     family=Limelight&display=swap" rel="stylesheet">
10   </head>
```

⑤ 在要使用 Web 字型的選擇器裡設定 font-family。

● style.css

```
25    /*頁面標題設定*/
26 ▼ h1 {
----------------------------------- 省略 -----------------------------------
36       border-radius: 50%;
37       text-shadow: 1px 1px 2px #307657;
38       box-shadow: 0 0 10px rgba(0,0,0,0.5);
39       background-image: linear-gradient(to bottom, #6fbb9a, #4a9d79);
40       font-family: 'Limelight', cursive;
41    }
```

Google Fonts 所提供的字型以英文字型為主，但還是有少數可用於中文的字型，不僅可用於標題，也可用於整篇網頁，有興趣的讀者可再自行研究。

最後，除了 LOGO 之外，次標題、小標題元素也用了 CSS 做裝飾：

● style.css

```
43   /*次標題設定*/
44 ▼ .h {
------------------------------- 省略 -------------------------------
50     border-radius: 5px 0 0 5px;
51   }
52
53   /*小標題設定*/
54 ▼ .h-sub {
55     padding: 10px;
56     background-color: #fbf9cc;
57     color: #ff705b;
58     border-radius: 10px;
59     box-shadow: 0 0 5px 2px #ffd0ad inset;
60   }
```

我家的貓咪

●小町（KOMACHI・♀）

- 用 CSS 就能做出圓角、陰影、漸層等設計效果。
- 裝飾用的屬性語法比較複雜，撰寫時應小心注意。
- 若想使用特殊字型，可考慮使用 Web 字型。

LESSON 10

基本版面設計與 Box Model

LESSON 10 要介紹學 CSS 一定要知道的 Box Model（盒子模型）概念，以及用來控制顯示效果的 display 屬性和用於基本版面設計的 float 屬性。Box Model 與選擇器一樣，是 CSS 版面設計中非常重要的概念，請務必熟悉它。

Sample File chapter02 ▶ lesson10 ▶ before ▶ index.html、style.css

● Before

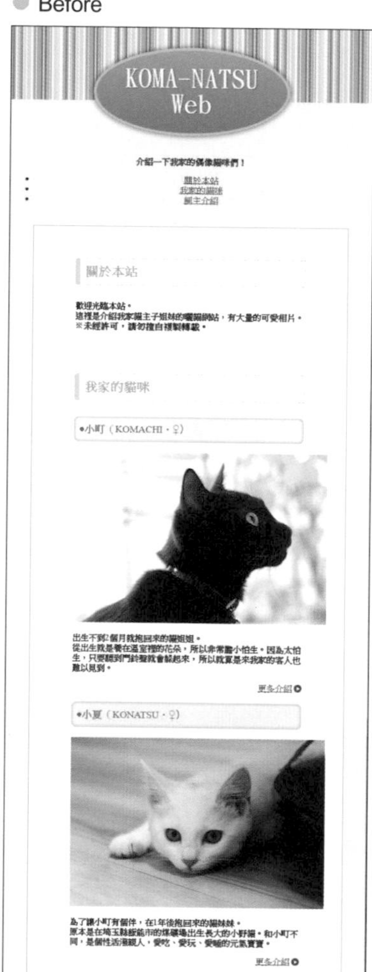

● After

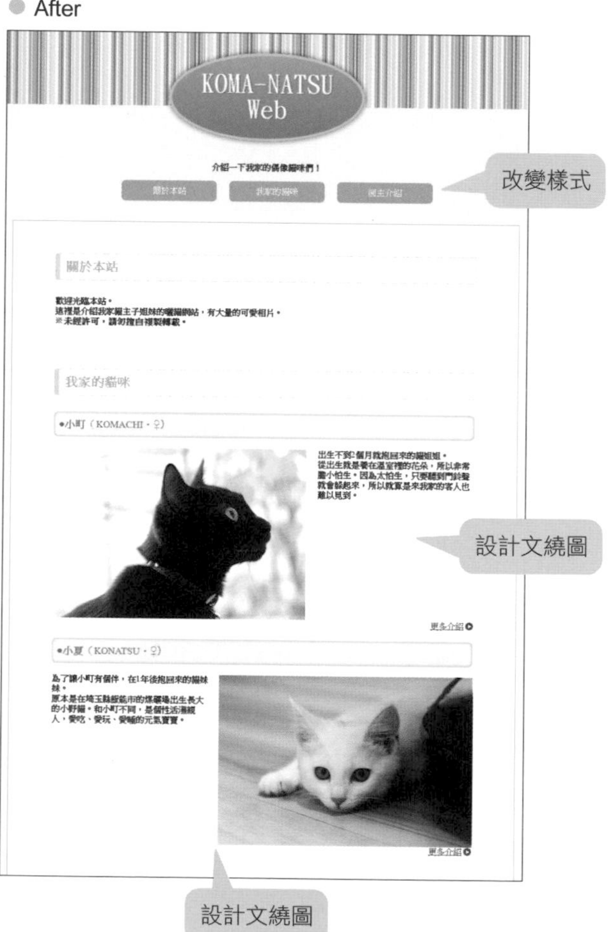

實作　設定網頁整體版面

設定導覽區塊的樣式

1 刪除不要的「•」

使用 ul 元素時，每個項目前面預設會顯示項目符號「•」，可以利用 list-style-type 屬性修改符號樣式，不過此例不需要項目符號，因此設為 none 表示不顯示項目符號。

● style.css

```
22   /*導覽樣式設定*/
23 ▼ .menu li {
24     list-style-type: none;
25   }
```

關於本站
我家的貓咪
飼主介紹

● list-style-type 的值與對應的項目符號

list-style-type 值	項目符號
disc	黑點
circle	白點
square	黑色正方形
decimal	阿拉伯數字（1.2.3.）

list-style-type 值	項目符號
lower-alpha	小寫英文字母（a.b.c.）
upper-alpha	大寫英文字母（A.B.C.）
lower-roman	小寫羅馬數字（i.ii.iii.）
upper-roman	大寫羅馬數字（I.II.III.）

2 將項目水平排列

因為父元素中設定了 text-align，所以項目的文字是水平置中顯示。而由於標記選單項目的 li 元素是 block 類型的元素，因此這 3 個項目會垂直排列顯示，這是因為 block 類型元素中，用來設定元素如何顯示的 **display** 屬性預設值是 **block**，顯示時會自動換行，因此用 li 元素標記的 3 個選單項目會垂直排列顯示。

若元素預設的顯示方式不適用於想要呈現的版面，只要在 CSS 設定 **display** 屬性值，就可變更顯示方式，底下就來試試這個屬性。在此範例中，由於 li 元素預設是個透明的「Box（盒子）」（編：可視為元素的範圍，後述），難以看出 display 屬性修改時元素會有什麼變化，因此我們先設定 li 元素的 border，暫時加上邊框。

語法　display [設定元素的顯示屬性]
值：block、inline、inline-block、list-item、table、table-cell、none 等

編：針對 display 屬性可先翻至 2-65 頁看看各屬性值的差異。

● 設定 border 暫時加上邊框

```
22   /*導覽樣式設定*/
23 ▼ .menu li {
24     list-style-type: none;
25     border: 1px solid #f00;   /*暫訂*/
26   }
```

● display 屬性值修改前

關於本站
我家的貓咪
飼主介紹

● display 屬性改為 inline

```
22   /*導覽樣式設定*/
23 ▼ .menu li {
24     list-style-type: none;
25     border: 1px solid #f00;   /*暫訂*/
26     display: inline;
27   }
```

● display 屬性值修改後

關於本站 我家的貓咪 飼主介紹

將display屬性值從block改成inline後，元素本身就會被視為等同文字類型元素，顯示時不再自動換行而會水平並排。

3 統一各項目的寬度

設定 display: inline 後，若想變更寬度是沒有辦法的，想改寬度的話必須將 display 屬性值改為 **inline-block**。inline-block 跟 inline 一樣可將元素排在同一行，同時可以指定各元素的寬度。

● style.css

```
22   /*導覽樣式設定*/
23 ▼ .menu li {
24     list-style-type: none;
25     border: 1px solid #f00;   /*暫訂*/
26     display: inline-block;
27     width: 180px;
28   }
```

關於本站 我家的貓咪 飼主介紹

4 將選單項目改為按鈕樣式

繼續修改選單項目，改以按鈕的樣式顯示。

首先，修改選單項目的連結（a 元素）樣式，再利用 **:hover** 虛擬類別讓滑鼠移入時顏色變較淺色，就能明顯區隔出可點按的項目。

● style.css

```
29 ▼ .menu a {
30     background: #6fbb9a;
31     color: #fff;
32   }
33 ▼ .menu a:hover {
34     background: #90ddbb;
35   }
```

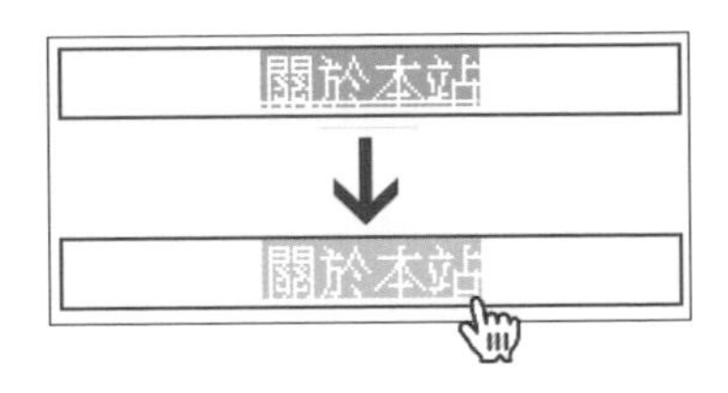

但這樣可點按的區域有點小，看起來不太像按鈕，因此利用 **padding** 屬性擴大 a 元素內側區域。不過，若單純只加上 padding 屬性的設定，結果如底下這樣，還是無法做出按鈕的樣子。

● style.css

```
29 ▼ .menu a {
30     padding: 10px;
31     background: #6fbb9a;
32     color: #fff;
33   }
```

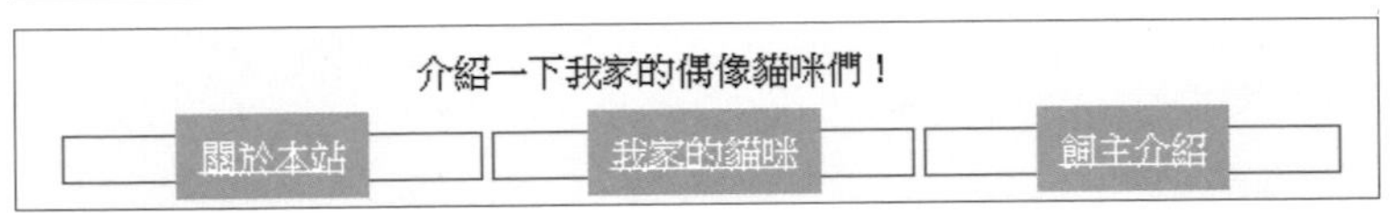

這是因為 a 元素的 display 屬性預設值是 inline。若要讓 a 元素的範圍收縮到紅色框線所表示的 li 元素內，就必須將 a 元素的 display 屬性改為 block，這樣就可讓 a 元素的寬度自動延伸到與父元素 li 元素相同，上下 padding 也不會超出。因此，只要想如本例這樣製作按鈕時，原則上都必須將 a 元素的 display 屬性值從 inline 改為 block。

● style.css

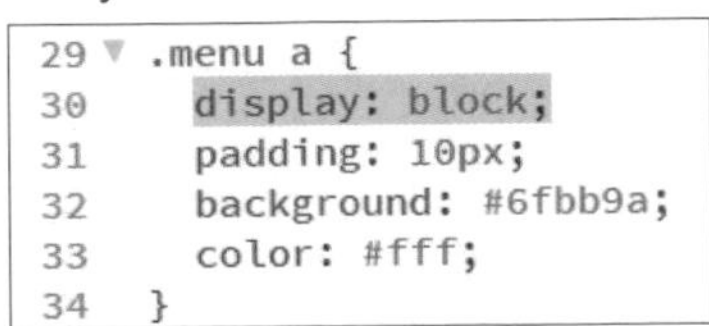

```
29 ▼ .menu a {
30     display: block;
31     padding: 10px;
32     background: #6fbb9a;
33     color: #fff;
34   }
```

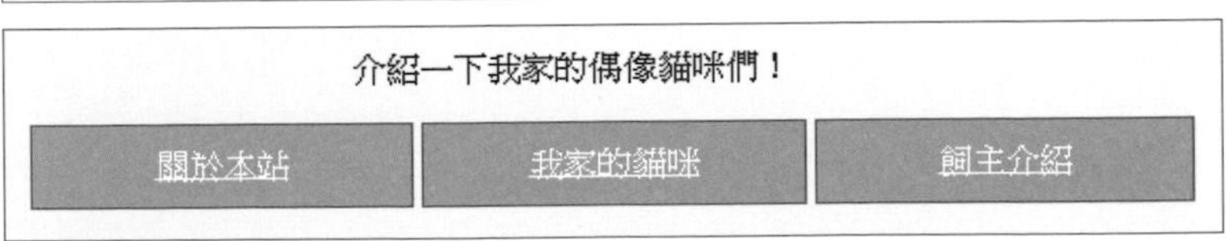

接著調整細部設計，就可完成按鈕的製作，完成後也將框線的設定刪除。

● style.css

```
22  /*導覽樣式設定*/
23 ▼ .menu li {
24    list-style-type: none;
25    display: inline-block;
26    width: 180px;
27    margin: 0 10px;
28  }
29 ▼ .menu a {
30    display: block;
31    padding: 10px;
32    background: #6fbb9a;
33    border-radius: 8px;
34    color: #fff;
35    text-decoration: none;
36  }
37 ▼ .menu a:hover {
38    background: #90ddbb;
39  }
```

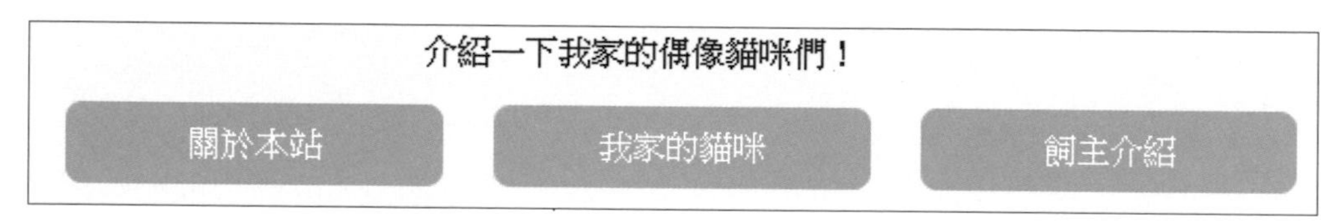

設定內容區塊的樣式

1 將 #content 的寬度設為 960px, 並置中對齊

內容區塊的寬度若太寬，可讀性會變差，因此將 #content 的 width 寬度固定為 960px, 並將左右 margin 的值設為 auto, 即可設定對齊瀏覽器中央顯示。

● style.css

```
83  /*內容區塊邊框設定*/
84 ▼ #contents {
85    width: 960px;
86    margin: 40px auto;
87    padding: 40px 80px;
88    border: 1px solid #f6bb9e;
89    background-color: #fff;
90  }
```

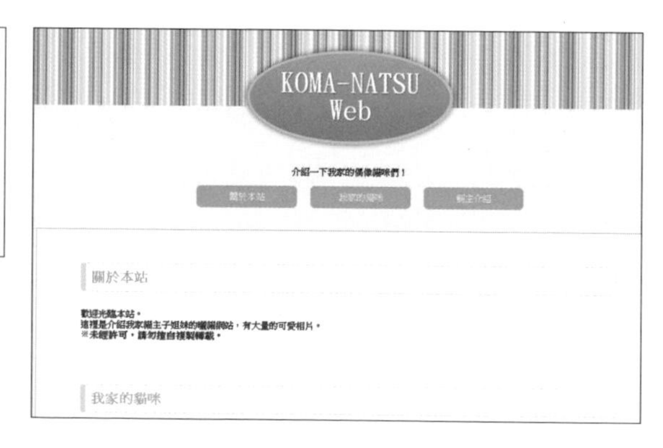

語法 ▶ width 〔元素的寬度〕

2 將 #content 的寬度修改為包含邊框共 960px

不過，設定 width: 960px 時，包含 border 邊框的總寬度如下所示，會變成 960+80+80+1+1=1122px，不是我們想要的結果：

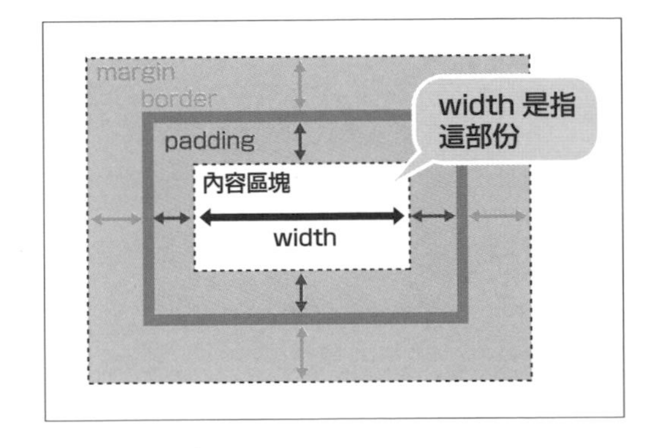

● 步驟 1 設定 width: 960px 後的實際樣子

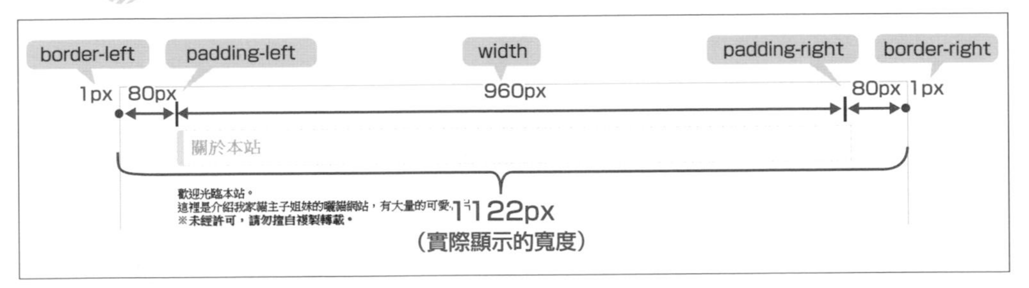

此例想讓內容區塊的寬度固定為 960px，則 width 的設定值應為「總」寬度 960 減掉 padding 與 border 後的 960-80-80-1-1=798px，步驟 1 應該設這個值才對。這個計算尺寸的概念稱為「**Box Model（盒子模型）**」，也就是 margin、padding、border 與內容區塊間的關係。width 和 height 的預設值都是指扣除 margin、padding、border 後單純只有內容的區域。

● style.css

```
83   /*內容區塊邊框設定*/
84 ▼ #contents {
85     width: 798x;
86     margin: 40px auto;
87     padding: 40px 80px;
88     border: 1px solid #f6bb9e;
89     background-color: #fff;
90   }
```

Memo

關於 Box Model 待會實作結束會有進一步的解說。

Box Model 的概念與尺寸的計算方式，是 CSS 版面設計中一定要學會的基礎知識。

製作文繞圖版面

接下來在貓咪照片的左邊或右邊設定文繞圖版面。

1 設定文繞圖專用的 class

文繞圖是網頁上常見的編排方式，為了便於設定版面，可先設定好文繞圖專用的 class 選擇器，然後在 HTML 標記 class 名稱即可。

● style.css

```
119   /*文繞圖設定*/
120 ▼ .imgL {
121     float: left;
122     margin-right: 20px;
123   }
124 ▼ .imgR {
125     float: right;
126     margin-left: 20px;
127   }
```

> **語法** float〔靠左或靠右文繞圖〕
> 值：left、right

2 讓小町的照片靠左，小夏的照片靠右

設為 float: left; 的圖片會靠左顯示，設為 float: right; 的圖片則會靠右顯示，如此一來圖片後面的文字為了避開圖片，就會繞著相反方向以文繞圖顯示。

● index.html

```
38 ▼   <section>
39       <h3 class="h-sub">●小町<span>（KOMACHI・♀）</span></h3>
40       <img src="img/komachi.jpg" width="480" height="320" alt="小町"
         class="imgL">
```

------------------------------ 省略 ------------------------------

```
46 ▼   <section>
47       <h3 class="h-sub">●小夏<span>（KONATSU・♀）</span></h3>
48       <img src="img/konatsu.jpg" width="480" height="320" alt="小夏"
         class="imgR">
```

●小町（KOMACHI・♀）
出生不到2個月就抱回來的貓姐姐。
從出生就是養在溫室裡的花朵，所以非常膽小怕生。因為太怕生，只要聽到門鈴聲就會躲起來，所以就算是來我家的客人也難以見到。
更多介紹
●小夏（KONATSU・♀）
為了讓小町有個伴，在1年後抱回來的貓妹妹。
原本是在埼玉縣飯能市的煤礦場出生長大的小野貓。和小町不同，是個性活潑親人，愛吃、愛玩、愛睡的元氣寶寶。
更多介紹
飼主介紹

3 利用 clear 屬性解除 float 的影響

照片上若只設定了 float 屬性，可能會造成整個版面大幅錯置，這是因為沒有解除 float（文繞圖）機制，導致只要有空白，後續的元素就會一個個被拉上來。本例我們只想讓照片旁的文字文繞圖，並不希望「更多介紹」也以文繞圖方式顯示，因此要在此利用 clear 屬性解除 float 的效果。做法上雖然可以直接在 .more 這個現有的 class 裡加上解除 float 的設定，不過 float 的解除一樣可在許多地方重複使用，因此另外設定一個用於解除 float 的 class, 且為了要解除 float: left; 和 float: right; 的影響，因此將屬性值設為 clear: both;。

● style.css

```
128 ▼ .clear {
129       clear: both;
130   }
```

語法　clear 〔解除 float〕
值：left、right、both

● index.html

```
43        <p class="more clear"><a href="cats/komachi.html">更多介紹</a>
          </p>
44      </section>
```

省略

```
51        <p class="more clear"><a href="cats/konatsu.html">更多介紹</a>
          </p>
52      </section>
```

我家的貓咪
●小町（KOMACHI・♀）
出生不到2個月就抱回來的貓姐姐。
從出生就是養在溫室裡的花朵，所以非常膽小怕生。因為太怕生，只要聽到門鈴聲就會躲起來，所以就算是來我家的客人也難以見到。
更多介紹
●小夏（KONATSU・♀）
為了讓小町有個伴，在1年後抱回來的貓妹妹。
原本是在埼玉縣飯能市的煤礦場出生長大的小野貓。和小町不同，是個性活潑親人，愛吃、愛玩、愛睡的元氣寶寶。
更多介紹

Memo

一次指定多個 class

在一個元素中可指定多個 class 屬性，設定時以半形空白隔開即可。

● float 的設定與解除

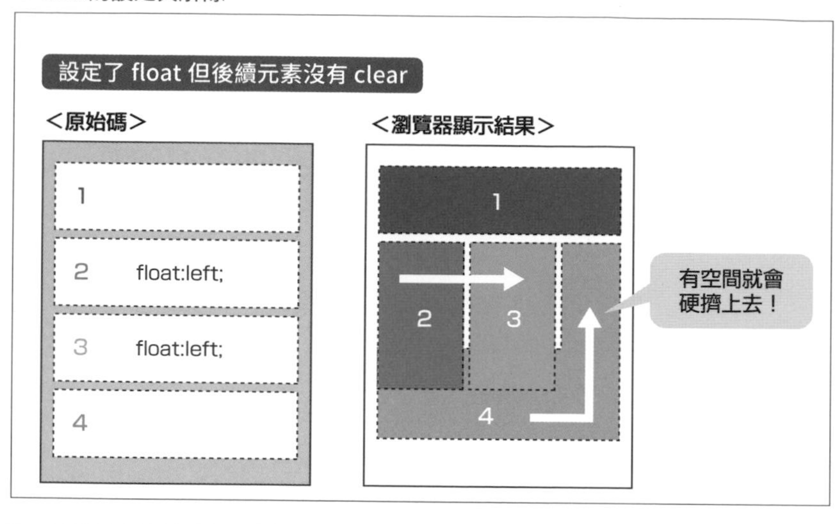

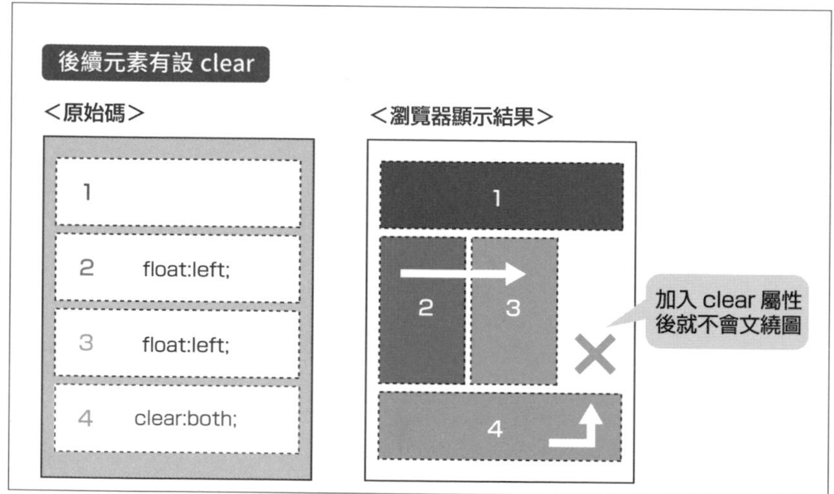

就算後續沒有元素也應解除文繞圖

1 讓飼主大頭照靠左顯示

飼主大頭照的圖片也一樣設為 float，讓它顯示在個人檔案的區塊。不過接下來有個小問題，當想替後面的元素設定 clear: both; 時，因為後面沒有元素，因此無法解除文繞圖。

● index.html

```
57 ▼ <section id="profile">
58     <h2 class="h">飼主介紹</h2>
59     <img src="img/avatar.png" width="250" height="250" alt="大頭照"
       class="img-round imgL">
60 ▶   <dl> ··· </dl>
66   [    ]←— 就算想設定 clear: both; 但後續沒元素！
67   </section>
```

像這樣設定了 float 後，卻因沒有後續元素而無法將它解除的例子非常地多，這個時候可改用「**clearfix**」技巧來解除 float 的設定，接著就來看看。

2 利用「clearfix」技巧解除 float

clearfix 是指以設定了 float 的元素的「上一層」父元素為對象，利用 ::after 產生虛擬內容後，在其中設定「clear: both;」來解除 float。

● HTML

```
57 ▼ <section id="profile" class="clearfix">
58     <h2 class="h">飼主介紹</h2>
59     <img src="img/avatar.png" width="250" height="250" alt="大頭照"
       class="img-round imgL">
```

● CSS

```
131 ▼ .clearfix::after {
132     content: "";
133     display: block;
134     clear: both;
135   }
```

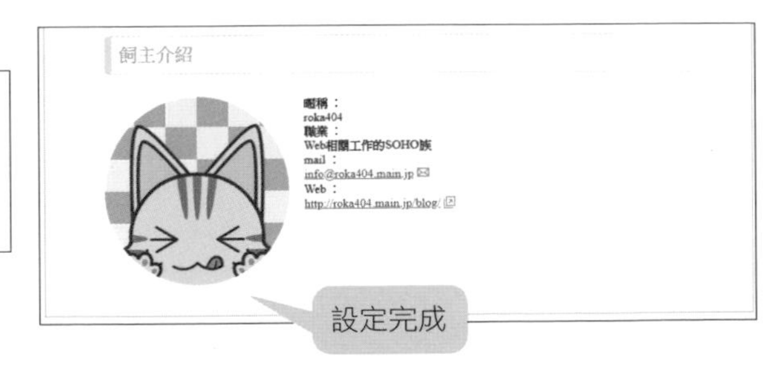

這種技巧比實際在後續元素中設定 clear: both 更常使用，因此請好好熟悉這個機制。

> **Memo**　關於 clearfix 的使用，後續 Chapter04 會有進一步的介紹。

解說　認識 Box Model（盒子模型）

HTML 標籤所標記出來的元素 可看做是一個 Box（盒子），這個 Box 的 width / height、padding、border、margin 等屬性值的關係，就是所謂的 **Box Model(盒子模型)**。一定要熟悉 Box Model 的概念，才有辦法規劃、計算版面的尺寸。

● Box Model 概念圖

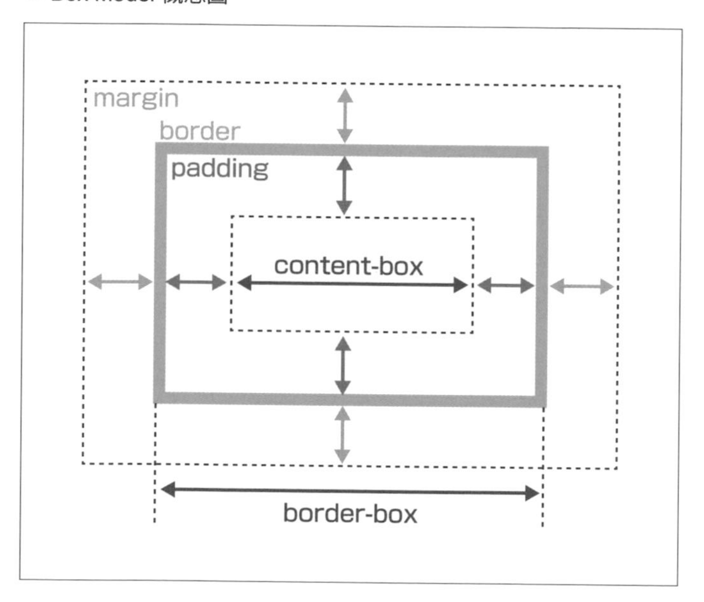

請看上圖，以黃色 Box 的 border 邊框為界，前面已有提過 padding 是內側間距，margin 是外側間距，而 Box Model 的重點就在於 width / height 是指哪個區域的尺寸。

content-box 與 border-box

在思考 width / height 的範圍時，首先必須了解的是「content-box」與「border-box」這兩個區域。**content-box** 是扣除了 padding、border、margin 之後實際的內容區域；**border-box** 則是包含了 padding 和 border 的區域。

過去提到 Box 的尺寸時，通常是指 content-box 區域的尺寸，但從 CSS3 開始，可利用 **box-sizing** 屬性設定 Box 尺寸是指 content-box 還是 border-box：

● 以 box-sizing 屬性設定 Box 的定義範圍

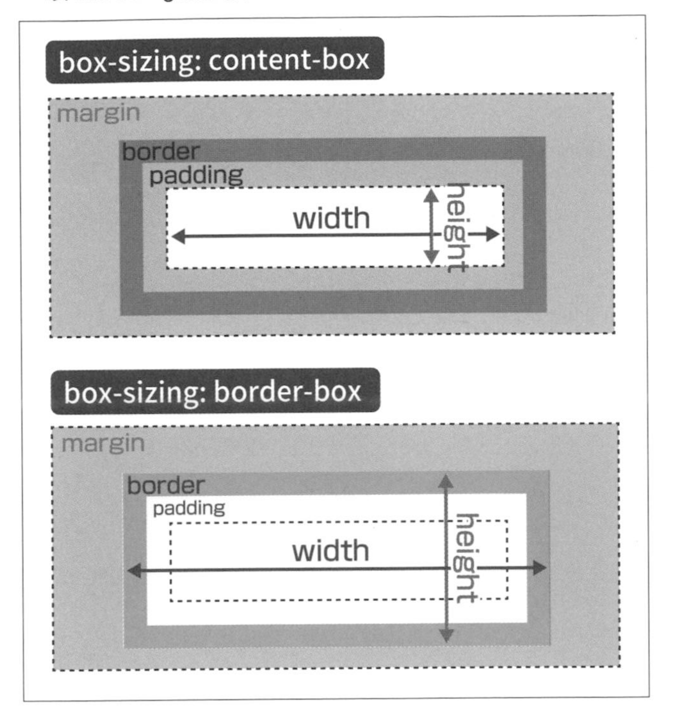

box-sizing 的預設值是 content-box，因此若無特別指定，則 width、height 就是指 content-box。在前面的實作中，都是以此來計算並修改 width 的值。然而，若用 box-sizing:border-box; 的設定，則前面 2-59 頁範例中的 #content 寬度就可改回 960px，不用再減減扣扣了，如底下這樣：

```
#contents {
    box-sizing: border-box;
    width: 960px;  /*包含padding、border的總寬度為960px*/
    以下略
}
```

解說 活用 display 屬性

display 屬性是用來控制元素顯示的特徵，除了前面實作時所學的例子之外，還有其它各種 display 屬性，若能靈活運用，就能做出更多與眾不同的設計。

display 屬性的種類

一般網頁製作時常用的 display 屬性有以下幾種。

▶ block

- 具有寬度、高度(width/height) 概念。
- 可設定上下左右內距(padding)。
- 可設定上下左右間距(margin)。
- 若沒有特別指定 float 或 position，元素會由上而下自動換行配置。
- 無法設定 vertical-align 屬性，因此無法指定元素內容的垂直對齊方式(永遠靠上對齊)。

● display:block;

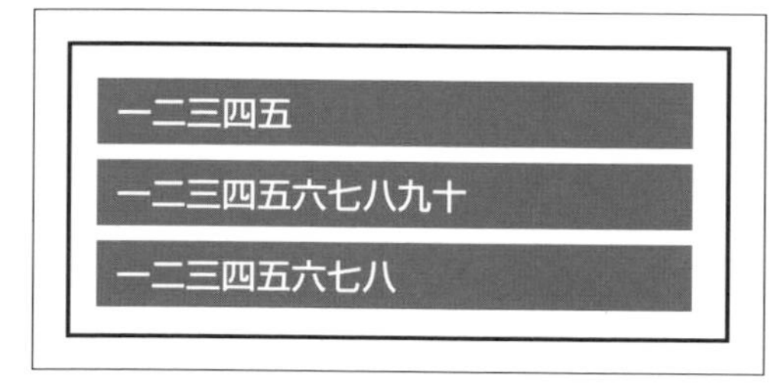

▶ inline

- 沒有 width、height 概念，無法指定尺寸。
- 無法設定上下間距(margin)。
- 只要沒使用 br 元素強制換行，可像文字模式一樣，在同一列一直顯示下去。
- 可設定 vertical-align 屬性，因此相鄰的文字或 inline 元素之間，可設定置中對齊。

● display: inline;

▶ inline-block

- 與 inline 一樣，元素前後不自動換行且以水平方向排列。
- 與 block 一樣，可設定 width、height, 以及上下左右的 margin、padding。
- 利用父元素的 text-align 屬性，可像文字模式一樣設定靠左靠右對齊。
- 利用 vertical-align 屬性，可設定元素的垂直對齊方式。

● display: inline-block;

▶ table-cell

- 與 table 元素的 th、td 顯示方式相同。
- 設定了 table-cell 的元素會與表格儲存格一樣，以同一橫列顯示。相鄰元素的高度會自動調整為與高度最大者相同。
- 可利用 vertical-align 屬性，設定元素內容的垂直對齊方式。

● display: table-cell;

▶ none

- 將元素隱藏不顯示。
- 由於該元素被視為「不存在」，因此無法保留空白區域，後續元素會自動擠上去遞補顯示。

● 各種 display 屬性一覽

值	說明	適用的元素
inherit	繼承最近一層父元素的屬性值	—
none	隱藏元素 Box 不顯示	—
inline	以 inline 元素方式顯示	文字類型元素（span、a、strong、small等）
block	以 block 元素方式顯示	block 類型元素（div、ul、dl、p、h1-h6、address等）
list-item	以 block 元素方式配置，但以條列項目方式顯示	li
inline-block	與 inline 一樣不自動換行，但以 block 元素方式顯示	img、input、select、button、object
table	以 block 元素方式配置的表格	table
inline-table	以 inline 元素方式配置的表格	—
table-row-group	表格的欄群組	tbody
table-header-group	表格的表頭群組	thead
table-footer-group	表格的表尾群組	tfoot
table-row	以表格的直欄方式顯示	tr

- **設定 float 時，可在後續元素加上 clear，或在父元素中加上 clearfix 來解除文繞圖效果。**
- **計算 Box 的尺寸時，標準做法是 width / height 不包含 padding、border。**

CHAPTER 03

表格與表單

本章將說明表格與表單的製作方式，兩者都是網頁上常出現的元素，此外也會介紹如何設定它們的樣式。

LESSON

11 製作表格與表單

表格大家應該都很熟悉，而表單是讓使用者可在瀏覽器上填入資料（例如名稱、密碼 ...）的 HTML 元素，使用者填完資料後只要按下按鈕，就可將資料送到指定位置。本堂課我們要先利用 table 元素製作表格，並在表格裡放入各種表單元件。

Sample File　chapter03 ▶ lesson11 ▶ before ▶ entry.html、style.css

實作　插入表格與問卷表單

製作表格

● table 元素的語法

```
<table>
  <tr>
    <td>第1欄</td>
    <td>第2欄</td>
  </tr>
</table>
```

1 table 元素的基本結構

首先在範例 entry.html 的 </main> 結束標籤前面插入以下語法，建立 table 元素的基本結構。

● entry.html

```
21 ▼   <table>
22 ▼     <tr>
23         <td></td>
24         <td></td>
25       </tr>
26     </table>
```

● 表格的結構

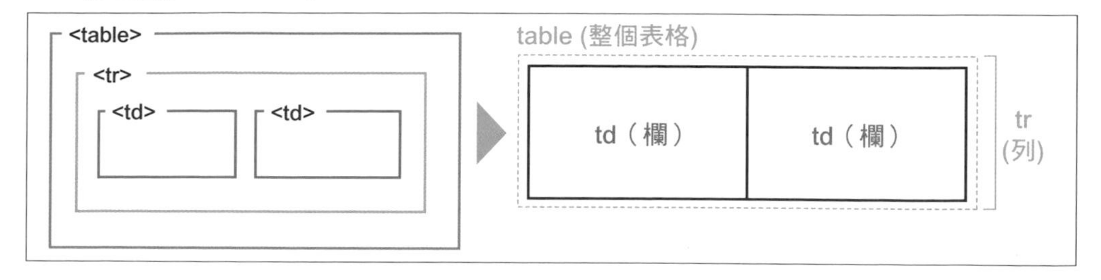
<table>
<tr>
<td>
<td>
table (整個表格)
td（欄）
td（欄）
tr
(列)

<table> ～ </table> 代表整個表格區域，<tr> ～ </tr> 表示橫列，<td> ～ </td> 表示直行（稱直欄也可以）。上一頁的程式就表示建立一個 1 列 2 行的表格。

2 用 <th> 元素標記欄位名稱

第一行的每個儲存格通常會用來放置欄位的名稱，欄位名稱是用 **th** 元素撰寫，因此將第 1 組 <td> ～ </td> 改成 <th> ～ </th>, 並輸入標題名稱。

● entry.html

```
21    <table>
22      <tr>
23        <th>貓咪名</th>
24        <td></td>
25      </tr>
26    </table>
```

3 標記整個表格的標題

接著利用 **caption** 元素加入表格標題，本例我們會建立「貓咪資料」和「飼主資料」二個表格。

● entry.html

```
21    <table>
22      <caption>貓咪資料</caption>
23      <tr>
24        <th>貓咪名</th>
25        <td></td>
26      </tr>
27    </table>
```

4 插入 4 列，並輸入所有欄位名稱

複製貼上 <tr> ～ </tr> 4 次，這樣就可以多增加 4 列，請在每個 <th> 元素的地方輸入欄位名稱。

● entry.html

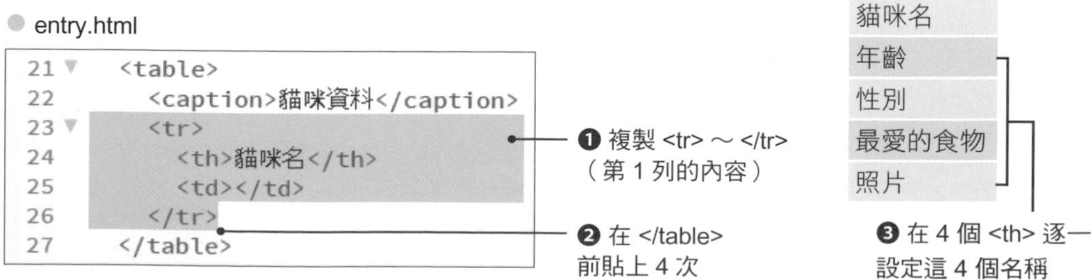
21 <table>
22 <caption>貓咪資料</caption>
23 <tr>
24 <th>貓咪名</th>
25 <td></td>
26 </tr>
27 </table>
❶ 複製 <tr> ～ </tr>（第 1 列的內容）
❷ 在 </table> 前貼上 4 次
貓咪名
年齡
性別
最愛的食物
照片
❸ 在 4 個 <th> 逐一設定這 4 個名稱

5 確認表格顯示結果

在 Chrome 瀏覽器開啟時，由於沒有框線難以看出結構，因此在這裡先暫時加上 border 屬性，以便確認顯示結果（最後會再刪掉 border 屬性。）

● entry.html

```
21 ▼    <table border="1">
22        <caption>貓咪資料</caption>
23 ▼      <tr>
24          <th>貓咪名</th>
25          <td></td>
26        </tr>
```

目前表格已經是兩欄的結構，不過由於只有第一欄有資料，因此第二欄會縮的小小的。由此也可以知道未指定大小的 table 元素，會依內容寬度自動調整尺寸。

6 製作另一個「飼主資料」的表格

飼主資料是個 3 列 2 行的表格，最快的做法就是複製貓咪資料的表格，然後縮減一些列，變成右圖的樣子。

● entry.html

```
45 ▼    <table border="1">
46        <caption>飼主資料</caption>
47 ▼      <tr>
48          <th>飼主名</th>
49          <td></td>
50        </tr>
51 ▼      <tr>
52          <th>E-Mail</th>
53          <td></td>
54        </tr>
55 ▼      <tr>
56          <th>留言</th>
57          <td></td>
58        </tr>
59      </table>
```

製作輸入表單

接著要在兩個表格的第 2 行（欄）建立各種輸入元件，依輸入方式而有各種對應的元素，以下分別介紹它們的用途。

> Memo
> 編註：提醒一下，底下要在 entry.html 檔案中輸入的元件不少，我們將儘可能指明該在哪裡輸入，若您不太確定輸入位置時，可以參考後續解說圖當中其他元素的位置來得知，或者，也可以開啟本堂課的完成檔 \lesson11\after\entryhtml 來查看。

1 設定表單區塊

製作表單時，必須先用 **form** 元素宣告整個表格區塊。<form> ～ </form> 之間的範圍，就是在按下送出按鈕後，會傳送資料到主機的範圍，語法如下。action 屬性通常會設定接收及處理資料的程式，本例沒有準備因此先設定成假的值。

● form 元素的基本語法

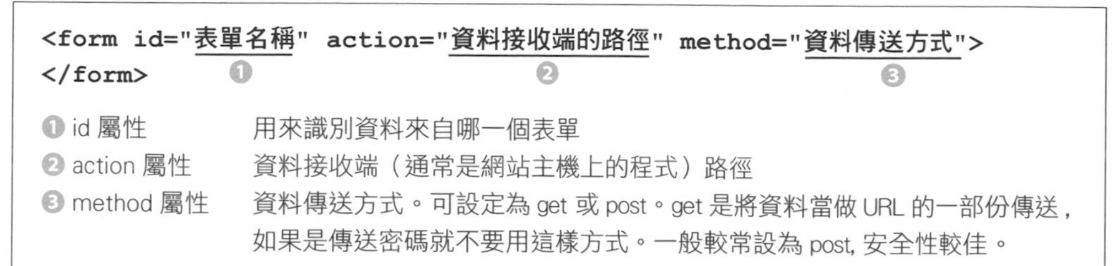

```
<form id="表單名稱" action="資料接收端的路徑" method="資料傳送方式">
</form>         ❶                  ❷                      ❸
```

❶ id 屬性　用來識別資料來自哪一個表單
❷ action 屬性　資料接收端（通常是網站主機上的程式）路徑
❸ method 屬性　資料傳送方式。可設定為 get 或 post。get 是將資料當做 URL 的一部份傳送，如果是傳送密碼就不要用這樣方式。一般較常設為 post, 安全性較佳。

● entry.html

```
19 ▼ <form id="entryForm" action="#" method="post">—— 在 <main> 下一行加入
20     <p><strong><span class="require">*</span>為必填項目。</strong></p>
21
22 ▶     <table border="1"> ··· </table>
------------------------------------ 省略 ------------------------------------
45
46 ▶   <table border="1"> ··· </table>
------------------------------------ 省略 ------------------------------------
61
62   </form>———— 在 </main> 前面別漏了結束標籤
```

2 加入文字欄位

input 元素是用於輸入資料的元素，type 屬性可產生各種輸入欄位，若要輸入單一行的文字資料時就設定 type="text"。也可以將輸入的資料限定為 e-mail，如此例 Email 欄位就設定 type="email"，如此一來當輸入的內容不符合 e-mail 的格式時，就會出現警告訊息。

● input 元素的基本語法

```
<input type="text" name="資料名稱">
```

● entry.html

```
22 ▼      <table border="1">
23        <caption>貓咪資料</caption>
24 ▼      <tr>
25          <th>貓咪名</th>
26          <td><input type="text" name="cat-name"></td>
27        </tr>
------------------------------------ 省略 ------------------------------------
46 ▼    <table border="1">
47        <caption>飼主資料</caption>
48 ▼      <tr>
49          <th>飼主名</th>
50          <td><input type="text" name="name"></td>
51        </tr>
52 ▼      <tr>
53          <th>E-Mail</th>
54          <td><input type="email" name="email"></td>
55        </tr>
```

● 輸入格式不符時的警告

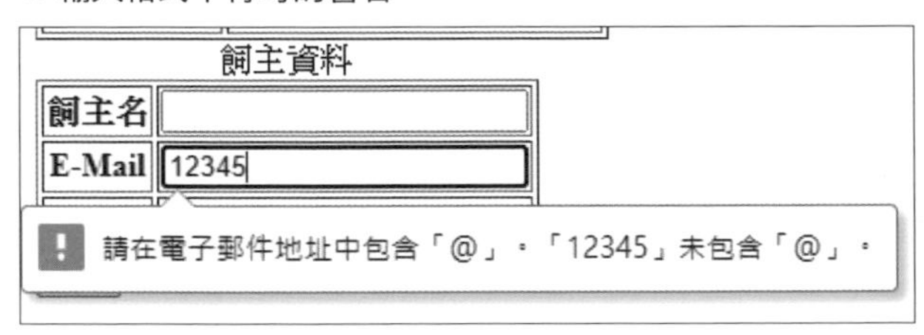

若輸入的值不符合格式，則在按下送出按鈕後，即會顯示警告訊息。

3 插入多行文字輸入方塊

textarea 元素可用來輸入多行文字，rows 屬性與 cols 屬性的值分別是指文字方塊顯示時的橫列數與每列的字數，實際輸入的資料可超過這個列數。

● textare 元素的基本語法

```
<textarea name="資料名稱" rows="橫列數"
 cols="每列的字數"></textarea>
```

● entry.html

```
57          <th>留言</th>
58          <td><textarea name="comment" rows="4" cols="40"></textarea></td>
```

Memo　雖然在設定這個元素時一定要指定 rows 屬性與 cols 屬性，但由於顯示出來的大小會因瀏覽器而有差異，因此想要正確顯示時，最好利用 CSS 來指定尺寸。

4 加入下拉式選單

select 元素可用來製作下拉式選單，選項則以 **option 元素**撰寫。

● select 元素的基本語法

```
<select name="資料名稱">
 <option value="傳送值">選項顯示文字</option>
...
</select>
```

option 元素中的 value 屬性值是用來指定實際傳送到主機的值，可與選項所顯示文字不同。若希望選單一開始就選擇某一特定選項（預設值），則在 option 元素中加上 **selected** 屬性。selected 屬性的語法原本應是「selected="selected"」，但因它的屬性名稱與屬性值相同，因此可以省略成只寫「selected」即可。

● entry.html

```
29                <th>年齡</th>
30 ▼              <td>
31 ▼               <select name="age" required>
32                  <option value="" selected>請選擇</option>
33                  <option value="0">未滿1歲</option>
34                  <option value="1">1~5歲</option>
35                  <option value="2">6~10歲</option>
36                  <option value="3">11~15歲</option>
37                  <option value="4">16~20歲</option>
38                  <option value="5">20歲以上</option>
39                  <option value="6">不明</option>
40               </select>
41              </td>>
```

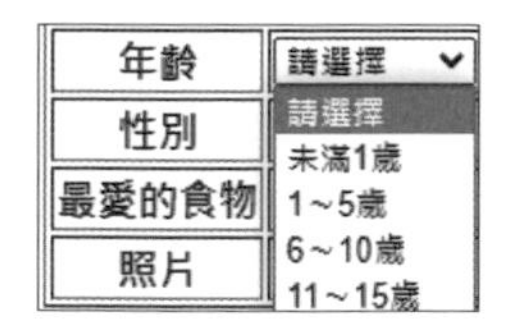

5 加入單選的方塊

在 input 元素中指定 **type="radio"**，就可產生單選方塊。設定時需將 input 元素的 name 屬性設定為相同名稱，以將多個選項設為群組（使用者輸入時必須從中擇一）。若有希望預設勾選的選項，則需在該選項中加上 **checked** 屬性。checked 屬性的語法原本應是「checked="checked"」，但因它的屬性名稱與屬性值相同，因此可以省略為「checked」。

● input 元素（type="radio"）的基本語法

```
<input type="radio" name="資料群組名稱" value="傳送資料值">
```

● entry.html　　設為相同名稱，表示 2 個選項位於同一單選方塊內，只能選其中一個

```
44        <th>性別</th>
45 ▼      <td>
46          <input type="radio" name="sex" value="男生" checked>男生
47          <input type="radio" name="sex" value="女生">女生
48        </td>
```

性別	○男生 ◉女生

6 加入多選方塊

在 input 元素指定 **type="checkbox"**, 就可產生能勾選多個選項的多選方塊。和 type="radio" 一樣，同一群組的多選方塊會設為相同名稱。此外，與單選方塊相同，若有希望預設勾選的項目，則在該項加上「checked」。

● input 元素（type="checkbox"）的基本語法

```
<input type="checkbox" name="資料名稱" value="傳送資料值">
```

● entry.html

```
51        <th>最愛的食物</th>
52 ▼      <td>
53          <input type="checkbox" name="favorite" value="魚">魚
54          <input type="checkbox" name="favorite" value="肉">肉
55          <input type="checkbox" name="favorite" value="乾飼料">乾飼料
56          <input type="checkbox" name="favorite" value="貓罐頭">貓罐頭
57          <input type="checkbox" name="favorite" value="肉泥">肉泥
58          <input type="checkbox" name="favorite" value="其它">其它
59        </td>
```

最愛的食物	☐魚 ☐肉 ☐乾飼料 ☐貓罐頭 ☐肉泥 ☐其它

7 加入檔案上傳鈕

在 input 元素指定 **type="file"**, 就會產生可選擇檔案、然後上傳到主機的按鈕。按鈕的形式會依瀏覽器而有些微差異。

● input 元素（type="file"）的基本語法

```
<input type="file" name="資料名稱">
```

● entry.html

```
62        <th>照片</th>
63        <td><input type="file" name="photo"></td>
```

8 加入清除重填、送出按鈕

type="reset" 與 **type="submit"** 分別可產生清除按鈕與送出按鈕，清除按鈕可將 form 元素中所有資料清除，送出按鈕則會將 form 元素中所有資料傳送到主機。若想變更按鈕上顯示出來的文字，只需修改 value 屬性的值即可。

● input 元素（type="reset / submit"）的基本語法

```
<input type="按鈕種類" value="按鈕顯示文字">
```

● entry.html

```
  <div>
    <input type="reset" value="清除重填">
    <input type="submit" value="送出">
  </div>
</form> —— 在 </form> 前面輸入上述內容
```

貓咪資料

貓咪名	
年齡	請選擇
性別	○男生 ◉女生
最愛的食物	☐魚 ☐肉 ☐乾飼料 ☐貓罐頭 ☐肉泥 ☐其它
照片	選擇檔案 未選擇任何檔案

>>>

飼主資料

飼主名	
E-Mail	
留言	

清除重填 送出

目前所完成的內容

讓表單變好用的新屬性

難用的表單會讓使用者敬而遠之，想像一下若客戶訂購商品時遇到難用的表單，很可能一筆訂單就沒了，因此應盡可能製作使用者易於操作的介面。底下介紹利用 **label** 元素，以及 HTML5 提供的各種輔助輸入屬性，可以有效提升表單的易用性。

1 加上 lable 元素

單選方塊與多選方塊可能會因元素較小而不容易點按，我們可以擴大點按的範圍，例如點按選項的文字也能選取。做法上是用 **label 元素**將選項文字包起來，請將 entry.html 做下列的修改（下圖只列了單選方塊的原始碼，但實際上除了單選方塊外，多選方塊也應修改）：

● entry.html

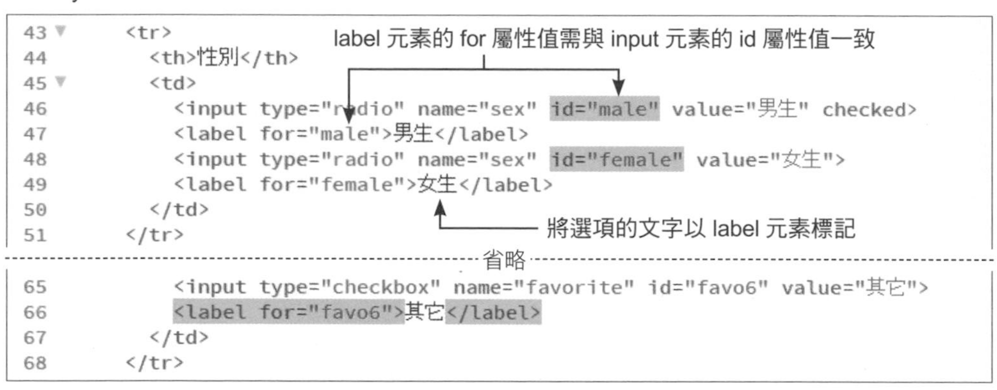

```
43        <tr>
44          <th>性別</th>
45          <td>
46            <input type="radio" name="sex" id="male" value="男生" checked>
47            <label for="male">男生</label>
48            <input type="radio" name="sex" id="female" value="女生">
49            <label for="female">女生</label>
50          </td>
51        </tr>
                              省略
65            <input type="checkbox" name="favorite" id="favo6" value="其它">
66            <label for="favo6">其它</label>
67          </td>
68        </tr>
```

label 元素的 for 屬性值需與 input 元素的 id 屬性值一致
將選項的文字以 label 元素標記

上面程式要留意的就是 label 元素與對應的 input 元素之關係，label 元素的 for 屬性值必須與對應 input 元素的 id 屬性值一致，千萬別忘了設定 input 元素的 id 屬性值。設定完成後，請試著點按看看 label 的文字部份，確認能不能點選到對應的方塊。

貓咪資料

貓咪名	
年齡	請選擇
性別	○ 男生 ◉ 女生
最愛的食物	□魚 □肉 □乾飼料 □貓罐頭 □肉泥 □其它
照片	選擇檔案 未選擇任何檔案

即便點選的是文字，也可以選到此鈕

2 設定必填欄位

在必填欄位加上 **required** 屬性，可避免欄位沒填就被送出。在單選方塊的各選項中，若有一項被設定了 required 屬性，則整個選項群組都會成為必填欄位。

以本節範例來說，設定貓咪名、年齡、性別、照片、飼主名、E-Mail 這六個是必填欄位，因此都加上 required 屬性。此外，為了從外觀上讓使用者知道哪些欄位必填，因此稍微修改欄位名稱，在最後都加上「*」符號。

● entry.html

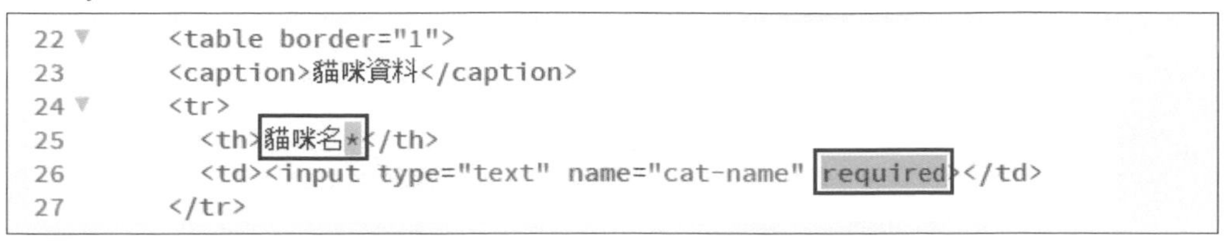

```
22      <table border="1">
23      <caption>貓咪資料</caption>
24      <tr>
25        <th>貓咪名*</th>
26        <td><input type="text" name="cat-name" required></td>
27      </tr>
```

貓咪資料	
貓咪名*	
年齡*	請填寫這個欄位。
性別*	
最愛的食物	☐ 魚 ☐ 肉 ☐ 乾飼料 ☐ 貓罐頭 ☐ 肉泥 ☐ 其它

3 將游標指定在第 1 個待輸入欄位

設定 **autofocas** 屬性，就可在網頁顯示時自動將游標停在第 1 個待輸入欄位。這樣一來使用者不用特地移動滑鼠指標到輸入欄位，直接就可輸入。

● entry.html

```
22      <table border="1">
23      <caption>貓咪資料</caption>
24      <tr>
25        <th>貓咪名*</th>
26        <td><input type="text" name="cat-name" required autofocus></td>
27      </tr>
```

貓咪資料	
貓咪名*	
年齡*	請選擇
性別*	◉ 男生 ○ 女生
最愛的食物	☐ 魚 ☐ 肉 ☐ 乾飼料 ☐ 貓罐頭 ☐ 肉泥 ☐ 其它
照片*	選擇檔案 未選擇任何檔案

4 設定輸入範例（提示值）

placeholder 屬性可以顯示提示文字，方便使用者了解這個欄位要輸入什麼。

● entry.html

```
75 ▼   <table border="1">
76       <caption>飼主資料</caption>
77 ▼     <tr>
78         <th>飼主名*</th>
79         <td><input type="text" name="name" required
           placeholder="黑貓小町"></td>
80       </tr>
81 ▼     <tr>
82         <th>E-Mail*</th>
83         <td><input type="email" name="email" required
           placeholder="sample@gmail.com"></td>
84       </tr>
```

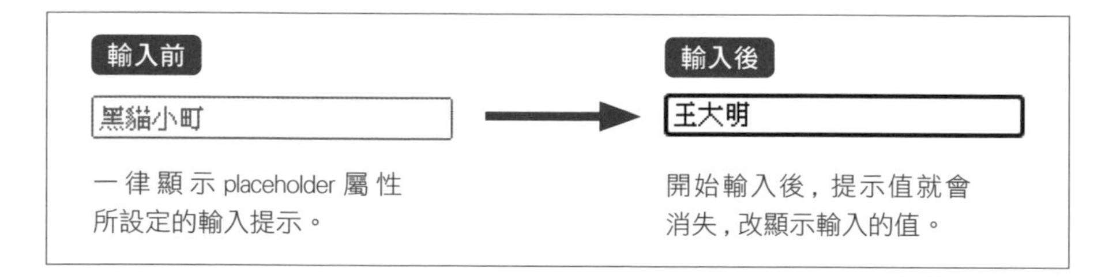

輸入前
黑貓小町
一律顯示 placeholder 屬性所設定的輸入提示。
輸入後
王大明
開始輸入後，提示值就會消失，改顯示輸入的值。

由於 placehoder 屬性設定的字在輸入時就會消失，因此像選項的文字、關於輸入格式的注意事項 .. 等必須常駐的資料，記得不能用 placehoder 屬性來寫：

● **錯誤的例子 1：代替選項文字**

```
<input type="text" name="name" placeholder="飼主名">
```

● **錯誤的例子 2：注意事項最好常駐**

```
<input type="email" name="email" placeholder="請輸入半形文字">
```

如果想要在表單中顯示一些注意事項，請如下所示，在 input 元素旁加上文字說明：

entry.html

```
75 ▼   <table border="1">
76       <caption>飼主資料</caption>
77 ▼     <tr>
78         <th>飼主名*</th>
79 ▼       <td><input type="text" name="name" required
           placeholder="黑貓小町">
80         <small>※可用暱稱</small>
81         </td>
82       </tr>
83 ▼     <tr>
84         <th>E-Mail*</th>
85 ▼       <td><input type="email" name="email" required
           placeholder="sample@gmail.com">
86         <small>※請輸入半形文字</small>
87         </td>
88       </tr>
```

其它輸入輔助屬性

除了實作中提到的屬性外，最後列舉一些可用來輔助使用者輸入的屬性，適時加上這些屬性，便能提高使用者操作的便利性。

▶ autocomplete 屬性

可以自動輸入以前輸入過的內容。未設定 autocomplete 屬性時，預設值為「on」，代表開啟自動輸入；若要關閉自動輸入功能，則指定 autocomplete="off"：

Memo
註：若在 form 元素裡設定此屬性，則 form 裡所有表單元都會適用。

```
<input type="search" name="example" autocomplete="off">
```

▶ min 屬性 / max 屬性 / step 屬性

min 屬性、max 屬性、step 屬性可分別用來設定數值 / 日期 / 時間欄位的最小、最大、遞增值。下例的意思即是只限輸入 1 以上、10 以下，以 0.5 跳動的數值：

```
<inut type="number" name="num" min="1" max="10" step="0.5">
```

解說 表單元件的種類與用途

底下整理一下 HTML 中所有的表單元件，包含了前面沒有用到的表單元件，請確實了解它們的功能。另外，HTML5 中 input 元素的 type 屬性種類大幅增加，可輸入的資料類型變得更多，雖然目前各家瀏覽器對這些新屬性的支援狀況不一，但最好都加以熟悉。

● 舊有的表單元件

顯示結果	範例
	文字欄位（單行文字） <input type="text" name="text">
test test	文字輸入方塊（多行文字） <textarea name="textarea">test test</textarea>
•••	文字欄位（密碼輸入） <input type="password " name="password">
◉aaa ○bbb	單選方塊 <input type="radio" name="radio" value="1" checked>aaa <input type="radio" name="radio" value="2">bbb
☑aaa ☐bbb ☐ccc	多選方塊 <input type="checkbox" name="checkbox" value="1" checked>aaa <input type="checkbox" name="checkbox" value="2">bbb <input type="checkbox" name="checkbox" value="3">ccc
選擇檔案 未選擇任何檔案	檔案上傳按鈕 <input type="file" name="file">
送出	送出按鈕 <input type="submit" value=" 送出 ">
清除重填	清除重填按鈕 <input type="reset" value=" 清除重填 ">
按鈕	一般按鈕 <input type="button" value=" 按鈕 "> ※ 沒有功能的一般按鈕。可利用 JavaScript 為按鈕設置對應功能。

接下頁

● 舊有的表單元件

顯示結果	範例
圖片按鈕	圖片按鈕 <input type="image" src="img/button.png" alt=" 送出 "> ※ 使用任意圖片做為按鈕，按鈕的功能與 type="submit" 時相同。
選項2	選單（單選） <select name="select"> <option value="1"> 選項 1</option> <option value="2" selected> 選項 2</option> <option value="3"> 選項 3</option> </select>
選項1 選項2 選項3	選單（複選） <select name="select" multiple> <option value="1"> 選項 1</option> <option value="2" selected> 選項 2</option> <option value="3" selected> 選項 3</option> </select>
	隱藏欄位 <input type="hidden" name="hidden" value="1"> ※ 不會顯示於畫面上，但按下送出鈕後會將此隱藏資料送出。
	標籤 <input type="checkbox" name="checkbox1" id="checkbox1"><label for="checkbox1">aaa</label> ※ 將 for 屬性值設定為對應表單元件的 id 屬性值，就可讓該表單元件與標籤的文字產生關聯，只要點按標籤文字，就可選取該表單元件。

● HTML5 中新增的元件

顯示結果	範例	特徵
搜尋關鍵字 ×	搜尋關鍵字 <input type="search" name="search" value=" 搜尋文字 ">	依瀏覽器不同，文字欄位的形式，可能有不同顯示結果。
info@example.com	電子郵件信箱 <input type="email" name="email" value="info@example.com">	輸入的值必須符合 email 信箱的格式，否則無法送出。
http://www.example.com	URL <input type="url" name="url" value="http://www.example.com>	輸入的值必須符合 URL 的格式，否則無法送出。
02-1234-5678	電話號碼 <input type="tel" name="tel" value="02-1234-5678">	雖然沒有限制輸入值的格式，但在手機平台上使用時，會自動切換為數字輸入。
1	數值 <input type="number" name="num" value="1">	只能輸入數字。另外，在某些瀏覽器上，可用上下鍵輸入數字。
2020/01/01	日期 <input type="date" name="date" value="2020-01-01">	只能輸入日期格式（YYYY-MM-DD）。在某些瀏覽器，會以月曆的形式顯示。
下午 12:01	時間 <input type="time" name="time" value="12:01">	只能輸入時間格式(00:00)。在某些瀏覽器上，可用上下鍵輸入時間。
	一定範圍內的數字 <input type="range" name="range">	在某些瀏覽器中，可用拉動捲軸的方式，輸入大略的數字。
	顏色 <input type="color" name="color">	在某些瀏覽器中，可用 RGB 色盤選擇色碼。

Memo
在不支援這些新 type 屬性值的瀏覽器開啟網頁時，type 會被視為 <input type="text">。

- **table 元素是用來標記網頁表格的元素。**
- **表單（Form）是用來讓使用者輸入資料的機制。**
- **設定表單元件時，除了建立操作介面的元素之外，別忘了設定資料欄位名稱（name 屬性）、傳送的資料內容（value 屬性）等。**

LESSON

12 設定表格與表單樣式

前面規劃好表單的內容，LESSON 12 將介紹表格與表單的樣式設定方式。與其它元素相比，表格與表單在顯示時有較特別的形式，尤其是表單會因系統、瀏覽器而有不同的呈現效果。不過在設定樣式時，最重要的並不是追求它們在不同環境有相同的呈現效果，而應致力於提昇操作的便利性。

Sample File　chapter03 ▶ lesson12 ▶ before ▶ entry.html、style.css

● Before

*為必填項目。

貓咪資料

貓咪名 *
年齡 *　請選擇
性別 *　◉ 男生 ○ 女生
最愛的食物　□ 魚 □ 肉 □ 乾飼料 □ 貓罐頭 □ 肉泥 □ 其它
照片 *　選擇檔案 未選擇任何檔案

飼主資料

飼主名 *　黑貓小町　※可用暱稱
E-Mail *　sample@gmail.com　※請輸入半形文字
留言

清除重填　送出

● After

*為必填項目。

貓咪資料

貓咪名 *
年齡 *　請選擇
性別 *　◉ 男生 ○ 女生
最愛的食物　□ 魚 □ 肉 □ 乾飼料 □ 貓罐頭 □ 肉泥 □ 其它
照片 *　選擇檔案 未選擇任何檔案

飼主資料

飼主名 *　黑貓小町　※可用暱稱
E-Mail *　sample@gmail.com　※請輸入半形文字
留言

清除重填　送出

該加寬的地方加寬，讓使用者舒服地輸入資料

實作　讓報名表單更便於填寫

設定表格樣式

1 設定表格的格線及基本樣式

先在 HTML 刪除 table 元素中之前暫時設定的 border 屬性，並設定一個表格樣式的 class, 然後在 CSS 為儲存格加上 padding 等屬性，如下所示：

● entry.html

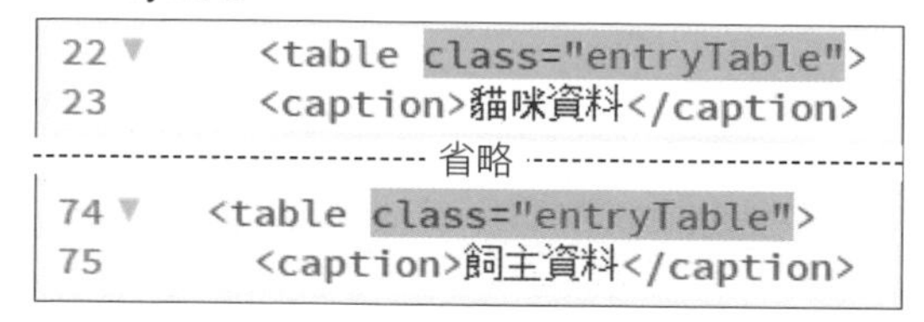

```
22      <table class="entryTable">
23        <caption>貓咪資料</caption>
--------------------------- 省略 ---------------------------
74    <table class="entryTable">
75        <caption>飼主資料</caption>
```

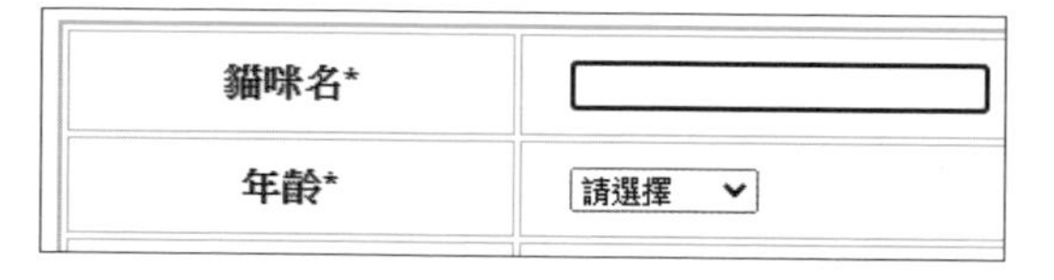

● style.css

```
49   /*表格設定*/
50   .entryTable {
51     width: 100%;
52     margin-bottom: 30px;
53     border: 2px solid #f6bb9e;
54   }
55   .entryTable th,
56   .entryTable td {
57     padding: 10px 20px;
58     border: 1px solid #f6bb9e;
```

2 將相鄰儲存格的格線重疊顯示

目前相鄰的儲存格格線是分開獨立顯示，因此可看到上圖，使用 border 屬性在儲存格四邊加上框線顯示的結果會是雙線。在此用一個 **border-collapse** 屬性可讓相鄰框線分離（separate）或重疊（collapse）顯示，此例只要設定 **border-collapse: collapse**, 就可劃出單線的表格。

● entry.html

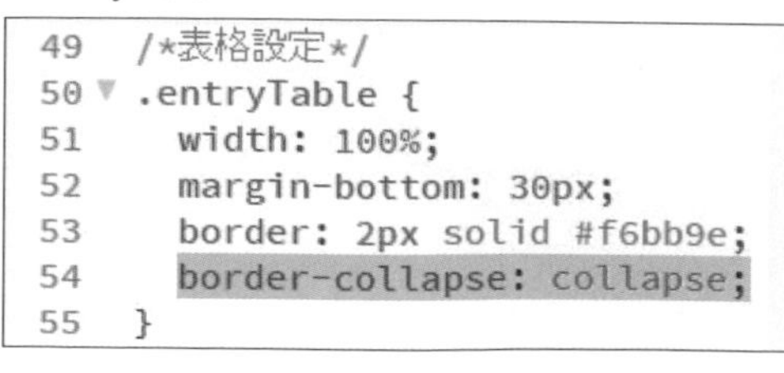

```
49   /*表格設定*/
50   .entryTable {
51     width: 100%;
52     margin-bottom: 30px;
53     border: 2px solid #f6bb9e;
54     border-collapse: collapse;
55   }
```

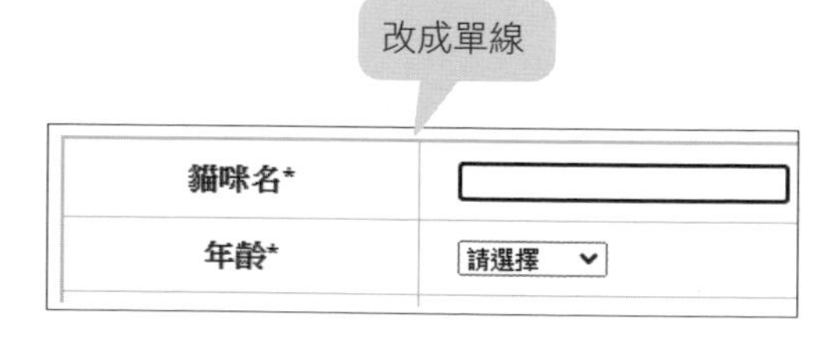

語法	border-collapse　[表格框線樣式] 值：separate、collapse

3 設定儲存格標題與表格標題的樣式

接著來設定儲存格標題列的樣式。首先將 th 元素的 width 指定為 10em，確保標題列儲存格的寬度有 10 個文字大，以免字型變大時標題列內容被自動換行。另外為表格標題設定下邊界，讓標題與表格間有些空檔。

● style.css

```
61 ▼ .entryTable th {
62      width: 10em;
63      background-color: #ffeeee;
64      text-align: left;
65    }
66 ▼ .entryTable caption {
67      margin-bottom: 10px;
68    }
```

貓咪資料

貓咪名*	
年齡*	請選擇
性別*	◉ 男生 ○ 女生
最愛的食物	☐ 魚 ☐ 肉 ☐ 乾飼料 ☐ 貓罐頭 ☐ 肉泥 ☐ 其它
照片*	選擇檔案 未選擇任何檔案

設定表單樣式

目前表單元素都是以預設樣式顯示，可適當調整樣式以提昇可讀性。

1 設定文字欄位與文字輸入方塊的樣式

預設的文字欄位與文字輸入方塊有些過小，因此 70 ~ 79 行稍微加大寬度及間距。此外，若設定了 padding、border 的元素，width 設為 100% 時，實際寬度將會超過 100%，因此加上 box-sizing: border-box 的設定，讓 padding、border 計入寬度的 100% 中。

● style.css

```
70    /*輸入表單設定*/
71    .entryTable input[type="text"],
72    .entryTable input[type="email"],
73 ▼ .entryTable textarea {
74      width: 100%;
75      padding: 10px;
76      border: 1px solid #ccc;
77      box-sizing: border-box;
78      font-size: 1em;
79    }
80    .entryTable input[type="text"]:focus,
81    .entryTable input[type="email"]:focus,
82 ▼ .entryTable textarea:focus {
83      background-color: #ffffee;
84      outline: none;
85      border-left: 5px solid #ffa700;
86    }
```

這幾行的用途請見下一頁的說明

Memo

本例中是針對所有文字欄位進行設定，因此直接使用「屬性選擇器」。(70 ~ 79 行)

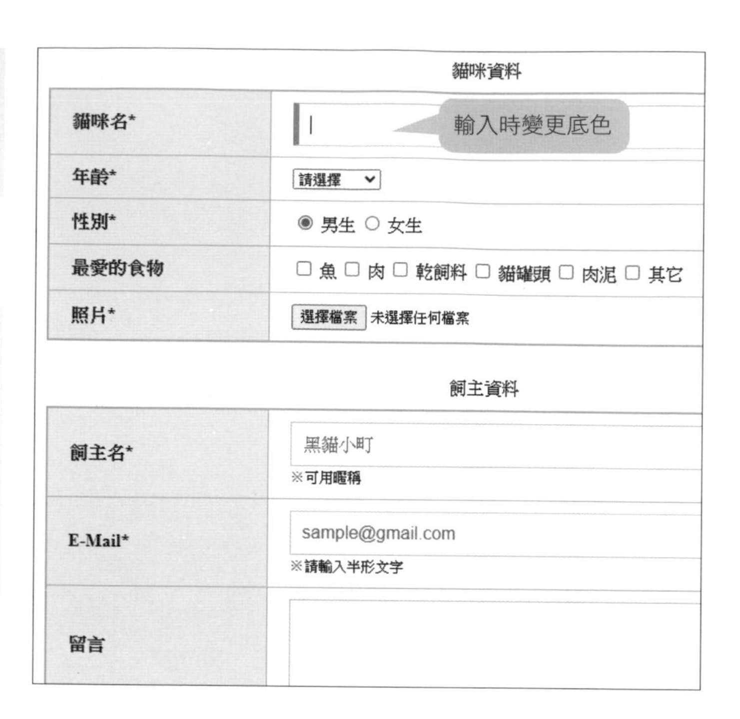

Memo

請觀摩一下 CSS 80~85 行的寫法。在用於輸入文字的欄位上，為了讓使用者一眼就能看出現在要填的是哪個欄位，這裡用了 .focus 虛擬類別變更現在所在欄位的底色。

2 在可點按的表單元素上修改滑鼠指標樣式

與超連結不同，當滑鼠指標移到表單元素時，滑鼠指標不會變成手指樣式，始終維持箭頭樣式。雖然這樣也能操作，但在遇到 label 等元素時，單從外觀不容易看出是否可以點按。因此利用 **cursor** 屬性將滑鼠指標改成手指（pointer）樣式，可讓使用者更清楚。

● style.css

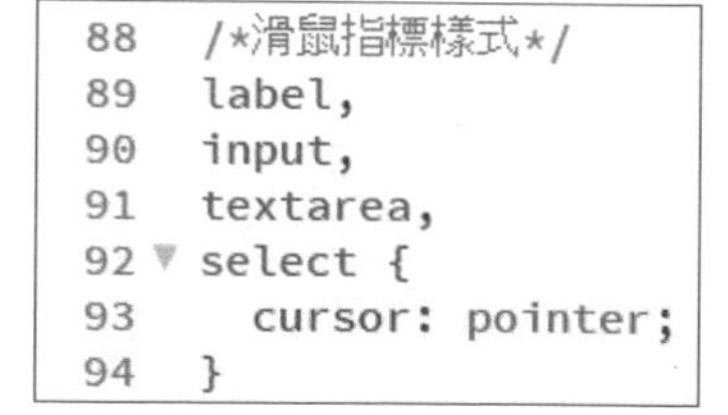

```
88  /*滑鼠指標樣式*/
89  label,
90  input,
91  textarea,
92  select {
93    cursor: pointer;
94  }
```

● 滑鼠指標樣式

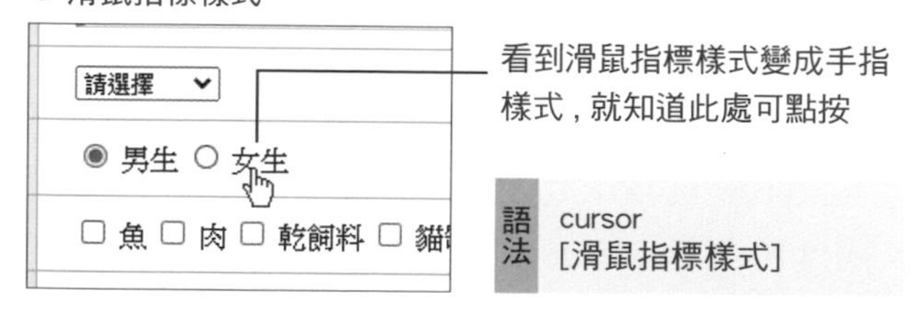

語法　cursor
[滑鼠指標樣式]

3 變更按鈕樣式（基本）

接著在 HTML 上加入設定樣式用的 class 後，在 CSS 設定按鈕置中並放大寬度，使其更容易點按。

● entry.html

```
95 ▼   <div class="entryBtns">
96       <input type="reset" value="清除重填">
97       <input type="submit" value="送出">
98     </div>
```

清除重填 送出

● style.css

```
96    /*按鈕設定*/
97 ▼  .entryBtns {
98      text-align: center;
99    }
100 ▼ .entryBtns input {
101     width: 100px;
102   }
```

4 變更按鈕樣式（進階）

瀏覽器預設的按鈕樣式有點一般，請依下列步驟設定自訂樣式。

● 最終完成的樣子

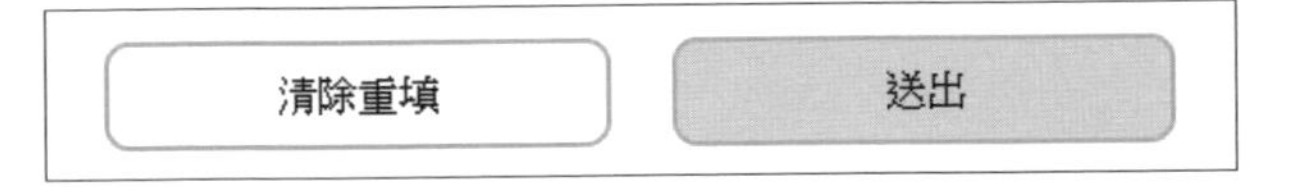

▶ 設定基本按鈕的樣式

首先設定按鈕的基本樣式，並設定 width / margin / padding / font-size 等基本屬性。

只不過，同樣的設定在 Windows 與 Mac 的 Chrome 中會顯示的不太一樣。

● style.css

```
101 ▼ /*
102   .entryBtns input {
103     width: 100px;
104   }
105   */
106
107   /*按鈕基本樣式*/
108 ▼ .entryBtns input {
109     width: 200px;
110     margin: 0 10px;
111     padding: 10px;
112     font-size: 1em;
113   }
```

● Windows 顯示結果

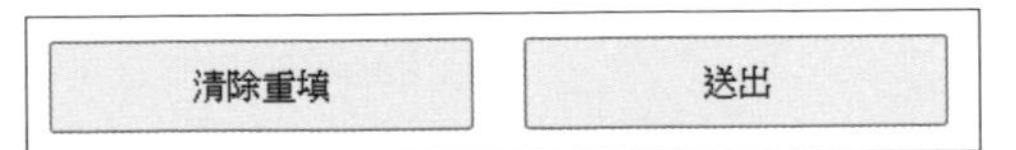

● Mac 顯示結果

清除重填 送出

這是由於表單元素是屬於 UI 元件，系統本就有一組對應的預設樣式，但這會導致無法將元素改成想要的樣式，尤其是 Mac 環境的 Safari 和 Chrome 中，UI 元件都有對應的特殊樣式，連一些基本樣式的效果也無法顯示。

▶ 解除 Mac 環境的特殊樣式

要解除 Mac 環境 Safari 和 Chrome 中的特殊樣式，必須在 CSS 指定「-webkit-appearance: none;」，如此就能解決 Mac 環境瀏覽器的問題。

> **Memo**
> -webkit- 是一種瀏覽器前綴字，是用來表示瀏覽器核心引擎種類的識別文字。Safari 和 Chrome 雖是不同商品，但它們的核心引擎都採用了「webkit」，因此基本上有 -webkit- 這個前綴的屬性，就可以適用這兩種瀏覽器。

● style.css

```
107   /*按鈕基本樣式*/
108 ▼ .entryBtns input {
109     width: 200px;
110     margin: 0 10px;
111     padding: 10px;
112     font-size: 1em;
113     -webkit-appearance: none;
114   }
```

● Mac 顯示結果

▶ 設定所有必要的樣式

按鈕元素的預設樣式被解除後，只需再加上必要的樣式設定就大功告成。

● style.css

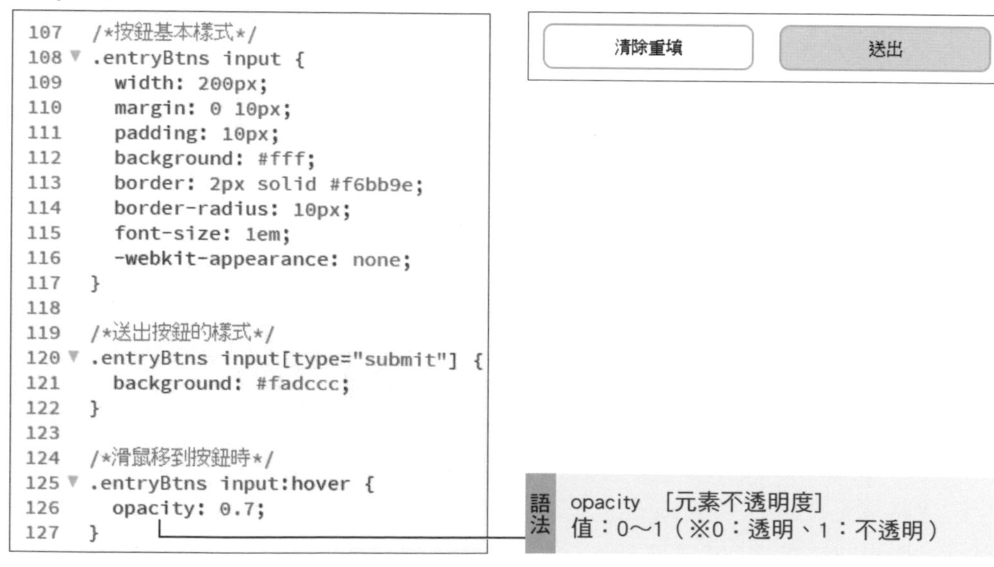

```
107   /*按鈕基本樣式*/
108 ▼ .entryBtns input {
109     width: 200px;
110     margin: 0 10px;
111     padding: 10px;
112     background: #fff;
113     border: 2px solid #f6bb9e;
114     border-radius: 10px;
115     font-size: 1em;
116     -webkit-appearance: none;
117   }
118
119   /*送出按鈕的樣式*/
120 ▼ .entryBtns input[type="submit"] {
121     background: #fadccc;
122   }
123
124   /*滑鼠移到按鈕時*/
125 ▼ .entryBtns input:hover {
126     opacity: 0.7;
127   }
```


語法 opacity [元素不透明度]
值：0～1（※0：透明、1：不透明）

COLUMN

表單元件的外觀

依 OS 與瀏覽器不同，表單元件的外觀會有很大的差異，有時甚至使用 CSS 也無法完全管控，雖說有解除瀏覽器預設樣式這一招，但有很多元件還是無法做到。因此，不必硬追求在各環境顯示一致，好好提升使用性才是重要的。

解說 讓表格的結構更完善

前面介紹的都是比較簡單的表格結構，若是遇到構造較為複雜的表格資料，最好使用以下元素來增強表格的結構，雖然在視覺上表格外觀不會有變化，不過結構會比較完整，而且之後若想用 CSS 設定樣式，也很方便一組一組來設定。

將列與欄分組

前面已經學會用 table、tr、th、td 等元素製作最簡單的表格，而這裡要認識的 **thead**、**tfoot**、**tbody** 元素則可用來將標題列、資料列做分組 (群組化)，**colgroup** 元素可用來將各欄做分組，如下圖所示：

● 列與欄的分組結構

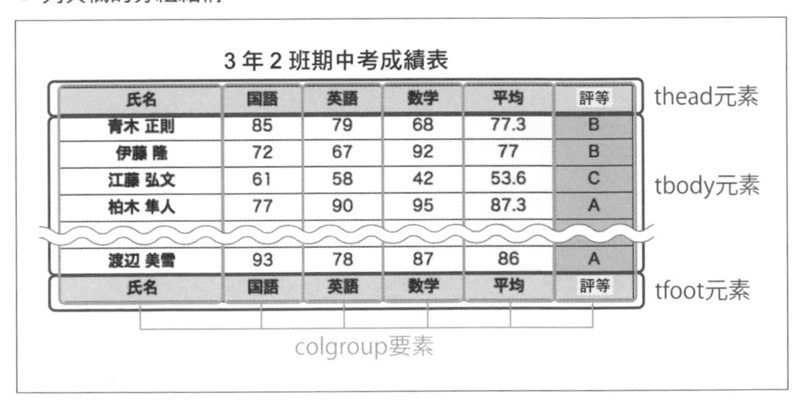

3 年 2 班期中考成績表

氏名	国語	英語	数学	平均	評等
青木 正則	85	79	68	77.3	B
伊藤 隆	72	67	92	77	B
江藤 弘文	61	58	42	53.6	C
柏木 隼人	77	90	95	87.3	A
渡辺 美雪	93	78	87	86	A
氏名	国語	英語	数学	平均	評等

▶ thead 元素

表示標題列的元素。

▶ tfoot 元素

表示最後一列的元素。雖然固定顯示在表格的最下面一列，但在撰寫 HTML 時，必須依 thead 元素→ tfoot 元素→ tbody 元素的順序標記。

▶ tbody 元素

表示資料列的元素。

▶ colgroup 元素

表示表格直欄群組的元素。透過將欄位分組，就可輕易進行底色、框線等樣式設定。

增強欄、列的結構性

▶ scope 屬性

th 元素當中的 **scope** 屬性可以記述儲存格標題是以哪一個方向顯示。若為橫（列）方向標題，則設定「scope="row"」；若為直（欄）方向標題，則設定「scope="col"」。雖然此屬性不會影響外觀，但可以讓瀏覽器更了解表格的結構。

● 表格結構

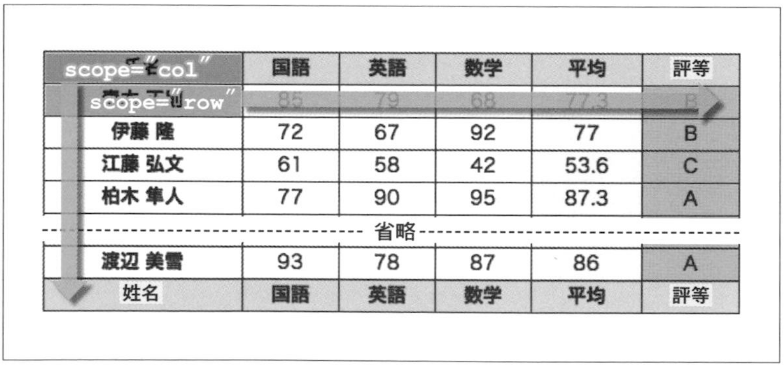

scope="col"

scope="row"

[illegible]	国語	英語	数学	平均	評等
[illegible]	85	79	68	77.3	B
伊藤 隆	72	67	92	77	B
江藤 弘文	61	58	42	53.6	C
柏木 隼人	77	90	95	87.3	A
省略					
渡辺 美雪	93	78	87	86	A
姓名	国語	英語	数学	平均	評等

● 例：上一頁範例表格的原始碼

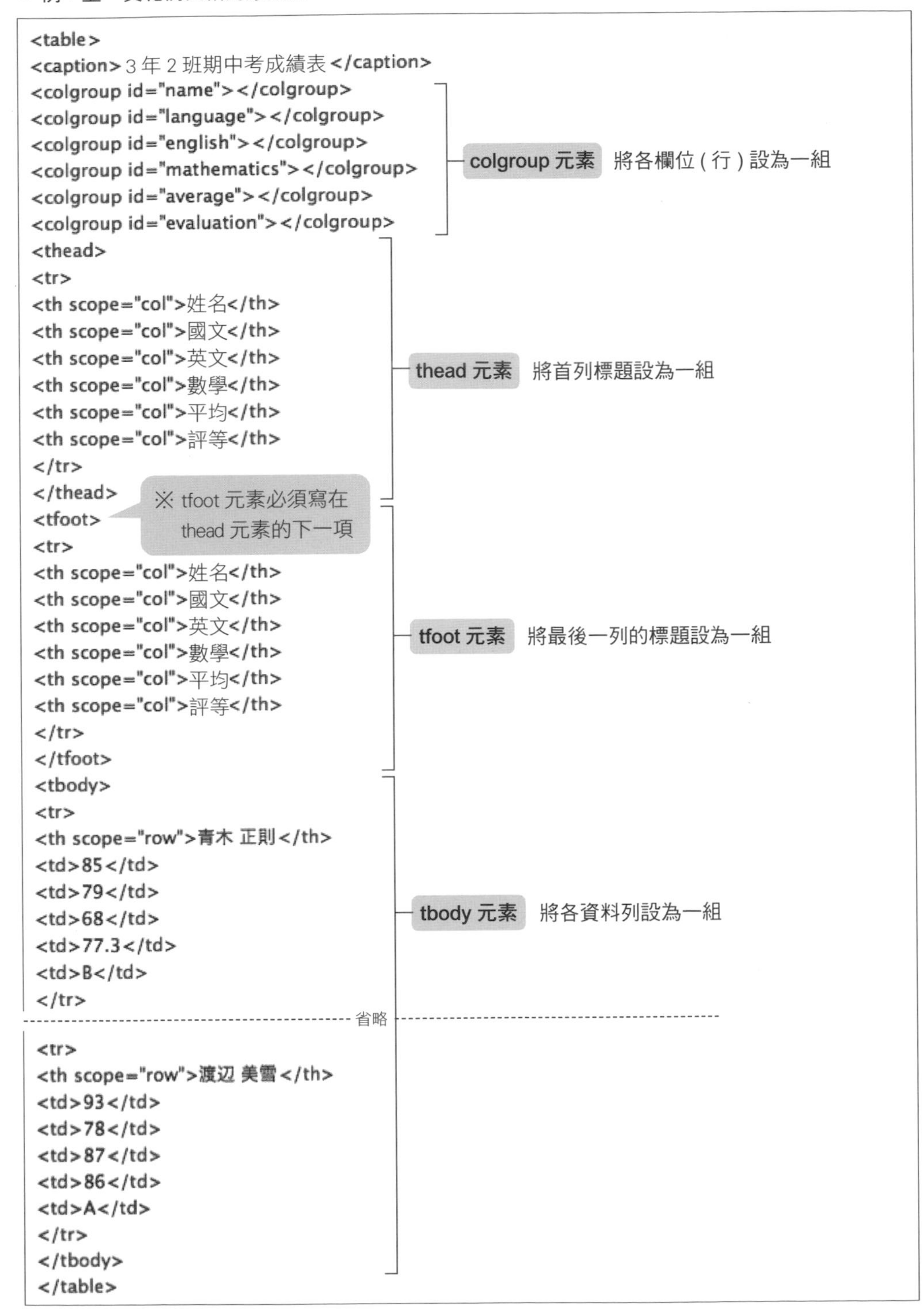

```
<table>
<caption>3 年 2 班期中考成績表 </caption>
<colgroup id="name"></colgroup>
<colgroup id="language"></colgroup>
<colgroup id="english"></colgroup>
<colgroup id="mathematics"></colgroup>
<colgroup id="average"></colgroup>
<colgroup id="evaluation"></colgroup>
<thead>
<tr>
<th scope="col">姓名</th>
<th scope="col">國文</th>
<th scope="col">英文</th>
<th scope="col">數學</th>
<th scope="col">平均</th>
<th scope="col">評等</th>
</tr>
</thead>
<tfoot>
<tr>
<th scope="col">姓名</th>
<th scope="col">國文</th>
<th scope="col">英文</th>
<th scope="col">數學</th>
<th scope="col">平均</th>
<th scope="col">評等</th>
</tr>
</tfoot>
<tbody>
<tr>
<th scope="row">青木 正則</th>
<td>85</td>
<td>79</td>
<td>68</td>
<td>77.3</td>
<td>B</td>
</tr>
```

colgroup 元素 將各欄位（行）設為一組
thead 元素 將首列標題設為一組
※ tfoot 元素必須寫在 thead 元素的下一項
tfoot 元素 將最後一列的標題設為一組
tbody 元素 將各資料列設為一組
省略

```
<tr>
<th scope="row">渡辺 美雪</th>
<td>93</td>
<td>78</td>
<td>87</td>
<td>86</td>
<td>A</td>
</tr>
</tbody>
</table>
```

合併儲存格

當某一個儲存格可同時對應到多種資料時，合併儲存格可讓表格更易懂。儲存格可依橫列、直欄方向合併。以下介紹撰寫合併儲存格的語法。提醒一點，若要做較複雜的表格合併，手動撰寫容易出錯，可善用 Adobe Dreamweaver 等軟體來處理。

● 未合併前的結構

儲存格1	儲存格2	儲存格3
儲存格4	儲存格5	儲存格6
儲存格7	儲存格8	儲存格9

```
<table>
<tr>
<td>儲存格 1</td>
<td>儲存格 2</td>
<td>儲存格 3</td>
</tr>
<tr>
<td>儲存格 4</td>
<td>儲存格 5</td>
<td>儲存格 6</td>
</tr>
<tr>
<td>儲存格 7</td>
<td>儲存格 8</td>
<td>儲存格 9</td>
</tr>
</table>
```

▶ 橫向合併（colspan）

要橫向合併儲存格時，需在要合併的第一個儲存格中，設定 **colspan** 屬性，然後指定要合併的儲存格格數（例如：3），記得要刪除被併掉的儲存格語法。

● 橫向合併

合併儲存格1、2、3		
儲存格4	儲存格5	儲存格6
儲存格7	儲存格8	儲存格9

```
<table>
<tr>
<td colspan="3">合併儲存格 1、2、3</td>
</tr>
<tr>
<td>儲存格 4</td>
<td>儲存格 5</td>
<td>儲存格 6</td>
</tr>
<tr>
<td>儲存格 7</td>
<td>儲存格 8</td>
<td>儲存格 9</td>
</tr>
</table>
```

▶ 縱向合併（rowspan）

要縱向合併儲存格時，需在要合併的第一個儲存格中設定 **rowspan** 屬性，並指定要合併的儲存格格數（例如：3），並刪除多餘不用的儲存格語法。在縱向合併時，需刪除的儲存格通常橫跨多行程式（<tr> ～ </tr>），刪除時請特別注意。

● 縱向合併

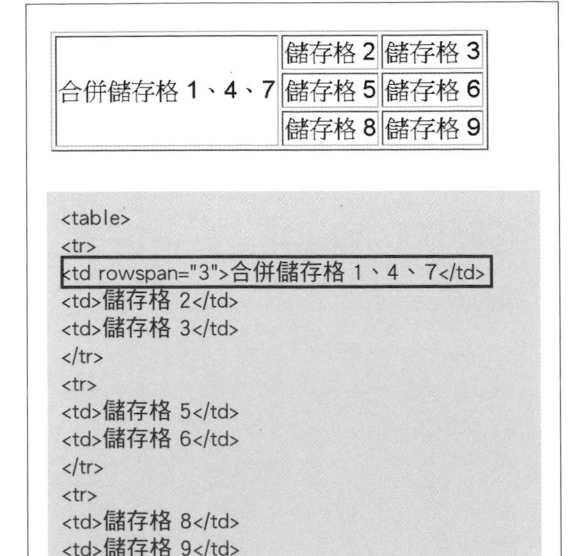


```
<table>
<tr>
<td rowspan="3">合併儲存格 1、4、7</td>
<td>儲存格 2</td>
<td>儲存格 3</td>
</tr>
<tr>
<td>儲存格 5</td>
<td>儲存格 6</td>
</tr>
<tr>
<td>儲存格 8</td>
<td>儲存格 9</td>
</tr>
</table>
```

▶ 同時指定 colspan 與 rowspan

若同時指定 colspan 與 rowspan 屬性，可同時橫向、縱向合併儲存格。

● 橫向縱向同時合併

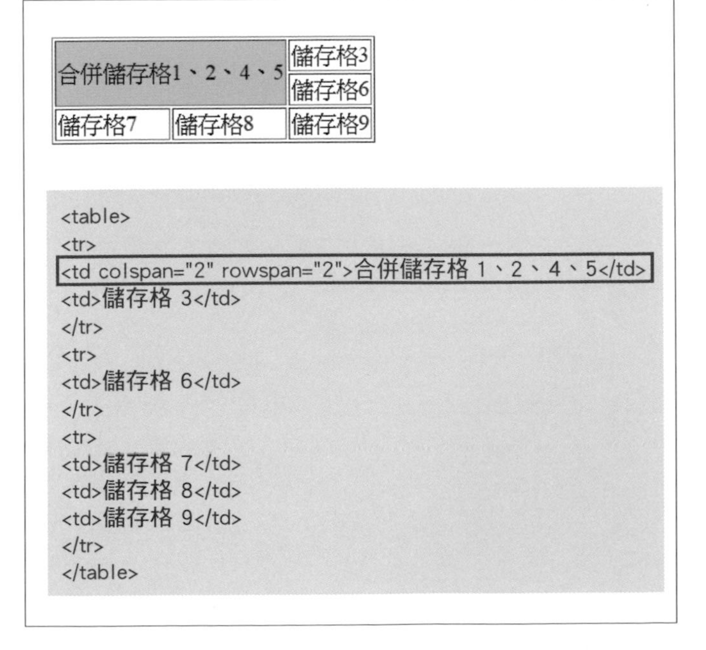


```
<table>
<tr>
<td colspan="2" rowspan="2">合併儲存格 1、2、4、5</td>
<td>儲存格 3</td>
</tr>
<tr>
<td>儲存格 6</td>
</tr>
<tr>
<td>儲存格 7</td>
<td>儲存格 8</td>
<td>儲存格 9</td>
</tr>
</table>
```

解說 讓表單的結構更完善

利用 **fieldset** 元素可將表單控制元件也進行分組，將屬於同一群的表單分開呈現，可以讓輸入欄位的意義更一目瞭然。

fieldset 元素與 legend 元素

設定 fieldset 元素的內容時，必須搭配 **legend** 元素使用，legend 元素是用來設定同一群表單的標題：

● fieldset 原始碼

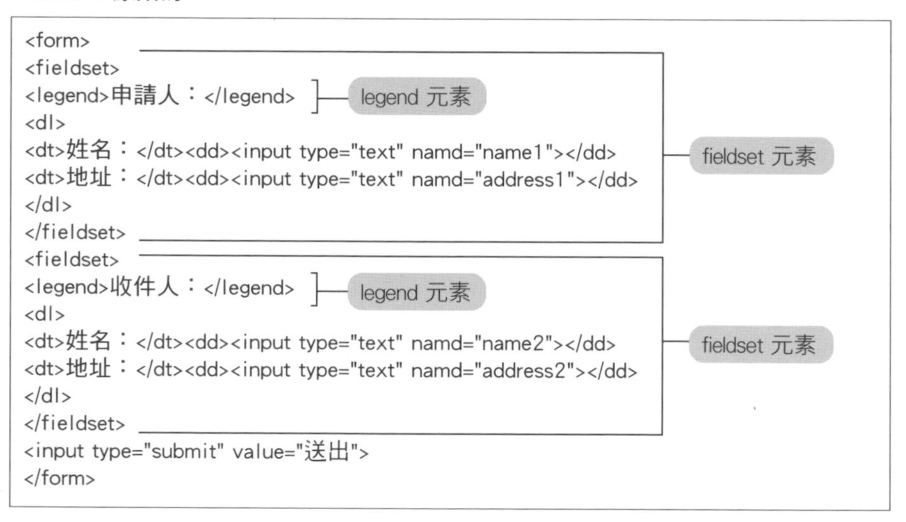

```
<form>
<fieldset>
<legend>申請人：</legend>
<dl>
<dt>姓名：</dt><dd><input type="text" namd="name1"></dd>
<dt>地址：</dt><dd><input type="text" namd="address1"></dd>
</dl>
</fieldset>
<fieldset>
<legend>收件人：</legend>
<dl>
<dt>姓名：</dt><dd><input type="text" namd="name2"></dd>
<dt>地址：</dt><dd><input type="text" namd="address2"></dd>
</dl>
</fieldset>
<input type="submit" value="送出">
</form>
```


● 顯示結果

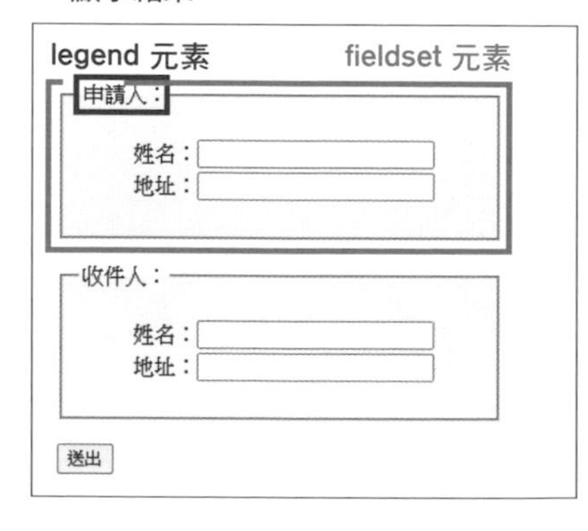

- 適度調整間隔與框線，可大幅提升表格的可讀性。
- 設定表單元件樣式時，應著重考慮使用者操作上是否方便。
- 表單元件的外觀會依 OS 及瀏覽器而有差異。

CHAPTER 04

CSS 版面設計基礎

除了設定樣式外, CSS 的另一個重要工作是設定網頁的版面(Layout)。網頁的版面依照用途、目的有不同的設計方式, 本章將從 CSS 既有的基礎手法 - float 屬性、position 屬性, 到近年逐漸取代 float 屬性的新型手法 - flexbox 框架, 說明各自的版面設計方式。

LESSON

13 用 float 屬性進行版面配置

這一堂課先從 LESSON10 稍微提到的 CSS「float」屬性介紹起，我們可利用它來製作分欄式版面，本堂課會刻意用一些簡單的文字作為內容，可以清楚看出版面編排的結果。

Sample File

chapter04 ▶ lesson13 ▶ before ▶ 2col ▶ 2col.html、style.css
▶ 3col ▶ 3col-1.html、style1.css
▶ 3col ▶ 3col-2.html、style2.css
▶ box ▶ box.html、style.css

實作 利用 float 製作多欄式版面

float 屬性的用途

由 LESSON 10 我們已經知道，未使用 float 的預設版面，內容元素的區塊會依原始碼的順序由上而下依序顯示，而設定了 float 的區塊，則會跳脫預設的區塊配置方式，變成由左而右浮動（float）排列。簡單說只要設定了 float 的區塊旁邊有空間，後續的區塊就會從下方擠到那個空間並排顯示：

● 預設版面與 float 版面的不同

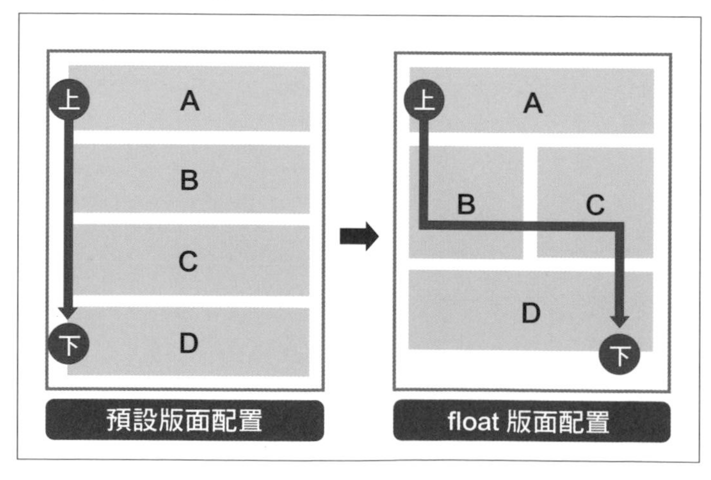

製作二欄式版面

製作二欄式版面很簡單，只要在左欄的區塊用 CSS 設定「float: left;」，右欄設定「float: right;」，並在其後的元素上設定「clear: both;」解除 float 的效果，這樣就完成了。

底下就將範例程式 (before/2col/2col.html) 原本由上到下的四個區塊變更為二欄式版面。

● 製作二欄式版面

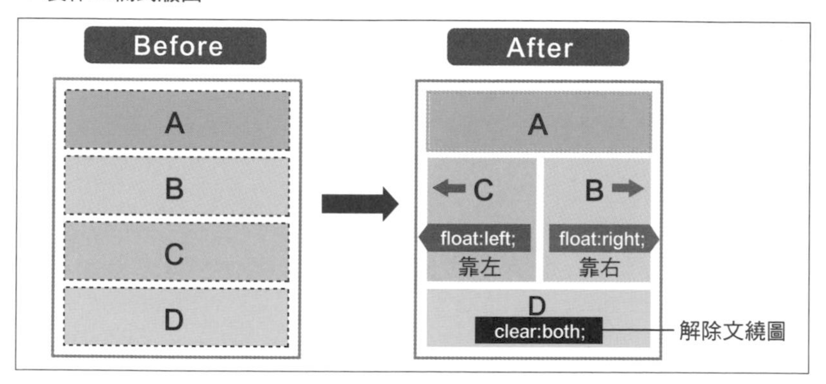

1 設定各區塊的寬度及底色

首先設定各區塊的 width。為了讓區塊位置一目瞭然，這裡暫時先設底色。當顯示結果出錯的時候，可以很快找出問題。

● 2col/style.css

```
 9 ▼ #wrap{
10     width:800px;
11     margin:30px auto;
12     background-color: beige;
13   }
14
15 ▼ #header{
16     background-color: lightpink;
17   }
18
19 ▼ #main{
20     width:500px;
21     background-color: palegreen;
22   }
23
24 ▼ #side{
25     width:280px;
26     background-color: skyblue;
27   }
28
29 ▼ #footer{
30     background-color: gold;
31   }
```

● 2col/2col.html

header

main

side

footer

2 在 #main 與 #side 設定 float, 並分別設定靠左、右配置

接著，在要橫向排列的區塊上設定 float。基本上，靠左的區塊設為「float: left;」，靠右的區塊則設為「float: right;」。

● 2col/style.css

```
19 ▼ #main{
20      width:500px;
21      background-color: palegreen;
22      float:right;
23    }
24
25 ▼ #side{
26      width:280px;
27      background-color: skyblue;
28      float:left;
29    }
```

● 2col/2col.html

二欄式版面只要將區塊分別設定為靠左、靠右即可。不必介意 HTML 原始碼中區塊的標記順序，也不需特別去設定區塊之間的間距。

Memo 右上圖中黃色頁尾區塊擠進分欄之間的空隙是正常的，並不是瀏覽器顯示時出問題，接著就來調整。

3 在後續元素 #footer 上解除 float

在不分欄顯示的黃色頁尾區塊設定「clear:both;」，解除文繞圖，就完成最基本的二欄式版面設定。

● 2col/style.css

```
31 ▼ #footer{
32      background-color: gold;
33      clear:both;
34    }
```

● 2col/2col.html

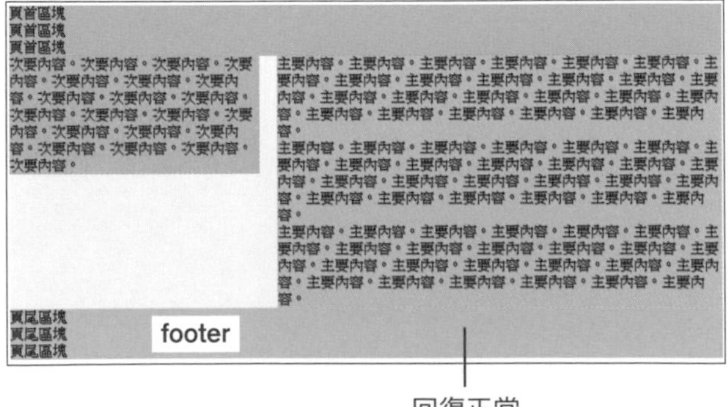

回復正常

製作三欄式版面 (1)

製作三欄式版面時，若顯示的順序與 HTML 中的標記順序相同，可使用兩種方法來設定。方法 1：依序將分欄區塊全設為「float: left;」。方法 2：依序將分欄區塊設為「float: left;」後，將最後一個分欄區塊設為「float: right;」。底下就試著將範例 3col-1.html 製作成三欄式版面。

● 三欄式版面設定方法 1

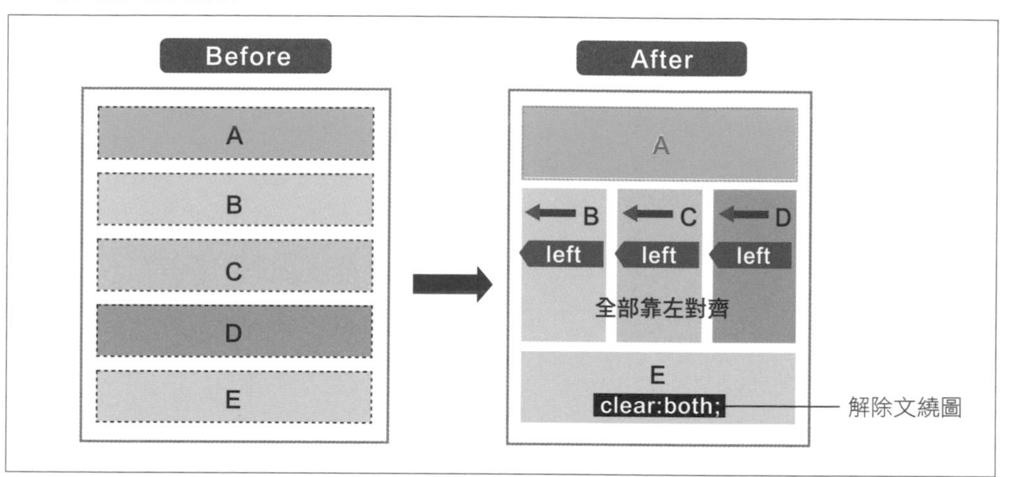

● 三欄式版面設定方法 2

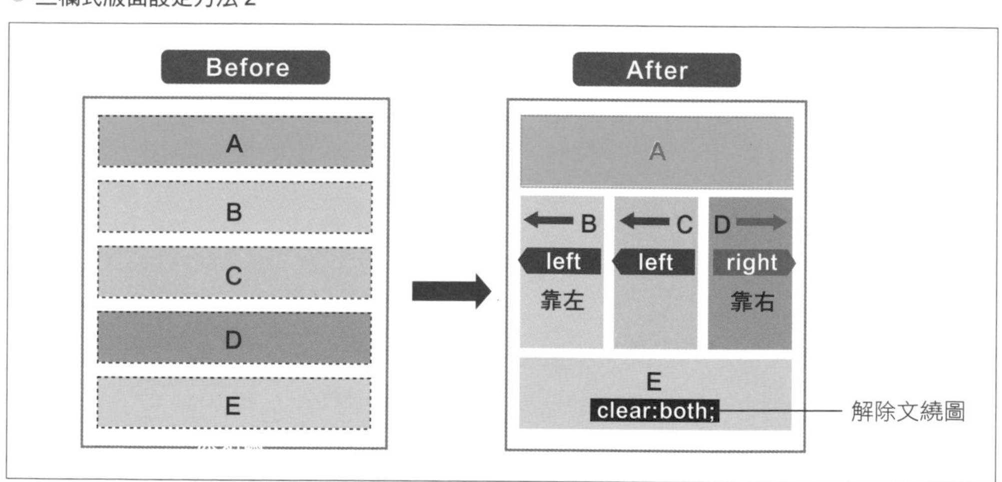

1 設定各區塊的寬度及暫用底色

首先與二欄式版面一樣，先設定各區塊的 width 及 background-color。

● 3col/style1.css

```
 9 ▼ #wrap{
10      width:940px;
11      margin:30px auto;
12      background-color: beige;
13    }
14
15 ▼ #header{
16      background-color: lightpink;
17    }
18
19 ▼ #cont1{
20      background-color: palegreen;
21      width:300px;
22    }
23
24 ▼ #cont2{
25      background-color: skyblue;
26      width:300px;
27    }
28
29 ▼ #cont3{
30      background-color: plum;
31      width:300px;
32    }
33
34 ▼ #footer{
35      background-color: gold;
36    }
37
```

● 3col/3col-1.html

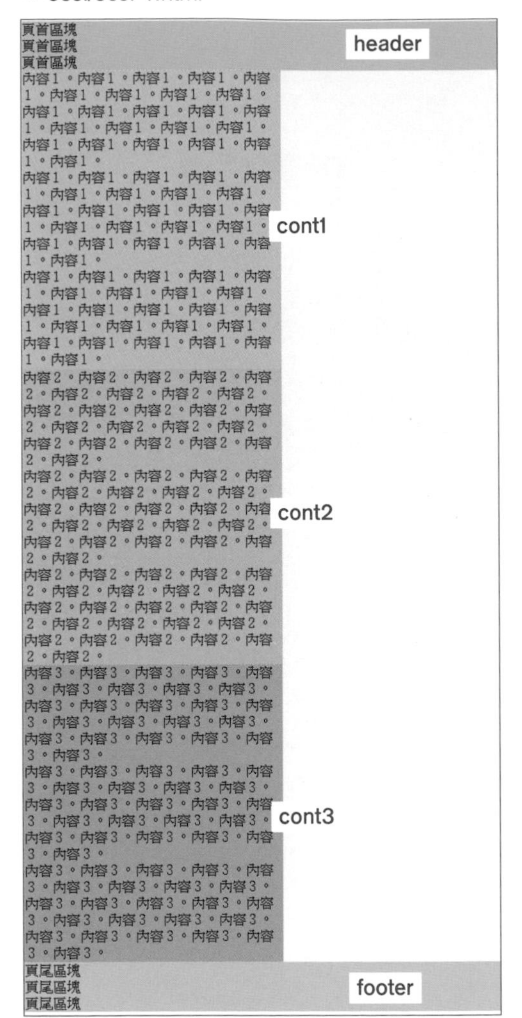

2 在 #cont1 ～ #cont3 設定 float:left 靠左對齊，並在 #footer 解除 float

接著在要橫向排列的三個區塊都設定「float:left;」，並在後續元素解除文繞圖。若不需要在區塊間特別設定間距，以上操作就完成了。

● 3col/style1.css

```
19 ▼ #cont1{
20     background-color: palegreen;
21     width:300px;
22     float:left;
23 ► }
24
25   #cont2{
26     background-color: skyblue;
27     width:300px;
28     float:left;
29   }
30
31 ▼ #cont3{
32     background-color: plum;
33     width:300px;
34     float:left;
35   }
36
37 ▼ #footer{
38     background-color: gold;
39     clear:both;
40   }
```

● 3col/3col-1.html

Memo

若分欄區塊之間需要間距，則分別在頭 2 個區塊設定 margin-right 即可。

3 將 #cont3 改為 float:right;

若分欄區塊需要間距，就可用方法 2：將最後一個區塊設為 float:right;。以此例來說是將 #cont3 設定改為 float:right;。

● 3col/style1.css

```
31 ▼ #cont3{
32     background-color: plum;
33     width:300px;
34     float:right;
35   }
```

● 3col/3col-1.html

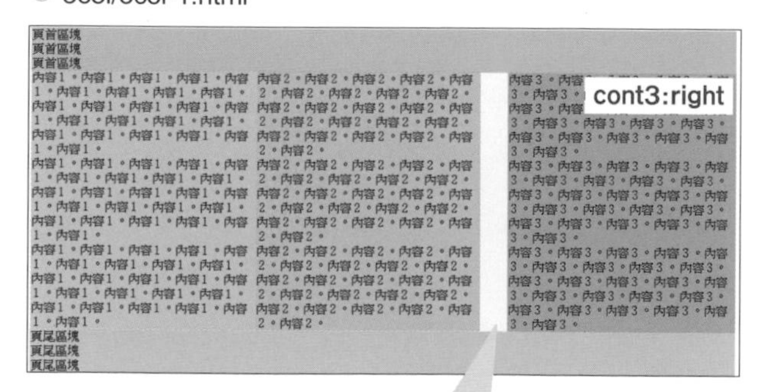

float:left; 與 float:right; 的區塊相鄰時，中間會自動產生間距，因此只需在 cont1 與 cont2 之間再設一個間距。

4 在 #cont1 上設定 margin-right

在 #cont2 與 #cont3 之間已經自動產生了間距，因此只需要在 #cont1 中設定 margin-right 為 20px，就可完成三欄式版面。

● 3col/style1.css

```
19 ▼ #cont1{
20       background-color: palegreen;
21       width:300px;
22       float:left;
23       margin-right:20px;
24 ▶ }
```

● 3col/3col-1.html

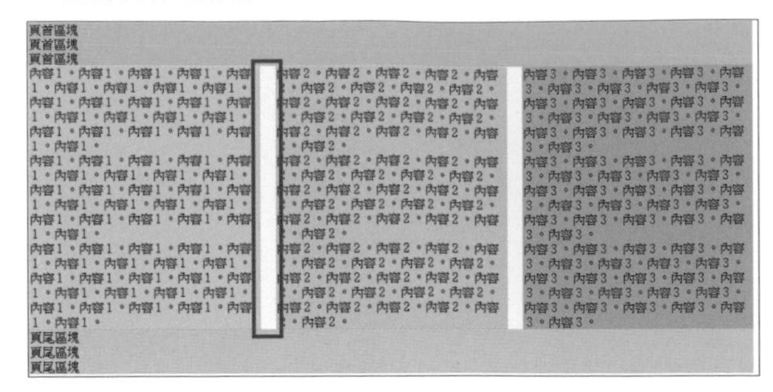

製作三欄式版面 (2)

接著來看「跳脫原始碼順序來設計三欄式版面」的方式，如下圖最右邊所示，三欄式版面通常是將中間的區塊 C 做為主要內容區塊，但 C 的程式若像下圖最左邊所示，是寫在 B、D 的前面，只用 float 並不能做出 B→C→D 順序的三欄式配置。

因此，要製作這類版面時，通常會將主要內容區塊與其左右任一邊的區塊用一個 div 元素圍住，先做出一個二欄式版面，然後在 div 分欄中繼續做一個二欄版面，這樣就會形成三欄式了。我們來將範例 3col-2.html 製作成上述類型的三欄式版面。

● 跳脫原始碼順序來調配三欄式版面

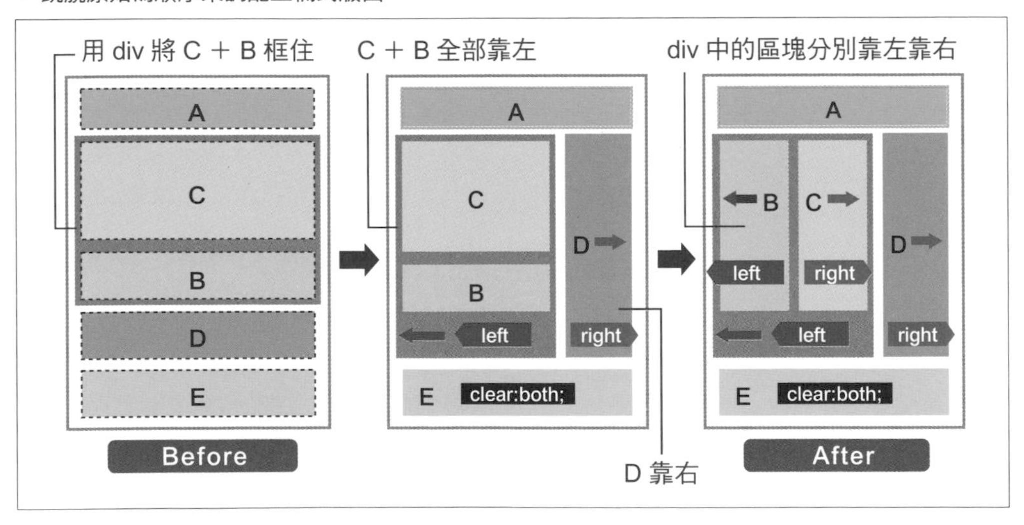

1 設定各區塊的寬度及暫用底色

與前例相同，先設定各區塊的 width 與 background-color。

● 3col/style2.css

```
1   @charset "UTF-8";
2   /* CSS Document */
3
4 ▼ *{
5     margin:0;
6     padding:0;
7   }
8 ▼ ul {
9     list-style: none;
10  }
11
12 ▼ #wrap{
13    width:800px;
14    margin:30px auto;
15    background-color: beige;
16  }
17
18 ▼ #header{
19    background-color: lightpink;
20  }
21
22 ▼ #side{
23    background-color: skyblue;
24    width:200px;
25  }
26
27 ▼ #main{
28    background-color: palegreen;
29    width:360px;
30  }
31
32 ▼ #navi{
33    background-color: plum;
34    width:200px;
35  }
36
37 ▼ #contents{
38    background-color: orange;
39    border: 3px solid orange;
40    width:580px;
41  }
42
43 ▼ #footer{
44    background-color: gold;
45  }
```

在 HTML 中用一個 <div id="contents"> 先將 main 及 side 包起來 (上圖橘色的區塊)，然後在 CSS 當中設定 #contents 的樣式

● 3col/3col-2.html

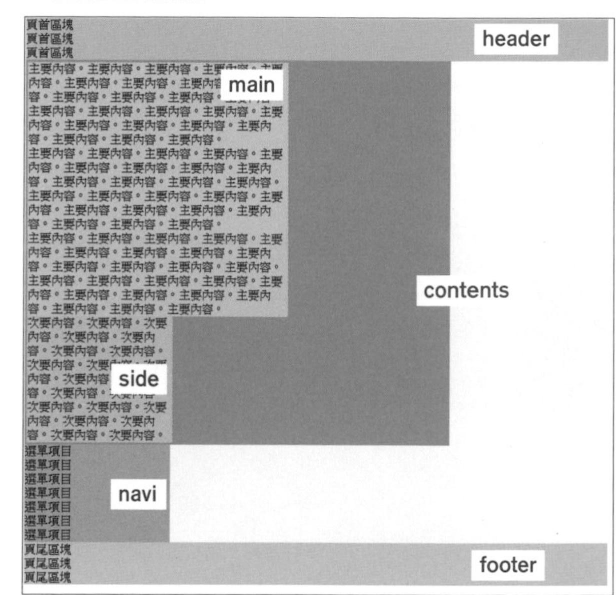

2 在 #contents 與 #navi 設定 float 分別靠左靠右對齊，並在 #footer 解除 float

首先設定 #contents 與 #navi, 做出外層的二欄式版面，並設 #footer 解除 float。

● 3col/style2.css

```
32 ▼ #navi{
33     background-color: plum;
34     width:200px;
35     float:right;
36   }
37
38 ▼ #contents{
39     background-color: orange;
40     border: 3px solid orange;
41     width:580px;
42     float:left;
43   }
44
45 ▼ #footer{
46     background-color: gold;
47     clear:both;
48   }
```

● 3col/3col-2.html

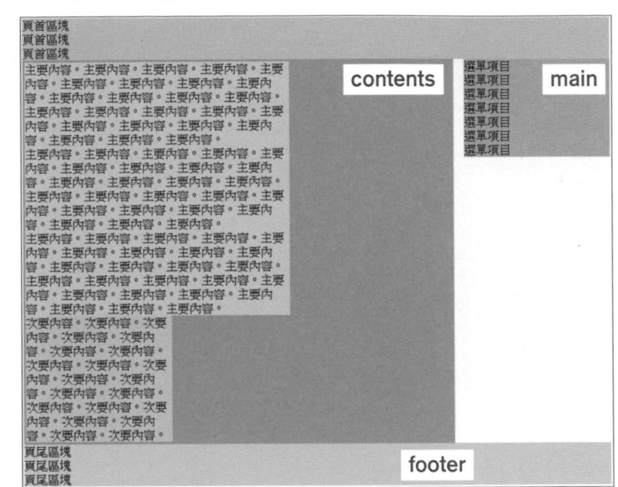

3 在 #main 與 #side 設定 float 分別靠左靠右對齊

劃分出大的二欄式版面後，再將左欄 #contents 區塊也切成二欄 (左 #side、右 #main) 就完成了。

● 3col/style2.css

```
22 ▼ #side{
23     background-color: skyblue;
24     width:200px;
25     float:left;
26   }
27
28 ▼ #main{
29     background-color: palegree
30     width:360px;
31     float:right;
32   }
```

● 3col/3col-2.html

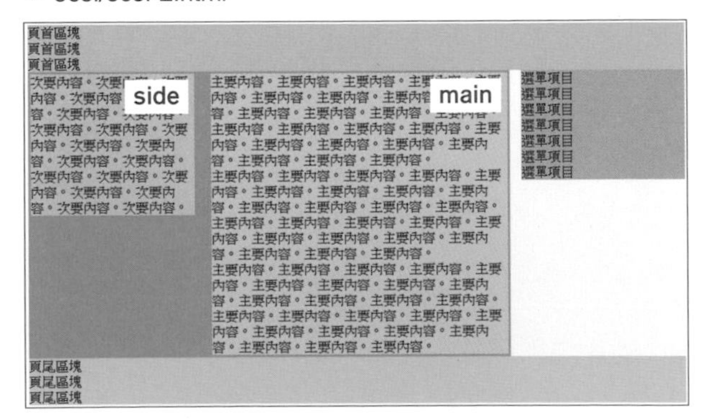

將元素 Box 以格狀排列的版面

接下來介紹將同樣大小的元素 Box 以格狀排列的版面，只要將所有元素 Box 都設定為「float: left;」，就算之後要插入、刪除元素，或修改元素的順序，在 HTML 都不需要再新加 class。

1 將 .box li 全部設為「float: left;」靠左對齊

● box/style.css

```
1   @charset "UTF-8";
2   /* CSS Document */
3
4   *{
5     margin:0;
6     padding:0;
7   }
8
9   ul{
10    list-style: none;
11  }
12
13
14  #wrap{
15    width: 960px;
16    margin: 0 auto;
17    background-color: beige;
18  }
19
20  #header{
21    margin-bottom: 20px;
22    background-color: lightpink;
23  }
24
25  #footer{
26    background-color: gold;
27    clear: both;
28  }
29
30  .box li{
31    float: left;
32  }
```

● box/box.html

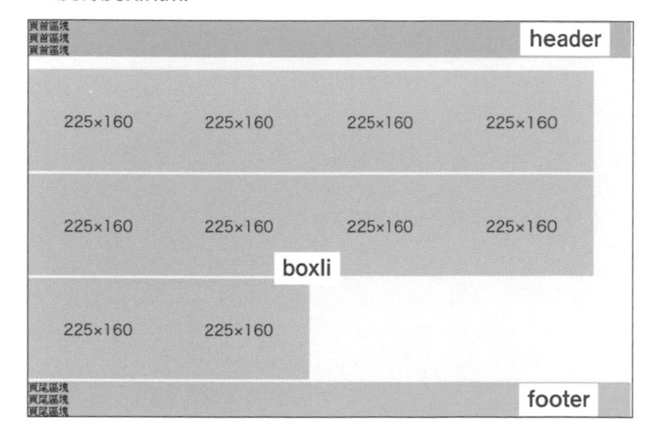

2 將 .box li 的右方和下方 margin 一律設成 20px

接著利用 margin 設定元素 Box 之間的間距。不過，若在最右邊那排的元素上也設定 margin-right: 20px，將會造成區塊被斷到下一列的錯位狀況。

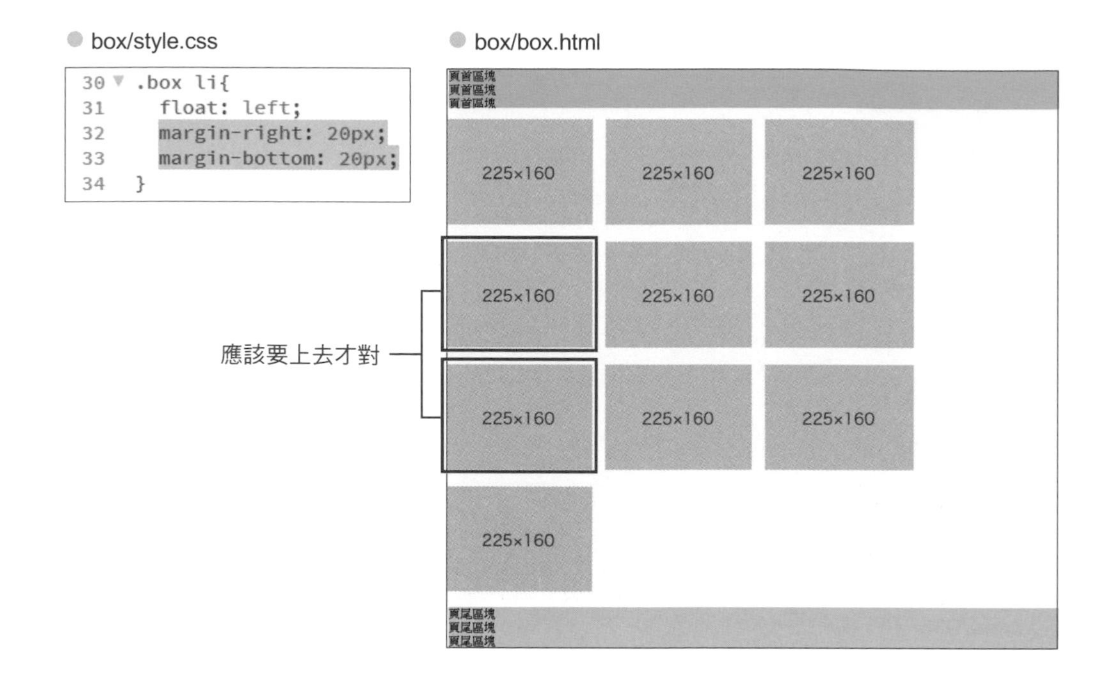

3 修正區塊錯位的問題

怎麼解決呢？下列方法都可讓最右邊的 margin 失效，將掉下來的區塊移回去：

❶ 使用 CSS3 的虛擬類別選擇器 :nth-child(n)。

❷ 使用 CSS3 的否定虛擬類別選擇器 :not(S)。

❸ 在父元素中設定負的間距。

▶ 使用 CSS3 虛擬類別 :nth-child(n)

:nth-child(n) 是將子元素加以編號後，藉由指定編號的方式進行設定。例如「.box li:nth-child(4n)」是指選擇「**.box 的子元素中，編號為 4 的倍數的 li 元素**」。

▶ 使用 CSS3 的否定虛擬類別 :not(s)

:not(s) 是用來篩選 s 所指定的選擇器之外的元素。例如設定 box li:not(:nth-child(4n)) 時，就可針對「4 的倍數**以外**的 li 元素」設定 margin-right 了。

box/style.css

```
30 ▼ .box li{
31     float: left;
32     margin-right: 20px;
33     margin-bottom: 20px;
34   }
35
36   /* 1 使用CSS3的虛擬類別 :nth-child(n) */
37 ▼ .box li:nth-child(4n) {
38     margin-right: 0;
39   }
```

```
30 ▼ .box li{
31     float: left;
32    /* margin-right: 20px;*/
33     margin-bottom: 20px;
34   }
35
36   /* 2 使用CSS3的否定虛擬類別 :not(S) */
37 ▼ .box li:not(:nth-child(4n)) {
38     margin-right: 20px;
39   }
```

Memo

兩種虛擬類別選擇器的寫法現在不太熟沒關係，Chapter06 Lessson19 會再詳細介紹。

▶ 在父元素中設定負間距

若不想用太高段的 CSS3 語法，可改用將父元素 .box 的右側間距設為負值的方式，讓它與右端元素的右間距互相抵消。但由於此時子元素的右間距 20px 會突出父元素之外，因此要在 .box 再加上 **overflow: hidden;** 的敘述，將超出的部份設為隱藏不顯示（此語法待會實作後的「解説篇」會再進一步介紹）。

box/style.css

```
30 ▼ .box li{
31     float: left;
32     margin-right: 20px;
33     margin-bottom: 20px;
34   }
35
36   /* 3 在父元素中設定負的間距 */
37 ▼ .box {
38     margin-right: -20px;
39   }
40 ▼ #main {
41       /* 隱藏超出的部份 */
42       overflow:hidden;
43   }
```

語法

overflow
值：auto、scroll、hidden、visible

指定超出元素Box的內容應如何顯示。值為 hidden 時，表示將超出的部份隱藏起來。

● box/box.html

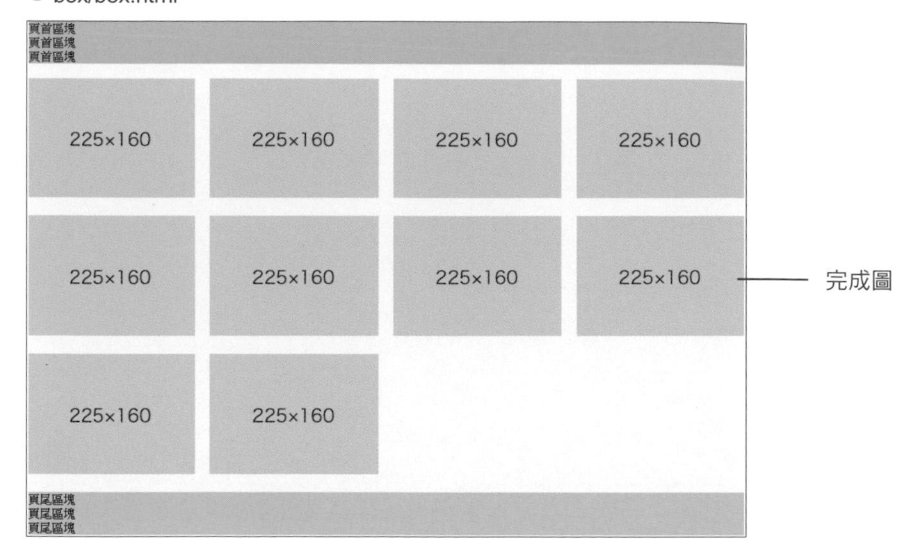

Memo 在父元素設定負間距以防止版面錯位的技巧，只有在單位是 px 時才有效。也就是說，它基本上是用於固定式版面的方法，這一點請特別留意。

COLUMN

用 float 製作網格式版面時應注意事項

要利用 float 製作網格狀版面時，每個元素 Box 的高度必須相同，否則很常會因為文繞圖導致版面錯位。

若元素 Box 的高度不是固定的，一般會利用 JavaScript 將元素高度切齊，這部分已超出本書範圍，有興趣的讀者可自行研究。

● 版面錯位的例子

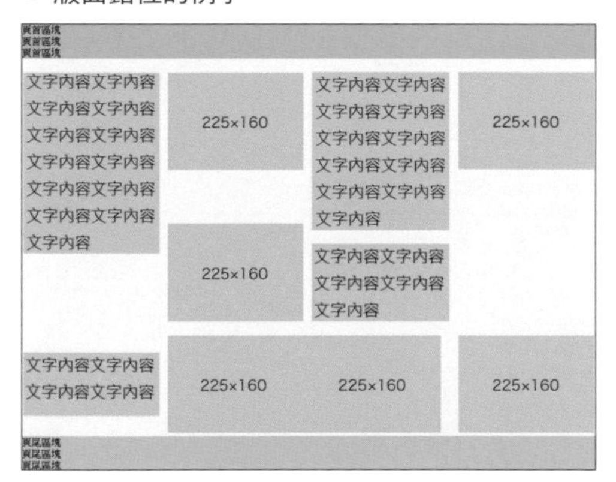

● 可將元素高度切齊的 jQuery 外掛程式

- jquery.tile.js (http://urin.github.io/jquery.tile.js/)
- jquery.matchHeight.js (http://brm.io/jquery-match-height/)

解說 用 float 設定版面時的限制與注意事項

使用 float 設定版面的限制

使用 float 讓元素橫向配置在設計上有幾項限制，這些都是受限於 float 規格上的限制，無法單靠 CSS 解決，底下帶您了解一下。

▶ 橫向並列的區塊並不會自動拉成同樣高度

以 float 屬性橫向排列的區塊，**無法自動將高度拉成一致**，雖然使用 height 可做到類似高度一致的效果，但在內容有增減時可能會導致內容超出指定高度。因此，除非是在有明確固定高度的情況下，否則不建議使用 height 屬性。

簡言之，雖然將高度統一算是設計上理所當然的要求，但在 float 的版面無法做到這一點，請清楚了解這個限制（改用 LESSON 15 所介紹的「flexbox」版面配置手法就可以輕鬆解決這個問題）。

● float 設定版面的限制 ①

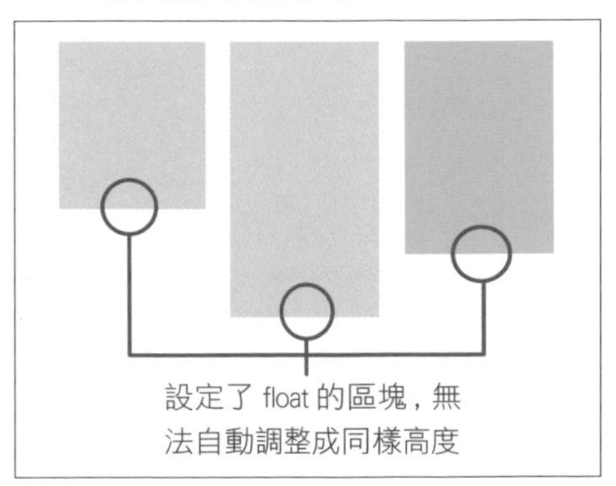

設定了 float 的區塊，無
法自動調整成同樣高度

▶ 橫向並列的區塊只能靠上對齊

以 float 屬性橫向排列的區塊，**只能靠上對齊**，無法靠下或置中對齊。此外，若是區塊已用 height 設定固定高度，則可讓區塊內的內容靠下對齊，但一樣無法置中對齊。

若無論如何需要改變對齊方式，就只棄用 float, 改用其他方式來設定版面了。

● float 設定版面的限制 ②

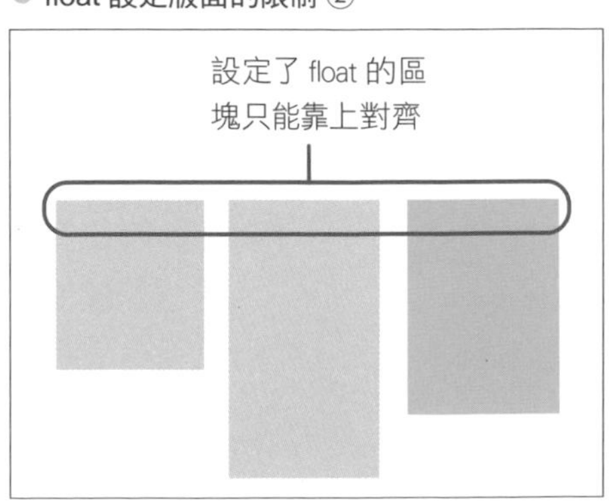

解除 float 時應注意事項

來複習一下，利用 float 製作多欄式版面基本上是依循下列步驟進行：

❶ 確認原始碼中，內容區塊的順序。

❷ 必要時利用 div 元素多個區塊包起來。

❸ 利用 float 設定要對齊的方向。

❹ 在後續元素中解除 float（clear: both;）

特別提一下 ❹ 解除 float 時可能發生的傷腦筋狀況。如下圖（左）所示，先以 div 元素（#container）圈住設定了 float 的 #left 與 #right 時，就算下圖（中）#footer 中指定了 clear: both;, #container 的邊框還是會不見，元素整個貼緊頂端顯示：

● 沒有後續元素可解除 float

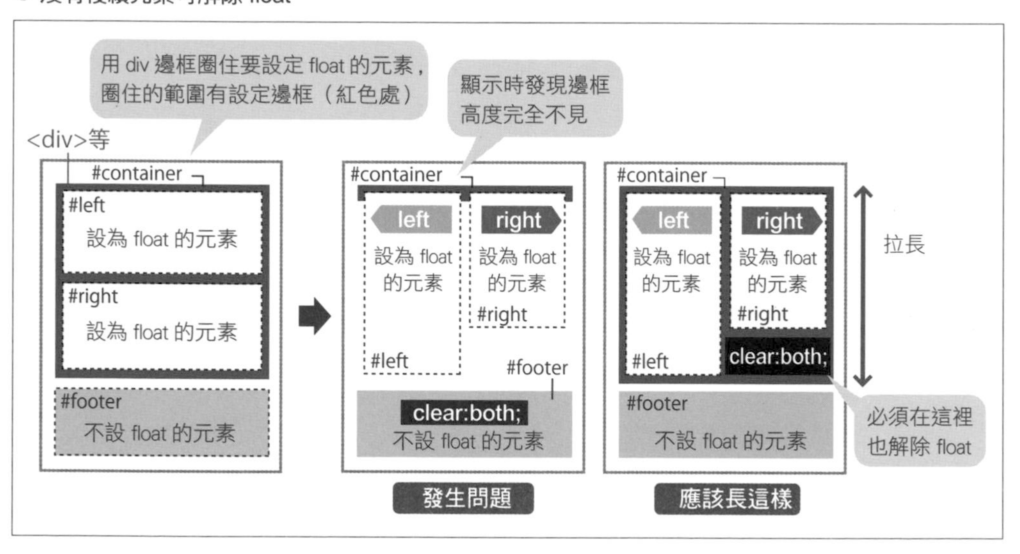

這個狀況是因為 float 規格中定義了「當子元素設為 float 時，包住它的父元素將視為無高度」。若要恢復父元素的高度，就必須在失去高度的元素（此例為 #container）內解除 float。可是在 HTML 結構上，又往往可能像下圖（右）那樣，在應該解除 float 的地方，並沒有可以設定 clear: both; 的元素 ....

在沒有後續元素的情況下，有 2 種方法可解除 float, 跟著我們來了解一下。

▶ clearfix

第一種方式是 Tony Aslett 提出的「clearfix」方式。簡單來說，就是在包含了 float 子元素的父元素中，以 **::after 建立虛擬元素後在其中設定「clear: both;」**。如此一來，就算 HTML 中實際上並沒有元素，還是可以在父元素內解除 float。

要採用此方法時，只要將 clearfix 的原始碼複製貼上到自已的 CSS 裡，並在對應的元素中加上 class="clearfix" 設定好 class 名稱即可。

● clearfix 的原理

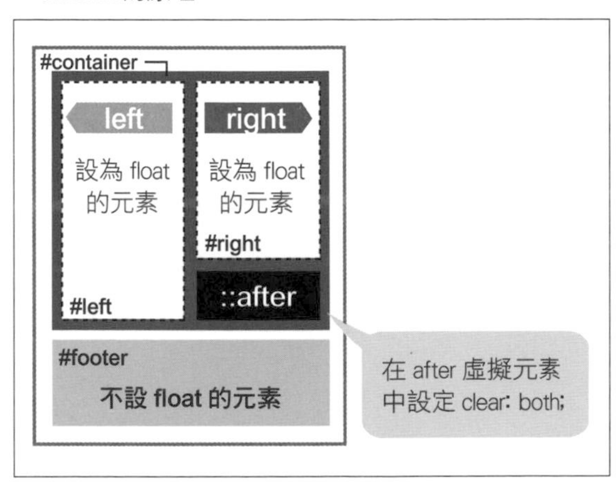

● 利用 clearfix 解除 float

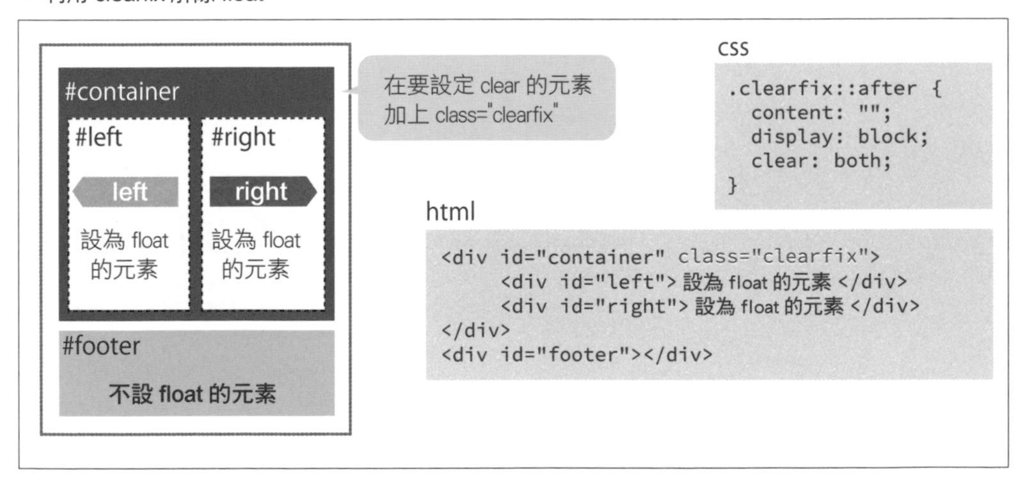

▶ overflow

第二種方法則是前面實作時使用的 **overflow** 屬性。overflow 屬性原本是當寬度高度固定的元素有內容超出尺寸時，用來指定顯示方式，並不是用來解除 float 的屬性。

● overflow 的用途

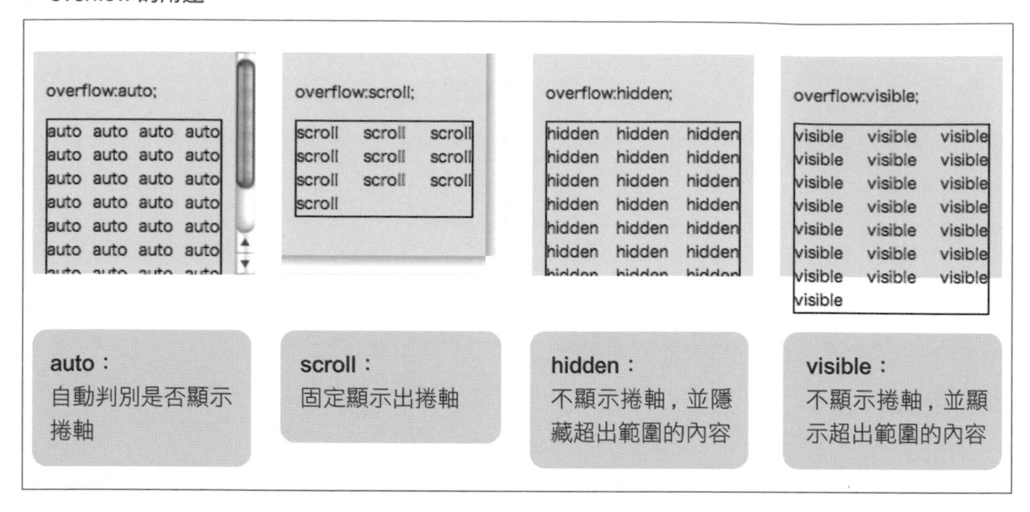

不過，若在因為子元素為 float 而失去高度的父元素中設定 **overflow: hidden;**，以結果來說，可以得到跟 clearfix 一樣的結果。

寫法很簡單，只要在失去高度的父元素的 CSS 中，加上一行 overflow: hidden; 即可。

● overflow: hidden; 的使用方法

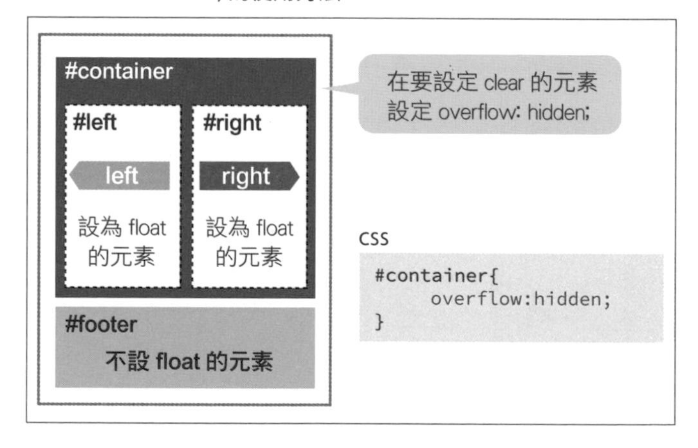


```
#container{
    overflow:hidden;
}
```

Point

- **float 版面的顯示順序與原始碼中的標記順序有關，因此版面編排上有一定的限制。**
- **當子元素設定了 float，包住它的父元素將會變成無高度。**
- **有後續元素時，可使用 clear: both; 解除 float。若沒有後續元素，則使用 clearfix 或 overflow: hidden; 等技巧。**

LESSON 14

用 position 屬性進行版面配置

這裡將介紹與 float 屬性並稱為 CSS 版面設計基礎的「position」屬性。與 float 不同，使用 position 設定的版面，配置順序並不受 HTML 原始碼的標記順序影響。若能好好活用，就能做出自由度更高、更靈活的版面。

Sample File　chapter04 ▶ lesson14 ▶ before ▶ absolute ▶ index.html、style.css
▶ relative ▶ index.html、style.css
▶ fixed ▶ index.html、style.css

實作　position 版面設計

利用「position:absolute;」彈性配置版面

一般來說，網頁上各元素的顯示順序，和元素在 HTML 原始碼中所標記的順序相同。不過，只要使用 **position 屬性**，就可「無視」元素在 HTML 原始碼中的順序，例如可將標記在原始碼最後的元素，拉到網頁最上頭顯示，非常彈性。

position 是用來指定顯示位置的屬性，其預設值為 static。若將值改為 **absolute**（絕對配置、或稱絕對定位），就能自由設計版面。

● 以 absolute 指定絕對配置

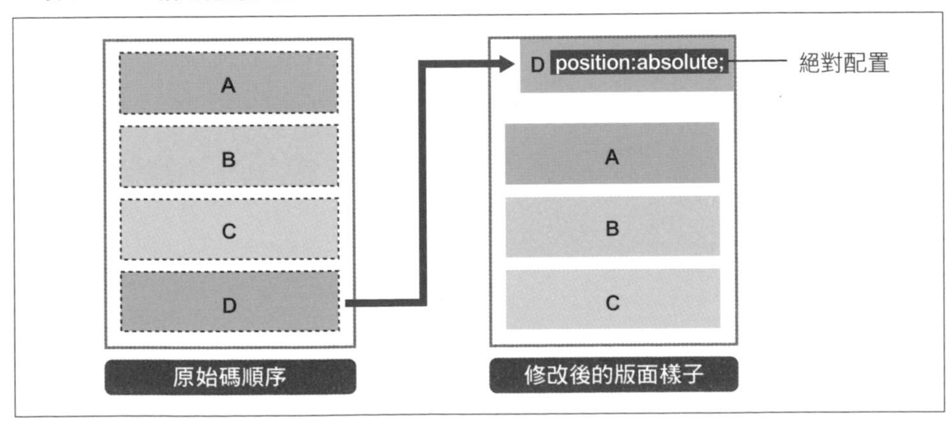

設定絕對配置 (position:absolute;) 版面

將某個內容區塊設定 **position:absolute;** 之後，這個區塊就會完全脫離預設版面的配置方式，設計者可利用「基準元素」（後述）為基準，自由指定此區塊的位置。而原本應該顯示這個區塊的那個位置，就會自動由後續元素遞補進去。就像是在一般 HTML 上，覆蓋一個透明的圖層後，疊上設為絕對配置的那個區塊。

● position:absolute; 概念圖

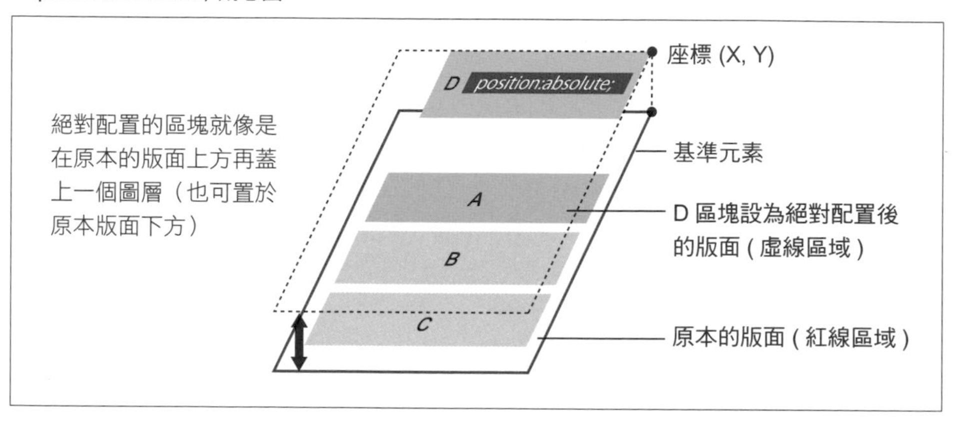

Memo

基準元素

本書中提到的「基準元素」，原文本來是 containing block，直譯應該是「包含區塊」。但這個名稱不太容易理解，而且它的功用是做為 position 配置，因此本書稱為基準元素。

以下利用 LESSON14 範例中的 absolute/index.html 為例，練習 position:absolute; 的使用方法。

1 在要絕對配置的區塊設定 position:absolute;

首先，在對應的元素中設定「position:absolute;」。

● absolute/style.css

```
23    /*絕對配置內容*/
24 ▼ #pos{
25      width:15px;
26      padding:10px;
27      background:#f00;
28      position:absolute;
29    }
```

語法

position　[指定內容區塊配置方法]
值：static (預設值)、absolute、
　　relative、fixed

設定了 position:absolute; 之後，該元素原本所佔的空間會被後續元素遞補上去：

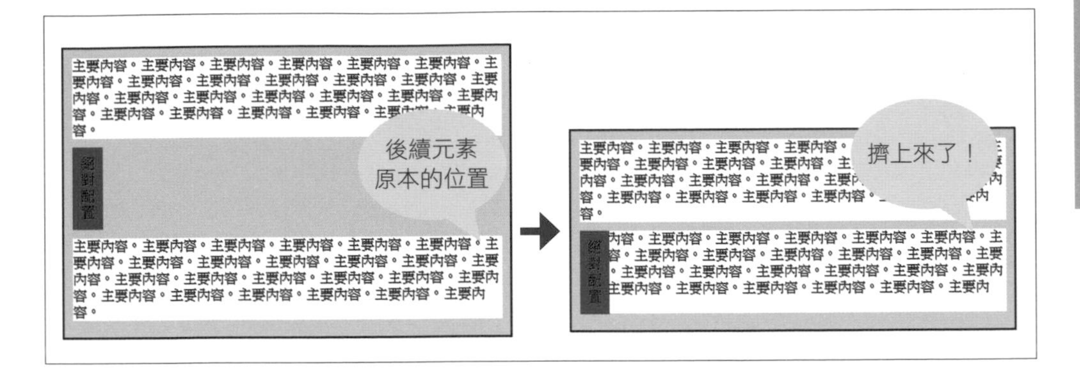

2 指定想配置的座標位置

如果希望絕對配置的區塊對齊右上角配置，就設定「right:0;」「top:0;」：

● absolute/style.css

```
23    /*絕對配置內容*/
24 ▼  #pos{
25      width:15px;
26      padding:10px;
27      background:#f00;
28      position:absolute;
29      right:0;
30      top:0;
31    }
```

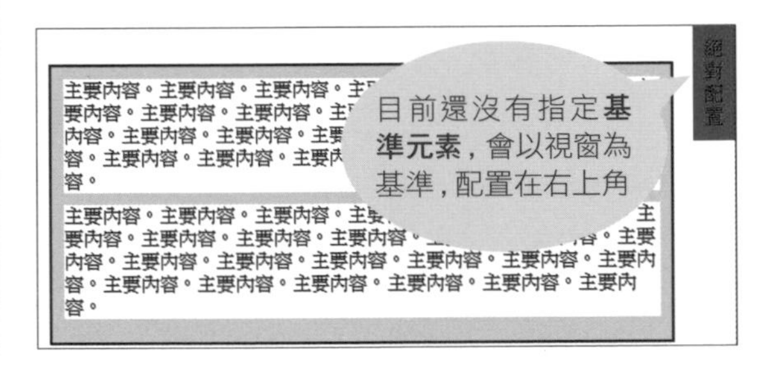

當 position 屬性值不是 static 時，可利用 left、top、bottom、right 這幾個屬性設定座標位置。而這裡的位置是以被指定為「基準元素」的各邊 (left、top、bottom、right) 為起點來配置。若沒有先指定基準元素，就會如上圖一樣自動以 body 元素，也就是整個視窗為基準。

語法

left、top、right、bottom ［指定絕對配置區塊與基準元素之間的間距］
值：數值
※只有當 position 屬性值不是 static 時，值才有效。

3 指定基準元素

上圖在沒有基準元素的情況下，會以視窗邊框為基準來配置。這裡改將 #pos 的父元素 #wrap 指定為基準元素。

● absolute/style.css

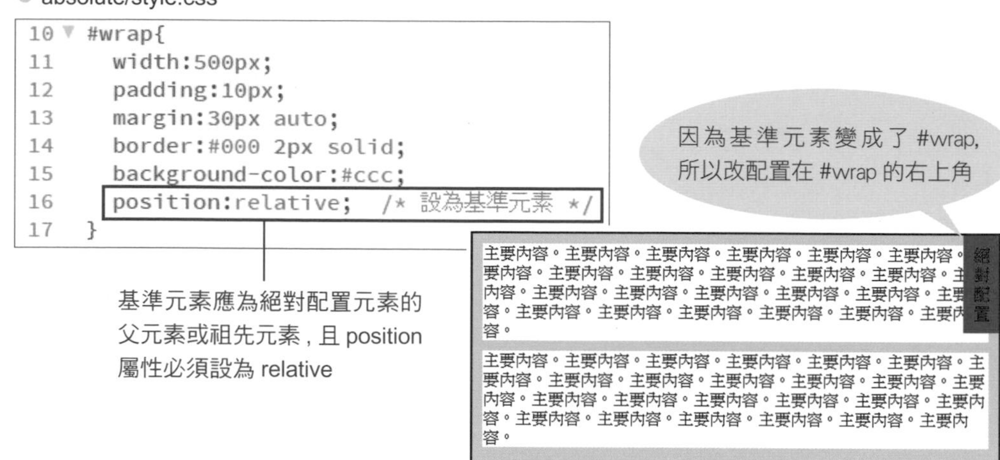
```
10 ▼ #wrap{
11      width:500px;
12      padding:10px;
13      margin:30px auto;
14      border:#000 2px solid;
15      background-color:#ccc;
16      position:relative;   /* 設為基準元素 */
17   }
```

基準元素應為絕對配置元素的
父元素或祖先元素，且 position
屬性必須設為 relative
因為基準元素變成了 #wrap,
所以改配置在 #wrap 的右上角
絕對配置

基準元素應為絕對配置元素的父元素或祖先元素，且為 position 屬性值不是 static 的區塊元素。另外，若父元素、祖先元素中有一個以上元素的 position 屬性值不是 static, 則會以離絕對配置元素最近的祖先元素為基準元素。

4 配置在基準元素外側

接著，指定「right:-30px」，將區塊配置在 #wrap 外側。left、top、right、bottom 的值都可指定為負值，這樣就可以將配置位置拉到基準元素外側。

● absolute/style.css

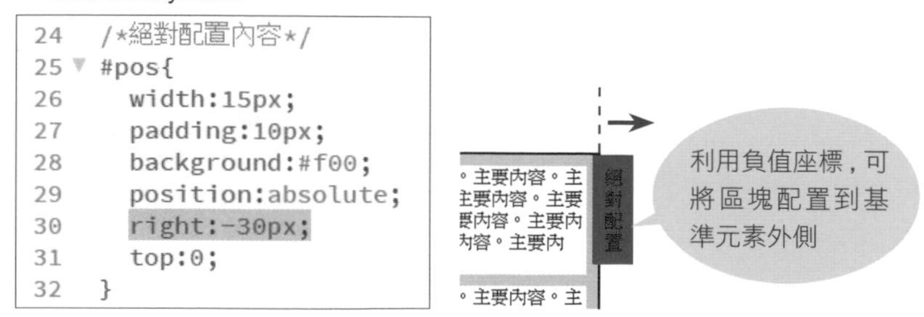
```
24   /*絕對配置內容*/
25 ▼ #pos{
26      width:15px;
27      padding:10px;
28      background:#f00;
29      position:absolute;
30      right:-30px;
31      top:0;
32   }
```

絕對配置
利用負值座標，可
將區塊配置到基
準元素外側

5 決定重疊時的順序

目前區塊是在 #wrap 上一層，只要指定「**z-index:-1**」就可讓區塊退到 #wrap 下一層。

● absolute/style.css

```
24   /*絕對配置內容*/
25 ▼ #pos{
26     width:15px;
27     padding:10px;
28     background:#f00;
29     position:absolute;
30     right:-30px;
31     top:0;
32     z-index:-1;
33   }
```

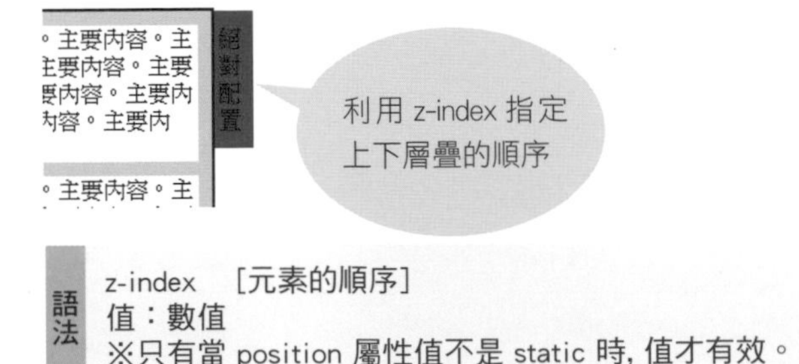

。主要內容。主
主要內容。主要
要內容。主要內
內容。主要內
。主要內容。主
絕對配置
利用 z-index 指定
上下層疊的順序
語法
z-index　[元素的順序]
值：數值
※只有當 position 屬性值不是 static 時, 值才有效。

當多個 position 屬性值不為 static 的元素重疊時，若不做任何設定，顯示時會依原始碼的標記順序，順序愈「後」者，顯示在愈上層。若想要改變順序，可利用 z-index 屬性，值愈大者在愈上層。而預設版面的 z-index 值視為 0, 因此要讓 pos 區塊置於預設版面下方時，只要將 pos 區塊的 z-index 值設為負數，如這裡設為 -1。

設定相對配置 (position:relative;) 版面

在內容區塊設定了 **position:relative;** 之後，區塊會以原本顯示的位置為基準，接著可以指定上下左右偏移。與 absolute 不同的是，區塊原本的空間仍會保留。也就是說若設定 position: relative; 後，卻沒有指定偏移座標，則顯示結果不會有什麼改變。

position: relative; 主要用來設定要做絕對配置時的基準元素（若前頁的範例），或用於希望區塊呈現重疊效果時使用。

● position: relative; 概念圖

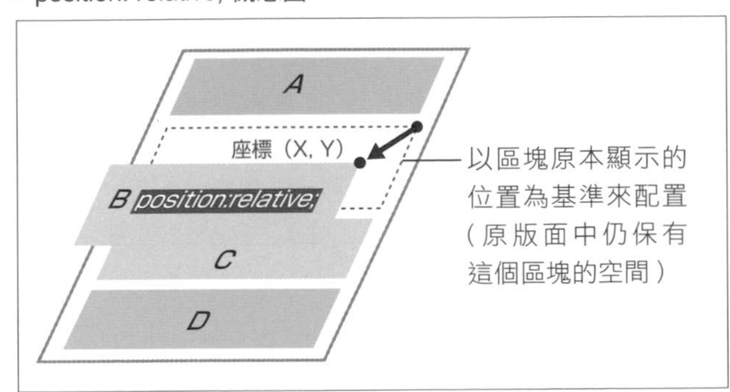

A
座標 (X, Y)
B position:relative;
C
D
以區塊原本顯示的
位置為基準來配置
（原版面中仍保有
這個區塊的空間）

以下利用 LESSON14 範例中的 relative/index.html，練習 position: relative; 的使用方法。

1 將「指定 float:right; 靠右對齊的元素」設為相對配置

首先在 .right 紅色區塊設定「position:relative;」，此時因為只加了 relative，還沒有指定偏移座標，所以顯示結果跟一開始開啟的內容一樣。

● relative/style.css

```
28 ▼ .right{
29   width:100px;
30   height:100px;
31   background-color:#f00;
32   float:right;
33   position:relative;
34   }
```

● relative/index.html

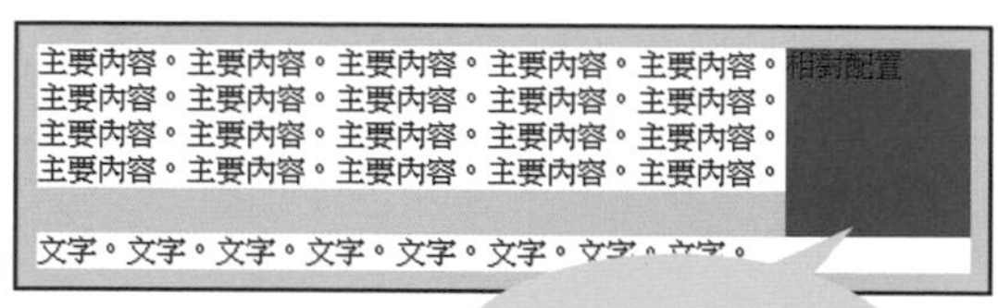
主要內容。主要內容。主要內容。主要內容。主要內容。
主要內容。主要內容。主要內容。主要內容。主要內容。
主要內容。主要內容。主要內容。主要內容。主要內容。
主要內容。主要內容。主要內容。主要內容。主要內容。
相對配置
只有指定 relative 時，顯示結果沒有變化

2 設定負值，讓區塊顯示在父元素的外側

設定「right:-30px;」，讓區塊由現在的位置向右偏移，突出父元素的外側。

● relative/style.css

```
28 ▼ .right{
29   width:100px;
30   height:100px;
31   background-color:#f00;
32   float:right;
33   position:relative;
34   right:-30px;
35   top:0;
36   }
```

以元素原本的位置為基準，然後顯示在指定的相對座標處（也可利用 z-index 指定上下層疊順序）

主要內容。主要內容。主要內容。主要內容。主要內容。
主要內容。主要內容。主要內容。主要內容。主要內容。
主要內容。主要內容。主要內容。主要內容。主要內容。
主要內容。主要內容。主要內容。主要內容。主要內容。
相對配置
文字。文字。文字。文字。文字。文字。文字。文字。

光靠 float 基本上無法做出讓區塊突出父元素外側的版面，這裡加上 position:relative; 後，就可從原本的位置自由偏移配置位置。還可以加上 z-index 的設定，做出疊在其它元素上面，或被壓在其它元素底下的效果。

設定固定配置 (position:fixed;) 版面

position:fixed; 與 position:absolute; 一樣，都是以絕對位置配置內容區塊。與 absolute 不同的是，fixed 會固定以 body 元素（瀏覽器視窗）為基準，就算拉動捲軸，區塊仍會顯示在同一個位置。

● position: fixed; 概念圖

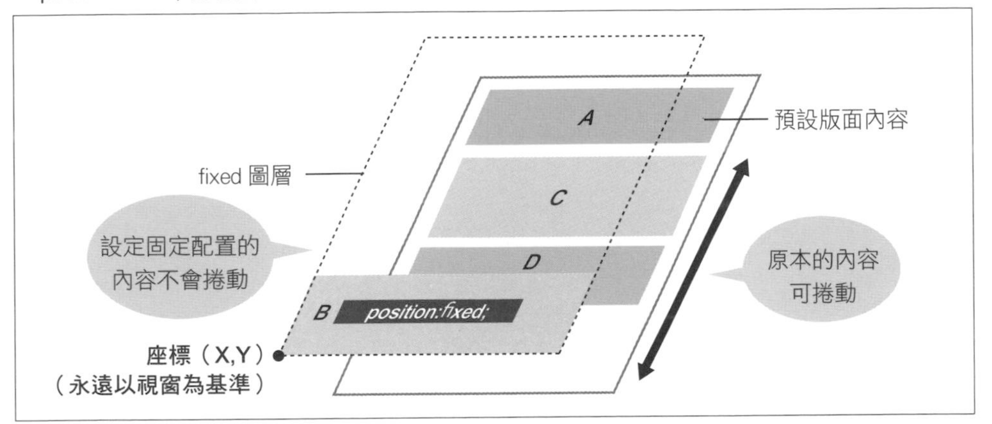

以下利用 LESSON14 範例中的 fixed/index.html 練習 position: fixed; 的用法。

1 將 #fixed 區塊固定在最下方

請參照右側程式，將原始碼最上方的 #fixed（下圖紅色區塊）固定配置到頁面最下方。

● fixed/style.css

```
23    /*固定配置選單*/
24 ▼  #fixed{
25      width:100%;
26      padding:10px 0;
27      background-color:#f00;
28      position:fixed;
29      left:0;
30      bottom:0;
31    }
```

固定前

固定後

固定顯示在最下面

利用 position:fixed; 設定為固定配置的區塊，就算視窗大小變更或拉動捲軸捲動頁面，都會固定在頁面最下方。

2 將 #pagetop 固定在網頁右下角

接下來，再次利用 position:fixed; 將用來跳回網頁最開頭的連結（下圖黑色區域）固定在頁面右下角。並加入修改 bottom 位置的語法，避免與前頁被固定配置在頁面最下方的 #fixed 區塊重疊。

● fixed/style.css

```
33   /*回頁面開頭*/
34   #pagetop{
35       margin:0;
36       position:fixed;
37       left: 0;
38       bottom: 42px;
39   }
```

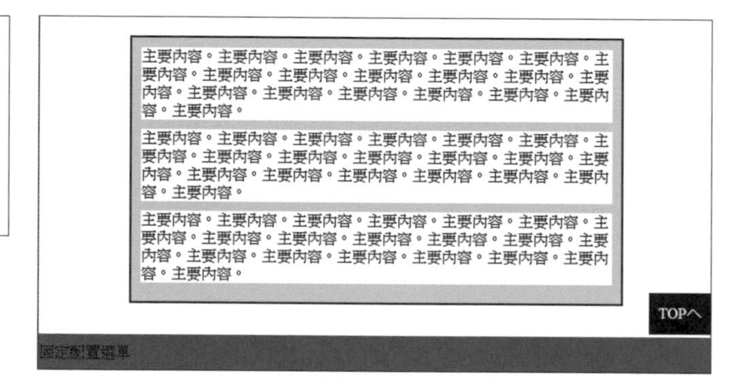
主要內容。
TOPへ
固定配置選單

3 將 #pagetop 固定在「內容區域」的外側

由於 position:fixed; 是以 body 元素為基準，若單純只用 position:fixed; 將元素固定在右下角，當視窗變小時，元素可能會和內容區域重疊顯示：

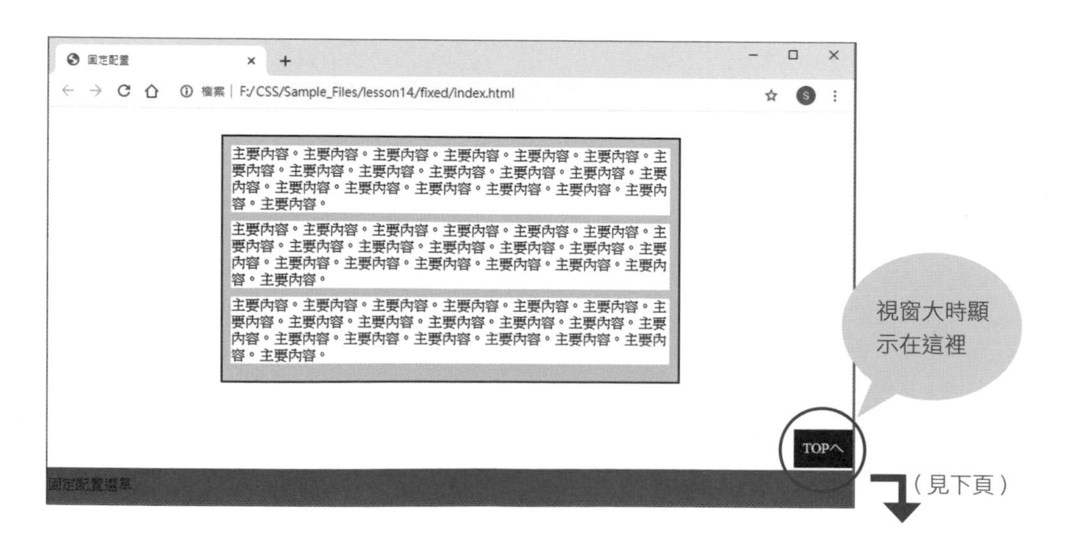
固定配置
檔案 | F:/CSS/Sample_Files/lesson14/fixed/index.html
主要內容。
TOPへ
固定配置選單
視窗大時顯示在這裡

（見下頁）

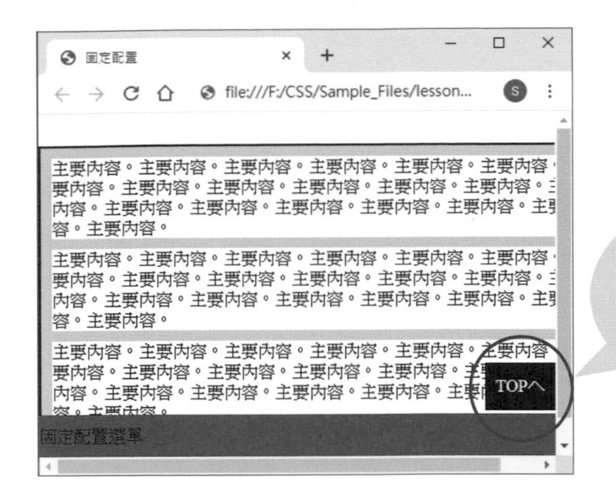

為了避免此狀況，這裡的解法是先設定配置在 body 的 50% 的位置（中間位置），然後再往右加上「內容區域寬度的 1/2 間距」，這樣就可以將元素固定在內容區域的右外側。

● fixed/style.css

```
33  /*回頁面開頭*/
34  #pagetop{
35      margin:0;
36      margin-left: 262px;
37      position:fixed;
38      left: 50%;
39      bottom: 42px;
40  }
```

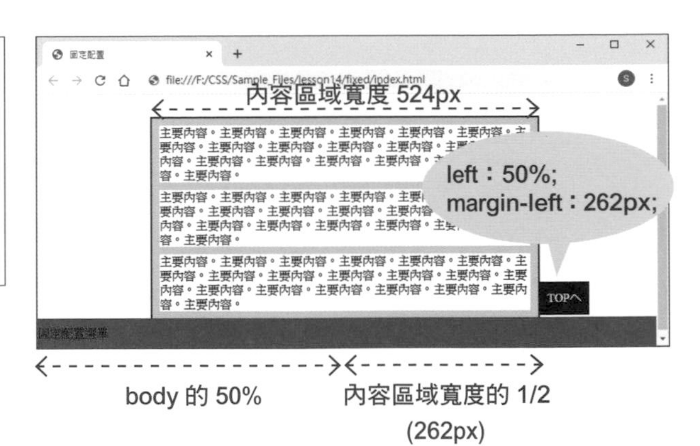

position 版面使用實例

前面介紹了 position: absolute、relative、fixed 的使用方法，最後舉兩個實際上線的網站，帶您一窺其 position 是如何設定的。

● position 版面使用實例 ①

```
.item {
  float: left;
  overflow: hidden;
  position: relative;
  /* 圖示絕對配置的基準 */
  width: 300px;
  margin: 0 30px 30px 0;
  padding: 20px;
  border: 1px solid #ccc;
}

.ico-new {
  position: absolute;
  /* 靠左絕對配置 */ ※ 為了利用 CSS 翻
  left: -30px;        轉，將配置位置
  top: 15px;          往外側移一點。
  transform: rotate
(-45deg) ;
  width: 100px;
  padding: 5px;
  background: #f00;
  color: #fff;
  font-size: 0.8em;
  line-height: 1;
  text-align: center;
}
```

● position 版面使用實例 ②

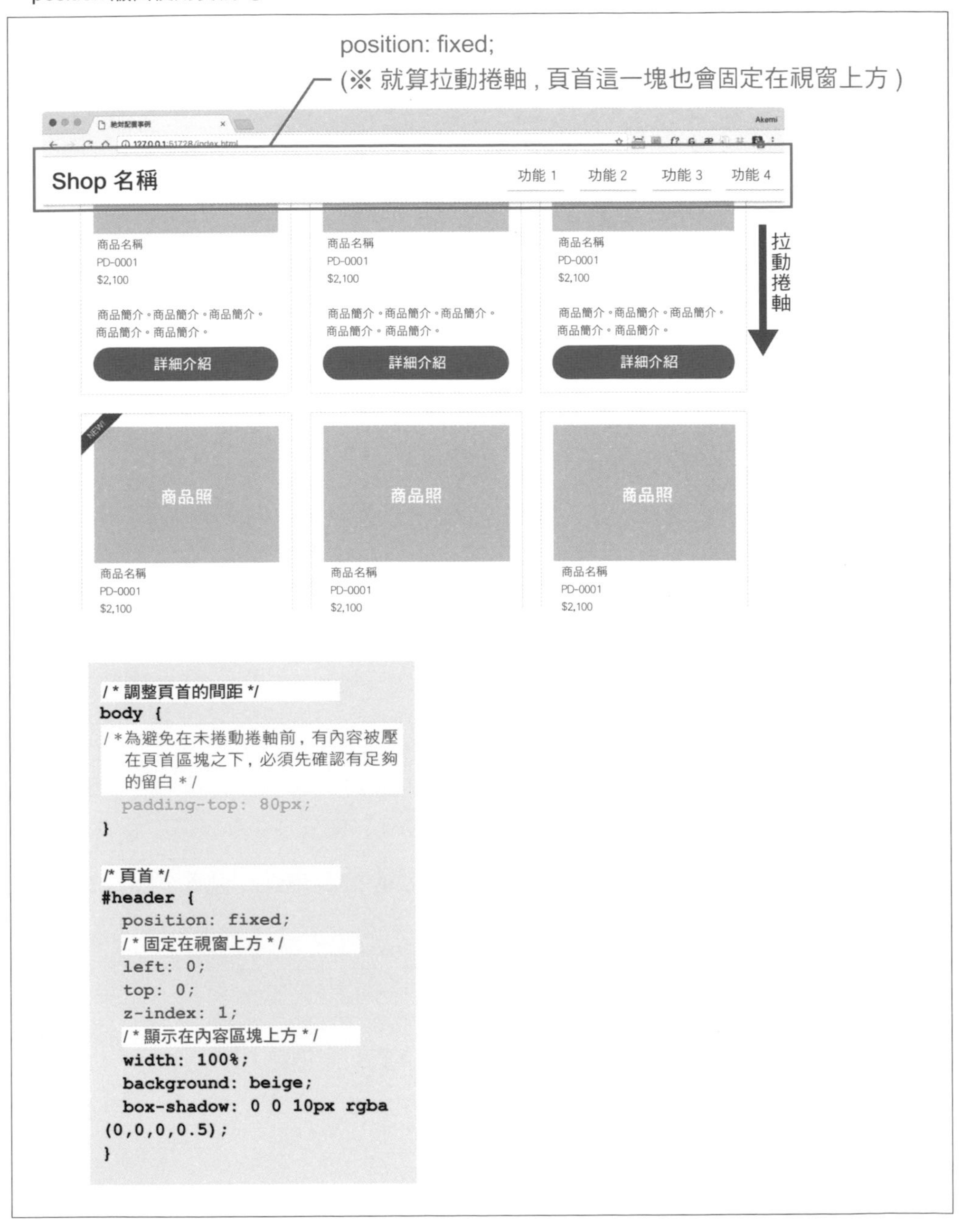


```
/ * 調整頁首的間距 */
body {
/ *為避免在未捲動捲軸前，有內容被壓
   在頁首區塊之下，必須先確認有足夠
   的留白 * /
  padding-top: 80px;
}

/* 頁首 */
#header {
  position: fixed;
  / * 固定在視窗上方 * /
  left: 0;
  top: 0;
  z-index: 1;
  / * 顯示在內容區塊上方 * /
  width: 100%;
  background: beige;
  box-shadow: 0 0 10px rgba
(0,0,0,0.5);
}
```

Point

- position 版面設計可無視原始碼中的順序，自由配置元素。
- 設定絕對配置時，通常是將其父元素設為基準元素。
- 在大小不固定的區域設定絕對配置時，內容有可能會突出區域外。

LESSON

15 flexbox 彈性框架

Lesson15 來介紹可取代「float」的新版面設計方式 - flexbox。利用 flexbox 很容易就能做出 float 無法呈現的版面，已經是相當主流的 CSS 版面設計方式。

Sample File chapter04 ▶ lesson15 ▶ before ▶ flexbox ▶ flex-container.html
flex-item.html、style1.css、style2.css
▶ 2col ▶ 2col.html、style.css
▶ 3col ▶ 3col-1.html、style1.css
▶ 3col ▶ 3col-2.html、style2.css
▶ box ▶ box.html、style.css

實作 flexbox 的基本概念

▶ flex 容器與 flex 項目

flexbox 的全名是「**Flexible Box Layout Module**」，它是指一組用來製作多欄式版面的新屬性，而不是某個單一屬性，因此可稱為一種 CSS 設計框架。

要使用 flexbox 很簡單，只要某元素設定為「**display: flex;**」，此元素就成為「**flex 容器**」，它的子元素即為「flex 項目」，可使用 flexbox 的各種關連屬性加以設定。

簡言之，flexbox 版面設計就是**在父元素 flex 容器中配置子元素 flex 項目**，開始實作前請先大致建立這個概念。

● flexbox 語法

```
選擇器{display: flex;}
```

● flexbox 的基本概念

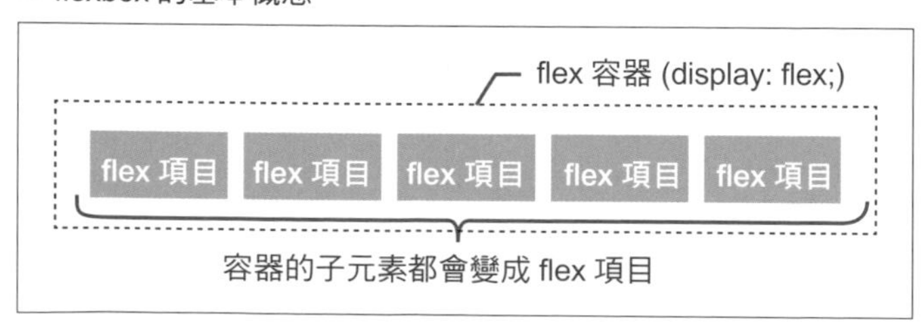

主軸與交叉軸

學習 flexbox 有一個重點是關於「**軸**」的概念。在設定了 display: flex; 的 flex 容器裡有二個軸，一個是**主軸（main axis）**，另一個是與主軸 90 度交錯的**交叉軸（cross axis）**。所有 flex 項目會沿著主軸配置，並可分別依主軸方向及交叉軸方向做各種設定（靠上對齊、靠下對齊、置中對齊等）。

flexbox 中「軸」的初始狀態是「主軸為由左到右」、「交叉軸是由上到下」，但也可以用 flex-direction 屬性值改變軸的方向，這點後續就會提到。

● 主軸與交叉軸

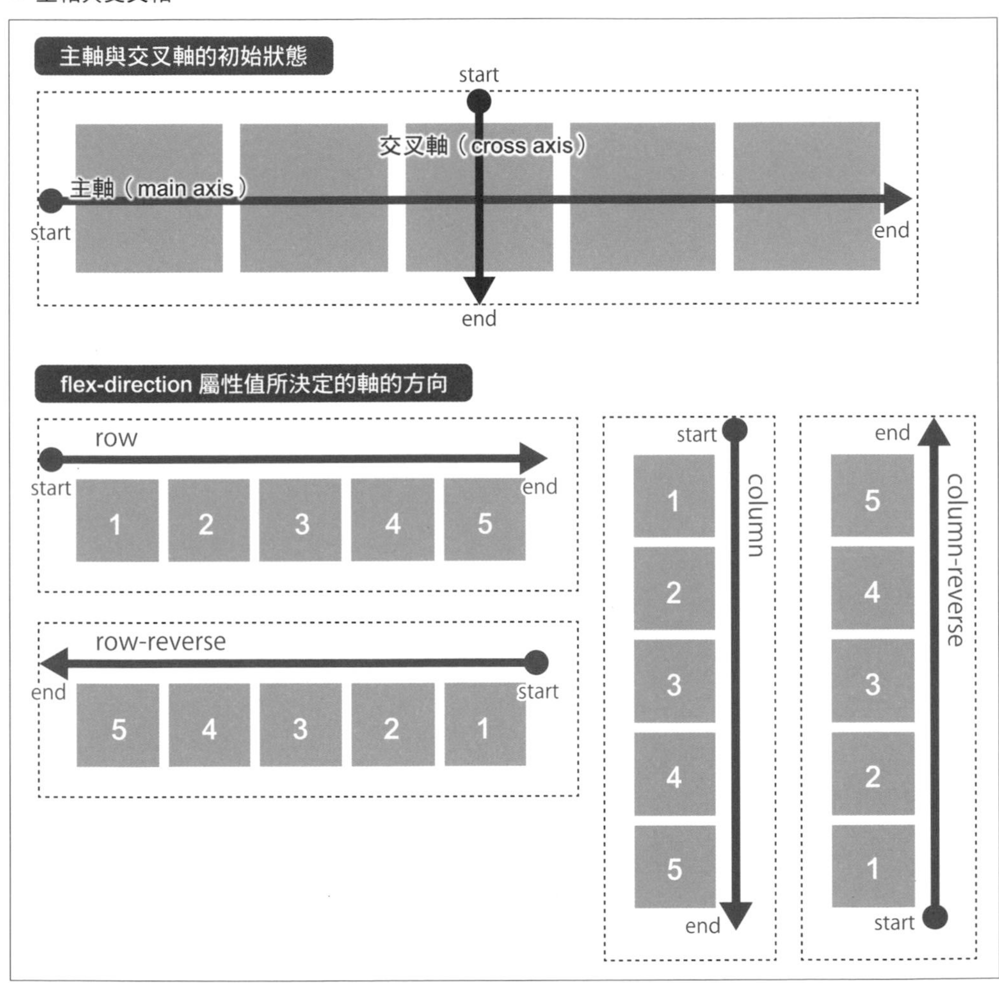

在了解 flexbox 的基本概念後，接下來利用 LESSON15 範例程式中的 /before/flexbox/flex-container.html 為例，練習 flexbox 的各種屬性。

flex 容器的屬性及其用法

flexbox 的相關屬性，就分為 **flex 容器屬性**與 **flex 項目屬性**兩大類。首先就利用範例程式 /before/flexbox/flex-container.html 與 style1.css，先從 **flex 容器**可用的屬性看起。

1 設定 flex 容器

使用 flexbox 的一開始，我們先在父元素 .flex 設定「**display: flex;**」。目前所有屬性的值都為預設值，設定好後，flex-container.html 當中原本上下排列的 flex 項目會變成**由左到右**排成一排，並以內容最多的項目為準，將所有項目的高度切齊。

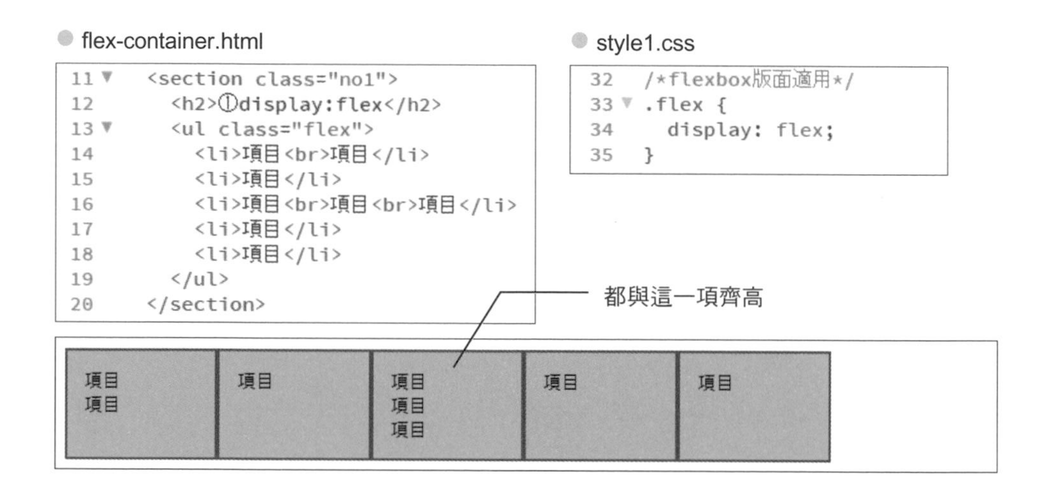

● flex-container.html

```
11 ▼   <section class="no1">
12       <h2>①display:flex</h2>
13 ▼     <ul class="flex">
14         <li>項目<br>項目</li>
15         <li>項目</li>
16         <li>項目<br>項目<br>項目</li>
17         <li>項目</li>
18         <li>項目</li>
19       </ul>
20     </section>
```

● style1.css

```
32   /*flexbox版面適用*/
33 ▼ .flex {
34     display: flex;
35   }
```


2 用 justify-content 設定主軸列對齊方式

在 flexbox 當中最常使用的屬性應該就是 **justify-content** 了。這個屬性可用來指定主軸列的對齊方式。可設定為對齊前端（flex-start）、對齊尾端（flex-end）、置中對齊（center）、分散對齊（space-between / space-around）等。其中，分散對齊是 flexbox 特有的功能，過去沒有 CSS 屬性可做到。

● style1.css

```
37   /*justify-content*/
38 ▼ .no2 .flex {
39     justify-content: flex-start; /*預設值*/
40     justify-content: flex-end;
41     justify-content: center;
42     justify-content: space-around;
43     justify-content: space-between;
44   }
```

※ 請寫好一行就先確認一次結果。

● flex-start (對齊前端)

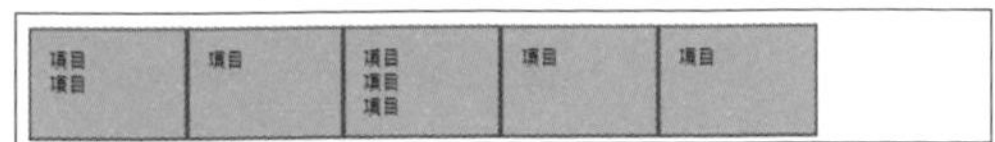

● flex-end (對齊尾端)

● center (置中對齊)

● space-around (分散對齊 1)

● space-between (分散對齊 2)

3 用 align-items 設定交叉軸列對齊方式

與 justify-content 一樣常用的還有 **align-items** 屬性，這個屬性可用來指定交叉軸的對齊方式 (註:交叉軸就是上下來看), 可設定各 flex 項目自動對齊(stretch)、對齊上端 (flex-start)、對齊下端 (flex-end)、置中對齊 (center)、對齊基準線 (baseline) 等。預設值為 **stretch**, 可依內容最多的項目將所有項目的高度切齊，這是用 float 屬性無法做到的版面，靠 align-item 的預設值 stretch 就可以輕易做到。

● style1.css

```
46   /*aling-items*/
47 ▼ .no3 .flex .fzL {
48     font-size: 3em;
49   }
50 ▼ .no3 .flex {
51     align-items: stretch; /*預設值*/
52     align-items: flex-start;
53     align-items: flex-end;
54     align-items: center;
55     align-items: baseline;
56   }
```

※ 請寫好一行就先確認一次結果。

● stretch (其它 4 個與最高的這一項齊高)

● flex-start (靠上對齊)

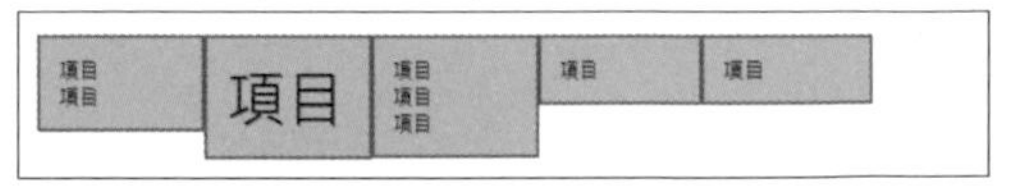

● flex-end (靠下對齊)

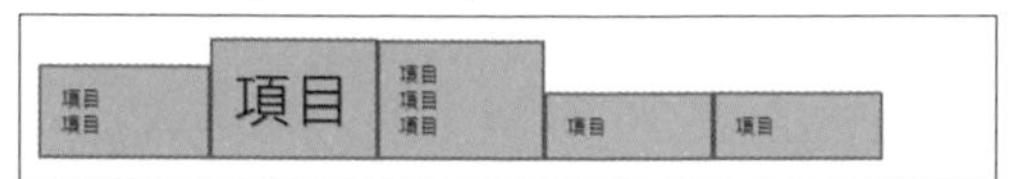

● center (置中對齊)

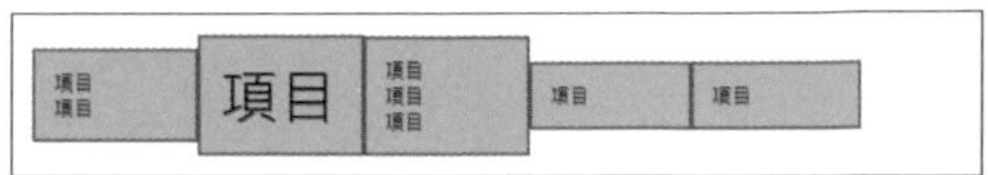

● baseline

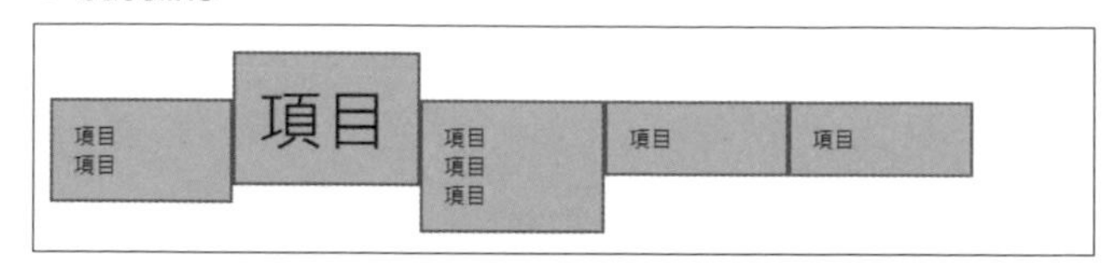

4 用 flex-wrap 將項目多行顯示

flexbox 的標準規格中，當 flex 項目數量增加到容器裡排不下時，每個項目會自動縮小到可在容器裡排成一列。這是因為用來設定排不下時要不要自動換行的 **flex-wrap** 屬性，預設值為 nowrap（不換行）。若希望項目會自動以多行顯示，則將這個屬性值改為 wrap 即可。

● style1.css

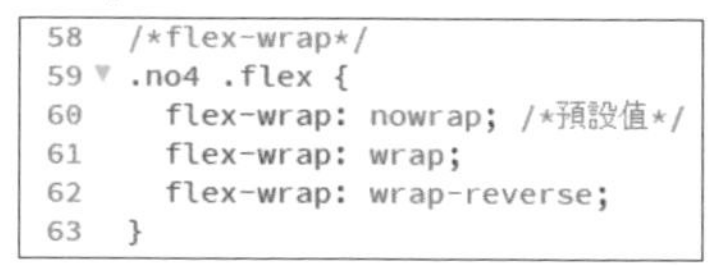

```
58   /*flex-wrap*/
59 ▼ .no4 .flex {
60     flex-wrap: nowrap; /*預設值*/
61     flex-wrap: wrap;
62     flex-wrap: wrap-reverse;
63   }
```

● nowrap（不換行）

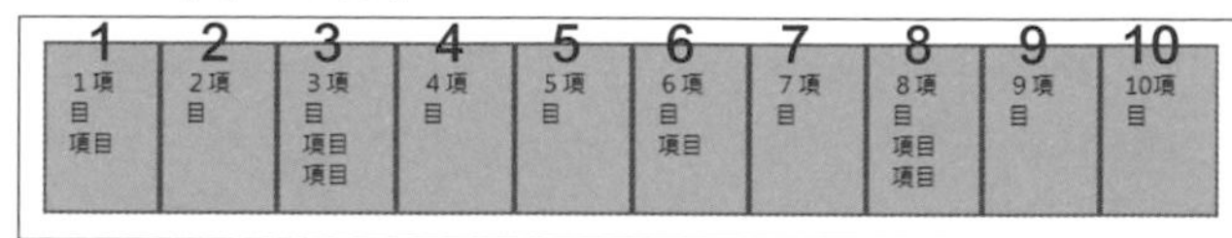

● wrap（換行）

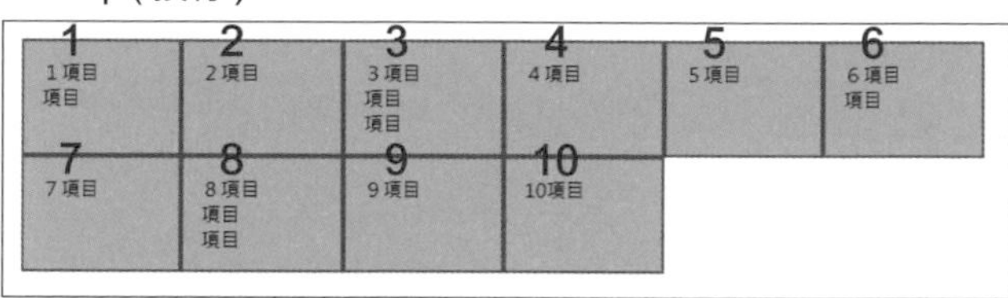

● wrap-reverse（反轉、換行）

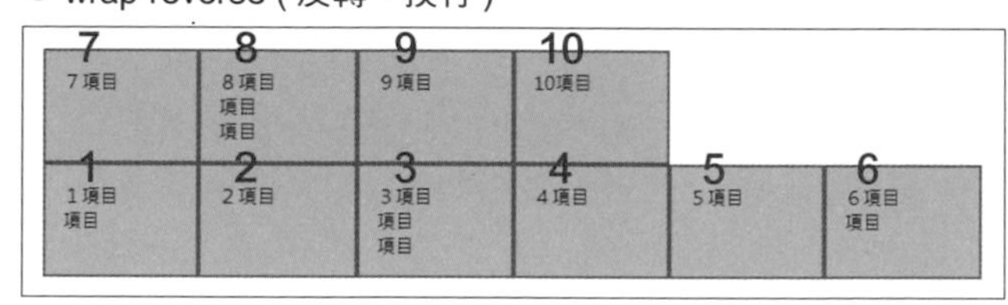

Memo

Android4.0 ～ 4.3 不支援 flex-wrap。因此在這些環境中，版面無法自動換行。

5 用 align-content 設定多行項目的配置

以 flex-wrap 讓 flex 項目多行顯示時，可再利用 **align-content** 屬性指定多行顯示的項目是以什麼方向排列。

另外，若要使用 align-content 屬性，在交叉軸方向（預設為縱向）需有足夠的空間。因此，請先比照範例，設定容器的高度為 height:300px，確保有足夠的高度。

● style1.css

```
65   /*align-content*/
66 ▼ .no5 .flex {
67     height: 300px; /*確保交叉軸方向有足夠空間*/
68     flex-wrap: wrap;
69     align-content: stretch; /*預設值*/
70     align-content: flex-start;
71     align-content: flex-end;
72     align-content: center;
73     align-content: space-around;
74     align-content: space-between;
75   }
```

※ 請寫好一行就先確認一次結果。

● stretch

● flex-start

● flex-end

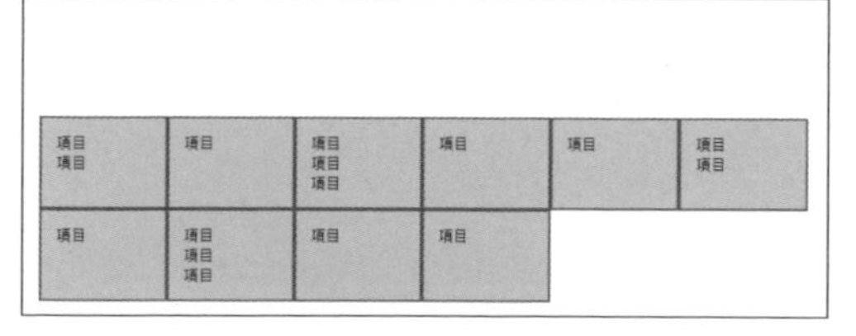

● center

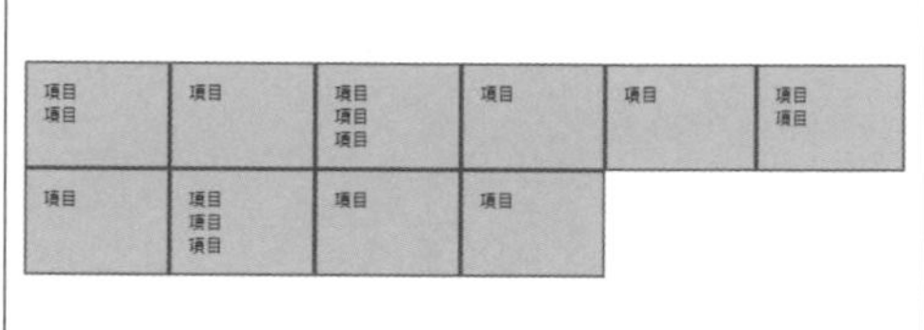

● space-around

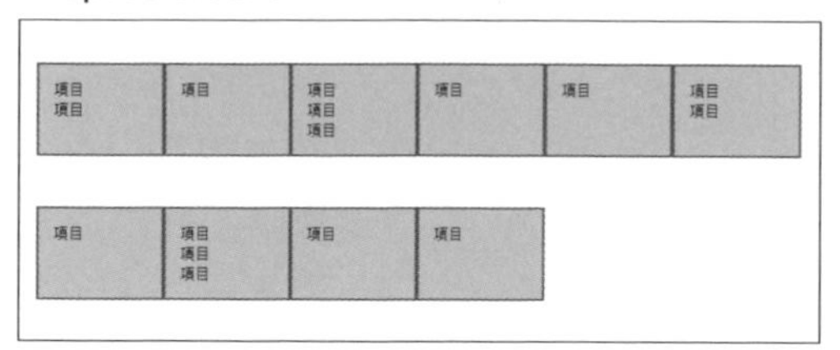

● space-between

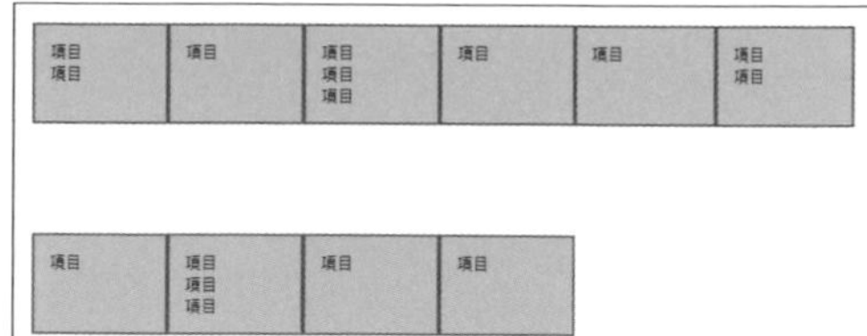

6 用 flex-direction 修改軸的方向

在 flexbox 版面中，主軸的方向預設為「從左到右」，與一般版面配置相同。若想變更 flex 項目的排列方向可以利用 **flex-direction** 屬性來設定，不過大多數版面都不需要修改主軸方向，因此大致了解即可。

● style1.css

```
77   /*flex-direction*/
78 ▼ .no6 .flex {
79     flex-direction: row; /*預設值*/
80     flex-direction: row-reverse;
81     flex-direction: column;
82     flex-direction: column-reverse;
83   }
```

※ 請寫好一行就先確認一次結果。

● row

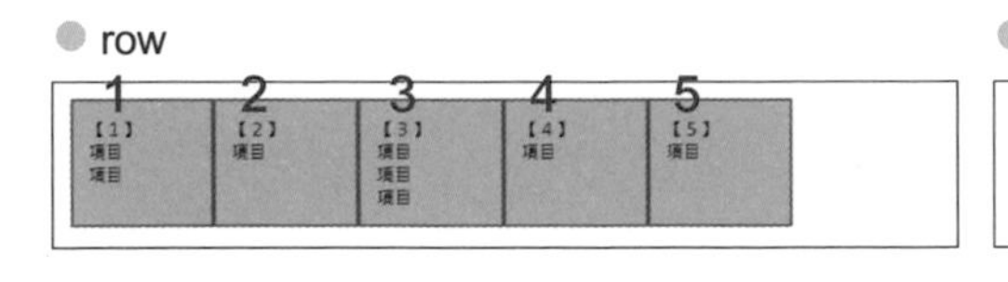

● row-reverse

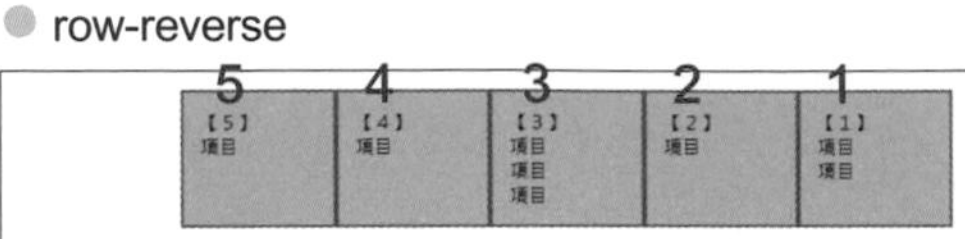

● column

● column-reverse

flex 項目的屬性及其用法

介紹完「flex 容器」的屬性，接下來利用 Lesson15 的範例程式 /before/flexbox/flex-item.html 與 style2.css, 說明「**flex 項目**」的屬性用法。

1 用 align-self 個別指定交叉軸方向的對齊方式

前面提過 flex 容器中的 align-items 屬性，可指定所有 flex 項目依交叉軸方向配置。而這裡要介紹 flex 項目本身的 **align-self** 屬性，可以用來指定個別項目的對齊方向。

● style2.css

```
33   /*align-self*/
34 ▼ .no7 .flex li:nth-child(1){
35     align-self: stretch; /*與align-items相同*/
36   }
37 ▼ .no7 .flex li:nth-child(2){
38     align-self: flex-start;
39   }
40 ▼ .no7 .flex li:nth-child(3){
41     align-self: flex-end;
42   }
43 ▼ .no7 .flex li:nth-child(4){
44     align-self: center;
45   }
46 ▼ .no7 .flex li:nth-child(5){
47     align-self: baseline;
48   }
```

【stretch】 項目 項目 項目
【flex-start】 項目
【flex-end】 項目 項目
【center】 項目
【baseline】 項目

Memo 編註：圖中的箭頭簡單示意了各 flex 項目設定後的變化，但請務必每輸入一行就自行更新一次網頁，會對設定結果更清楚。

2 用 order 修改項目的顯示順序

利用 **order** 屬性，即可不管 flex 項目在 HTML 原始碼中的順序，彈性調整顯示順序。設定時，需以整數指定屬性值，數字愈「大」者顯示在愈後面。若未指定 order 屬性，則一律視為 order:0。例如下例分別指定頭兩個為 order:1、order:2, 則未指定的項目 (order:0) 就會改排在前面，然後才是 order:1、order:2 的項目。

● style2.css

```
50   /*order*/
51 ▼ .no8 .flex li:nth-child(1) {
52     background: #ffd800;
53     order: 1;
54   }
55 ▼ .no8 .flex li:nth-child(2) {
56     background: #80d683;
57     order: 2;
58   }
```

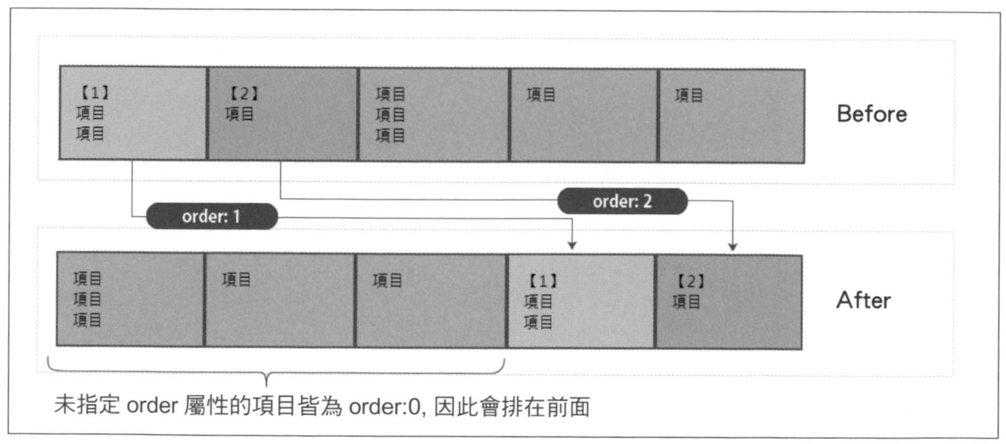

3 用 flex-grow 自動延伸項目寬度

利用 **flex-grow** 屬性，可讓 flex 項目的寬度自動延伸，填滿容器中指定比例的空白。

● flex-grow 的基本概念

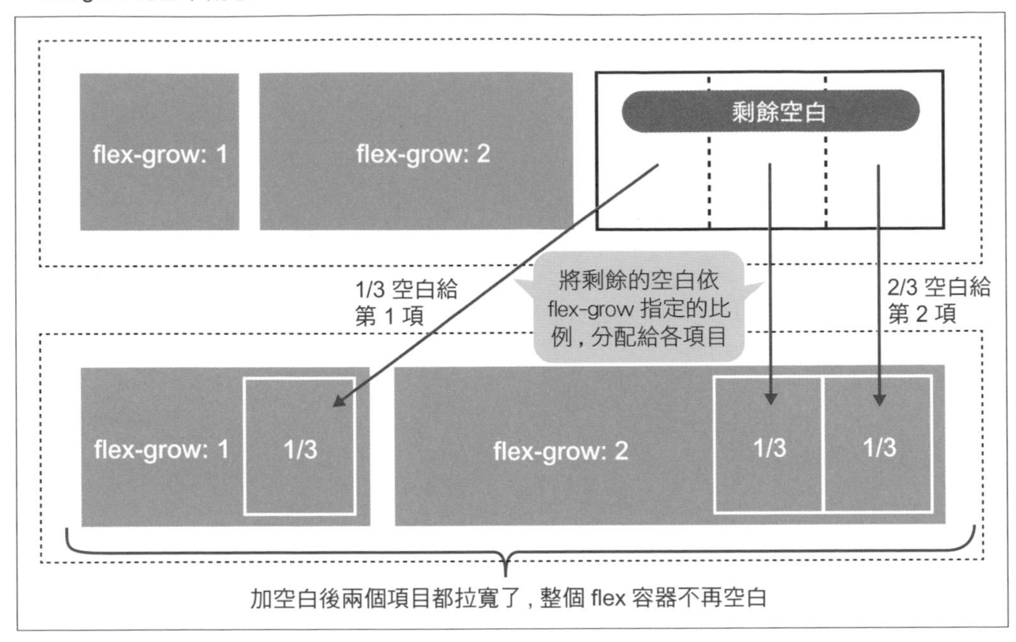

flex-grow 的預設值為 0，表示不分配空白。這裡我們將兩個項目都指定 **flex-grow:1**，表示將剩餘空白平均分配給兩個項目。最常用的就是這個方法，可以平均拉伸各項目的寬度，填滿整個容器。

▶ 例 1：所有項目依原比例自動延伸

● style2.css

```
60    /*flex-grow*/
61 ▼ .no9 .flex.grow1 li:nth-child(1){
62      width: 200px;
63      flex-grow: 1;
64    }
65 ▼ .no9 .flex.grow1 li:nth-child(2){
66      width: 400px;
67      flex-grow: 1;
68    }
```

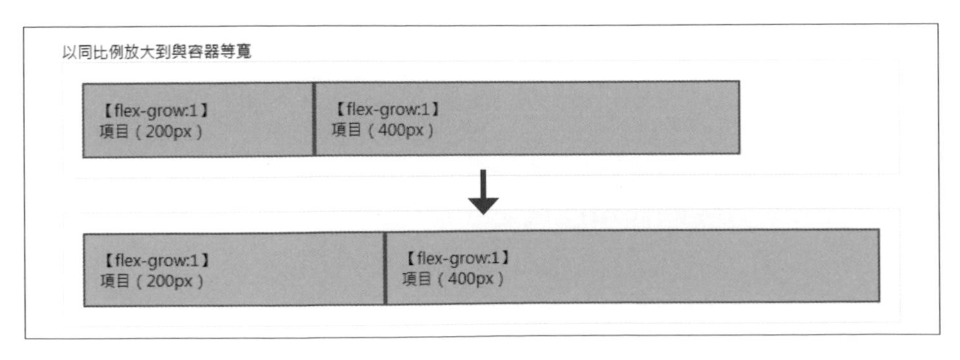

▶ 例 2：只指定特定項目延伸寬度

● style2.css

```
69 ▼ .no9 .flex.grow2 li:nth-child(2){
70      width: auto;
71      background: #ffd800;
72      flex-grow: 1;
73   }
```

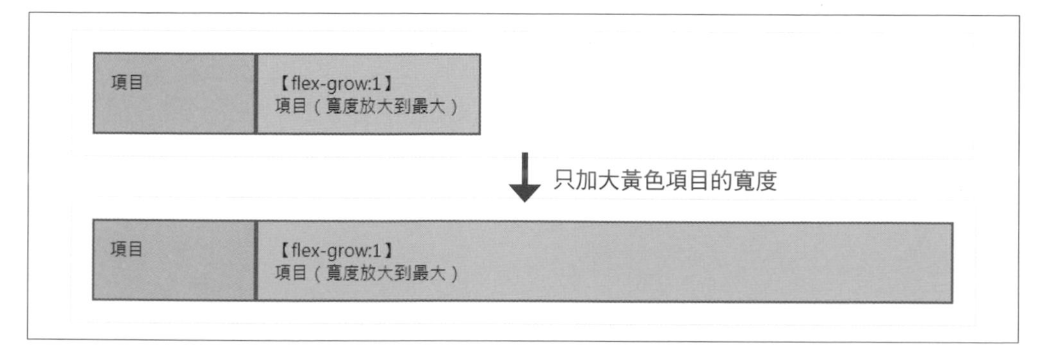

4 用 flex-shrink 設定項目的縮小比例

當所有項目的合計寬度超過容器寬度時，利用 **flex-shrink** 屬性可設定縮小比例，從結果來看也可以調整各項目寬度。

flex-shrink 的預設值為 1，這是指依原比例縮小各項目，讓它們可以全部塞進容器中。

● flex-shrink 的基本概念

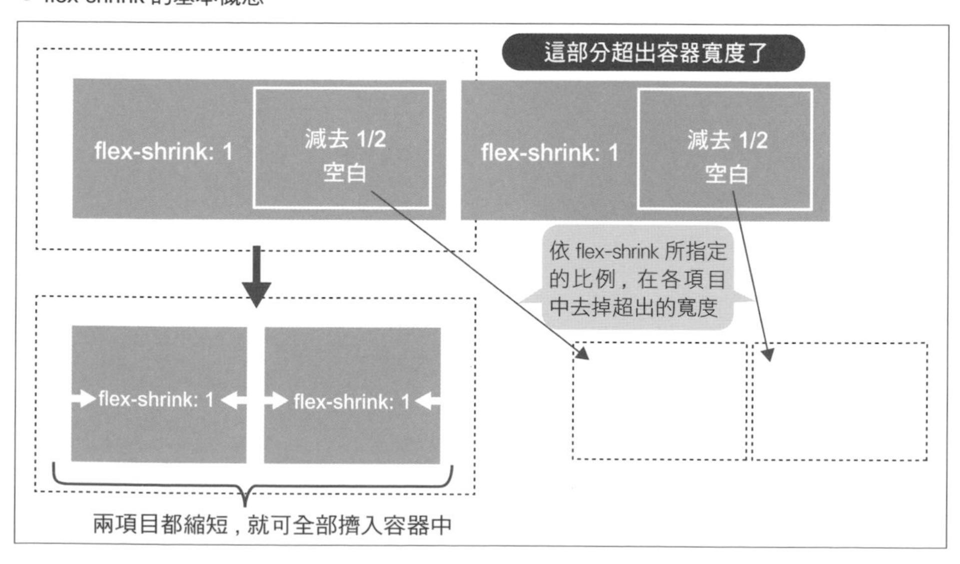

flex-shrink 另一個常見的用法是希望容器變小時，項目仍能以固定大小顯示，此時在該項目指定 **flex-shrink:0** 即可。

● style2.css

```
75   /*flex-shrink*/
76 ▼ .no10 .flex li{
77     width: 200px;
78   }
79 ▼ .no10 .flex li:nth-child(1){
80     background: #ffd800;
81     flex-shrink: 0;
82   }
```

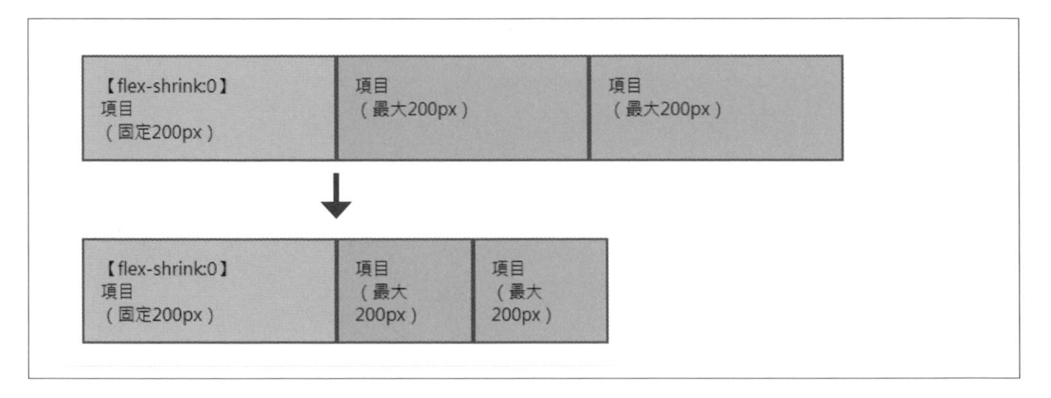

5 用 flex-basis 指定項目大小

flex-basis 是用來指定 flex 項目的 main size（主軸方向的大小）。當主軸為左右橫向時，相當於 width；當主軸為上下縱向時，則相當於 height。

● style2.css

```
84   /*flex-basis*/
85 ▼ .no11 .flex li:nth-child(1){
86     width: 200px;
87   }
88 ▼ .no11 .flex li:nth-child(2){
89     background: #ffd800;
90     flex-basis: 200px;
91   }
92 ▼ .no11 .flex {
93     flex-direction: column;
94   }
```

Memo

flex-basis 在 IE11 上有些 bug, 可能會造成與其它瀏覽器不同的結果。而且依照傳統作法利用 width / height 就可以設定項目大小了，其實不必刻意使用 flex-basis。

● 主軸為左右橫向的情況

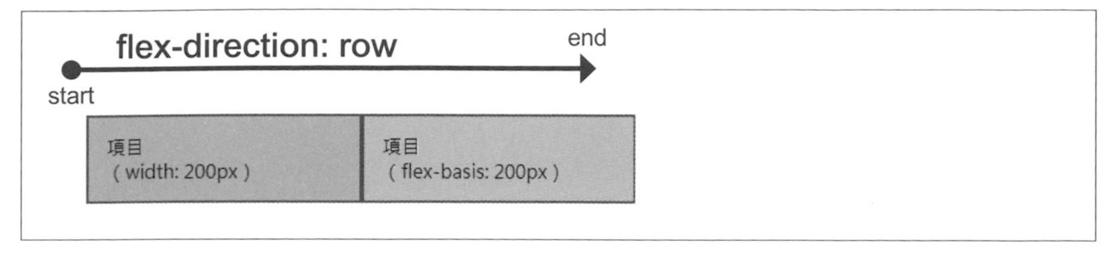

● 主軸為上下縱向的情況

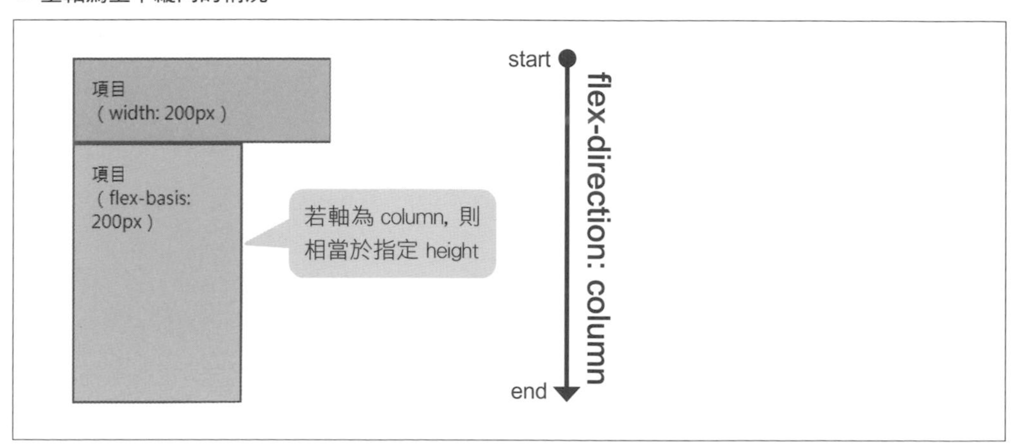

實作 利用 flexbox 製作多欄式版面

介紹完 flexbox 的基本屬性後，接下來我們就以 LESSON13 中利用 float 所製作的二欄式、三欄式、以及格狀版面，實際練習看看如何改用 flexbox 製作。

製作二欄式版面

以下利用範例程式中的 /lesson15/before/2col/2col.htm 與 style.css, 練習製作 flexbox 二欄式版面。

1 加上 div 做為 flex 容器，將 #main 與 #side 並排顯示

在 HTML 中各區塊都已先設好了背景色與寬度 width。本例中我們要將 #main 與 #side 設為二欄式，但從原始碼可以看出，這 2 個區塊外並沒有可做為容器的元素包住它們。要設定 flexbox 版面時，一定要有一個設為 **display: flex;** 的元素框住整塊區域，因此第一步我們先增加一個 div 包住 #main 與 #side。

● 2col.html

```
13 ▼  <div id="contents">
14
15 ▶    <main id="main"> ··· </main>
20 ▶    <aside id="side"> ··· </aside>
23
24    <!-- /#contents --></div>
```

把 #main、#side 包起來

2 將 #content 設為 flex 容器

接著在 CSS 中替新增的 #content 中設定 **display: flex;**, 讓它成為 flex 容器。由於 #main 與 #side 已設好了 width, 此時已經初步產生二欄式版面了。不過，因為 flex 項目預設是依原始碼撰寫的順序由左到右配置，因此 #main 顯示在左邊，#side 顯示在右邊。

● style.css

```
18 ▼ #contents {
19     display: flex;
20   }
```

main side

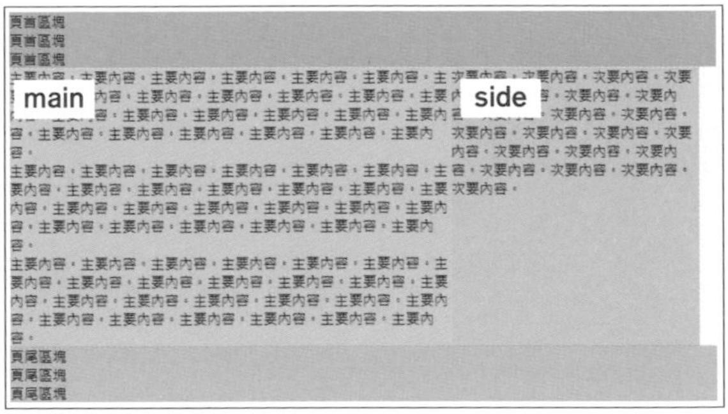

3 改成 #main 在右，#side 在左

要將二欄的顯示位置左右對調，可使用 **flex-direction** 或設定 **order**。以 flex-direction 設定時，在 #content 加上 **flex-direction: row-reverse;** 即可。若以 order 方式設定，則在 #main 中設定 order: 1; 後，二欄就會左右對調。

雖然二種方式都可以，但以「將主軸反轉」的概念來思考較為單純，所以這裡選用 flex-direction 的方式設定。

● style.css

```
18 ▼ #contents {
19     display: flex;
20     flex-direction: row-reverse;
21   }
```

side main

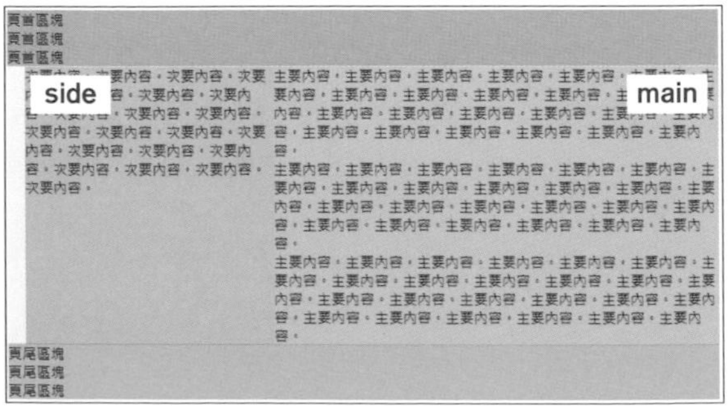

4 在 #main 和 #side 之間加上間距

由於 flex 項目之間目前並無法以 margin 設定間距，所以 #main 和 #side 會緊連在一起。這裡就不使用 margin 屬性，而是利用讓 #main 和 #side 分別靠左和靠右，在兩者間產生 20px 的間距。要讓 2 個 flex 項目分別靠左和靠右顯示，需設定 **justify-content: space-between;**。這個方法與 float 版面設計時，利用將 2 個區塊分別對齊兩端以產生空白的方式算是異曲同工，如此一來就完成了。

● style.css

```
18 ▼ #contents {
19     display: flex;
20     flex-direction: row-reverse;
21     justify-content: space-between;
22   }
```

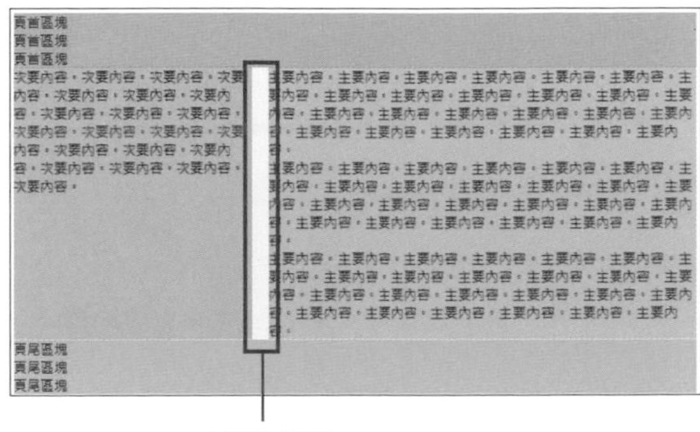

製作三欄式版面（1）

以下利用範例程式中的 /lesson15/before/3col/3col-1.html 與 style1.css，練習製作原始碼上的順序與瀏覽器顯示順序相同的三欄式版面。

1 加上可框住 3 個區塊的 div 元素，並設定 display: flex;

與製作二欄式版面時一樣，必須先設定可以做 flex 容器的父元素，因此這裡先增加一個 div 元素將 #cont1 ～ #cont3 框住，並設定 display: flex;。

● 3col-1.html

```
13 ▼   <div id="contents">
14
15 ►   <section id="cont1"> ··· </sectio
20 ►   <section id="cont2"> ··· </sectio
25 ►   <section id="cont3"> ··· </sectio
30
31     <!-- /#contents --></div>
```

● style1.css

```
14 ▼ #contents {
15     display: flex;
16   }
```

很快就成型了

2 設定 justify-content 讓各欄均分版面

最後為了確保各欄間距，利用 justify-content 屬性讓 #cont1 ～ #cont3 分別對齊容器兩端平均配置，就能完成一個簡單的三欄式版面。

● style1.css

```
14 ▼ #contents {
15      display: flex;
16      justify-content: space-between;
17   }
```

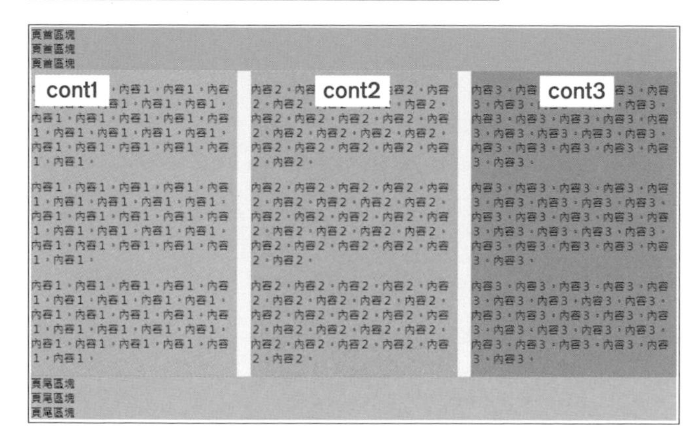

製作三欄式版面（2）

以下利用範例程式中的 /lesson15/before/3col/3col-2.html 與 style2.css，練習「原始碼上的順序與瀏覽器顯示順序不同」的三欄式版面。這類版面若使用 float 很難製作，但改用 flexbox 很輕易就能做到。

1 加上可框住 3 個區塊的 div 元素，並設定 display: flex;

與前一個例子相同，先加上要做為 flex 容器的父元素，並設定 display: flex;。

● 3col-2.html

```
13 ▼  <div id="contents">
14
15 ▶      <main id="main"> ··· </main>
20 ▶      <aside id="side"> ··· </aside>
23 ▶      <nav id="navi"> ··· </nav>
34
35    <!-- /#contents --></div>
```

● style2.css

```
21 ▼ #contents {
22      display: flex;
23    }
```

2 利用 order 屬性改為項目的顯示順序

這裡想將原始碼內 #main → #side → #navi 的順序，改為 #side → #main → #navi，此時 3 個區塊中有 2 個必須移動，就算是用 flex-direction 改變主軸方向也沒有用，所以這裡改用 **order** 屬性設定個別區塊的顯示順序。

● style2.css

```
25 ▼ #side{
26      background-color: skyblue;
27      width:200px;
28      order: 1;
29   }
30
31 ▼ #main{
32      background-color: palegreen
33      width:360px;
34      display: block; /*for IE11*
35      order: 2;
36   }
37
38 ▼ #navi{
39      background-color: plum;
40      width:200px;
41      order: 3;
42   }
```

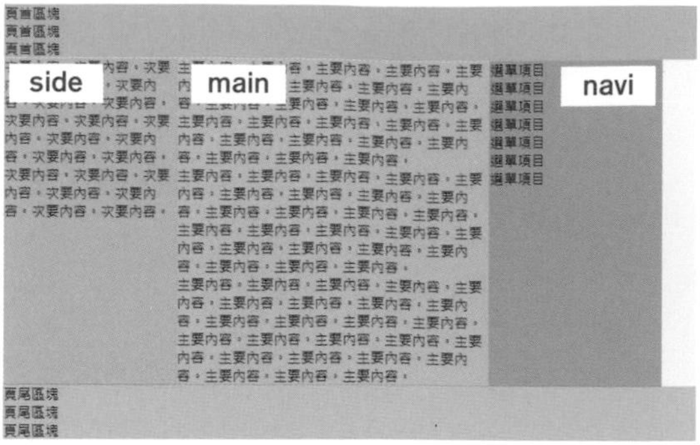

3 設定 justify-content 讓各欄均分版面

最後利用 justify-content 屬性，讓區塊對齊容器兩端平均配置後即可完成。

● style2.css

```
21 ▼ #contents {
22      display: flex;
23      justify-content: space-between;
24   }
```

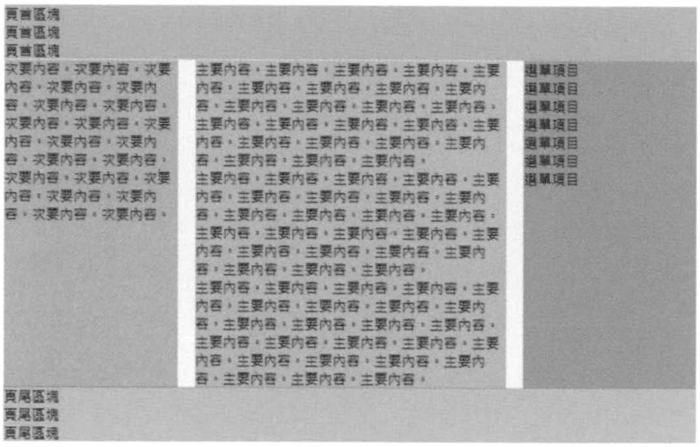

用 flexbox 設計網格狀的版面

最後利用範例程式中的 /lesson15/before/box/box.html 與 style.css，將各元素區塊排列成格狀卡片式版面（Card Layout）。前面介紹以 float 設定版面時，由於無法將區塊高度切齊，所以只以固定尺寸的區塊練習。但在使用 flexbox 版面時，可自動將項目高度切齊，因此以下將以高度不同的項目進行練習。

1 在 .box 設定 display: flex;

由於本例的原始碼已經是以 ul / li 元素標記，因此可直接在各欄的父元素─ul 元素（.box）中設定 display: flex;，讓它成為 flex 容器。設定完成後重新整理網頁，可看到所有項目並排成一列。

● style.css

```
29 ▼ .box {
30     display: flex;
31   }
```

2 設定自動換行，以多行顯示版面

接下來設定「**flex-wrap: wrap;**」，讓項目排列可自動換行，以多行顯示。

● style.css

```
29 ▼ .box {
30     display: flex;
31     flex-wrap: wrap;
32   }
```

3 將各項目對齊兩端平均配置

接著設定「**justify-content: space-between;**」，讓各項目分別對齊兩端平均配置。

● style.css

```
29 ▼ .box {
30     display: flex;
31     flex-wrap: wrap;
32     justify-content: space-between;
33   }
```

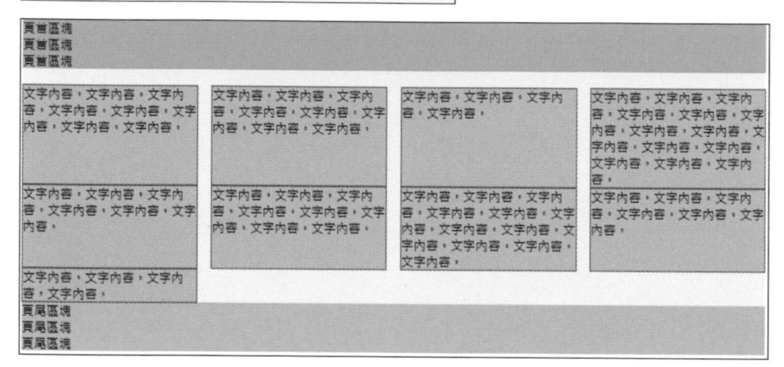

4 利用 margin-bottom 設定行間距

多行顯示的版面，雖可利用 align-content 設定行間距，但前提是容器必須先設定好 height，否則 align-content 沒有作用。但實務上可能會因為項目數量的變動，讓容器很難先指定好 height，因此上下方向的間距還是以傳統作法，利用 margin 屬性指定。

● style.css

```
35 ▼ .box li {
36     width: 225px;
37     margin-bottom: 20px;
38     border: 1px solid #666;
39     background: #ccc;
40   }
```

頁首區塊
頁首區塊
頁首區塊
文字內容，文字內容，文字內容，文字內容，文字內容，文字內容，文字內容，文字內容，
文字內容，文字內容，文字內容，文字內容，文字內容，文字內容，文字內容，文字內容，
文字內容，文字內容，文字內容，文字內容，
文字內容，文字內容，文字內容，文字內容，文字內容，文字內容，文字內容，文字內容，文字內容，文字內容，文字內容，文字內容，文字內容，
文字內容，文字內容，文字內容，文字內容，文字內容，文字內容，
文字內容，文字內容，文字內容，文字內容，文字內容，文字內容，文字內容，文字內容，
文字內容，文字內容，文字內容，文字內容，文字內容，文字內容，文字內容，文字內容，文字內容，文字內容，
文字內容，文字內容，文字內容，文字內容，文字內容，文字內容，
文字內容，文字內容，文字內容，文字內容，
頁尾區塊
頁尾區塊
頁尾區塊

解說　用 flexbox 設定版面時的限制與注意事項

用 flexbox 設計版面的限制

flexbox 與 float 相比靈活多了，但設計上還是要留意幾點。

▶ 要先找出做為 flex 容器的直接父元素

flexbox 規定必須要有一個可設定 display: flex; 的直接父元素。不過，要利用 flexbox 設定版面的元素群，並不見得一定有直接父元素存在，因此常遇到「為了利用 flexbox 版面，必須先追加 div 元素」的情況，前面一些範例都是這種情況。

此外，1 個 flex 容器所框住的所有直接子元素都會自動成為 flex 項目，無法做到「讓其中一個元素不受 flexbox 控制」。

▶ 只有 flex 容器的「直接」子元素可做為 flex 項目控制

只有 flex 容器的直接「子」元素可做為 flex 項目，「孫」元素並不在 flexbox 的控制範圍。以想切齊元素高度為例，下圖直接子元素 A 的高度可自動切齊，但 A 的子元素 B（對 flex 容器來說是孫元素）的高度就無法操控到。

● 切齊 flex 項目的高度

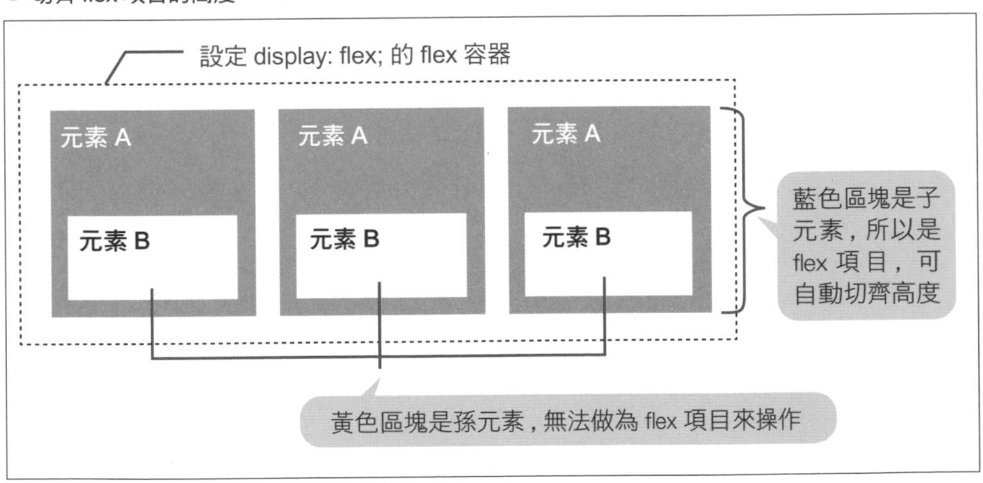

雖然 display: flex; 可以巢狀設定，要是在元素 A 中也設定 display: flex;, 則它的子元素 B 就會變成 flex 項目。不過，就算這樣設定，但分散在不同元素 A 中的元素 B 相互間並無關連，仍無法利用 CSS 自動切齊高度。像這類狀況，就必須和使用 float 版面時一樣，需利用 JavaScript 程式才能切齊高度。

flexbox 相關屬性

用來製作 flexbox 版面的屬性非常多，開始學可能會覺得不太容易，所以最好像前面實作時一樣，將屬性分成 **flex 容器**和 **flex 項目**兩大類。相關屬性有 12 個，可如下表分成二類，分別有單獨屬性各 5 個與簡寫各 1 個。其中，簡寫屬性不需勉強去使用，像 flex-basis 或 align-content 這類屬性也幾乎不會被用到，因此實際會使用的屬性不會很多。

● 「flexbox 容器」屬性一覽

屬性	意義	值
flex-direction	設定 flex 容器主軸方向	row、row-reverse、column、column-reverse
flex-wrap	在單行或多行顯示 flex 項目	nowrap、wrap、wrap-reverse
flex-flow	flex-direction 與 flex-wrap 的屬性簡寫	<flex-direction><flex-wrap>
justify-content	依 flex 容器主軸，在一行內如何顯示 flex 項目	flex-start、flex-end、center、space-between、space-around
align-items	依 flex 容器交叉軸，在一行內如何顯示 flex 項目	stretch、flex-start、flex-end、center、baseline
align-content	依 flex 容器交叉軸，在多行內如何顯示 flex 項目	stretch、flex-start、flex-end、center、space-between、space-around

● 「flexbox 項目」屬性一覽

屬性	意義	值
order	設定 flex 項目顯示順序	整數
align-self	讓 flex 項目在交叉軸的排列方式優先於 align-items 的設定值	auto、stretch、flex-start、flex-end、center
flex-grow	設定 flex 項目放大倍數	數值
flex-shrink	設定 flex 項目縮小倍數	數值
flex-basis	設定 flex 項目主軸方向尺寸	auto、包含單位的數值
flex	flex-grow、flex-shrink 、flex-basis 屬性簡寫	<flex-grow><flex-shrink><flex-basis>

flexbox 的跨平台對應

flexbox 的規格在開發過程中曾有過多次大幅更動，因此存在 3 種完全不同語法的規格。下表整理了各規格與其對應的瀏覽器版本。若希望支援 IE10 或 Android 4.3 以下的環境，就必須 3 種語法都撰寫，非常花時間。而這 3 種語法所用的屬性名稱、值的種類、可支援的功能種類等完全不同，且現在要找到那些舊語法的資料非常困難，因此若要做到包含舊版環境的跨平台對應，實質上要手動去支援，幾乎是不可能，因此太舊的裝置其實大可不必去考慮。

● flexbox 的規格與支援的環境

規格種類	支援環境
2009 年規格（display:box）	iOS6.1 以下、Android 4.3 以下、Safari6 以下、Chrome20 以下、FireFox27 以下
2012 年 3 月規格（display: flexbox）	IE10
最新規格（display: -webkit-flex） ※ 需有瀏覽器前綴	iOS7.1 ～ 8.4、Safari6.1 ～ 8、Chrome21 ～ 28
最新規格（display: flex）	iOS9 以上、Android 4.4 以上、IE11、Edge、Safari9 以上，Chrome29 以上、FireFox28 以上

※ 詳細請參考「Can I user …」https://caniuse.com/#search-flex

現在多數網站幾乎都不會考慮 IE10 或 Android 4.3 以下舊版本的支援問題，所以基本上用最新規格即可。

Memo

如果一定要顧慮對舊環境的支援，建議您可使用「Autoprefixer」等工具，自動產生帶有瀏覽器前綴的舊版語法，關於 Autoprefixer 的使用方法，有興趣的話可以在網路上查到詳細資料，這裡就不細講了。

flexbox 的 bug

雖然 flexbox 是非常方便的版面設計方式，但不可否認它在許多細微的地方仍存在 bug。尤其是對 IE11 沒有支援的很好，有許多在 IE11 下特有的 bug, 實際開發時必須時時留意、確認。

flexbox 的主要 bug 都被整理在「flexbugs」這個網站，該網站整理了發生情況與解決方法，需要時可以參考。

● flexbugs

URL **https://github.com/philipwalton/flexbugs**

補充說明　格線式版面設計 (Grid Layout)

flexbox 雖然大大降低多欄式版面的製作難度，但還是有「不易控制多行顯示的版面」、「實作時，很容易讓 HTML 變成巢狀的複雜結構」等缺點。「**CSS Grid Layout Module Level 1**」就是為了解決這些問題所發展出來的最新版面設計手法，Grid Layout 也是逐漸成為主流的版面設計方法，以下稍微介紹它的概念。

▶ 格線式版面的特徵

float 與 flexbox 都是以將區塊同方向排列的版面設計概念，而**格線式版面**是將橫軸縱軸都劃上格線，再將內容填入網格中的設計方法。

● 不同的版面設計概念

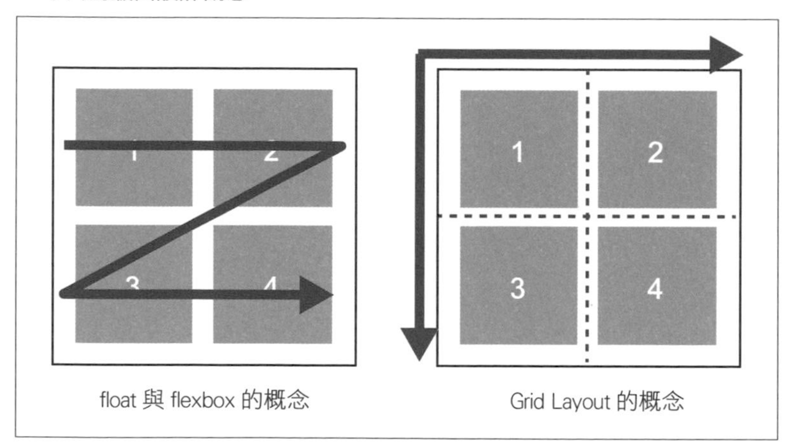

float 與 flexbox 的概念　　Grid Layout 的概念

Grid Layout 這樣的概念有以下優點：

- 擅長多行顯示的版面。
- 就算是要橫跨多行或多欄，例如「合併儲存格」，也能輕鬆做到。
- 不需為了版面設計，而讓 HTML 變成巢狀結構。

▶ Grid Layout 的基本結構

概略來說，要透過以下 3 個步驟建立 Grid Layout 的基本結構：

❶ 指定格線容器（Grid Container）。

❷ 配合想做的版面，設定橫向與縱向格線。

❸ 在格線分隔出的區塊內配置 Grid 項目（Grid Item）。

● 建立格線式版面

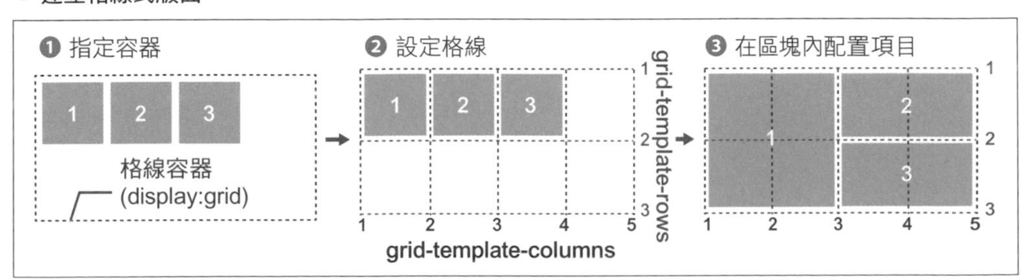

以下簡單介紹 2 個充份發揮格線式版面優點的典型版面。

● 例 1：製作網頁整體框架

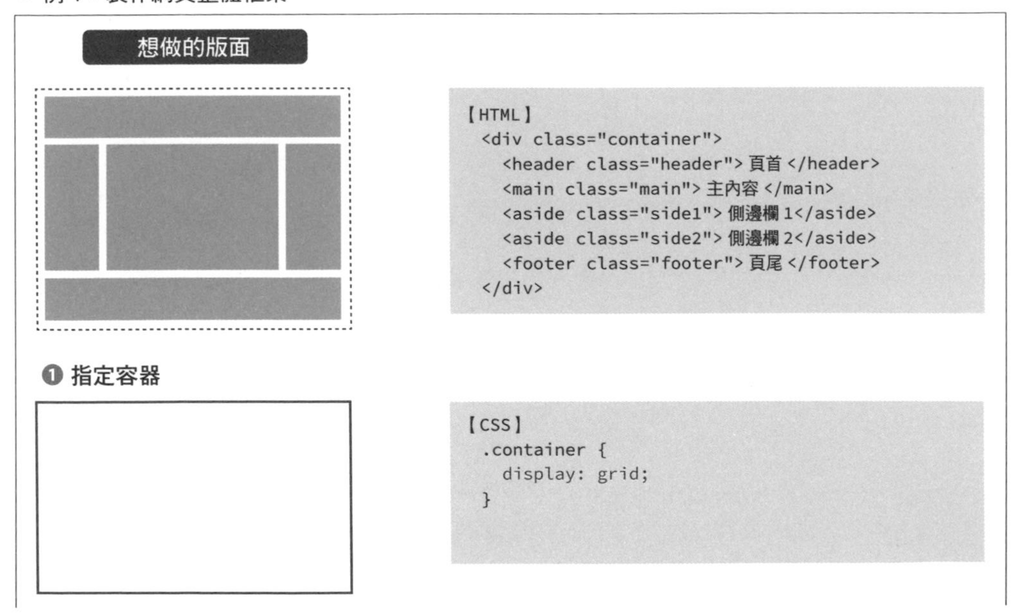


```
【HTML】
 <div class="container">
   <header class="header"> 頁首 </header>
   <main class="main"> 主內容 </main>
   <aside class="side1"> 側邊欄 1</aside>
   <aside class="side2"> 側邊欄 2</aside>
   <footer class="footer"> 頁尾 </footer>
 </div>
```

```
【CSS】
 .container {
   display: grid;
 }
```

❷ 設定格線行與列的尺寸

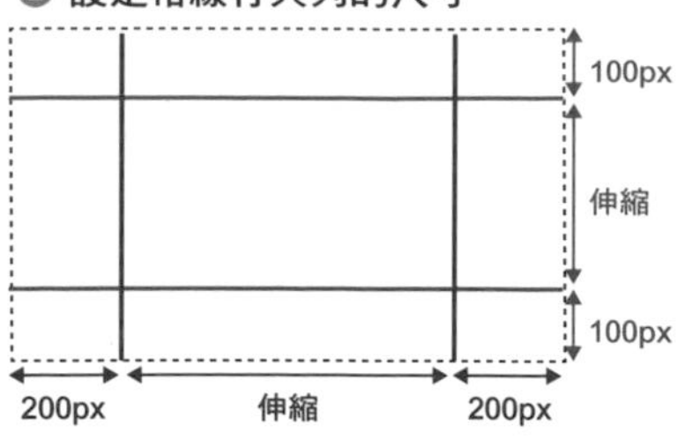


```
【CSS】
 .container {
   display: grid;
   grid-template-rows: 100px 1fr 100px;
   grid-template-columns: 200px 1fr 200px;
 }
```

❸ 為各區塊命名

header	header	header
side1	main	side2
footer	footer	footer

```
【CSS】
 .container {
   display: grid;
   grid-template-rows: 100px 1fr 100px;
   grid-template-columns: 200px 1fr 200px;
   grid-template-areas:
     "header header header"
     "side1 main side2"
     "footer footer footer";
 }
```

❹ 將內容配置到各區塊

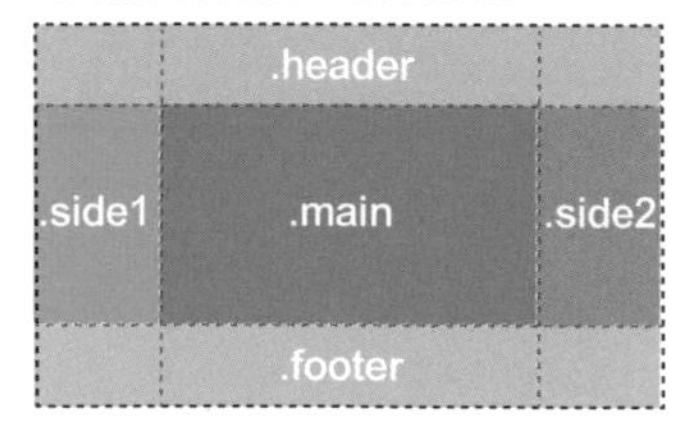


```
【CSS】
 .container {
------------------------------ 省略 ------------------------------
 }
 .header {grid-area: header;}
 .side1  {grid-area: side1;}
 .side2  {grid-area: side2;}
 .main   {grid-area: main;}
 .footer {grid-area: footer;}
```

● 例 2：製作多行的等寬格線版面

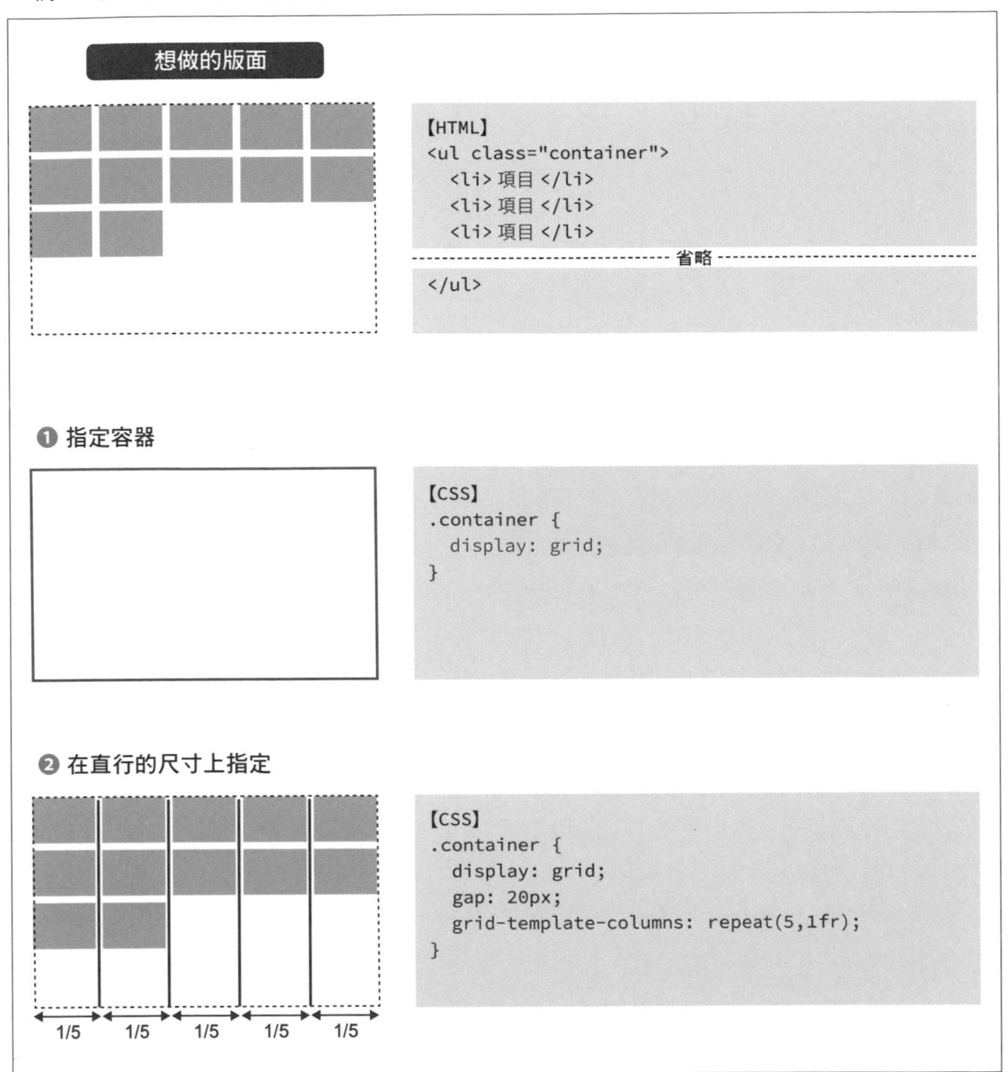
想做的版面
【HTML】
<ul class="container">
<li> 項目 </li>
<li> 項目 </li>
<li> 項目 </li>
省略
</ul>
❶ 指定容器
【CSS】
.container {
display: grid;
}
❷ 在直行的尺寸上指定
【CSS】
.container {
display: grid;
gap: 20px;
grid-template-columns: repeat(5,1fr);
}
1/5
1/5
1/5
1/5
1/5

以上是利用 Grid Layout 做設計的簡單例子，實際使用時還會遇到很多屬性，透過各屬性組合運用可以做出許多複雜的版面。下一頁整理了 Grid 容器以及 Grid 項目相關屬性供您參考，有興趣的讀者可自行研究。

● 「Grid 容器」相關屬性

屬性	用途	相關個別屬性
grid-template	設定格線的行、列尺寸，以及區塊名稱	grid-template-rows grid-template-columns grid-template-areas
gap	設定網格間距	row-gap column-gap
grid	統整設定格線的行列尺寸、區塊名稱、網格間距、自動配置方式等所有設定	grid-template-rows grid-template-columns grid-template-areas row-gap column-gap grid-auto-flow grid-auto-rows grid-auto-columns
justify-content	設定整個格線的橫向位置	-
align-content	設定整個格線的直向位置	-
justify-items	設定所有項目的橫向位置	-
align-items	設定所有項目的直向位置	-

● 「Grid 項目」相關屬性

屬性	用途	相關個別屬性
grid-row	指定配置項目的列編號	grid-row-start grid-row-end
grid-column	指定配置項目的行編號	grid-column-start grid-column-end
grid-area	指定配置項目的區塊名	-
order	改變自動配置的順序	-
justify-self	設定項目本身的橫向位置	-
align-self	設定項目本身的直向位置	-

▶ 使用格線式版面時的注意事項

Grid Layout 最早只支援 IE11、Edge，在 2017 年 3 月才在其它主要的瀏覽器上實作出來，因此，現在在 IE11 以後的所有瀏覽器應該都能使用。反倒 IE11 當初最早實作，反而只支援舊版語法，成為導入的一大障礙。

若希望 Grid Layout 的設計也支援 IE11，單單只加瀏覽器前綴是不夠的，要針對所有屬性改寫成舊版語法，手工做這件事是不太可能的。因此，必須導入前面介紹 flexbox 時曾提過的「**Autoprefixer**」工具才行。最簡單的方式就是用瀏覽器開啟網頁版的 Autoprefixer CSS online（https://autoprefixer.github.io/），有需要的讀者可自行研究。

▶ float、flexbox、grid 的使用場合

本章介紹了 float、flexbox、grid 三種多欄式版面設計方法，但三者在不同的版面各有優劣，因此不能只用 1 招走天下，應該依狀況選用適當的版面。以下是這 3 種方法各自最適合的版面，做為您選用時的參考：

● float、flexbox、grid 的使用場合

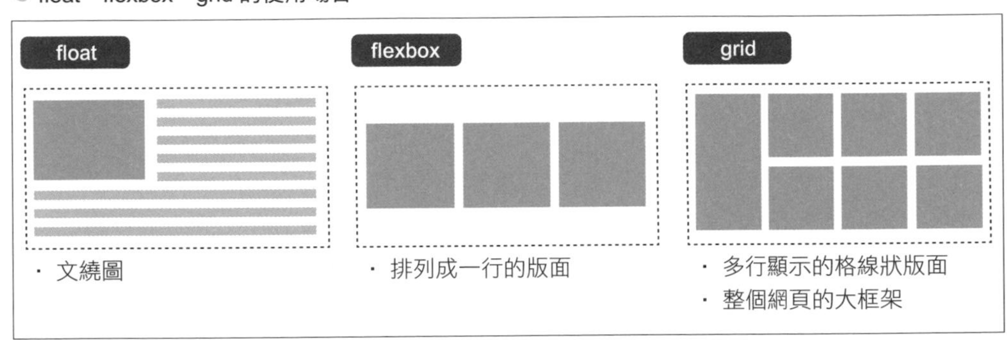

SUPPLEMENTARY LESSON

MEMO

CHAPTER 05

認識 HTML5 新元素

Chapter 01 簡單介紹了新舊版 HTML 都共通的語法，本章將針對新版 HTML5 當中的新元素、屬性，介紹這些新語法的使用方法。

LESSON 16

區塊元素

Chapter 01 已經稍微提到 HTML5 新加入的區塊元素，這些元素負責組成 HTML5 文件的骨架，請跟著這一堂課更認識它們。

解說 認識區塊元素

區塊元素

HTML5 中有 **section**、**article**、**aside**、**nav** 這 4 組標記內容區塊的新元素，這 4 組都稱為區塊元素，可讓 HTML 文件的結構更明確。

● 4 種區塊元素

section 元素	表示有章、節標題及概要內容的一般內容區塊。
article 元素	表示單篇的獨立內容區塊。
aside 元素	表示與主要內容較無關聯，就算將它移除也沒有關係的區塊。
nav 元素	表示網站的導航區塊。

用區塊元素規劃網頁大綱 (outline)

網頁大綱（outline）是指網頁內容的階層結構，就像一本書是由章、節、標題所構成的大綱一樣。而區塊元素就是建立網頁大綱的方法之一。

● 網頁大綱的概念圖

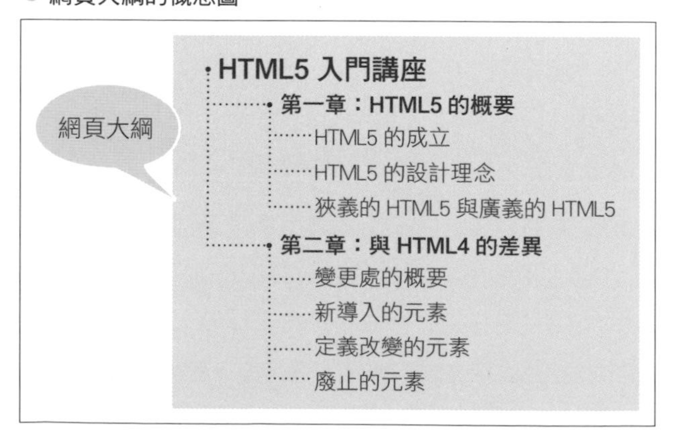

網頁大綱
HTML5 入門講座
第一章：HTML5 的概要
HTML5 的成立
HTML5 的設計理念
狹義的 HTML5 與廣義的 HTML5
第二章：與 HTML4 的差異
變更處的概要
新導入的元素
定義改變的元素
廢止的元素

▶ 製作網頁大綱的 2 種方法

在 HTML5 中，有 2 種方式可製作網頁大綱：

❶ 利用**標題元素（h1 ～ h6）**定層級。

❷ 利用巢狀的**區塊元素**定層級。

第一個方法是使用各種層級的標題元素（h1 ～ h6），產生的大綱也稱為「隱性大綱」。

另一個方法是利用 HTML5 的區塊元素來標記結構，利用區塊元素可藉由結束標籤明確標示區塊的範圍，因此產生的大綱稱為「顯性大綱」。

● 不同的標記方式

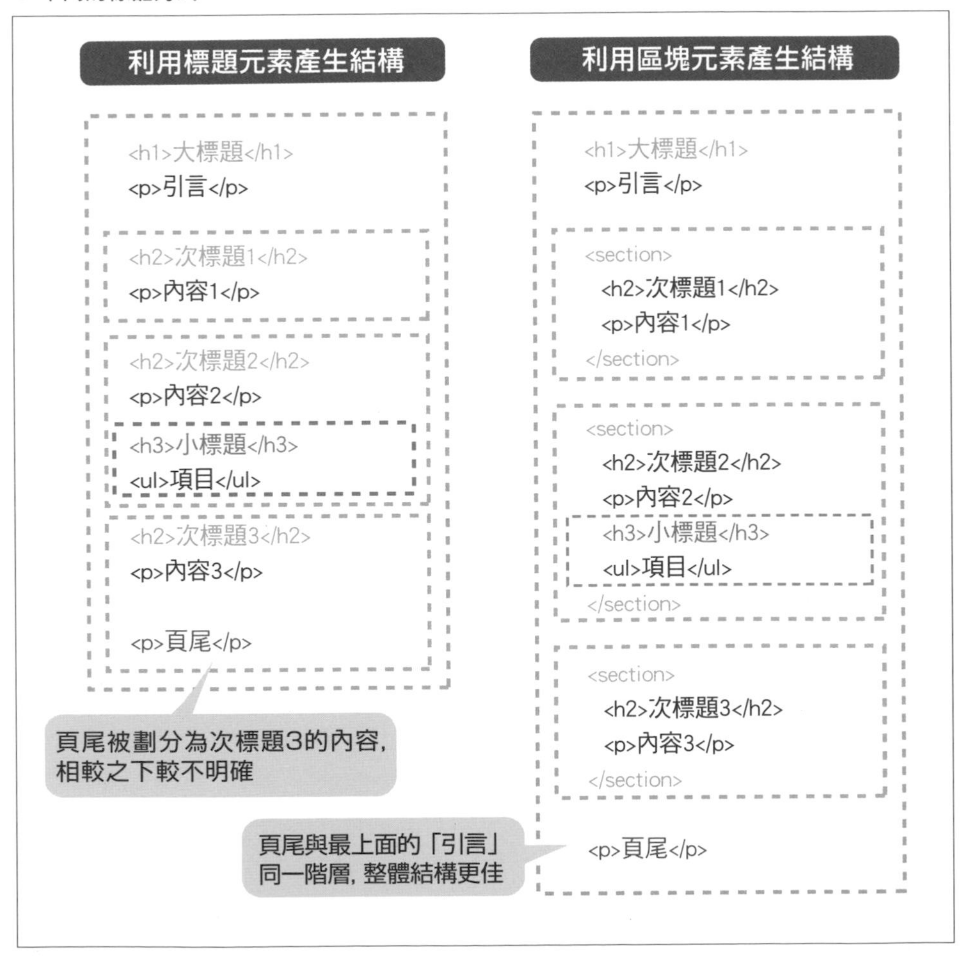
利用標題元素產生結構
<h1>大標題</h1>
<p>引言</p>
<h2>次標題1</h2>
<p>內容1</p>
<h2>次標題2</h2>
<p>內容2</p>
<h3>小標題</h3>
<ul>項目</ul>
<h2>次標題3</h2>
<p>內容3</p>
<p>頁尾</p>
頁尾被劃分為次標題3的內容，相較之下較不明確
利用區塊元素產生結構
<h1>大標題</h1>
<p>引言</p>
<section>
<h2>次標題1</h2>
<p>內容1</p>
</section>
<section>
<h2>次標題2</h2>
<p>內容2</p>
<h3>小標題</h3>
<ul>項目</ul>
</section>
<section>
<h2>次標題3</h2>
<p>內容3</p>
</section>
<p>頁尾</p>
頁尾與最上面的「引言」同一階層，整體結構更佳

各區塊元素的使用時機

section、article、aside、nav 這 4 組元素都是用來標出明確的區塊範圍，底下舉一些例子讓您更清楚它們的使用時機。

▶ section 元素

section 元素是用來標記一般的內容區塊，若區塊的性質較符合其它元素(article 元素、aside 元素、nav 元素) 的定義，則優先使用其它元素。

● 例子

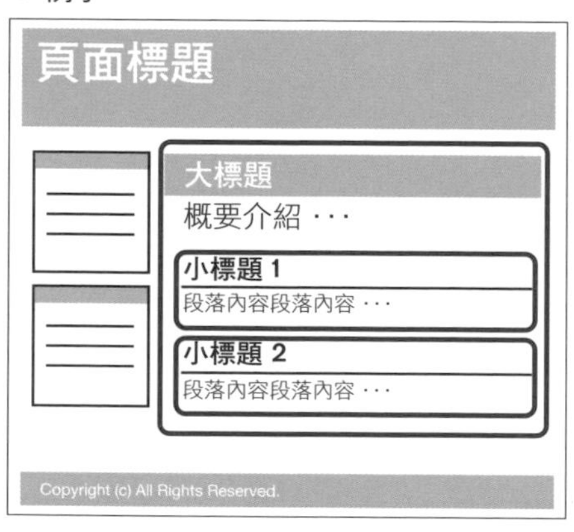


```
<section>
  <h1>大標題</h1>
  <p>概要介紹…</p>
  <section>
   <h2>小標題 1</h2>
   <p>段落內容段落內容…</p>
  </section>
  <section>
   <h2>小標題 2</h2>
   <p>段落內容段落內容…</p>
  </section>
</section>
```

注意事項

- 使用 section 元素時，都應在其內設定標題。就算在外觀編排上希望省略標題，在標記 HTML 仍應撰寫，再利用 CSS 將它設定為不顯示即可。
- section 元素並不是為了取代 div 元素而誕生，不應為了版面設計而使用。若單純為了版面設計需求，請還是使用 div 元素。

▶ article 元素

article 元素是用來表示單篇獨立內容的區塊。所謂單篇獨立內容，是指可將該區塊的內容分割出來成為一篇獨立文章。

〔例 ①〕

在部落格的文章一覽頁中，每一則文章都可看做是一篇獨立文章，因此可用 article 元素標記每篇文章的區塊。

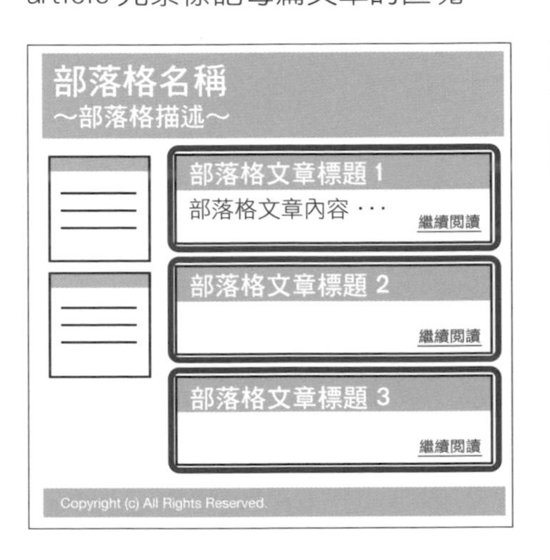


```
<article>
  <h1>部落格文章標題 1</h1>
  <p>部落格文章內容…</p>
  <p><a href="xxxx.html">繼續閱讀</a></p>
</article>
<article>
  <h1>部落格文章標題 2</h1>
  <p>部落格文章內容…</p>
  <p><a href="xxxx.html">繼續閱讀</a></p>
</article>
<article>
  <h1>部落格文章標題 3</h1>
  <p>部落格文章內容…</p>
  <p><a href="xxxx.html">繼續閱讀</a></p>
</article>
```

〔例 ②〕

部落格的單篇文章頁面也應該用 article 元素將整篇文章框成一區。其他像是電子商務網站中的詳細商品資料頁、新聞網站的新聞內容頁 ...., 凡是主要的文章內容都應以 article 元素標記。

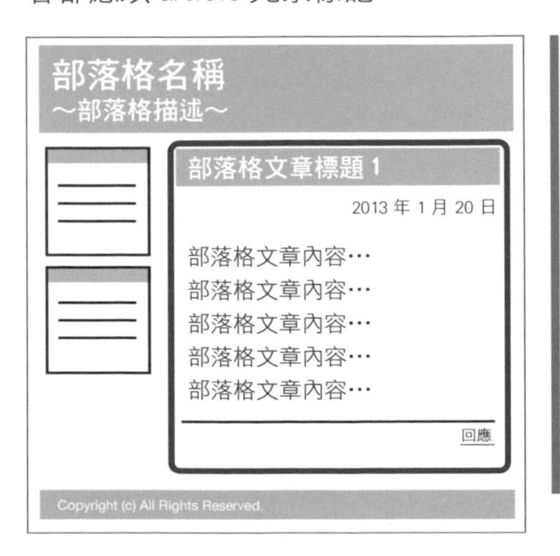


```
<article>
  <header>
    <h1>部落格文章標題 1</h1>
    <p><time datetime="2013-1-20">2013年1月20日</time></p>
  </header>
  <p>部落格文章內容。…</p>
  <p>部落格文章內容。…</p>
  <p>部落格文章內容。…</p>
  <footer>
    <p><a href="#">回應</a></p>
  </footer>
</article>
```

〔例③〕

部落格的回應內容等，與外部 article 元素有直接關連的單篇獨立內容，也應該用 article 元素標記。

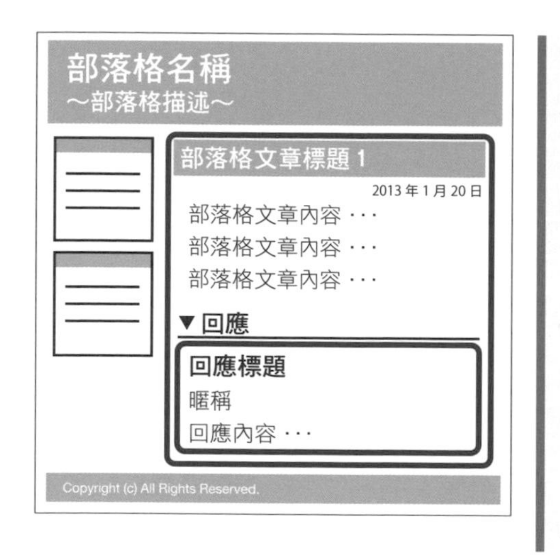


```
<article>
  <h1>部落格文章標題 1</h1>
  <p>部落格文章內容……</p>
  <section>
    <h2>回應</h2>
    <article>
      <header>
        <h3>回應標題</h3>
        <p>暱稱</p>
      </header>
      <p>回應內容…</p>
    </article>
  </section>
</article>
```

注意事項

- 以 article 元素標記的區塊，必須是內容上屬於單篇獨立的文章，若難以看出內容是否算是獨立文章，則使用 section 元素標記就好。
- article 元素與 section 元素相同，原則上其內都應該有標題。

▶ aside 元素

aside 元素是用來表示「與主要內容較無關聯的補充內容」。判斷基準在於如果將這個區塊整個刪除，是否會影響對主要內容的理解，若不會就可以用 aside 元素。

〔例①〕

在部落格的單篇文章中，有時會插入與此篇文章相關資料的連結、補充說明，像這種與前後文章只有間接關連的備註內容，通常不會使用 section 元素，而是改用 aside 元素標記。

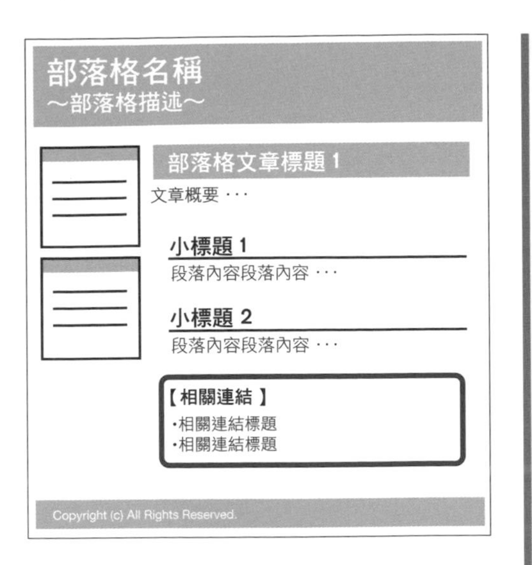


```
<article>
  <h1>部落格文章標題 1</h1>
  <p>文章概要…<p>
  <section>
    <h2>>小標題 1</h2>
    <p>段落內容段落內容…</p>
  </section>
  <section>
    <h2>小標題 2</h2>
    <p>段落內容段落內容…</p>
  </section>
  <aside>
    <h2>相關連結</h2>
    <ul>
      <li><a href="#">相關連結標題</a></li>
      <li><a href="#">相關連結標題</a></li>
    </ul>
  </aside>
</article>
```

〔例 ②〕

aside 元素通常用在與文章內容無直接關係，或是不太重要的內容。例如側邊選單、輔助性質的網頁導航、網頁廣告等。

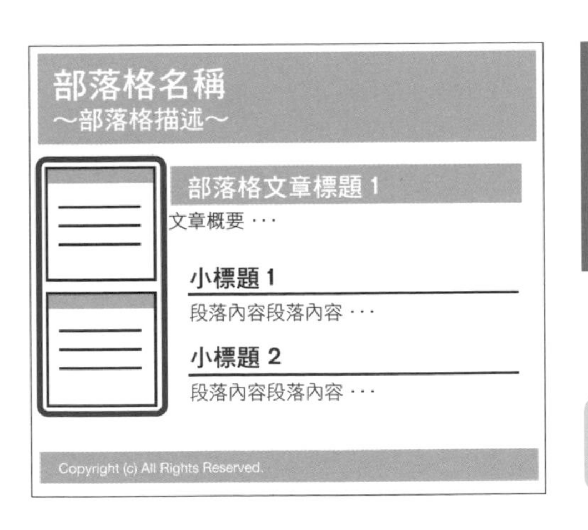


```
<body>
<header>頁面標題</header>
<article>側邊選單</article>
<aside>側邊選單</aside>
<footer>頁尾</footer>
</body>
```

注意事項

・ 使用 aside 元素時，不一定要有標題。

▶ nav 元素

nav 元素是用來表示網站「導航功能」的區塊，最常用的就是網站主選單。其它諸如下層網頁中的特定區域導航、網頁內功能連結、下一頁、回上頁等連結都應使用 nav 元素標記。

● 【例】

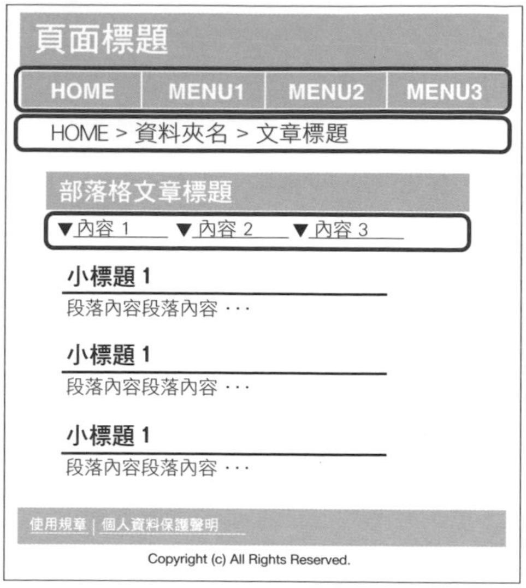

頁面標題
HOME | MENU1 | MENU2 | MENU3
HOME > 資料夾名 > 文章標題
部落格文章標題
▼內容 1 ▼內容 2 ▼內容 3
小標題 1
段落內容段落內容 ···
小標題 1
段落內容段落內容 ···
小標題 1
段落內容段落內容 ···
使用規章 | 個人資料保護聲明
Copyright (c) All Rights Reserved.

注意事項

・ nav 元素雖然是用在主要導航功能，不過，只要製作者覺得對網站來說有一定重要性，就算是輔助型的導航區塊都可使用 nav 元素。所以本例中的主功能選項、麵包屑導航選單、以及連到文章分段內容的連結，都可用 nav 元素標記。但是頁尾的連結就不算是重要連結，因此不使用 nav 元素（哪些應以 nav 元素標記，主要是依製作者主觀認定）

```
<header>
<h1>頁面標題</h1>
<nav>
  <ul>
  <li><a href="#">Home</a></li>
  ...more...
  </ul>
</nav>
<nav>
<p><a href="#">Home</a> | <a href="#">資料夾名</a> | 文章標題</p>
</nav>
</header>
<article>
  <h1>部落格文章標題</h1>
  <nav>
    <ul>
      <li><a href="#hoge">內容 1</a></li>
      ...more...
    </ul>
  </nav>
...more...
</article>
```

與區塊元素相關的元素

下列元素雖不是區塊元素，但同樣可讓網站結構更明確，與區塊元素有相當密切的關係。

● 與區塊元素相關的元素

header 元素	表示區塊的頁首。
footer 元素	表示區塊的頁尾。
main 元素	表示主要內容區域。
figure 元素、figcaption 元素	表示本文所引用的圖檔、原始碼及其它內容的元素。

▶ header 元素 / footer 元素

這兩個元素不是只用來表示整個網頁的頁首 / 頁尾，也可用在個別區塊中，header 元素是標記區塊的頁首；footer 元素則是標記區塊的頁尾。因此，一個網頁中可能會有多組 header 元素 / footer 元素。

● 〔例〕

```
<body>
<header id="siteHeader">
<h1>網站標題</h1>
<nav>主功能選項</nav>
</header>
<article>
  <header>
    <h1>部落格文章標題 1</h1>
    <p><time datetime="2016-1-20">2016年1月20日</time></p>
  </header>
  <p>部落格文章內容...…</p>
  <footer>
    <p><a href="#">回應</a></p>
  </footer>
</article>
<footer id="siteFooter">
<p><small>copyright © All Rights Reserved.</small></p>
</footer>
</body>
```

注意事項

- header 元素中通常會有 h1 ~ h6 標題元素，但就算沒有用到標題元素也無妨 。 除了標題元素外，一般還會放置 Logo、目次、檢索功能等。
- footer 元素中通常會放置製作者資料、聯絡方式等。
- 在 header 元素 / footer 元素中，可包含區塊元素。
- 放在 body 下一層的 header 元素 / footer 元素之中，無法再放入 header 元素 / footer 元素。但若是區塊元素裡的 header 元素 / footer 元素，則可做成巢狀。

▶ main 元素

main 元素是用來標記網頁、程式「主要內容區域」的元素。

● 〔例〕

```
<body>
<header>頁首</header>
<main>
<section>主內容</section>
</main>
<aside>側邊選單</aside>
<footer>頁尾</footer>
</body>
```

注意事項

- 一個網頁中只能使用一次 main 元素。
- 在 section、article、aside、nav、header、footer 元素中，不可使用 main 元素。

Memo

main 元素

在 HTML5.1 時，一個網頁只能有一個 main 元素。但在 HTML5.2 之後變成可以有多個。不過，剛開啟網頁時，只能顯示其中一個 main 元素，因此必須先利用 hidden 屬性將其它 main 元素藏起來。使用時還是必須注意，一次只能顯示一個 main 元素。

▶ figure 元素 / figcaption 元素

figure 元素是用來標記圖片、照片、解說用的聲音檔、影片、程式原始碼等在本文中引用的獨立內容。figcaption 元素則是用在為 figure 元素所引用的內容加上說明。

● 〔例〕

```
<figure>
<img src="img/fig10-1.png" alt="...圖片說明...">
<figcaption>圖10-1</figcaption>
</figure>
```

注意事項

- 要決定是否使用 figure 元素時，應以「是否為說明本文時所必要的內容？」「將它從本文抽離，單獨放在其它頁面時，該內容是否仍可理解？」為判斷基準。若是與本文內容無關，單純用於裝飾或美編上所用的圖片 / 照片，都不適合使用 figure 元素標記。

Memo

在 HTML 5.1 之前，figcaption 元素只能用於 figure 元素的最初或最後位置，但 HTML 5.2 之後，可放在 figure 元素中的任意位置。

COLUMN

一定要標記區塊元素嗎？

在標記 HTML5 時，並沒有強制一定要使用區塊元素。很多新手甚至可能覺得這些元素有點多餘（因為完全不影響外觀），不過，這些區塊元素有利於定義網頁結構，對於網站的 SEO 工作很有幫助，因此還是建議熟悉它們的使用方法。

Point

- **區塊元素是用來標記結構，有 section、article、aside、nav 四種。**
- **使用 header 元素、footer 元素、main 元素等新元素可做出結構更完善的 HTML5 文件。**

LESSON 17

元素分類與內容模型

第 1 章曾提到以往 HTML 的元素大致可分為「block / inline」兩類，不過到了 HTML5 已重新做劃分。LESSON17 就來介紹新的元素分類，以及定義元素間巢狀關係的「內容模型」(Content Model)。

解說　HTML5 的元素分類與內容模型

HTML5 的元素分類

自HTML發佈以來，元素的分類一直都是「block元素」與「inline元素」2大類。但在 HTML5 中廢除了這樣的分類方法，改為以下七大分類。

● 七大分類

分類	說明
後述資料元素 (Metadata content)	主要是 head 元素中用來標記文檔 Meta 資料的元素 (meta、script、style、link、title 等)
流程元素 (Flow content)	幾乎包含用來表示資料內容的所有元素
區塊元素 (Sectioning content)	標題與概要等構成內容區塊 (章、節) 的元素 (section、article、aside、nav)
頁首元素 (Heading content)	內容區塊的標題元素 (h1、h2、h3、h4、h5)
段落元素 (Phrasing content)	用於段落內的元素 (a、span、strong、time、ruby, 以及其它以往被分類為 inline 的元素)
物件嵌入元素 (Embedded content)	引用圖片、聲音、影像等外部檔案時所用的元素 (img、iframe、audio、video、embed、object、canvas、math、svg)
互動介面元素 (Interactive content)	超連結與表單等使用者可操作的元素 (a、button、input、select、textarea 等)

新的分類不像以往的 block 元素和 inline 元素那樣壁壘分明，反而互有重複，下圖是 HTML5 規格書內的示意圖：

● 元素的範圍

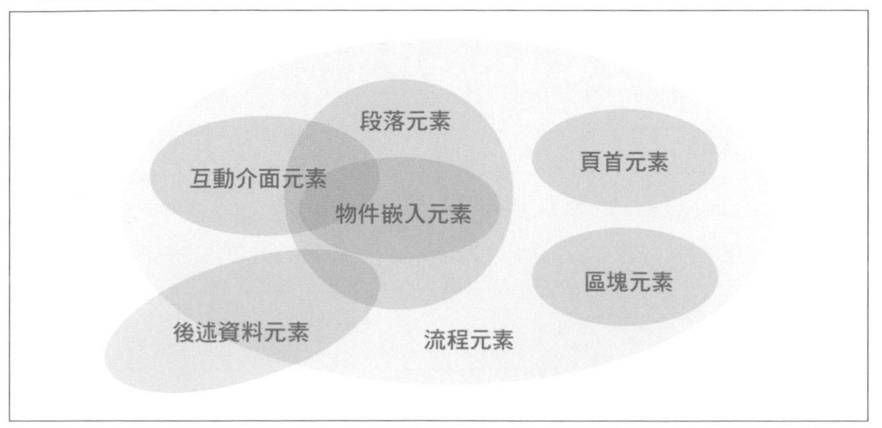

一時不知如何解讀沒關係，先大致了解以下三點即可：

- 除了部份後述資料元素之外，所有元素都算是「流程元素」。
- 「頁首元素」只與「流程元素」有重疊。
- 「物件嵌入元素」同時既是「段落元素」，也是「流程元素」。

內容模型（Content Model）

內容模型是指「**元素之中可放置哪些元素**」的規則。若用以前的 block / inline 元素的分類來說，規則就是「inline 元素中不可放入 block 元素」。HTML5 的內容模型則定義了新的元素使用規則。

▶ 內容模型的類型

在 HTML5 規格書中，每個元素都定義了「所屬分類」與「內容模型」。HTML5 就是以這些定義來判斷網頁原始碼的文法是否有誤。

有了內容模型後，就產生元素的使用規則，例如：

- 某些元素（例如：table、ul、ol、select 等）內只能放入特定元素。
- 某些元素（例如：br、img、input 等＝空元素）無法放入其它元素。
- 某個子元素必須繼承父元素的條件（例如：del、ins 等）

乍看雖然有些複雜，不過初學者不用一下子就記住所有新分類和內容模型的規則，目前簡單有個概念就行了。

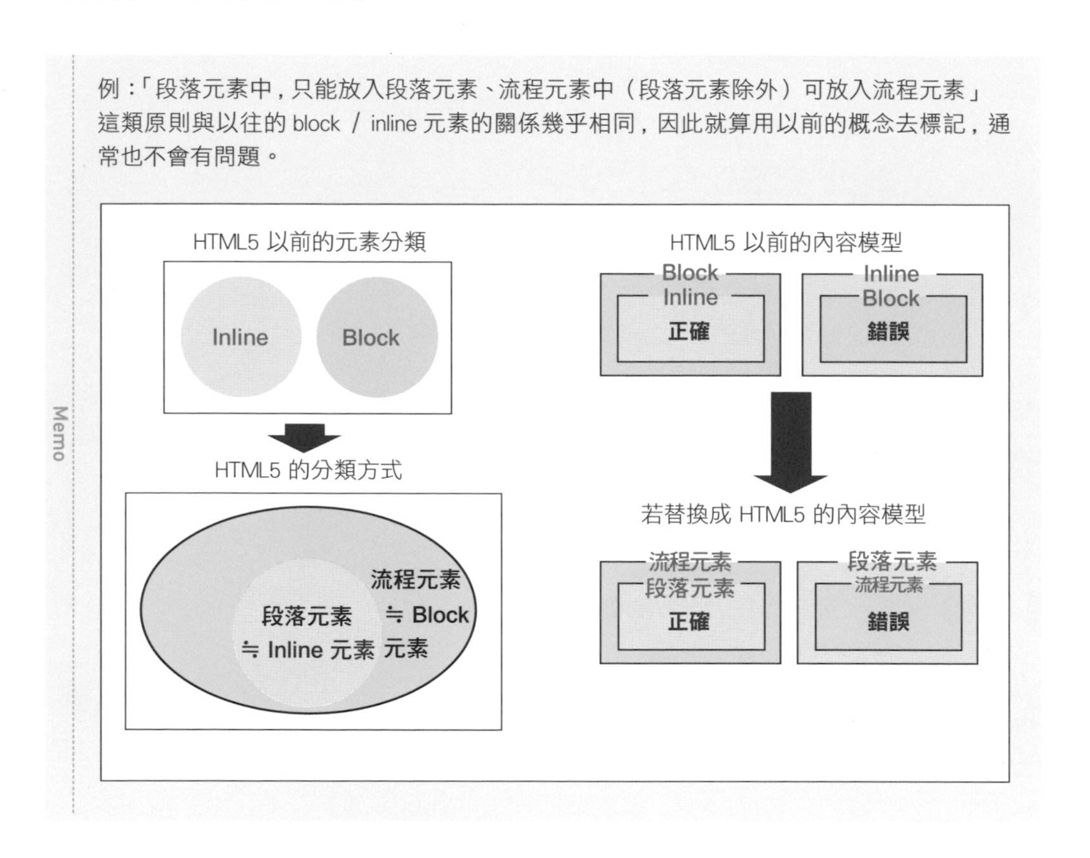

▶ 通透性 (Transparent)

在 HTML5 規格書中，有些元素的內容模型具有通透性（Transparent）。通透性指的就是自動繼承父元素的內容模型。例如某一元素的父元素若可放入流程元素，那麼該元素本身也就可放入流程元素。若父元素中只能放段落元素，這個子元素內就也只能放入段落元素。若元素本身沒有父元素，則所有流程元素都可放入其中。

呼～看了這麼多規格，但這些跟網頁製作倒底有什麼關係呢？舉個例子您就懂了。

HTML 規格對網頁製作的影響 - 以 a 元素的標記為例

前面提到具有通透性的元素之中，最具代表性的就是 a 元素。a 元素在 HTML5 的元素分類及內容模型上的變更，讓它可用於與以往完全不同的標記方式，底下就以 a 元素為例，示範一下如何把內容模型的概念活用在網頁製作上。

▶ a 元素的元素分類與內容模型

在規格書中，a 元素的元素分類與內容模型如下。

元素名稱	元素分類	內容模型
a 元素	流程元素 段落元素 互動介面元素	通透性（Transparent）

由於內容模型寫著「通透性」(Transparent)，以往「以 div 元素包住 a 元素」這樣的錯誤寫法（因為 a 元素為 inline 元素，依規則不能放入屬於 block 元素的 div 元素），在 HTML5 規格中變得可行，這種寫法稱為「區塊型連結」(請見下圖)。在觸控式螢幕普及的現今，加大連結範圍的設計已躍為主流，這項新變更相當符合需求。

● 區塊型連結

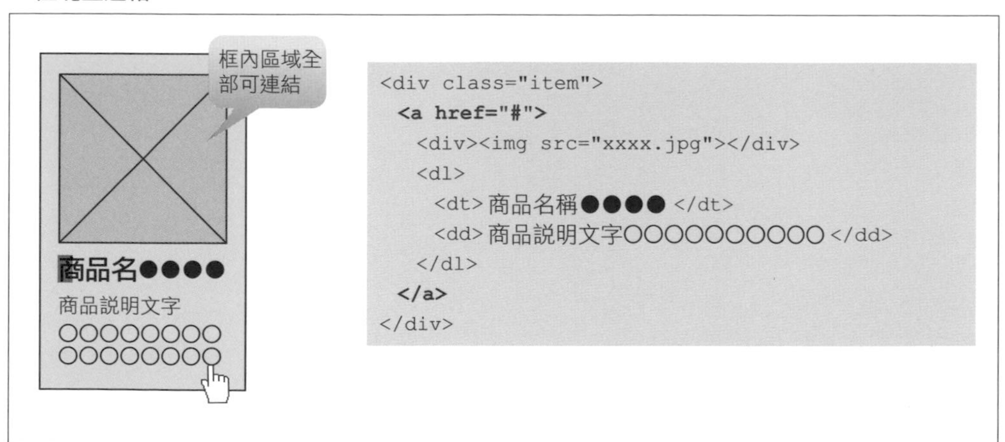


```
<div class="item">
  <a href="#">
    <div><img src="xxxx.jpg"></div>
    <dl>
      <dt>商品名稱●●●● </dt>
      <dd>商品說明文字OOOOOOOOOOO </dd>
    </dl>
  </a>
</div>
```

▶ a 元素標記時的新規則

雖然在 a 元素之內可放置 div 元素及 p 元素等 block 元素，不過若要以 a 元素圈住整個區塊，必須遵守下列三項規則。

規則 ①：a 元素所圈住的範圍內，不可有文法錯誤。

以a元素圈住整個區塊時，基本上a元素以外的元素在文法上都必須正確無誤。以底下的例 1 來説，若將 a 元素去掉，剩下的「在 section 元素中放入 h1 元素及 p 元素」在文法上沒有任何問題，因此例 1 這樣的標記就是正確的。

● 〔例 1〕

```
<a href= "#" >
<section>
<h1>標題</h1>
<p>文字內容文字內容文字內容</p>
</section>
</a>
```

規則 ②：必須遵循父元素的內容模型。

a 元素的內容模型具有通透性，也就是「必須遵循父元素的內容模型」，因此必須遵守其父元素 - ul 元素的規則。

例 2 在 ul 和 li 之間插進了 a 元素，違反了「ul 元素之後必須接 li 元素」這項規則，因此例 2 是有文法錯誤的。

● 〔例 2〕

```
<ul>
<a href="#"><li>文字內容文字內容文字內容</li></a>
<a href="#"><li>文字內容文字內容文字內容</li></a>
</ul>
```

規則 ③：a 元素內不可再放置其它連結或可操作的元素。

● 〔例3〕

```
<ul>
  <li>
    <a href="#">
      <div class="ph"><img src="xxxxx.jpg" alt=""></div>
      <dl class="data">
        <dt>商品名</dt><dd>完熟南高梅（1kg）</dd>
        <dt>數量</dt><dd><input type="num" value="1"></dd>
      <dl>
    </a>
  </li>
</ul>
```

例 3 雖然避開了例 2 的問題，但因為在 a 元素中放置了 input 元素，仍會導致文法錯誤。a 元素本身屬於互動介面元素，此例違反了「互動介面元素中不可放置互動介面元素」的規則。

※ 互動介面元素是指 a、input、button、label、select、textarea、audio、video 等使用者可點按、操作的元素。

以上三項規則乍看之下有點紊亂，但您不必去強記，實務上多使用幾次應該就會漸漸熟悉。而這裡示範的「區塊型連結」在實務上常可看到，請務必多試試看。

Point

- **HTML5 中採用了新的分素元類方式與內容模型。**
- **a 元素的標記規則變更，使它可設定在整個區塊上。**

LESSON

18 其它 HTML5 新元素與屬性

HTML5 中雖然新增了許多新的元素和屬性，但不少是為了行動 APP 的開發所設計，針對電腦版網頁有什麼新元素與屬性呢？這一堂課就帶您看看。

解說 常用新元素與屬性

新元素介紹

▶ time 元素

time 元素是以電腦可辨別的時間格式，表示正確的 24 小時制時間、西曆年月日。雖然並沒有規定日期時間一定要用 time 元素標記，但在要讓瀏覽器正確讀出日期時間時，就必須使用此元素。time 元素中的日期時間，當然不能設為 " 明天 " 這類電腦無法辨間的字串，必須利用「datetime」屬性設定正確的日期時間。

● 〔例〕

```
<p><time>13:35</time></p>
<p><time datetime="2019-02-18">明天</time>有重要會議。</p>
```

● datetime 屬性的概要

datetime屬性	值需為日期、時間。 〔格式〕 YYYY-MM-DDThh:mm:ssTZD	① 年 2019 ② 年月 2019-01 ③ 年月日 2019-01-01 ④ 時分 08:30 ⑤ 時分秒 08:30:21 ⑥ 年月日時分秒 2019-01-01T08:30:21 ⑦ 年月日時分秒+時區 2019-01-01T08:30:21+9:0

▶ ruby 元素、rt 元素、rp 元素

ruby 元素是用來設定注音，主要利用 rt 元素設定注音，而 rp 元素是設定當瀏覽器不支援注音標示時要顯示的符號。

> **Memo** 過去很長一段時間，只有 Firefox 不支援 ruby 元素。但隨著 Firefox 38 開始支援 ruby 元素，現在幾乎所有瀏覽器都有支援。

● 〔例〕

```
<ruby>
常滑燒
<rp>（</rp>
<rt>ㄔㄤˊㄏㄨㄚˊㄕㄠ</rt>
<rp>）</rp>
</ruby>
```

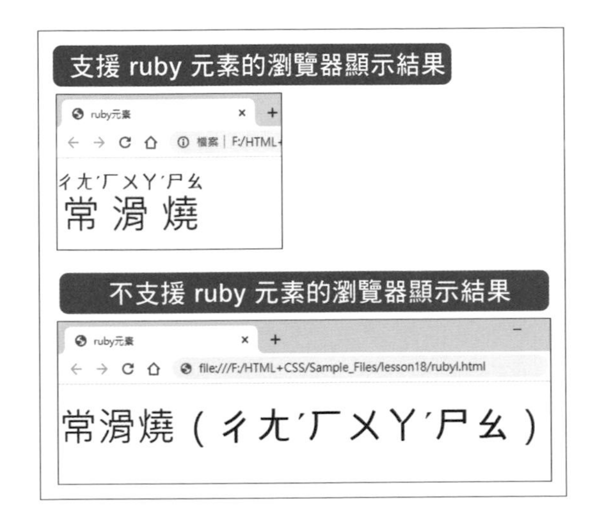

▶ mark 元素

mark 元素是將參考用資料中的特定字句標上醒目底色，可用它標註希望使用者注意的文字。或在搜尋結果畫面上，讓搜尋的關鍵字以較顯眼的方式顯示。

● 〔例〕

```
<pre><code>
#gnav ul{
    <mark>overflow:hidden;</mark>
}
#gnav li{
    width:100px;
    float:left;
}
</code></pre>
<p>在父元素ul中設定overflow:hidden;, 可得到與設定clearfix一樣的效果</p>
```

▶ video 元素、audio 元素

video元素是用來在瀏覽器上播放影片；audio元素則是在瀏覽器上播放聲音檔。利用這些元素，要在網站上發佈影片、聲音檔時，不需要再擔心使用者所用的環境是否已安裝播放程式。

● 〔例〕

```
<video src="sample.mp4" type="video/mp4" controls>
  您所使用的瀏覽器未支援video元素, 請改用最新版瀏覽器開啟。
</video>
```

● 〔例〕

```
<audio src="sample.mp3" controls>
  您所使用的瀏覽器未支援audio元素, 請改用最新版瀏覽器開啟。
</audio>
```

要讓使用者可自行操作影片、聲音檔的播放、停止、調節音量等，必須使用 **controls** 屬性。此外，在 video 元素、audio 元素中放置多個 **source** 元素，就可同時提供多種不同格式的影片、聲音檔。

● 〔例〕

```
<video controls>
  <source src="sample.mp4" type="video/mp4">
  <source src="sample.webm" type="video/webm">
</video>
```

● 〔例〕

```
<audio controls>
  <source src="sample.mp3" type="video/mp3">
  <source src="sample.wav" type="video/wav">
</audio>
```

▶ picture 元素

在響應式網頁設計中使用圖片時，利用 picture 元素就可依畫面尺寸、解析度等環境差異，顯示不同的圖片。例如要在電腦螢幕這種有大畫面的環境時，就顯示長方形的大圖，但在手機螢幕等畫面較小的環境時，就顯示正方形的小圖，這樣的需求利用 HTML 元素就可輕鬆做到。

● 〔例〕

```
<picture>
  <source media=" (max-width: 640px)"  srcset=" img/small.jpg" >
  <source media=" (max-width: 960px)"  srcset=" img/medium.jpg" >
  <img src="img/large.jpg" alt="">
</picture>
```

使用 picture 元素時，必須使用 img 元素指定一個預設圖片，當 source 元素中沒有符合條件的圖片或在不支援 picture 元素的環境中，都會顯示預設圖片。

Memo 關於 picture 元素，將在第 7 章 Lesson 23 詳細介紹。

新屬性介紹

在 HTML5 新增的屬性中，最常用的就是在第 3 章 LESSON11 中介紹過，用來提高表單操作便利性的新屬性。除了表單相關屬性之外，較常用的有 **data-*** 屬性(自訂資料屬性)、**role** 屬性（Landmark Roles）。雖然它們都不是一般網頁標記時會用到的屬性，但可依需求適時選用，以提高操作便利性。

▶ 表單相關屬性

請參考第 3 章 LESSON11。

▶ data-* 屬性(自訂資料屬性)

data-* 屬性被稱為自訂資料屬性，用來讓開發者依照需求，利用「data-」開頭的字串自行訂定屬性。「data-*」中的「*」可自行設定任意字串。

這個屬性主要用來將資料值傳給 JavaScript 等外部程式，一般網頁標記時並不會用到。

● 訊息提示框

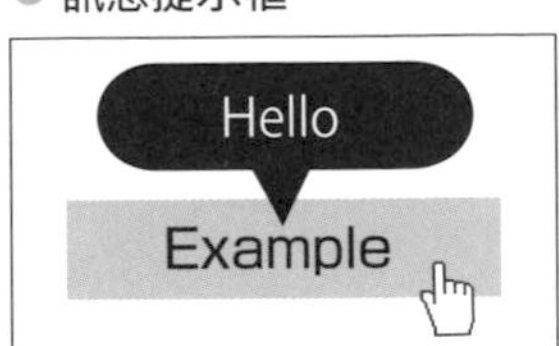

● 〔例〕利用自訂資料屬性設定訊息提示框

```
<a href="#" data-tooltip="Hello">Example</a>
```

▶ role 屬性

role 屬性也是用來強調網頁語意的屬性，主要用來定義各元素的「角色」。設定 role 元素時，可依「頁首、頁尾」、「主內容區域」、「檢索功能表單」、「網頁導航」、「補充資料」等角色定義元素。

● role 屬性概要

值	意思	扮演同樣角色的 HTML5 元素
application	元素為 Web 程式	—
search	包含搜尋功能表單的區塊	—
form	搜尋功能以外的表單	—
main	文件主內容（每頁只有 1 個）	main 元素
navigation	文件的操作導航	nav 元素
complementary	文件的補充資料	aside 元素
banner	網站的頁首（每頁只有 1 個）	header 元素（不可為 section / article 元素的子元素）
contentinfo	內容版權及隱私聲明相關的連結	footer 元素（不可為 section / article 元素的子元素）

上表比較常用的就只有前三個 application、search、form，其餘的都可以用類似的 HTML5 新元素來標記。

- **time 元素必須以電腦可判讀的格式設定日期時間。**
- **除了表單相關屬性之外，自訂資料屬性與 role 屬性較為常用。**
- **若能活用 role 屬性，就算不使用區塊相關元素，也能提升網頁語意。**

CHAPTER 06

製作網頁所需的 CSS3 實務知識

在第 2、3 章中我們已初步介紹基本的 CSS3 用法，本章繼續介紹實務上製作網頁時常用的 CSS3 屬性與選擇器，您可更了解 CSS3 所扮演的重要角色。

LESSON

19 CSS3 重要的新選擇器

CSS3 中新增了許多選擇器，可做出比過去更加靈活的效果，LESSON 19 就來介紹當中的「屬性選擇器」與「虛擬類別選擇器」。

Sample File chapter06 ▶ lesson19 ▶ before ▶ css ▶ style.css、base.css ▶ index.html

實作 屬性選擇器

屬性選擇器是依元素中的屬性及其值來判斷的選擇器，常見的有下列三種。

● 屬性選擇器

語法	意義
E[foo^="bar"]	選擇「foo 的屬性值是以 bar 開頭」的 E 元素
E[foo$="bar"]	選擇「foo 的屬性值是以 bar 結尾」的 E 元素
E[foo*="bar"]	選擇「foo 的屬性值包含了 bar 字眼」的 E 元素

底下就透過範例程式，說明各自的使用方法。

選擇屬性值「以 xx 開頭」的元素

若我們想利用 class 屬性，將屬性值是「START」開頭的 li 元素用紅色框線圈住，只要以 **E[foo^="bar"]** 這樣的格式來撰寫選擇器即可。

● HTML

```
<ul class="sample">
<li class="STARTxx">class="STARTxx"</li>
<li class="xxSTART">class="xxSTART"</li>
<li class="xxSTARTxx">class="xxSTARTxx"</li>
</ul>
```

準備要操作的 HTML 元素

● CSS

```
/*以 START 開頭*/
li[class^="START"]{
  border-color:#f00;  ——— 將選到的 li 元素加紅框
}
```

class="STARTxx"
class="xxSTART"
class="xxSTARTxx"

只有第一個 li 元素的 class 屬性值是以「START」開頭的，因此只有第一列變成紅框。

選擇屬性值「以 xx 結尾」的元素

接下來的例子是將 class 屬性值為「END」結尾的 li 元素改為紅框，因此使用 **E[foo$="bar"]** 的格式來撰寫選擇器。

● HTML

```
<ul class="sample">
<li class="ENDxx">class="ENDxx"</li>
<li class="xxEND">class="xxEND"</li>
<li class="xxENDxx">class="xxENDxx"</li>
</ul>
```

● CSS

```
/*以 END 結尾*/
li[class$="END"]{
  border-color:#f00;
}
```

class="ENDxx"
class="xxEND"
class="xxENDxx"

只有第二個 li 元素的 class 屬性值是以「END」結尾的，因此只有第二列變成紅框。

選擇屬性值「包含 xx」的元素

用 CSS 將 class 屬性值包含了「CNT」的 li 元素改為紅框，因為是想選擇屬性值「包含了 xx」的元素，因此使用 **E[foo*="bar"]** 的格式來撰寫選擇器。

● HTML

```
<ul class="sample">
<li class="CNTxx">class="CNTxx"</li>
<li class="xxCNT">class="xxCNT"</li>
<li class="xxCNTxx">class="xxCNTxx"</li>
</ul>
```

● CSS

```
/*包含 CNT */
li[class*="CNT"]{
  border-color:#f00;
}
```

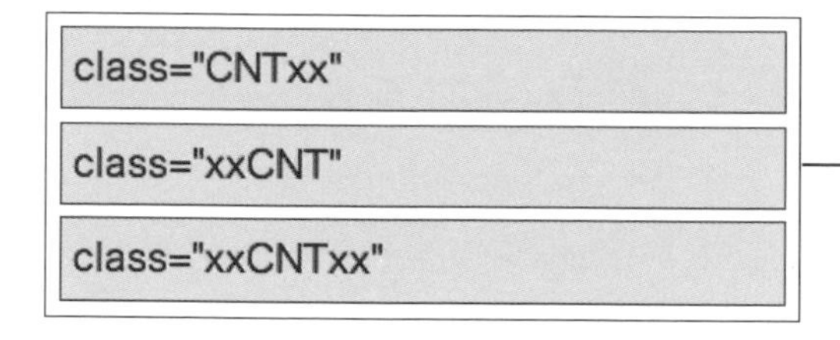

由於所有 li 元素的 class 屬性值都包含了「CNT」字眼，因此三列都變成紅框。

實例 依連結類型顯示圖示

再來介紹一個很實用的範例，我們可以利用屬性選擇器，自動在連往「外部網站」的連結後面顯示外部連結圖示，連向「PDF 檔」的連結前面加上 PDF 檔圖示。

因為是以連結的屬性值來判斷，所以判斷時所用的元素是 a 元素，使用的屬性則是 href 屬性。

● HTML

```
<ul class="sample">
<li><a href="index.html">一般連結</a></li>
<li><a href="http://www.google.com/">外部網站連結</a></li>
<li><a href="img/file01.pdf">開啟 PDF 檔的連結</a></li>
</ul>
```

● CSS

```
/*外部網站連結*/
a[href^="http"]{
  padding-right:20px;
  background:url(../img/icon_blank.gif) right center no-repeat;
}
/*開啟 PDF 檔的連結*/
a[href$=".pdf"]{
  padding-left:20px;
  background:url(../img/icon_pdf.gif)  no-repeat;
}
```

連往外部網站的連結是「以 http 開始」的絕對路徑；開啟 PDF 檔的連結則是「結尾有副檔名 .pdf」，因此屬性選擇器分別為 a[href^="http"] 與 a[href$=".pdf"]。

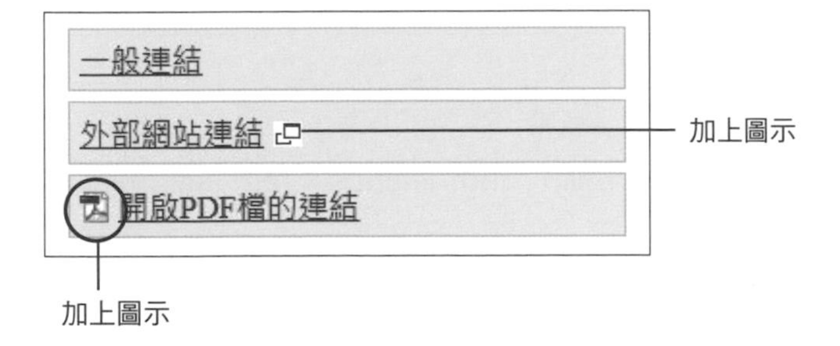

實作 虛擬類別 (pseudo class) 選擇器

接著來介紹**虛擬類別**選擇器。在 CSS3 之前就有 :first-child（第一個子元素）這個虛擬類別，但在 CSS3 中新增了最後一個子元素、第 N 個子元素等虛擬類別，提供更多樣化的選擇。下表是 CSS3 所新增的虛擬類別。

● 虛擬類別

種類	虛擬類別	意思
結構虛擬類別	E:last-child	最後的子元素 E
	E:nth-child(n)	第 n 個子元素 E
	E:nth-last-child(n)	倒數第 n 個子元素 E
	E:only-child	唯一子元素 E
	E:first-of-type	第一個元素 E
	E:last-of-type	最後一個元素 E
	E:nth-of-type(n)	第 n 個元素 E
	E:nth-last-of-type(n)	倒數第 n 個元素 E
	E:only-of-type	唯一的元素 E
	:root	文檔的根元素（html 元素）
	E:empty	沒有文字內容的元素 E
否定虛擬類別	E:not(s)	s 以外的元素 E
目標虛擬類別	E:target	參照路徑 URI 所指向的目標元素 E
UI 虛擬類別	E:enabled	有效 UI 元件的元素 E
	E:disabled	無效 UI 元件的元素 E
	E:checked	被選取的元素 E（單選 / 複選核取方塊）

以子元素為對象的「～ child」型虛擬類別選擇器

:first-child（在 CSS2.1 中已定義）/ **:last-child** / **:nth-child(n)** / **:nth-last-child(n)** / **:only-child** 這五個虛擬類別選擇器，可在同一階層的所有子元素，選擇符合條件者。以下來介紹它們的使用實例。

● HTML

```
<ul class="child">
<li>child1 (first)</li>
<li>child2</li>
<li>child3</li>
<li>child4</li>
<li>child5</li>
<li>child6</li>
<li>child7 (last)</li>
</ul>
```

▶ 將 ul.child 的最後一個子元素變成紅框

要選擇最後一個子元素，使用 :last-child。

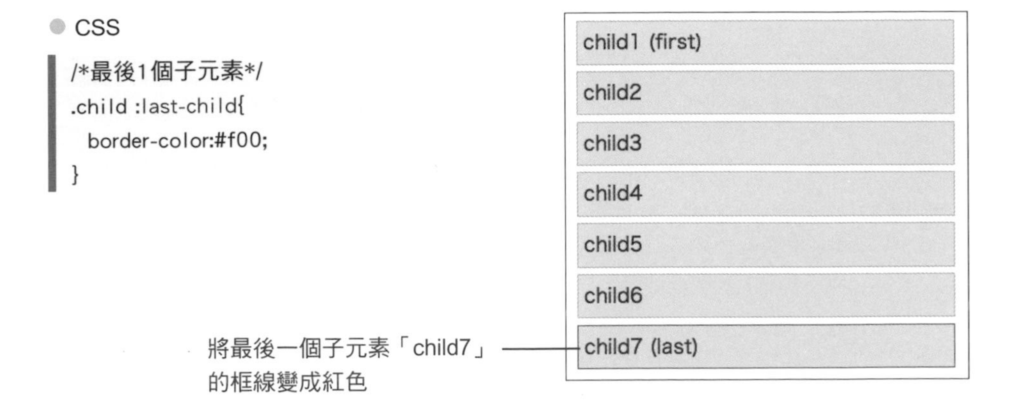
CSS
/*最後1個子元素*/
.child :last-child{
border-color:#f00;
}
child1 (first)
child2
child3
child4
child5
child6
child7 (last)
將最後一個子元素「child7」
的框線變成紅色

Memo 使用 nth-last-child(1) 指定倒數第一個也可得到同樣結果，但既然是要選擇最後一個子元素，直接使用 :last-child 會比較直覺。

▶ 將第 3 個子元素的文字變成紅色

想選定前面數來第 n 個子元素時，可使用 :nth-child(n)，括號中的 n 為 1 起算的整數。

● CSS

```
/*第 3 個子元素*/
.child :nth-child(3){
  color:#f00;
}
```

將第3個子元素「child3」
的文字變成紅色

child1 (first)
child2
child3
child4
child5
child6
child7 (last)

▶ 將倒數第 3 個子元素的文字變成藍色

要選擇倒數第 n 個子元素時，使用 :nth-last-child()。

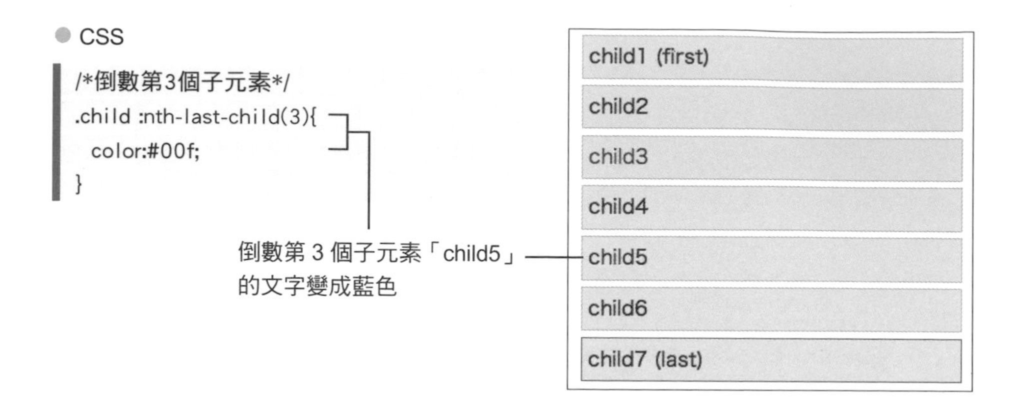
CSS
/*倒數第3個子元素*/
.child :nth-last-child(3){
color:#00f;
}
倒數第 3 個子元素「child5」的文字變成藍色
child1 (first)
child2
child3
child4
child5
child6
child7 (last)

以本例來説，:nth-child(5) 與 :nth-last-child(3) 指的是同一個元素，要從哪一頭開始數起都可以，就依 CSS 設定時的需求決定。

▶ 將偶數個的子元素底色改成 #ccc。

要選擇第偶數個子元素時，使用 :nth-child(even)。

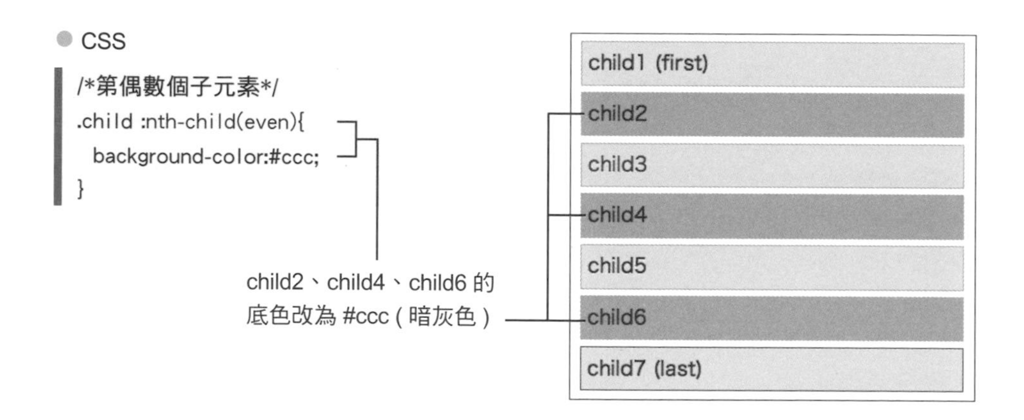
CSS
/*第偶數個子元素*/
.child :nth-child(even){
background-color:#ccc;
}
child2、child4、child6 的底色改為 #ccc (暗灰色)
child1 (first)
child2
child3
child4
child5
child6
child7 (last)

要選擇偶數的元素時，將 :nth-child(n) 中的 n 設為「even」即可。若要選擇奇數的元素時，則將 n 設為「odd」。(註：在 :nth-last-child(n) 中也可做這樣的設定)

▶ 將第 2 個子元素起，每第 3 個子元素的框線改成 3px 的黑色實線

可將 :nth-child(n) 的 n 設定為算式，就能以更彈性的方式選擇子元素。

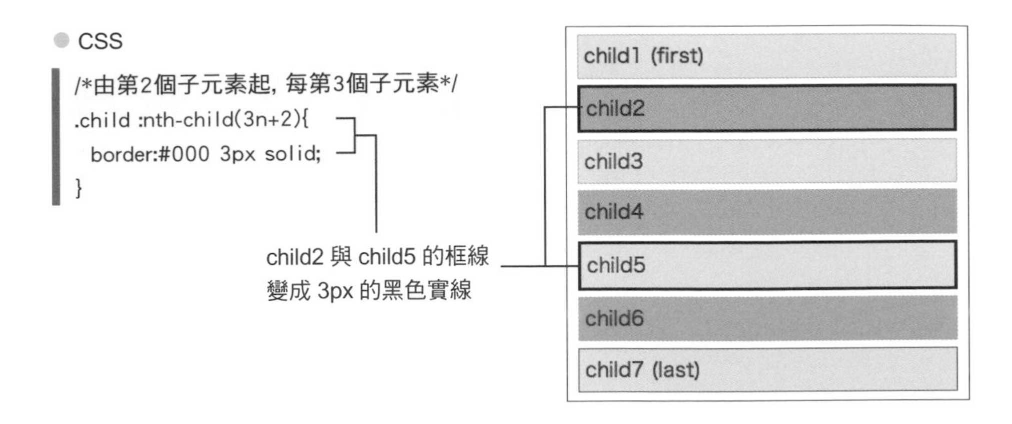
CSS
/*由第2個子元素起, 每第3個子元素*/
.child :nth-child(3n+2){
border:#000 3px solid;
}
child2 與 child5 的框線
變成 3px 的黑色實線
child1 (first)
child2
child3
child4
child5
child6
child7 (last)

(3n+2) 的算式會代入 (3 X 0 + 2)、(3 X 1 + 2)、(3 X 2 + 2) …等，並傳回 2、5、8…等值。

另外，若將算式設為 (2n), 則結果與設定 (even) 的結果相同；若為 (2n+1) 則與 (odd) 的結果相同。

以相同元素為對象的「～ of-type」型虛擬類別選擇器

:first-of-type / **:last-of-type** / **:nth-of-type (n)** / **:nth-last-of-type (n)** / **:only-of-type** 這五個虛擬類別，可在同一階層的同一類元素之中選擇符合條件的元素。我們來實作看看。

● HTML

底下來操作 class 名稱為 ofType 的元素

```
<div class="ofType">
<h4>heading1 (h4)</h4>
<p>paragraph1</p>
<h4>heading2 (h4)</h4>
<p>paragraph2</p>
<h5>heading3 (h5)</h5>
<p>paragraph3</p>
</div>
```

▶ 將 .ofType 的第一個元素框線變成紅色

要選擇第一個元素，使用 :first-of-type。

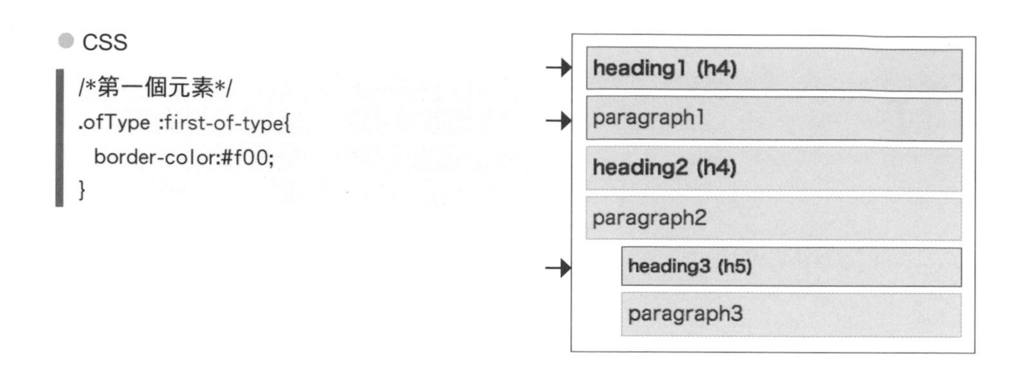

上例指定 :first-of-type, 選到了 heading1、paragraph1、heading3 這三個元素。為什麼呢？因為 of-type 虛擬類別會將元素依類型「分組計算」。在 .ofType 這個 div 元素中，包含了 h4、p、h5 共三種元素，在指定 :first-of-type 時，會分別選到這三類的第一個元素，因此有 3 個框線變紅。

▶ 將 .ofType 的第偶數個元素框線變成藍色

要選擇第偶數個元素，可以用 :nth-of-type(even) 的語法。

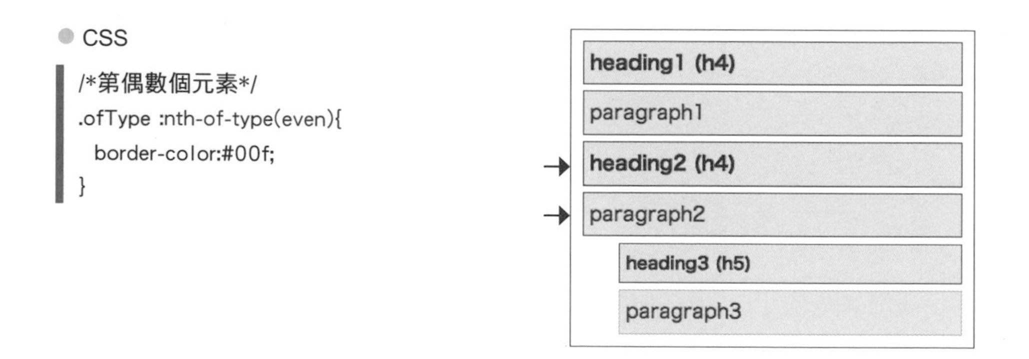

依元素種類分別選擇第 2 個元素，因此選到第 2 個 h4 元素 (heading2) 與第 2 個 p 元素 (paragraph2), 將它們的框線變藍。

▶ 將 .ofType 中僅有一個的元素文字變成紅色

要選擇唯一一個的元素，使用 :only-of-type。

:only-of-type 會選定「僅出現一次」的元素。h4 元素和 p 元素都有多個，h5 元素只有一個，因此 heading3(h5) 文字會變成紅色。

▶ 「～ child」與「～ of-type」的差異

～ child 虛擬類別與 ～ of-type 虛擬類別看起來很像，常有人會搞混，但其實兩者有明顯差異。兩者雖然都是為子元素編號，以編號計算，但兩者的編號規則並不相同，請見下圖的說明。

● 編號規則的差異

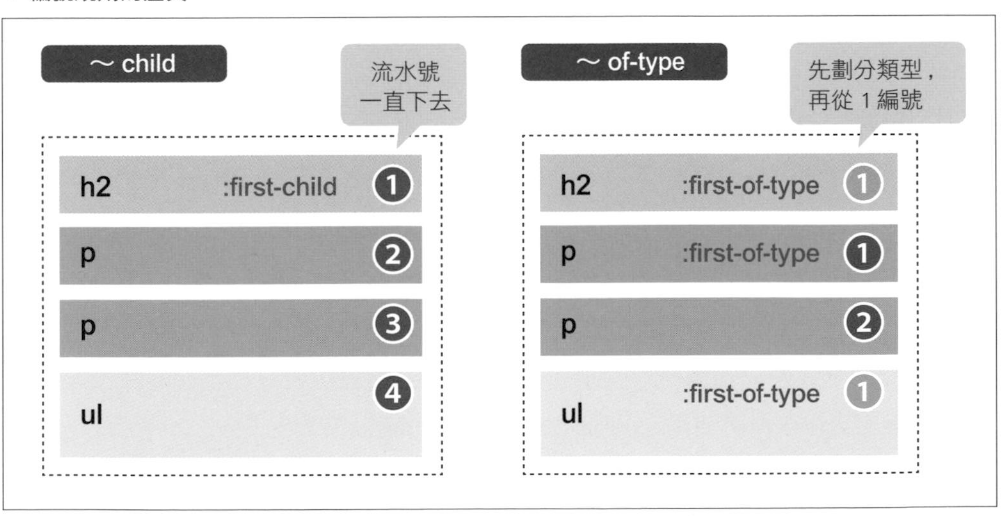

由上圖可以看到，～child 不會管子元素的類型，而對所有子元素給予流水編號，而 ～of-type 則是劃分元素的類型後再替各類型編號。依照這項規格差異，當子元素包含了多種不同的元素時，～child 和～of-type 會選出不同的結果。但若在 ul / li 這種只有 1 種子元素的狀況，兩者所得到的結果相同。

了解兩者的規格差異後，底下就介紹幾個實用例子。

實例 1 製作雙色條紋表格

利用下列 table 元素做成的表格，將偶數列的底色設為 #eee，製作灰白二色相間的條紋表格。

● HTML

```
<table class="stripe">
<tr><td>White</td><td>White</td></tr>
<tr><td>Gray</td><td>Gray</td></tr>
<tr><td>White</td><td>White</td></tr>
<tr><td>Gray</td><td>Gray</td></tr>
</table>
```

● CSS

```
/*雙色條紋表格*/
.stripe tr:nth-child(even){
  background-color:#eee;
}
```

White	White
Gray	Gray
White	White
Gray	Gray

重點在於將計算範圍限制在 tr 元素，若是連 td 元素一起算進去，就無法做到這樣的效果。另外，也可使用 tr:nth-of-type(even) 的語法來寫。

實例 2 將最後一列以紅色文字顯示

在下列以 dl 元素做成的列表中，將最後一列以紅字顯示。

● HTML

```
<dl class="lastRed">
<dt>Item1</dt>
<dd>XXXXXXXXXX</dd>
<dt>Item2</dt>
<dd>XXXXXXXXXX</dd>
<dt>Item3</dt>
<dd>XXXXXXXXXX</dd>
</dl>
```

● CSS

```
/*最後一列以紅字顯示*/
.lastRed :last-of-type{
  color:#f00;
}
```

```
Item1  XXXXXXXXXX
Item2  XXXXXXXXXX
Item3  XXXXXXXXXX
```

雖然看起來是一個橫列，但在 HTML 中是 dt 與 dd 二種元素組成，為了分別選擇這二種的最後一項，不可使用 :last-child, 而應改用 :last-of-type。

實作 否定 / 目標 / UI.. 等虛擬類別選擇器

「否定」虛擬類別選擇器

:not(s) 是用來選擇所指對象 s 以外的所有元素，底下的例子是除了最後一列以外，每一列的框線都改成紅色。

● HTML

```
<ul class="sample nots">
<li>list1</li>
<li>list2</li>
<li>list3</li>
<li>list4</li>
<li>list5</li>
</ul>
```

● CSS

```
/*選擇最後一列以外的部份*/
.nots li:not(:last-child){
  border-color:#f00;
}
```

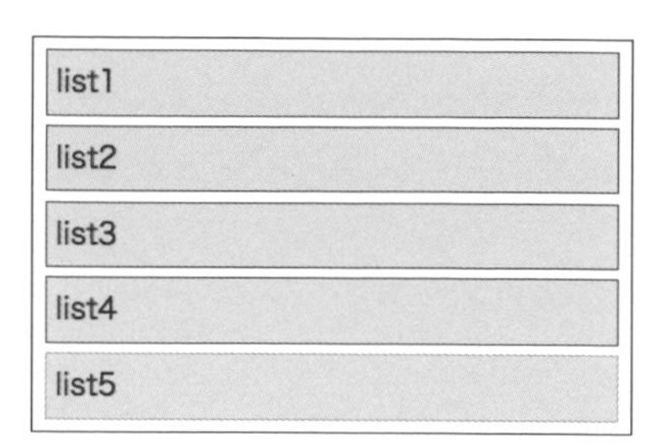

本例是在 not() 裡放入了 :last-child 虛擬類別，也可以改放 id / class 選擇器或類型選擇器。

「目標」虛擬類別選擇器

「目標」虛擬類別選擇器是指點按網頁裡的連結時，選擇「要跳轉到哪個目標元素」，可用於製作簡易版的開關操控面板等。底下的例子是設定在點按 MENU 時，開啟 dd 元素（dd 就是目標元素）。

● HTML

```
<dl class="sample target">
<dt><a href="#panel1">MENU1</a></dt>
<dd id="panel1">panel1 panel1 panel1 panel1 panel1 panel1 panel1 panel1 panel1</dd>
<dt><a href="#panel2">MENU2</a></dt>
<dd id="panel2">panel2 panel2 panel2 panel2 panel2 panel2 panel2 panel2 panel2</dd>
<dt><a href="#panel3">MENU3</a></dt>
<dd id="panel3">panel3 panel3 panel3 panel3 panel3 panel3 panel3 panel3 panel3</dd>
</dl>
```

● CSS

```
/*開啟連結*/
.target dd:target{
  display:block;
}
```

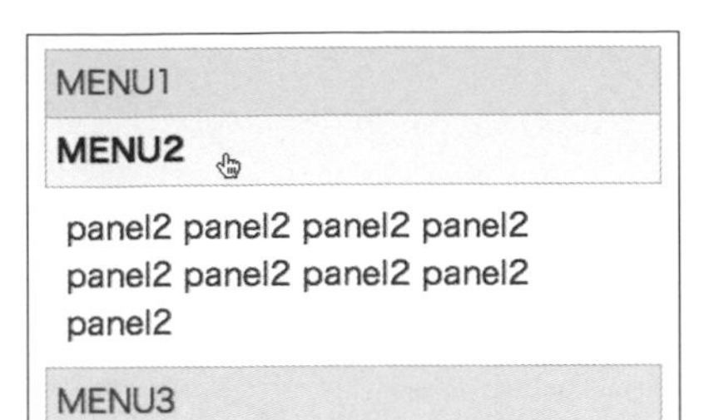

Memo

請注意喔！:target 是要設在「連結目標」的 dd 元素，初學時很容易設定到點選的連結上面。

「UI」虛擬類別選擇器

此選擇器常用來將表單元件相鄰的 Label 元素設定成較明顯易懂的樣式，直接看底下的例子就懂了。

● HTML

```
<form class="ui">
<input type="radio" name="radio" id="radio1" value="1">
<label for="radio1">選項 1</label>
<input type="radio" name="radio" id="radio2" value="2">
<label for="radio2">選項 2</label>
<input type="radio" name="radio" id="radio3" value="3" disabled>
<label for="radio3">選項 3</label>
</form>
```

● CSS

```
/*選項可選時的 Label 樣式*/
.ui input:enabled+label{
  cursor:pointer;
}
.ui input:enabled+label:hover{
  color:#00c4ab;
}

/*選項不可選時的 Label樣式*/
.ui input:disabled+label{
  color:#ccc;
}
```

❶ 游標移到有效選項的 Label 上時，以 :hover 將文字顏色改為 #00c4ab。

❷ 將無效選項的 Label 文字顏色改為 #ccc。

▼

```
/*已勾選項目的 Label 樣式*/
.ui input:checked+label{
  background:#cceebb;
}
```

❸ 現在所選項目的 Label 底色改為 #cceebb。

◉ 選項1 ○ 選項2 ○ 選項3

由於樣式並非要套用在表單自身的元件，而是要套用在與它相鄰的 label 元素上，因此必須使用相鄰選擇器 (E + F)。

COLUMN

CSS4 的選擇器

CSS3 中新增了:nth-child(n) 等方便好用的選擇器，而現在仍在開發中的 CSS4，預計將有更多更方便的選擇器問世。例如「指定元素的父元素」、「只選擇同時符合多個條件的元素 (:matches(s1,s2))」、「將同時符合多個條件的元素除外 (:not(s1,s2))」、「子元素中包含指定選擇器的元素 (:has(s1,s2))」等。

由於 CSS4 選擇器仍在開發中，瀏覽器對它的支援狀況不一，所以還不適合在實務上使用，有興趣可以定期了解發展的情況。

● Selectors Level 4

URL https://www.w3.org/TR/selectors-4/

- **CSS3 在 IE9 以上的主要環境皆可使用。**
- **～ child 虛擬類別並不區分元素分類，而是將所有子元素全部計入範圍。～ of-type 虛擬類別則是將同一類的元素一起計算。**
- **熟悉虛擬類別，就能隨心所欲選定想要操作的元素 。。**

LESSON

20 CSS3 的裝飾功能

這一堂課將介紹 CSS3 中用於裝飾的屬性，透過實作範例讓您了解如何利用這些屬性美化版面。

Sample File chapter06 ▶ lesson20 ▶ before ▶ css ▶ style.css、base.css ▶ index.html

實作 美化字體

text-shadow

text-shadow 是設定文字陰影的屬性，水平位移 x 與垂直位移 y 都可設定為負值，也可用逗號 (,) 分隔設定重影效果（IE9 以下不支援）。

● text-shadow 語法

```
text-shadow: 水平位移x 垂直位移y 模糊強度 陰影顏色;
例：text-shadow:1px 1px 5px #000;
```

接著就利用下面這段 HTML 原始碼，以 text-shadow 示範各種不同樣式的文字效果。

● HTML

```
<ul class="sample ts">
<li class="ts01">Drop Shadow</li>
<li class="ts02">Glow</li>
<li class="ts03">Bevel</li>
<li class="ts04">Emboss</li>
<li class="ts05">Stroke</li>
<li class="ts06">Neon</li>
</ul>
```

▶ 陰影

最典型的文字陰影表現。若將水平位移 x 與垂直位移 y 都設定為正數，則在文字右下產生陰影；若都設為負數，則在左上產生陰影。

● CSS

```
.ts01{text-shadow: 2px 2px 3px #999;}
```

Drop Shadow

▶ 光暈

將水平位移 x 與垂直位移 y 都設為 0，就可產生光暈效果。

● CSS

```
.ts02{color:#fff; text-shadow:0 0 5px #999;}
```

Glow

▶ 立體

在左上角打光，右下角加入陰影，就可做出立體字效果。

● CSS

```
.ts03{color:#ccc; text-shadow:-1px -1px 0 #fff, 1px 1px 0 #aaa;}
```

Bevel

▶ 浮雕

在右下角打光，左上角加入陰影，就可做出浮雕效果。

● CSS

```
.ts03{color:#ccc; text-shadow:-1px -1px 0 #aaa, 1px 1px 0 #fff;}
```

Emboss

▶ 描邊

在上下左右分別加上 1px 無模糊的陰影，就可做出描邊字效果。

● CSS

```
.ts05{
  color:#fff;
  text-shadow:
    1px 1px 0 #999,
    -1px 1px 0 #999,
    1px -1px 0 #999,
    -1px -1px 0 #999;
}
```

Stroke

▶ 霓虹

在白色字的周圍疊上幾道明亮色系的陰影，就能產生霓虹（發光）效果。

● CSS

```
.ts06{
  text-shadow:
    0 0 5px #fff,
    0 0 13px #f03,
    0 0 13px #f03,
    0 0 13px #f03,
    0 0 13px #f03;
}
```

Neon

參考 text-stroke（※IE 不支援）

text-stroke 是用來為文字描邊的屬性，它是 text-stroke-width 與 text-stroke-color 合併的屬性簡寫，也可以分別以這二個屬性撰寫。

要注意的是，由於這個屬性沒有正式被定義在 W3C 規格中，所以使用時必須加上瀏覽器前綴「-webkit-」，且 IE 並不支援。

Memo

-webkit-

-webkit- 原本是只適用於 Chrome 與 Safari 的瀏覽器前綴，但在使用 text-stroke 屬性時，Edge 和 FireFox 也適合這個瀏覽器前綴字。

● HTML

```
<ul class="sample ts2">
<li class="t-stroke01">OUTLINE</li>
<li class="t-stroke02">OUTLINE+SHADOW</li>
</ul>
```

▶ 描邊

● CSS

```
.t-stroke01 {
  -webkit-text-stroke: 1px #000;
}
```

OUTLINE

▶ 描邊＋陰影

● CSS

```
.t-stroke02 {
  -webkit-text-stroke: 1px #000;
  text-shadow: 2px 2px 0 #000;
}
```

OUTLINE+SHADOW

Memo 由於這個屬性是在文字的「內側」描邊，因此字體必須有一定大小才看得出效果。若希望在文字的「外側」描邊，請改用前面介紹的 text-shadow 來描邊。

參考 -webkit-background-clip:text / -webkit-text-fill-color（※IE 不支援）

background-clip 是用來設定背景圖裁切區域（border-box / padding-box / content-box）的屬性，若加上瀏覽器前綴「-webkit-」且將值指定為 text，就可依文字的輪廓裁切背景圖。此時再加上 -webkit-text-fill-color:transparent，就可將文字顏色指定為透明，且把裁切下來的背景圖顯示在文字裡。

不過，-webkit-background-clip:text 和 -webkit-text-fill-color 都是 W3C 規格未正式定義的擴充屬性，因此 IE 並不支援。

● 用來裁切的背景圖

● HTML

```html
<p class="clip">HELLO WORLD!</p>
```

● CSS

```css
.clip {
    background: url(../img/bg_flower.jpg) center center no-repeat;
    -webkit-background-clip: text;
    -webkit-text-fill-color: transparent;
}
```

HELLO
WORLD!

實作　圓角、區塊陰影

border-radius 屬性的基本介紹

border-radius 是為元素設定圓角的屬性，語法如下：

● border-radius 語法

```
border-radius: 圓角半徑;
例：border-radius: 5px;
```

border-radius 的設定方式類似 margin 或 padding，可同時設定 4 個角的值，也可分別設定。設定方式如下圖。

● border-radius 的設定方式

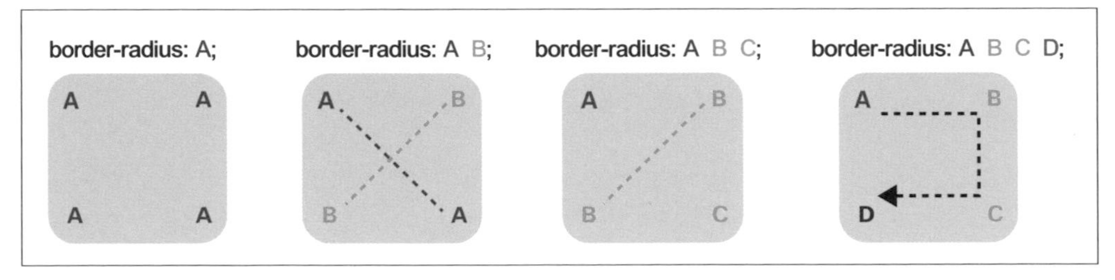

設計基本圓角

● HTML

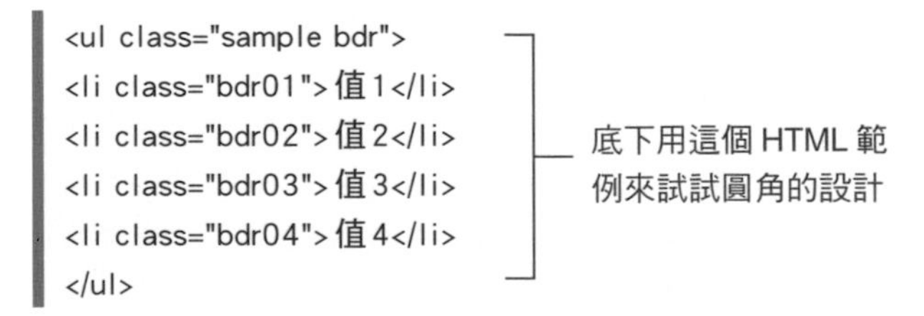

```
<ul class="sample bdr">
<li class="bdr01">值1</li>
<li class="bdr02">值2</li>
<li class="bdr03">值3</li>
<li class="bdr04">值4</li>
</ul>
```

▶ 只用 1 個設定值

只用一個設定值，就能同時設定元素盒子的 4 個角。

● CSS

```
.bdr01 { border-radius: 10px; }
```

▶ 用 2 個設定值

2 個值分別代表「左上與右下」、「右上與左下」2 組對角的設定值。

● CSS

```
.bdr02 { border-radius: 50px 0;}
```

▶ 用 3 個設定值

3 個值分別代表「左上」、「右上與左下」、「右下」各角落的設定值。

● CSS

```
.bdr03 { border-radius: 0 25px 50px;}
```

▶ 用 4 個設定值

4 個值分別代表由左上依順時針方向依序算到的 4 個角。

● CSS

```
.bdr04 { border-radius: 0 10px 25px 50px; }
```

設計正圓與橢圓

若將 4 個角落的圓角半徑都設定為 50% 以上的相同值，就可做出圓形。依元素 Box 原本的形狀，原本是正方形的會變成正圓，原本是長方形的會變成橢圓。

● HTML

```
<ul class="sample bdr">
<li class="circle">正圓</li>
<li class="ellipse">橢圓</li>
</ul>
```

▶ 正圓

● CSS

```
.circle {
  width: 150px;  /* 將原本的形狀先設為正方形 */
  height: 150px;
  border-radius: 50%;
}
```

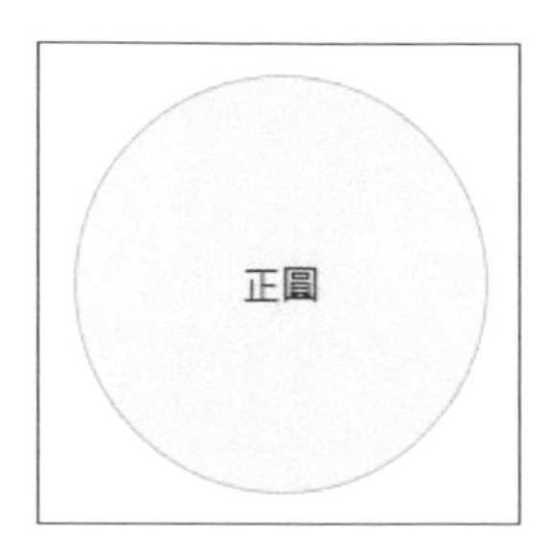

▶ 橢圓

● CSS

```
.ellipse {
  width: 250px;  /* 將原本的形狀先設為正方形 */
  height: 150px;
  border-radius: 50%;
}
```

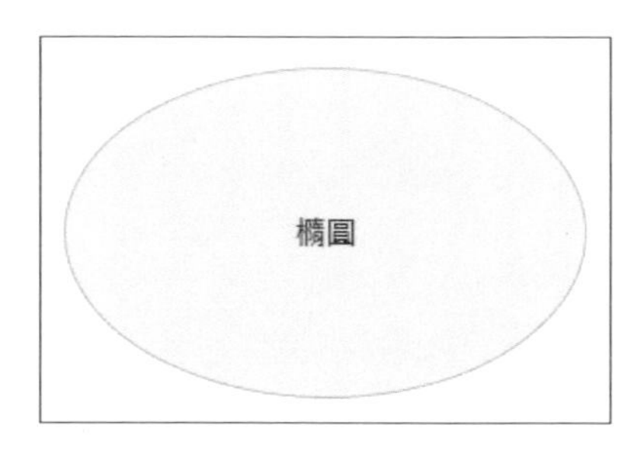

以橢圓圓弧製作圓角

若將每個角落都設定成橢圓，就可製作出不對稱的圓角。設定時，值應以「橫軸半徑 / 縱軸半徑」的概念來指定。底下的例子是利用屬性簡寫設定 4 個角度分別對到不同值的橢圓，哪一項是對到哪個半徑，一個沒留神可能就亂了，設定時請務必小心。

● 以橢圓圓弧製作圓角的設定方式

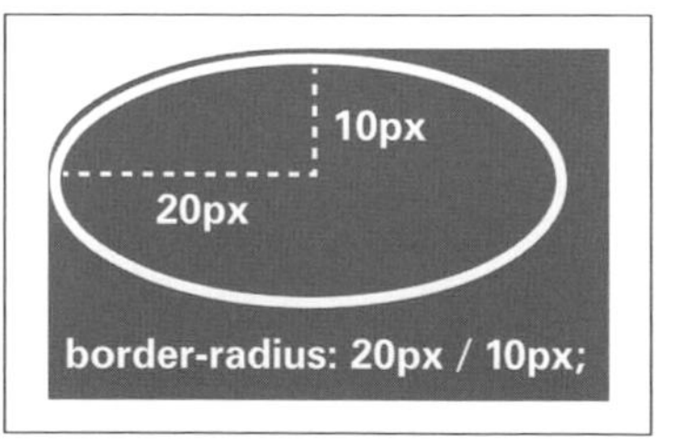

● CSS

```
.sample { border-radius: 10px 20px 30px 40px / 20px 10px 20px 10px; }
```

● HTML

```
<h3>border-radius（以橢圓圓弧製作圓角）</h3>
<ul class="sample bdr">
<li class="bdr05">圓角長方形</li>
<li class="bdr06">扭曲的圓形</li>
</ul>
```

▶ 圓角長方形

● CSS

```
.bdr05 { border-radius: 50px / 30px;}
```

▶ 扭曲的圓形

● CSS

```
.bdr06 { border-radius: 30% 60% 60% 50% / 80% 40% 70%
30%; }
```

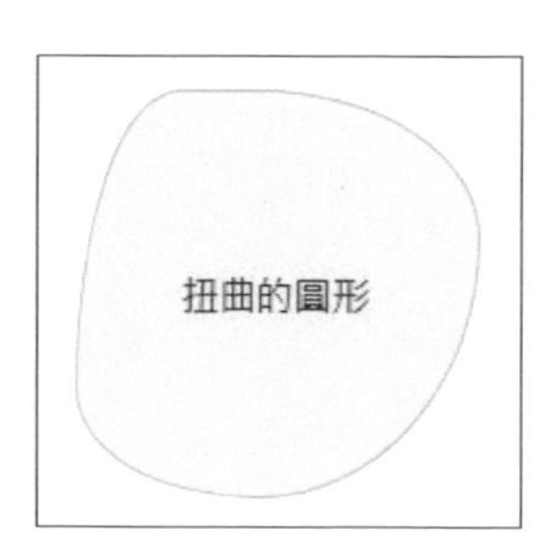

Memo 像右圖這種不對稱的圓形，很難一次就做出想要的形狀。通常要邊調整設定值邊看結果，直到做出想要的形狀為止。

box-shadow

box-shadow 是用來設定元素 Box 陰影的屬性。與 text-shadow 一樣，可用逗號分隔，同時設定多組重影重疊。

● box-shadow 語法

```
box-shadow:水平位移x 垂直位移y 模糊強度 擴散強度 陰影色 inset;
                               ※可省略            ※可省略
例：box-shadow: 0 0 5px 2px #000 inset;
```

底下就利用 box-shadow 做出各種裝飾效果。

● HTML

```
<ul class="sample bs">
<li class="bs01">Drop Shadow</li>
<li class="bs02">Glow</li>
<li class="bs03">Inset Drop Shadow</li>
<li class="bs04">Inset Glow</li>
<li class="bs05">Spread Shadow</li>
<li class="bs06">Multi Shadow</li>
</ul>
```

▶ 基本陰影

水平位移 x 與垂直位移 y 的設定值皆為正值。

● CSS

```
.bs01{ box-shadow:2px 2px 5px rgba(0,0,0,0.5); }
```

Drop Shadow

▶ 光暈

水平位移 x 與垂直位移 y 的設定值皆為 0 時，可呈現光暈樣式。

● CSS

```
.bs02{ box-shadow:0 0 10px rgba(0,0,0,0.5); }
```

Glow

▶ 內側陰影

加上關鍵字「inset」，讓陰影在元素內側產生。

● CSS

```
.bs03{ box-shadow:2px 2px 5px rgba(0,0,0,0.5) inset; }
```

Inset Drop Shadow

▶ 內側光暈

加上關鍵字「inset」並設定較大的光暈，就能做出類似立體的效果。

● CSS

```
.bs04{ box-shadow:0 0 15px rgba(18, 154, 238, 0.5) inset; }
```

Inset Glow

▶ 將陰影變成實線

設定完水平位移 x、垂直位移 y、模糊強度之後，只要指定擴散強度，就能讓元素以邊框為起點，塗滿擴散強度所指定的尺寸。若將模糊強度設為 0 並指定較大的擴散強度，就能做出像框線般的實線。

● CSS

```
.bs05{ box-shadow:0 0 0 6px #9cc883; }
```

Spread Shadow

▶ 重影設定

以逗號分隔同時設定多組陰影時，愈是後面的設定值，會產生在愈下面的圖層，可讓呈現效果更豐富。

● CSS

```
.bs06{
  box-shadow:
    0 0 0 3px #ffffff inset,
    0 0 0 3px #fffa9a,
    0 0 0 6px #9cc883;
}
```

在框線外側的黃線和綠線，雖然顯示出來的寬度只有 3px, 但實際上最下層的綠色部份，會有 3px 寬的部份被黃線擋住，所以設定時必須設為 6px

Multi Shadow

border-image

border-image 是用來設定框線背景圖的屬性，可利用這個屬性做出具設計感的裝飾框線。

● border-image 語法

```
border-image: 圖檔路徑   圖片切割位置  / 框線粗細  顯示方式;
              (source)    (slice)       (width)    (repeat)
例：border-image: url(../img/bg.png) 20 / 10px round;
```

border-image 是將 1 張背景圖切割成 9 等分，分別設定給 border 的四角與四邊，並可設定元素 Box 的尺寸與框線粗細變化時是否自動放大、縮小、重複等。

要使用 border-image 時的設定步驟如下：

❶ 設定普通框線（※ 做為不支援 border-image 時的備案）

❷ 準備 border-image 要使用的背景圖（請選用可切割成 9 等分，適合做為框線的圖）

❸ 設定 border-image。

● border-image 的圖片分割與顯示方式

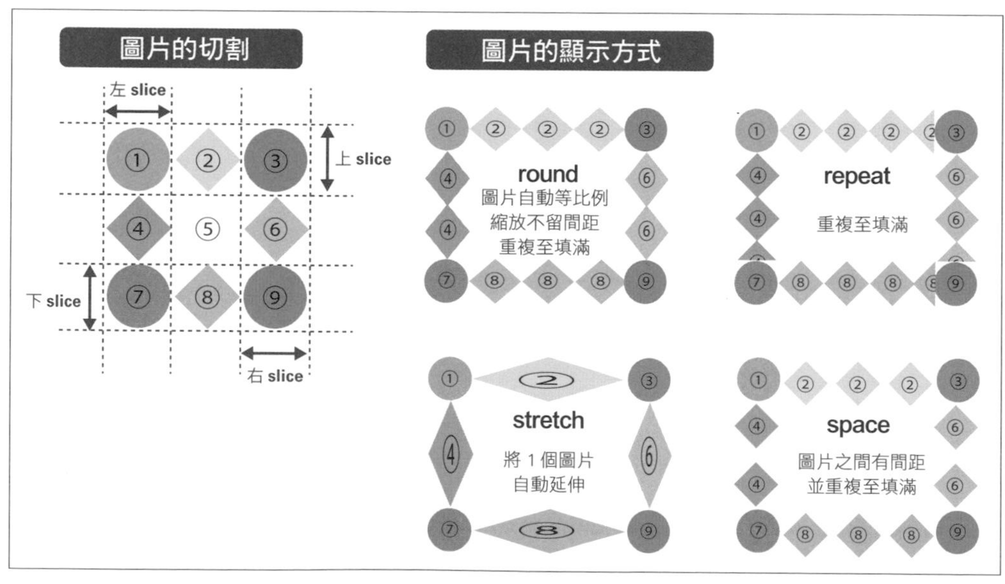

※ 有些環境不支援 round 和 space，此時會自動適用於 stretch 以外有支援的屬性值。
關於哪些環境有支援，請參照「Can I use…（https://caniuse.com/）」。

接下來就利用底下這張圖，實際試試 border-image 的應用。

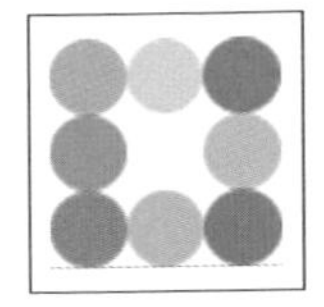

● HTML

```
<div class="bdi">
  <p>Lorem ipsum dolor sit amet, consectetuer adipiscing elit. Aenean commodo ligula eget
dolor. Aenean massa.  </p>
</div>
```

● CSS

```
.bdi {
  border: 24px solid #fbef82; /*環境不支援時的備案*/
border-image: url(../img/bdi.png) 24 round;
}
```

● 結果圖

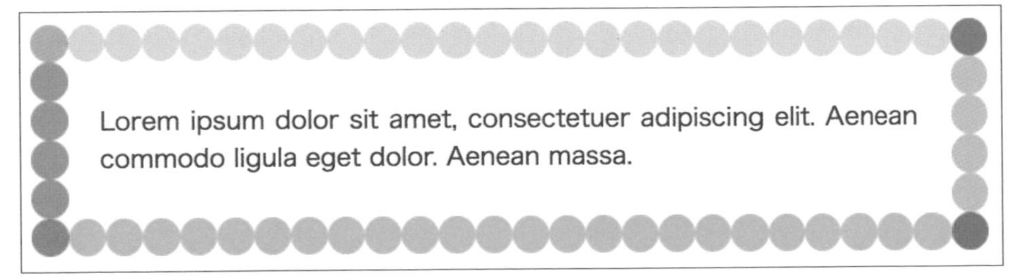
Lorem ipsum dolor sit amet, consectetuer adipiscing elit. Aenean
commodo ligula eget dolor. Aenean massa.

這裡我們使用的是 72×72px 的正方形圖片，可以每 24px 切割成 9 小塊，每小塊裡正好有一個圓。雖然沒有規定 border-image 所用的圖片一定要是可完美切成 9 小塊的圖，不過每個邊的切割尺寸都不一樣，在設定時會很麻煩。因此，還是選用可正好切割成 9 小塊的圖比較方便。

> Memo
> 使用 border-image 時，有些瀏覽器可能會有 bug, 因此請務必同時設定 border-style 屬性。

接著就調整顯示方式的設定，看看 border-image 會以什麼樣子顯示。

▶ 指定多個設定值

若同時指定 2 種顯示方法，則第 1 個值是用於上下框線的顯示，第 2 個值是用於左右框線的顯示。

● CSS

```
border-image: url(../img/bdi.png) 24 round stretch;
```

Lorem ipsum dolor sit amet, consectetuer adipiscing elit. Aenean commodo ligula eget dolor. Aenean massa.

▶ 圖片的切割大小與框線粗細不同時的情況

若圖片切割後每小塊的大小與框線粗細不同，圖片大小會依框線粗細自動縮放。另外，框線粗細不管用 border-width 或用 border-image-width 都可設定，當這二個屬性同時被設定不同值時，會以 border-image-width 的值為主。

● CSS

```
/*以border-width 設定框線粗細*/
border: 12px solid #fbef82; /*環境不支援時的備案*/
border-image: url(../img/bdi.png) 24 round;

/*以border-image-width 設定框線粗細*/
border: 24px solid #fbef82; /*環境不支援時的備案*/
border-image: url(../img/bdi.png) 24 / 12px round;
```

Lorem ipsum dolor sit amet, consectetuer adipiscing elit. Aenean commodo ligula eget dolor. Aenean massa.

background-size

background-size 是用來設定背景圖顯示尺寸的屬性。預設值 auto 是依原圖大小顯示，除此之外還可指定為「cover」、「contain」或寬度 / 高度數值。cover 和 contain 都是維持原圖長寬比顯示，但以數值設定寬度 / 高度的話，就可變更顯示的長寬比例。善用這個屬性，就能讓尺寸不固定的元素也能有完美覆蓋的背景圖。

● background-size 語法

```
background-size:auto|cover|contain|橫 縱;
例：background-size:cover;
```

接著利用下面的 HTML 原始碼，練習 background-size 的設定方式。這裡所用的圖片是 737×415 的大張圖片，在屬性值為 auto 時只會顯示出圖片的一部份，透過修改 background-size 屬性值，就可改變顯示結果。

● HTML

```
<ul class="bgsize">
<li class="bgsize01">auto</li>
<li class="bgsize02">cover</li>
<li class="bgsize03">contain</li>
<li class="bgsize04">%</li>
<li class="bgsize05">px</li>
</ul>
```

▶ 設定值為 cover

「cover」是在鎖定照片長寬比的情況下，自動縮放背景圖，讓它 100% 填滿長或寬的任一邊，覆蓋整個元素。

● CSS

```
.bgsize02{ background-size:cover; }
```

▶ 設定值為 contain

「contain」是在鎖定照片長寬比的情況下，自動縮小背景圖，讓它能在元素內完整顯示。

● CSS

```
.bgsize03{ background-size:contain; }
```

▶ 設定值為百分比

若將寬度和高度都設為 100%，則不管照片原本的長寬比，自動縮放背景圖讓它完整覆蓋整個元素。與 cover 之間哪一種方式較佳，取決於所用的圖片素材。

● CSS

```
.bgsize04{ background-size:100% 100%; }
```

▶ 設定值為 px 值

以 px 值設定寬度高度時，會將背景圖自動縮放到指定的尺寸後，以固定尺寸的方式顯示。

● CSS

```
.bgsize05{ background-size:170px 100px; }
```

linear-gradient

linear-gradient() 是 background-image 中用來設定線性漸層的新值（新函數）。漸層是網站設計中非常重要且受歡迎的效果之一，與 border-radius、box-shadow 一樣都很常用。

● linear-gradient 語法

```
linear-gradient(方向和角度, 顏色端點, 顏色端點);
方向和角度        ・・・to bottom | to top | to right | to left | 數值deg
顏色端點          ・・・顏色 位置
例：background: linear-gradient(to right, #f00, #fff);
```

接下來利用以下 HTML 原始碼，練習製作漸層效果。

● HTML

```
<ul class="grad">
<li class="grad01">2Colors (top → bottom) </li>
<li class="grad02">3Colors (left → right) </li>
<li class="grad03">3Colors (left top → right bottom) </li>
</ul>
```

▶ 由上而下的雙色漸層

● CSS

```
/*linear-gradient()*/
.grad01{
  background:linear-gradient(to bottom,#f36,#fff);
}
```

2Colors（top → bottom）

常見的「由上而下」、「由左而右」的漸層，一般是用「to 漸層方向」這樣的寫法來設定。漸層方向的預設值是「由上而下」，因此上述原始碼可省略「to bottom」，改寫為：

```
grad01{
  background:linear-gradient(#f36,#fff);
}
```

▶ **由左到右的三色漸層**

必須在起點與終點之外的地方設定「顏色端點（顏色的變化位置）」。若想設定三個以上的顏色，只需將「顏色 位置」成組以逗號分隔即可。

● CSS

```
.grad02{
  background:linear-gradient(
    to right,
    #f36 0%,
    #fff 50%,
    #f63 100%);
}
```

Memo

這裡為了便於閱讀，所以將屬性值逐項換行。通通寫成一行當然也沒問題。

3Colors（left → right）

▶ **由左上到右下的三色漸層**

想以元素 Box 的頂點為起點、終點，做出斜的漸層效果時，與設定上下左右方向的漸層時相同，以「to 漸層方向」的寫法設定即可。

● CSS

```
.grad03{
  background:linear-gradient(
    to right bottom,
    #f36 0%,
    #fff 50%,
    #f63 100%);
}
```

3Colors（left top → right bottom）

「左上到右上」的漸層效果，通常如上述般以「to right bottom」這類關鍵字來設定。但由於是以對角線的兩端為頂點的傾斜漸層，依元素的形狀，漸層的角度可能會有不同，若想做出不論元素是什麼形狀，漸層的斜度都相同的效果，就不適合用關鍵字，而應改用「**角度 (deg)** 」來設定。

● CSS

```
.grad03 {
  background: linear-gradient(
    135deg,
    #f36 0%,
    #fff 50%,
    #f63 100%);
}
```

3Colors（left top → right bottom）

● linear-gradient 漸層方向的設定方式

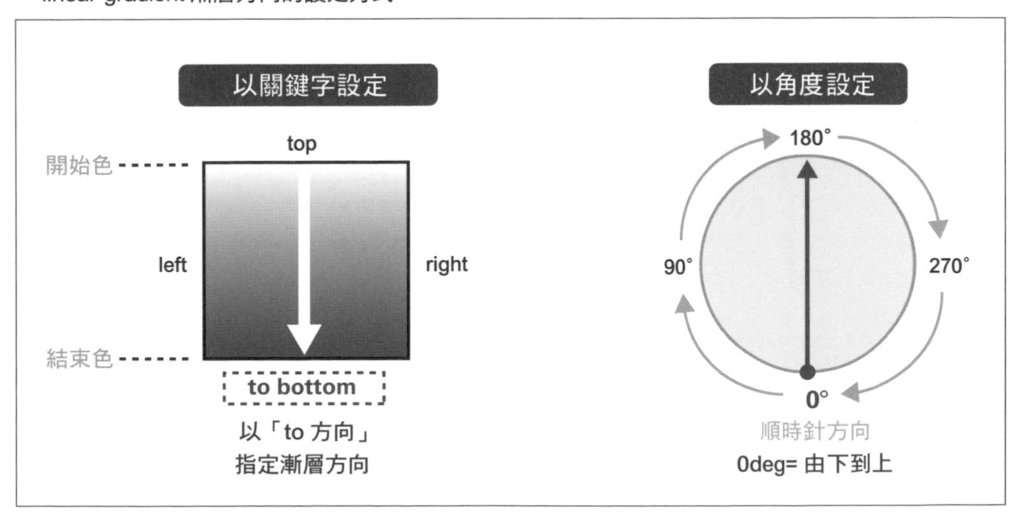

radial-gradient()

● radial-gradient() 的語法

```
radial-gradient(形狀 尺寸 at 中心點位置, 顏色端點, 顏色端點);
形狀        ・・・ellipse、circle
尺寸        ・・・farthest-corner、closest-corner、farthest-side、closest-side
中心點位置  ・・・at <center、left、right、top、bottom、數值>
顏色端點    ・・・顏色　位置
例：background: radial-gradient(circle farthest-side at top, #f00, #fff);
```

radial-gradient() 是 background-image 中用來設定放射狀漸層。乍看之下，需要設定的值比 linear-gradient 多很多，不過形狀、大小、中心位置等值可省略，若是要從元素 Box 的中央到最遠的角度為止，以橢圓形的放射狀漸層顯示，則只要撰寫 radial-gradient(#f00, #fff) 這樣簡單的敘述即可。radial-gradient() 的語法中，最難的大概就是尺寸的設定。關於尺寸設定的概念，請參考下圖。

● radial-gradient() 尺寸設定的種類與形狀

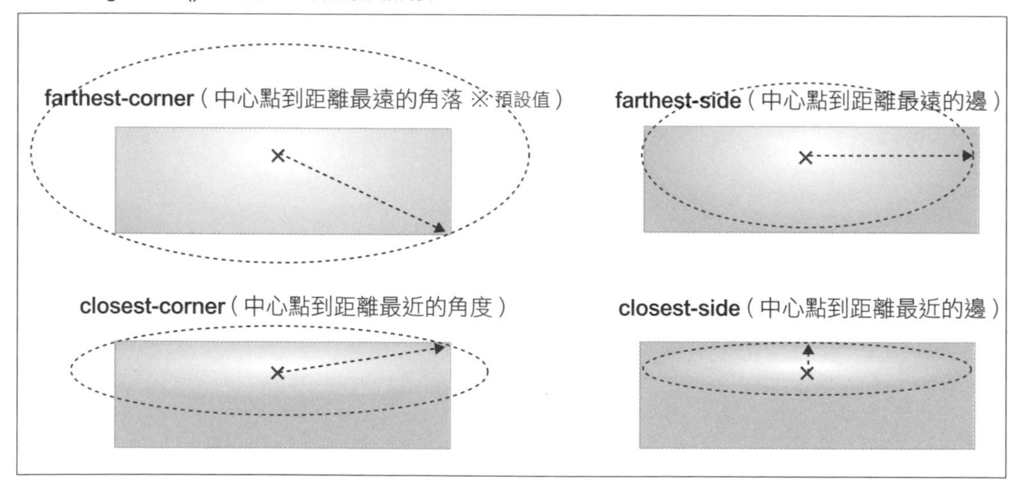

底下就利用下面的 HTML 原始碼，製作放射狀漸層。

這裡我們先準備好從 #fff 到 #f36 的雙色放射狀漸層（除顏色外，其它屬性值皆為預設值），試著改變形狀、尺寸、中心點位置，比較看看漸層效果有什麼樣的變化。

● HTML

```
<ul class="grad">
<li class="grad04"> (circle) </li>
<li class="grad05"> (closest-side) </li>
<li class="grad06"> (at bottom) </li>
</ul>
```

▶ 將形狀改為「正圓」

形狀的預設值為ellipse（橢圓），將值改為circle就會變成以正圓形呈放射漸層。

● CSS

```
.grad04 {
  background:radial-gradient(circle ,#fff,#f36)
}
```

(circle)

▶ 將尺寸改為「到最近的邊」

漸層尺寸的預設值為 farthest-corner（中心點到最遠的角落）。尺寸的設定值改變時，漸層顯示出的效果會依元素盒子的長寬比、漸層形狀、中心點位置等條件改變。一開始不熟時，可能要多調整幾次，才能做出您想要的效果。

● CSS

```
.grad05 {
  background:radial-gradient(closest-side ,#fff,#f36)
}
```

(closest-side)

▶ **將中心位置改為「中央靠下」**

● CSS

```
.grad06 {
  background: radial-gradient(at bottom, #fff, #f36)
}
```

要修改漸層的中心點位置，可用「at 位置」的寫法來設定，預設值為「at center」。指定「位置」可用 left、right、top、bottom 等關鍵字來設定之外，也可用座標來設定。座標是指以元素左上角為基點的 x,y 座標，值應為數值（px、% 等）。也可以像「at -50% -50%」這樣以負數設定座標，將漸層的中心點放在元素盒子之外。

(at bottom)

repeating-linear-gradient

repeating-linear-gradient() 是用來設定重複線性漸層。語法基本上與 linear-gradient() 相同，藉由將開始色起點或結束色終點，設定在元素兩端以外的位置，剩餘的部份會重複線性漸層的效果（若開始色起點與結束色終點都設定在元素的兩端，則顯示的效果會和使用 linear-gradient() 時相同）。

● repeating-linear-gradient 語法

repeating-linear-gradient(方向和角度, 顏色端點, 顏色端點);

方向和角度 ・・・to bottom | to top | to right | to left | 數值deg

顏色端點 ・・・顏色 位置

例：background: repeating-linear-gradient(135deg, #fff 25%, #f00 50%);

repeating-linear-gradient() 不只能做出重複線性漸層的效果，還可用來製作條紋背景，我們就來做看看。

● HTML

```
<ul class="grad">
<li class="grad07">條紋背景</li>
</ul>
```

● CSS

```
.grad07 {
  background: repeating-linear-gradient(135deg, #fff, #fff 10px, #fef 10px, #fef 20px);
}
```

條紋背景

repeating-linear-gradient() 也可利用逗號分隔設定多個重疊，所以若在設定顏色時使用 rgba() 設定具透明度的顏色，並反轉角度讓 2 組條紋重疊，就能做出棉布格紋般的圖案。依設定方式，可製作出非常多種圖案。

repeating-radial-gradient()

● repeating-radial-gradient() 的語法

```
repeating-radial-gradient(形狀 尺寸 at 中心點位置, 顏色端點, 顏色端點);

形狀　・・・ellipse、circle
尺寸　・・・farthest-corner、closest-corner、farthest-side、closest-side
中心點位置　・・・at <center、left、right、top、bottom、數值>
顏色端點　・・・顏色 位置

例：background: repeating-radial-gradient(circle farthest-side at top, #fff 25%, #f00 50%);
```

repeating-radial-gradient() 是用來設定重複放射狀漸層。語法基本上與 radial-gradient() 相同，要注意的事情則與 repeating-linear-gradient() 相同。

● HTML

```
<ul class="grad">
<li class="grad08">放射狀背景</li>
</ul>
```

● CSS

```
.grad08 {
  background: repeating-radial-gradient(circle farthest-side, #fff 25%, #faf 35%, #faf 35%,
#fff 50%)
}
<li class="grad06"> (at bottom) </li>
```

放射狀背景

實作　濾鏡效果

filter (※IE 不支援)

filter 屬性是用來設定圖片的模糊、色彩飽和度、對比等，讓圖片彷彿經過 Photoshop 的濾鏡處理。這個屬性不單單可用於 img 元素的圖片，背景圖也可適用。底下來看看此屬性做出的效果。

● 原圖

● HTML

```
<ul class="filter">
<li><img src="img/flower.jpg" alt="" class="filter01"><p>grayscale()</p></li>
<li><img src="img/flower.jpg" alt="" class="filter02"><p>sepia()</p></li>
<li><img src="img/flower.jpg" alt="" class="filter03"><p>contrast()</p></li>
<li><img src="img/flower.jpg" alt="" class="filter04"><p>brightness()</p></li>
<li><img src="img/flower.jpg" alt="" class="filter05"><p>saturate()</p></li>
<li><img src="img/flower.jpg" alt="" class="filter06"><p>hue-rotate()</p></li>
<li><img src="img/flower.jpg" alt="" class="filter07"><p>invert()</p></li>
<li><img src="img/flower.jpg" alt="" class="filter08"><p>opacity()</p></li>
<li><img src="img/flower.jpg" alt="" class="filter09"><p>blur()</p></li>
</ul>
```

▶ 灰階

● CSS

```
img.filter01 { filter: grayscale (100%); }
```

可將圖片變成灰階。當值為 0% 時，依原圖顏色顯示；當值為 100% 時，顯示黑白圖片。

▶ 懷舊

● CSS

```
img.filter02 { filter: sepia(100%); }
```

可將圖片加上一層深褐色。當值為 0% 時，依原圖顏色顯示；當值為 100% 時，顯示褐色單一色系的圖片。

▶ 對比

● CSS

```
img.filter03 { filter: contrast(150%); }
```

調整圖片的明暗對比。當值為 100% 時，依原圖顯示；當值大於 100%, 則明暗差距變大，當值愈小，則對比愈小（值為 0% 時圖片會變成灰色）。

▶ 亮度

● CSS

```
img.filter04 { filter: brightness(50%); }
```

調整圖片的亮度。當值為 100% 時，依原圖顯示；當值大於 100%, 則圖片變亮，當值愈小，則圖片愈暗（值為 0% 時圖片會變成全黑）。

▶ 色彩飽和度

● CSS

```
img.filter05 { filter: saturate(50%); }
```

調整圖片的色彩飽和度。當值為 100% 時，依原圖顯示；當值大於 100%, 則圖片變得更鮮艷；當值愈小，則色彩飽和度降低。

▶ 色相旋轉

● CSS

```
img.filter06 { filter: hue-rotate(45deg); }
```

透過旋轉色相環的方式調整圖片的顏色。設定的值，為旋轉色相環的角度。當值為 0deg 時，依原圖顯示；值沒有上限，但當值為 360deg 時表示將色相環轉一圈，若值大於 360deg, 則效果會和旋轉第 1 圈時相同。

▶ 負片

● CSS

```
img.filter07 { filter: invert(100%); }
```

將圖片的明暗與所有顏色反轉。當值為 0% 時，依原圖顯示；當值為 100%, 則明暗相反，顏色完全反轉成補色。

▶ 透明度

● CSS

```
img.filter08 { filter: opacity(50%); }
```

設定圖片的透明度。當值為 100% 時為不透明；當值為 0% 時則完全透明。雖然效果與 opacity 屬性的效果一樣，但有些瀏覽器上，用濾鏡設定時的執行效率較佳。

▶ **模糊**

● CSS

```
img.filter09 { filter: blur(5px); }
```

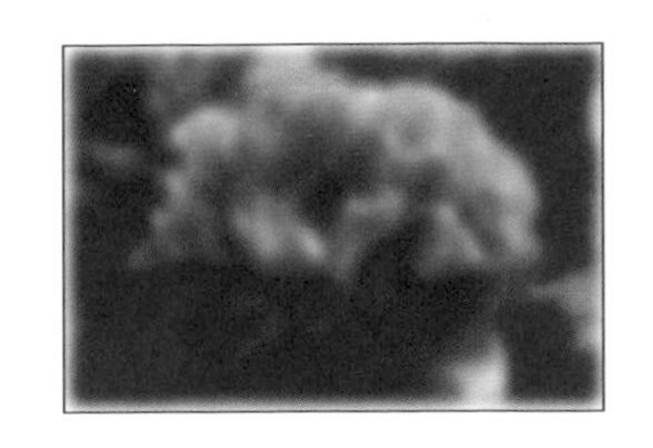

讓圖片變得模糊。設定的值愈大，則模糊程度愈強。設定時使用的單位是 px 或 em 等與長度有關的單位，不可使用「%」。

濾鏡效果可一次只設一個，也可同時設定多個，甚至可配合之後會介紹的轉場動畫，做出依時間變化的效果。不過，因為在 IE 上不支援，所以還是得依專案的狀況來決定要不要使用。

補充　寫 CSS3 的輔助工具

利用 CSS3 可做出的樣式愈來愈多，需要撰寫的敘述也變得愈來愈複雜。尤其在要製作一些複雜的設計時，若只靠手動輸入的話，可能讓人望之卻步。此時可以使用一些公開的線上輔助工具來提高開發效率。以下介紹幾個免費的工具，有興趣不妨試試看。

針對特定屬性自動產生 CSS

css generator

URL　https://css-generator.net/

對應屬性　border-image / text-shadow / box-shadow / border-radius

說明　可利用滑動條等直覺式輸入的工具。有簡單設定與詳細設定 2 種模式可選擇。可說是 border-image 自動產生工具中的唯一選擇。

CSS3 Generator

URL　http://ds-overdesign.com/

對應屬性　text-shadow / box-shadow / transform / filter

說明　採用數值輸入的方式，所以可能需要對規格有一定程度的了解才會使用，但優點是可即時確認顯示結果。尤其是在做 transform 設定時可邊看結果邊調設定這點，非常好用。

Ultimate CSS Gradient Generator

URL http://www.colorzilla.com/gradient-editor/

對應屬性 liner-gradient() / radial-gradient()

說明 最多人使用的 CSS3 漸層效果自動產生工具。同時能針對舊版瀏覽器，自動產生對應 CSS 原始碼，對於提升跨平台支援有很大幫助。

針對特定樣式自動產生 CSS 的工具

CSS3-TRICKS Button Maker

URL http://css-tricks.com/examples/ButtonMaker

功用 產生按鈕

說明 利用直覺式操作，自動產生「按鈕」所需原始碼的工具。可自行設定顏色、圓角、漸層效果、留白大小、字體大小等。

CSS ARROW PLEASE!

URL http://cssarrowplease.com

功用 產生圖說文字框

說明 利用直覺式操作，自動產生「圖說文字框」所需原始碼。圖說文字框的製作非常繁瑣，因此建議直接將產生的原始碼複製貼上較為方便。

CSS 三角形產生器

URL http://apps.eky.hk/css-triangle-generator/zh-hant

功用 產生三角形

說明 利用 CSS 製作三角形的工具。要手動建立三角形非常麻煩，因此要製作三角形時，最好還是利用這類工具來節省時間。

- **熟悉各種 CSS 屬性可做出的設計。**
- **活用 CSS3 自動產生工具的同時，還是必須學會手動設定的方式。**

LESSON

21

變形與轉場動畫

LESSON 21 將介紹 CSS 的 transform（變形）、transition（轉場）、與「animation（動畫）」功能。單靠 CSS 就能做出動態效果，讓網站內容更酷炫。

Sample File chapter06 ▶ lesson21 ▶ before ▶ css ▶ style.css、base.css
▶ index.html

實作 transform（變形）

transform 是設定變形的屬性，值可設定為 translate()、scale()、rotate()、skew() 這四大函式，藉此達到平移、縮放、旋轉、傾斜等效果。

● transform 語法

```
transform: 變形函式;
例：transform: rotate(45deg);
```

● 變形函式

變形種類	函式
平移	translate()、translateX()、translateY()
縮放	scale()、scaleX()、scaleY()
旋轉	rotate()、rotateX()、rotateY()
傾斜	skew()、skewX()、skewY()

以下利用 LESSON 21 的範例程式，練習 transform 屬性設定。

平移

translate() 函式可讓元素往水平、垂直方向平移。當 X 軸位移距離為正值時，元素向右平移；值為負數時向左平移。當 Y 軸位移距離為正值時，元素向下平移；值為負數時向上平移。

● 平移的語法

```
translate(X軸位移距離, Y軸位移距離※可省略)
translateX(X軸位移距離)
translateY(Y軸位移距離)
例：transform: translate(50px, 30px)
```

● HTML

```
<div class="trans01">向右位移 30px</div>
<div class="trans02">向下位移 30px</div>
<div class="trans03">向右位移 30px 並向上位移 30px </div>
```

▶ .trans01 向右位移 30px

設定 translate(30px, 0) 即可讓色塊元素向右位移 30px。由於只做水平方向的位移，可省略 Y 軸位移距離，將設定值寫成 translate(30px)。也可以直接改用水平方向位移專用的 translateX() 函式，寫成 translateX(30px) 這樣。

● CSS

```
/*translate()*/
.trans01{
transform: translate(30px,0);
}
```

● 向右位移 30px

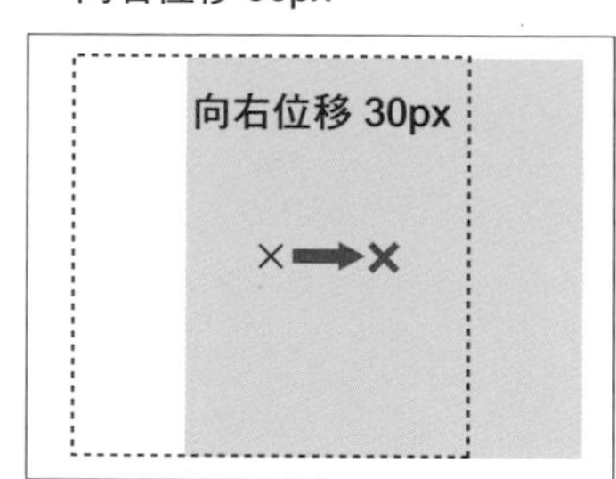

▶ .trans02 向下位移 30px

設定 translate(0,30px) 即可向下位移 30px。因是只做垂直方向的位移，可改用垂直方向位移專用的 translateY() 函式，設定值為 translateY(30px)。

● CSS

```
.trans02{
transform: translate(0,30px);
}
```

● 向下位移 30px 結果

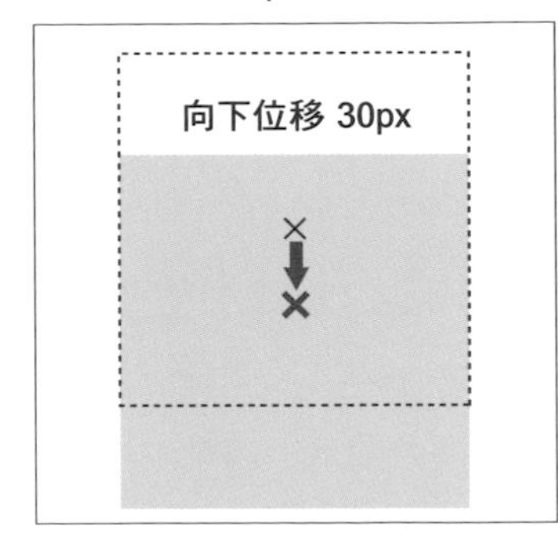

▶ .trans03 向右位移 30px 並向上位移 30px

設定 translate(30px,-30px) 即可向右 30px 向下 30px。要向「上」平移，Y 軸位移距離必須設為負值。

● CSS

```
.trans03{
  transform: translate(30px,-30px);
}
```

● 向右 30px 並向上 30px 的結果

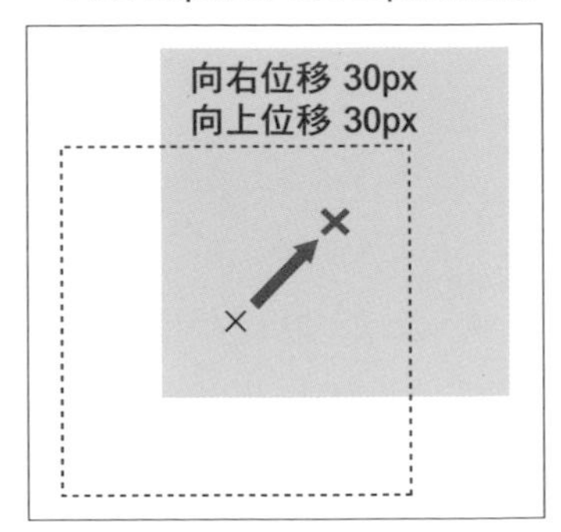

▶ translate() 實用例：將 Logo 圓圈配置於正中央

● HTML (Lesson21 > after > sampe > 01-transform.html)

放大 / 縮小

scale() 函式可讓元素往 X、Y 軸方向放大 / 縮小。變形原點為物件的中心。

● 縮放語法

```
scale(X軸縮放倍數, Y軸縮放倍數※可省略)
scaleX(X軸縮放倍數)
scaleY(Y軸縮放倍數)
例：transform: scale(0.5, 0.5);
```

● HTML

```
<div class="scale01">縮小到 80%</div>
<div class="scale02">寬度縮小一半</div>
<div class="scale03">高度放大到 1.5 倍</div>
```

▶ 將 .scale01 縮小到 80%

要將元素縮小到 80%，設定時必須直接指定倍數，寫成 scale(0.8, 0.8)，不能寫 scale(80%, 80%)。要將寬度高度以同樣倍數縮放時，可以省略 Y 軸縮放倍數，設定值為 scale(0.8)。此外，利用 scale() 縮放元素與直接修改 width / height 屬性值的差異在於，使用 scale() 時是整個元素包含內容（文字等）全部縮放。

● CSS

```
.scale01{
  transform: scale(0.8, 0.8);
}
```

● 縮小到 80%

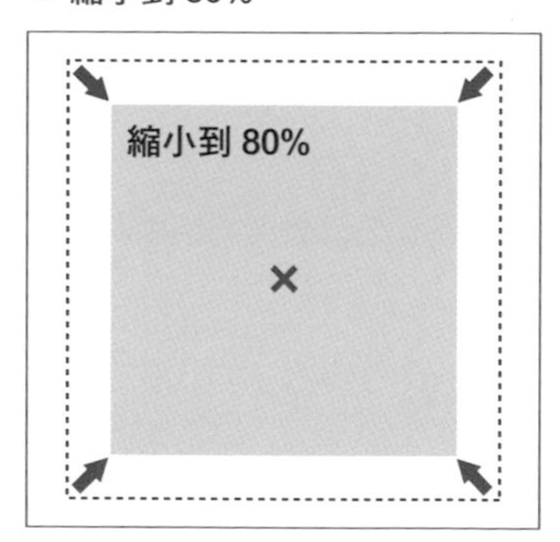

▶ 將 .scale02 寬度縮小一半

要修改寬度比例，只需修改 X 軸縮放倍數，設定值為 scale(0.5, 1)。此外也可改用專門用來修改 X 軸縮放倍數的 scaleX() 函式，設定值為 scaleX(0.5)。

● CSS

```
.scale02{
  transform: scale(0.5, 1);
}
```

● 寬度縮小一半

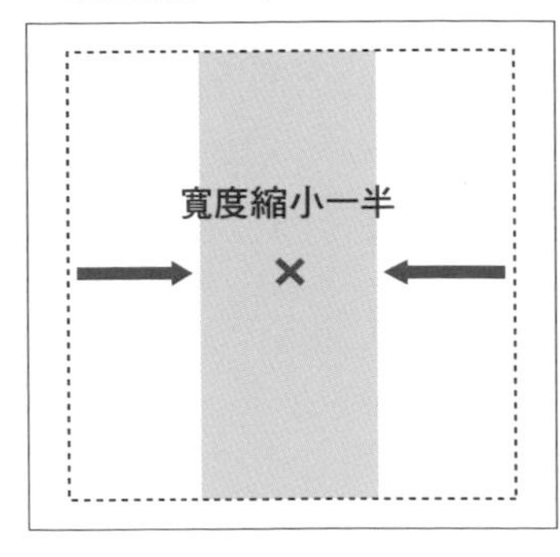

▶ 將 .scale03 高度放大到 1.5 倍

要修改高度比例，只需修改 Y 軸縮放倍數，設定值為 scale(1, 1.5)。也可改用專門用來修改 Y 軸縮放倍數的 scaleY() 函式，設定值為 scaleY(1.5)。

● CSS

```
.scale03{
  transform: scale(1, 1.5);
}
```

● 高度放大到 1.5 倍

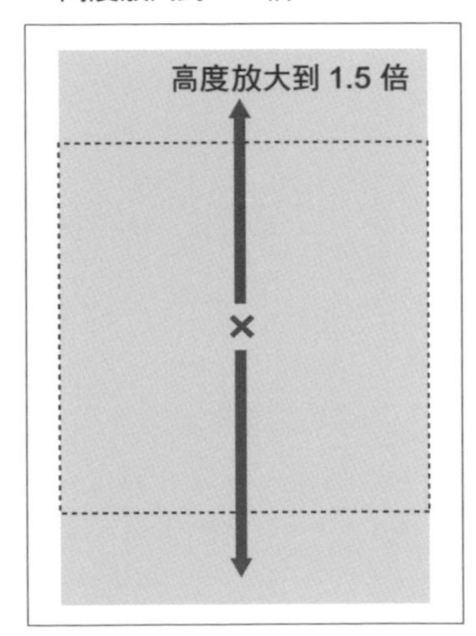

▶ scale() 實用例：滑鼠移入時放大圖片

● HTML (Lesson21 > after > sampe > 02-scale.html)

旋轉

rotate() 函式是用來設定角度讓元素旋轉。角度值為正數時，以順時針方向旋轉；角度值為負數時，以逆時針方向旋轉。旋轉的原圖為元素中心。也可使用 rotateX() 這樣的寫法，指定以哪個軸為中心旋轉。

● 旋轉的語法

```
rotate(旋轉角度)
rotateX(以 X 軸反轉的角度)
rotateY(以 Y 軸反轉的角度)
例：transform: rotate(45deg);
```

● HTML

```
<div class="rotate01">順時針轉 45 度</div>
<div class="rotate02">逆時針轉 15 度</div>
<div class="rotate03">以 Y 軸為中心反轉</div>
```

● CSS

```
/*rotate()*/
.rotate01{
  transform: rotate(45deg);
}

.rotate02{
  transform: rotate(-15deg);
}

.rotate03 {
  transform: rotateY(180deg);
}
```

● 旋轉的結果

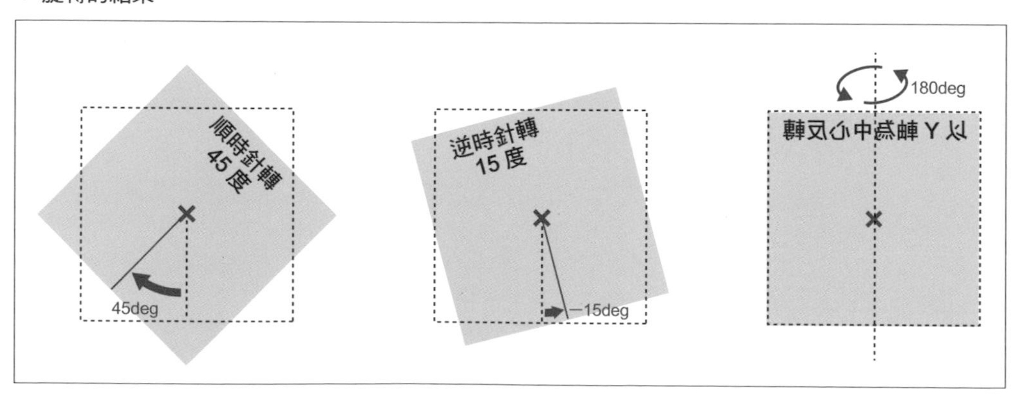

▶ rotate() 實用例：UI 元件

● HTML (Lesson21 > after > sampe > 03-rotate.html)

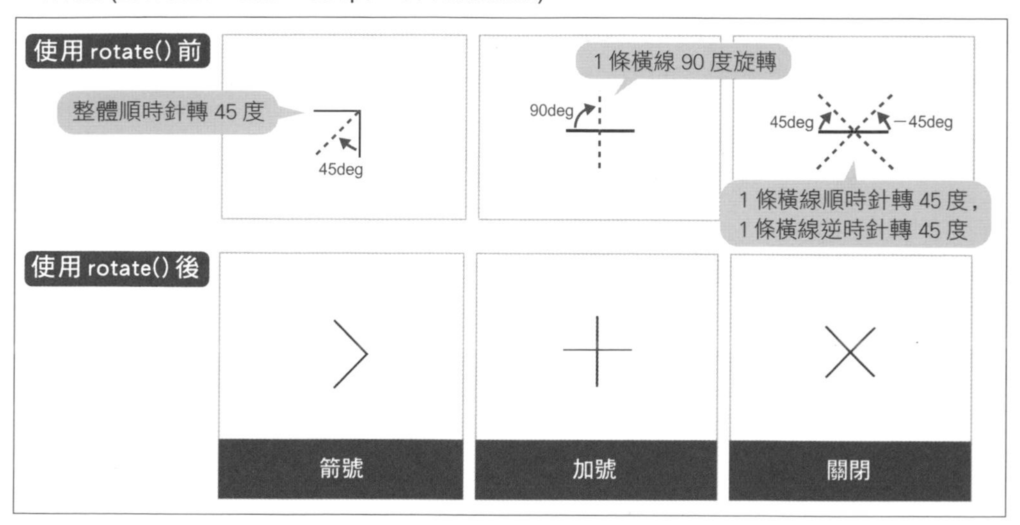

傾斜

skew() 函式是用來將元素朝 X、Y 軸方向傾斜，語法如下。

● 傾斜的語法

```
skew(往X軸的傾斜角度, 往Y軸的傾斜角度※可省略)
skewX(往X軸的傾斜角度)
skewY(往Y軸的傾斜角度)
例：transform: skew(30deg, 0);
```

軸與角度之間的關係有點複雜，請參照下圖的說明。

● 傾斜軸與角度的關係

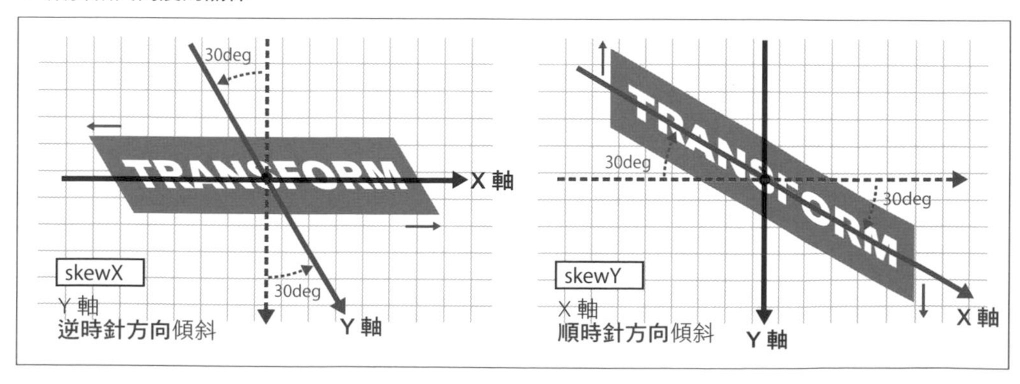

● HTML

```
<div class="skew01">向 X 軸傾斜 30 度</div>
<div class="skew02">向 Y 軸傾斜 30 度</div>
<div class="skew03">同時向 X 軸、Y 軸各傾斜 30 度</div>
```

▶ .skew01 向 X 軸傾斜 30 度

設定 skew(30deg, 0) 時，因為往 X 軸傾斜角度為正值，Y 軸會以逆時針方向旋轉，變成向左倒的平行四邊形。此時可省略往 Y 軸傾斜角度，設定值為 skew(30deg)。或改用專門用來設定往 X 軸傾斜角度的 skewX(), 設定值為 skewX(30deg)。

● CSS

```
/*skew()*/
.skew01{
  transform: skew(30deg, 0);
}
```

● 向 X 軸傾斜 30 度

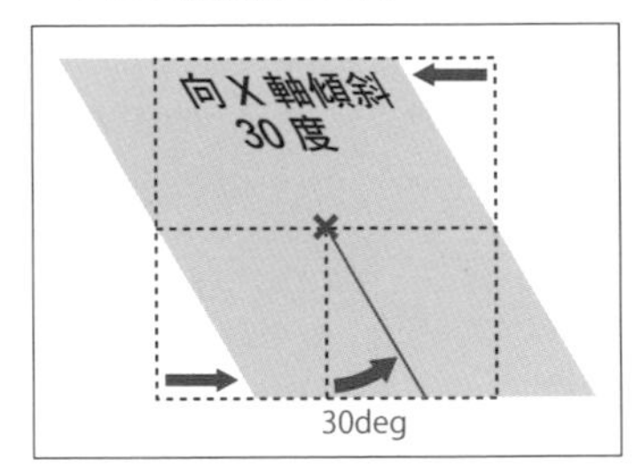

▶ .skew02 向 Y 軸傾斜 30 度

設定 skew(0, 30deg) 時，因為往 Y 軸傾斜角度為正值，X 軸會以順時針方向旋轉，變成向右倒的平行四邊形。此時可改用專門用來設定往 Y 軸傾斜角度的 skewY(), 設定值為 skewY(30deg)。

● CSS

```
.skew02{
  transform: skew(0, 30deg);
}
```

● 向 Y 軸傾斜 30 度

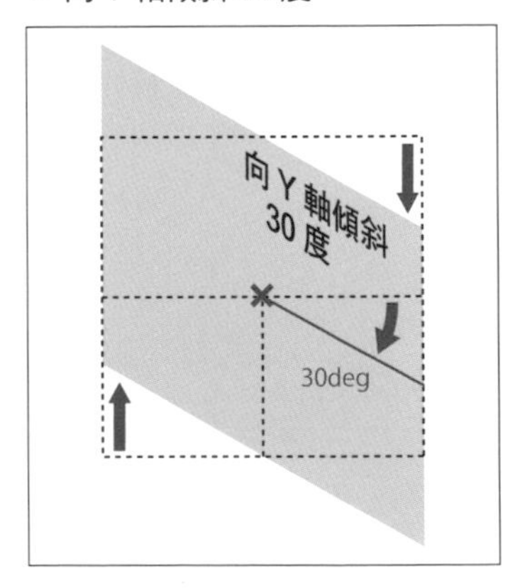

▶ .skew03 同時向 X 軸、Y 軸各傾斜 30 度

利用 skew() 設定同時向 X 軸、Y 軸傾斜時，要小心 X 軸與 Y 軸變得重疊，造成物件無法顯示。設定時請留意角度的組合。

● CSS

```
.skew03{
  transform: skew(30deg, 30deg);
}
```

● 同時向 X 軸、Y 軸各傾斜 30 度

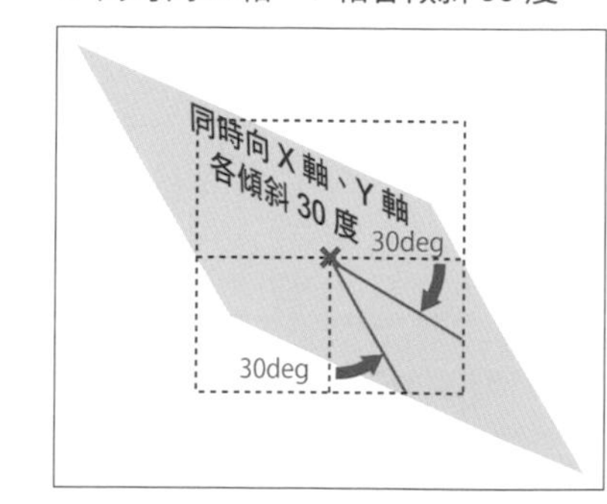

▶ skew() 實用例：傾斜的背景

● HTML (Lesson21 > after > sampe > 04-skew.html)

將文字框 Y 軸傾斜 5 度 (內容部份設為 Y 軸傾斜 -5 度，即可調整界面上文字的傾斜)
Lorem ipsum dolor sit amet, consectetur adipiscing elit, sed do eiusmod tempor incididunt ut labore et dolore magna aliqua. Ut enim ad minim veniam, quis nostrud exercitation ullamco laboris nisi ut aliquip ex ea commodo consequat. Duis aute irure dolor in reprehenderit in voluptate velit esse cillum dolore eu fugiat nulla pariatur. Excepteur sint occaecat cupidatat non proident, sunt in culpa qui officia deserunt mollit anim id est laborum.

實作 transform-origin（變形的原點）

網頁是以瀏覽器左上角為起點座標，將各元素配置其中，但各元素也另有以自己的左上角為起點的區域內座標，利用 transform-origin 屬性可指定原點的位置。

區域內座標的原點通常是在物件左上角，利用 transform 屬性變形後的原點位置，會自動改成「50% 50%（物件中央）」，因此變形的原點都是在物件的中央位置。

● transform-origin 語法

```
transform-origin: X軸位置 Y軸位置;
                  (與左端的距離) (與上端的距離)

X軸位置・・・百分比、數值、left、center、right
Y軸位置・・・百分比、數值、top、center、bottom

例：transform-origin:0 50%;／transform-origin:left center;／transform-origin:10px 50px;
```

● 元素區域內座標與原點

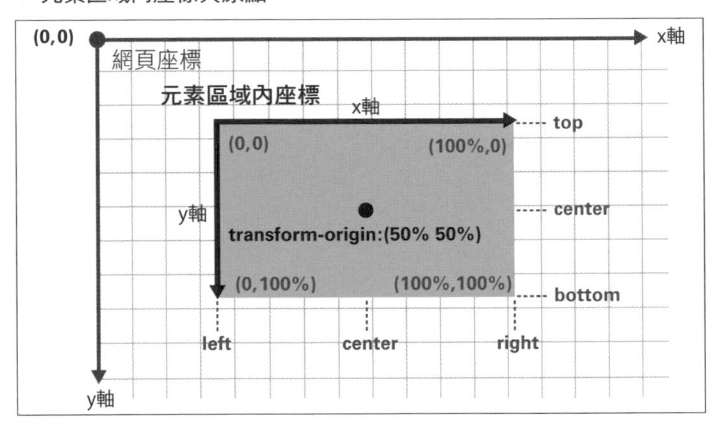

利用 transform-origin, 可隨時修改區域內座標的原點。

修改變形的原點

transform 屬性可搭配 :hover 虛擬類別，做出互動式變形的效果。這裡我們利用 scale() 函式製作在滑鼠移入時自動變長的長條形，但因變形原點在物件中心，變長時會向左右兩側延伸，因此要再加上 transform-origin 的設定，將變形的原點移到左上角。

● HTML

```
<ul class="sample origin">
<li>變～長</li>
<li>變～長</li>
<li>變～長</li>
</ul>
```

● 原點移動結果

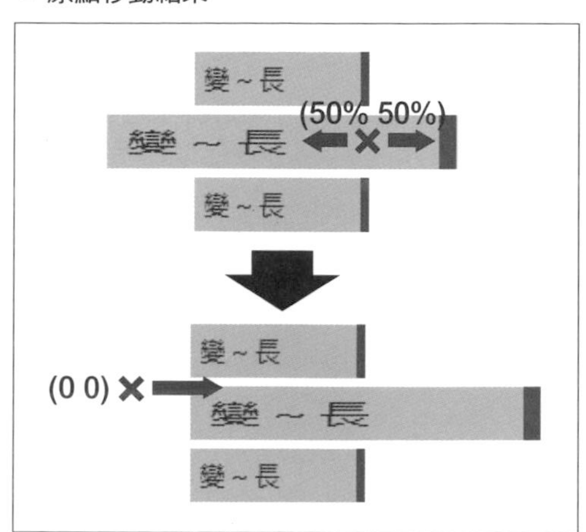

● CSS

```
/* Transform-Origin
---------------------------*/
.origin li{
  width:30%;
  cursor:pointer;
}

.origin li:hover{
  transform: scale(2, 1); ———❶
  transform-origin:0 0;———❷
}
```

❶ 指定在滑鼠移入時，長度變 2 倍。

❷ 要用 transform-origin 屬性將變形原點移到左上角時，值應設定為「0 0」(或「left top」)。

COLUMN

3D 變形

本書介紹 transform 時，原則上都以 2D（平面）的變形為主，但其實若在 X 軸、Y 軸之外，再加上表示深度的 Z 軸，就能做出 3D（立體）的變形效果。不過，雖能做到 3D 變形，但沒有像是「transform3d」之類的專用屬性存在，在設定時仍是使用 transform 屬性，只是將值設定成可 3D 變形的值。translate()、scale()、rotate() 這三個函式都能用於 3D 變形，除了可利用 translateZ()、scaleZ()、rotateZ() 指定 Z 軸的值之外，也可利用 translate3d()、scale3d()、rotate3d() 將 X、Y、Z 軸一次全部設定。

另外，3D 變形還可利用 perspective() 函式做出像電影「星際大戰」的片頭那樣的遠近效果。3D 變形因是較為高階的功能，所以本書就先不做詳細解説，有興趣的讀者可再自行研究。

實作　transition（轉場動畫效果）

transition 是配合「:hover」等動作，以動畫方式改變屬性值的屬性。例如「當滑鼠移入時，將顏色由綠轉黃」的需求，通常利用 :hover 只能「瞬間」將顏色變成黃色，但在加上 transition 屬性之後，就可呈現漸變的效果。

● transition 語法

```
transition:變化所需時間 屬性 變化方式 延遲時間;
transition-duration:變化所需時間;
transition-property:屬性;
transition-timing-function:變化方式;
transition-delay:延遲時間;
變化所需時間...秒(s)、毫秒 (ms)
屬性 .........all、none、屬性名
變化方式 ......ease、linear、ease-in、ease-out、ease-in-out、cubic-bezier()
延遲時間 ......秒(s)、毫秒 (ms)
例:transition:1s color linear 0.5s; ／transition:1s;
```

以下利用範例程式，練習 transition 屬性的用法。

在一定時間內變化屬性值 (transition-duration)

首先，設定當滑鼠移入時，以 1 秒時間將背景色與字體變色。

● HTML

```
<p class="btn btn01"><a href="#">button</a></p>
```

● CSS

```
p.btn01 a{
  background-color:#9c9;
  color:#fff;
  transition:1s;
}
p.btn01 a:hover{
  background-color:#fc6;
  color:#000;
}
```

● transition 1

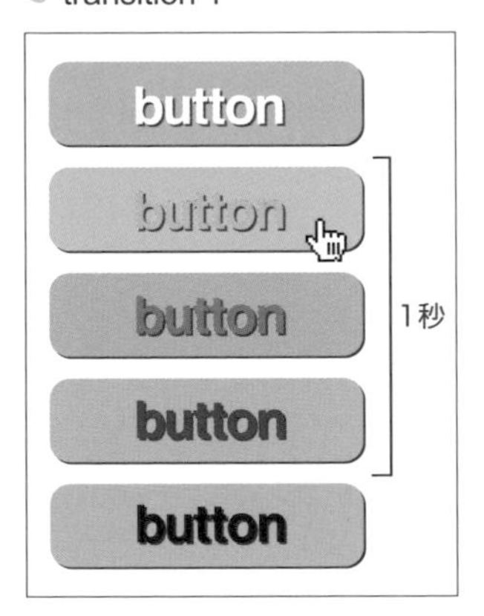

若在滑鼠移入前後要變化的屬性都要設定轉場動畫效果，只需設定 transition 屬性所需變化時間（秒數）即可。

Memo

transition 屬性與背景圖相關的 background 屬性一樣，都是屬性簡寫專用的屬性。也可將個別屬性拆開來，以「transition-duration:1s」進行設定。

Caution

請注意 transition 屬性是設定在原本的元素上，而不是「:hover」裡，否則不會有逐漸變化的效果。

為特定屬性設定轉場動畫效果 (transition-property)

接著，試試看只有背景色有轉場動畫效果。

● transition 2

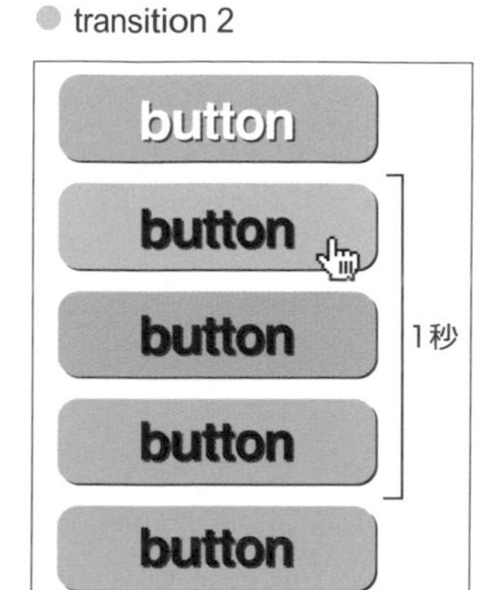

● HTML

```
<p class="btn btn02"><a href="#">button</a></p>
```

● CSS

```
p.btn02 a{
  background-color:#9c9;
  color:#fff;
  transition:background-color 1s;
}
```

在滑鼠移入時要變化的多個屬性之中，若只想在其中一項屬性加上轉場動畫效果，可在 transition 屬性值中加上該屬性名，先寫屬性名還是先寫變化所需時間都可以。

Memo

若要拆開來個別指定，請利用「transition-property: 對象屬性」敘述設定。

指定不同的轉場動畫效果的開始時間差 (transition-delay)

最後，讓背景色與字體顏色在不同時間開始變化。

● transition 3

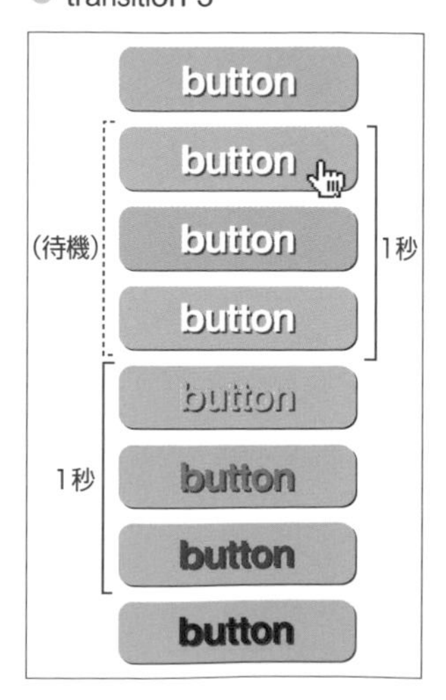

● HTML

```
<p class="btn btn03"><a href="#">button</a></p>
```

● CSS

```
p.btn03 a{
  background-color:#9c9;
  color:#fff;
  transition:background-color 1s 0s, color 1s 1s;
}
```

利用 transition-delay 屬性，就可設定從滑鼠移入到變化開始發生的時間差。若以屬性簡寫的方式設定，必須寫在 transition-duration 的設定值之後。本例的背景色變化設定為延遲 0 秒，字體顏色為延遲 1 秒，因此在滑鼠移入時會立即改變底色，1 秒後才改變字體顏色。

若覺得簡寫不夠清楚，可將屬性分別設定如下。

```
transition-property: background-color, color;
transition-duration: 1s, 1s;
transition-delay: 0s, 1s;
```

指定變化方式 (transition-timing-function)

transition 相關屬性中，還有一項用來設定變化方式的 transition-timing-function 屬性。主要設定值代表的意義如下。

● transition-timing-function 屬性的值

值	變化方式
ease（預設值）	平緩地開始，中間稍加速，最後平緩結束
linear	維持一定速度變化
ease-in	緩慢地開始
ease-out	緩慢地結束
ease-in-out	緩慢地開始，緩慢地結束

單從文字可能很難理解其中差異，所以請利用範例程式最後的「transition-timing-function」部份，實際比較各種變化方式的特徵。

本例中，當滑鼠移入黃色區域，從 ease 到 ease-in-out 這 5 個區塊會花 1 秒的時間向右平移 500px。這裡並未設定延遲時間，所以變化會同時開始同時結束。但因 transition-timing-function 的設定值皆不同，所以中間的變化過程會完全不同。

變化方式通常選用預設值的 ease 就好，但依元素的不同，有時較適合改用其它方式變化。請確實了解各種變化方式的特徵，以便適時選用。

● timing 變化結果

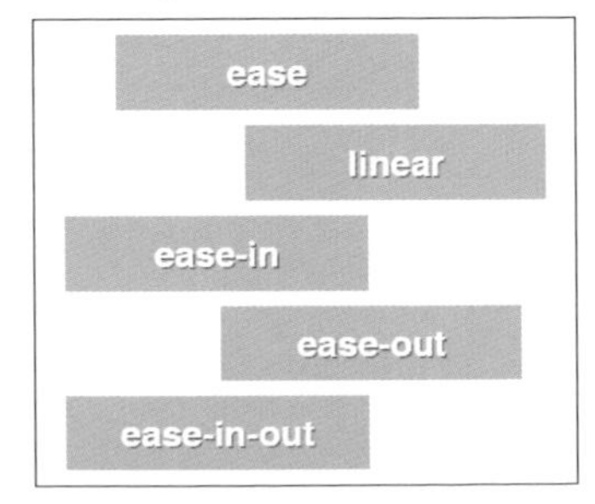

利用 transition 設定的轉場動畫效果，可用於大多數以數字指定的屬性，例如顏色、尺寸、透明度、位置、形狀的各式各樣的屬性都適用。尤其可和前面介紹過的 transform 屬性搭配使用，依使用者行為做出相應的動態變化，因此已成為現今網站製作時，高階 UI 設計不可或缺的存在。

就算沒有很酷炫的效果，單是在所有連結上都加上 transition，讓滑鼠移入時有透明 (opacity) 與顏色 (color) 的轉場動畫效果，就能讓整個網站給人不同的感覺，所以請務必多多使用它。

實作 animation（關鍵影格動畫）

animation 用來將元素設定為關鍵影格 (keyframes) 動畫。transition 和 animation 雖都是動畫效果，但如右圖所示，兩者所呈現出的模式不同，您可依實際用途選擇使用哪一種。

● transition 屬性和 animation 屬性的差異

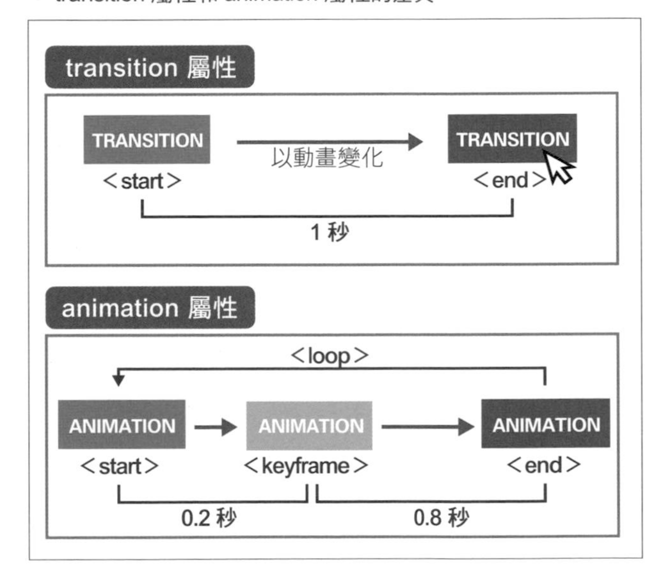

▶ transition 的特徵

- 只能表現從開始樣式變化到結束樣式的單純變化。
- 只能顯示 1 次（無法重新播放）。
- 必須利用滑鼠移入等使用者的行為，才能啟動變化（無法自動啟動）。
- 可搭配 :hover 等狀態變化，做出往返效果。

▶ animation 的特徵

- 除了開始樣式與結束樣式，還可追加關鍵影格做出複雜的變化。
- 不只顯示 1 次，可設定自動重複播放、反向播放、重新播放。
- 不需有使用者行為，在頁面載入時就可自動播放。
- 搭配 :hover 等狀態變化使用時，需分別手動設定往返要呈現的效果。

● animation 語法

```
animation: 動畫名稱 播放時間 變化方式 延遲時間 播放次數 播放方向
           (name) (duration) (timing-function) (delay) (iteration-count) (direction)
           播放前後的樣式; ※可只設定必要的屬性
           (fill-mode)
例：animation: fadeIn 1s infinite alternate;
```

animation 有許多屬性值可設定，每項屬性值之間需以半形空白分隔。設定 animation 時，除了 animation-name 與 animation-duration 一定要設定之外，可以只設定需要的屬性值，省略的屬性會自動代入預設值。

● animation 相關屬性

屬性名	意義	值	預設值
animation-name	關鍵影格 (@keyframes) 所宣告的名稱	任意字串	none
animation-duration	播放 1 次所需時間	秒 (s)、毫秒 (ms)	0
animation-timing-function	變化方式	ease、linear、ease-in、ease-out、ease-in-out、cubic-bezier()	ease
animation-delay	延遲多久開時播放	秒 (s)、毫秒 (ms)	0
animation-iteration-count	播放次數	1 以上的整數 infinite（無限迴圈）	1
animation-direction	播放方向	‧normal（正常播放） ‧reverse（反向播放） ‧alternate（正反向輪流播放，一開始為正常播放） ‧alternate-reverse（正反向輪流播放，一開始為反向播放）	normal
animation-fill-mode	播放前後的樣式	‧none（不指定） ‧backwards（停在 0% 的狀態） ‧forwards（停在 100% 的狀態） ‧both (backwards 和 forwards 兩者適用）	none

以 @keyframes 函數定義動畫內容

利用 animation 屬性設定關鍵影格動畫的第一步，必須先使用 @keyframes 函數宣告名稱，並定義「要讓什麼屬性，在什麼時候，做出什麼變化」。

● @keyframes 函數的語法

```
@keyframes 動畫名稱 {
  0% {屬性: 值; },   /*開始時的樣式*/
100% {屬性: 值; }    /*結束時的樣式*/
}
```

※在 0% 與 100% 之間可隨意增設變化點，但需以逗號分隔
※可將 0% 改寫為「from」，100% 改寫為「to」。
※0%（開始時）的樣式可省略不寫（自動套用原本的樣式）

製作動畫效果

底下我們就來利用動畫做出淡出淡入的效果。首先設定一個要從透明變到不透明的關鍵影格，定義它的名稱為「fadeIn」，並設定 .fadeIn01 選擇器，在滑鼠移入時「播放 1 秒後停止」。

● HTML

```
HTML
  <li class="fadeIn01">1</li>
  <li class="fadeIn02">2</li>
  <li class="fadeIn03">3</li>
  <li class="fadeIn04">4</li>
</ul>
```

● CSS

```
@keyframes fadeIn {
  0% { opacity: 0; },
  100% { opacity: 1; }
}
.fadeIn01 { animation: fadeIn 1s; }
```

瀏覽器重新載入時，「1」會花 1 秒時間，顯示從四角落淡入之後停止的動畫效果。與 transition 不同，利用 @keyframes 設定的動畫，必須在 animation 屬性設定播放方式，或許會讓您覺得有點麻煩，不過在您熟悉這些設定後，就能利用同樣的設定做出各式各樣的動畫效果。

接下來設定下列屬性，來看看每種顯示方式會呈現什麼樣的效果。就算都使用同一個動畫，依播放方式的不同，可製作出各種不同的效果。

● CSS

```
.fadeIn02 { animation: fadeIn 1s infinite; } /*無限迴圈*/
.fadeIn03 { animation: fadeIn 1s infinite alternate; } /*無限迴圈 + 正反向輪流播放*/
.fadeIn04 { animation: fadeIn 1s infinite alternate 3s; } /*無限迴圈 + 正反向輪流播放 + 3秒後開始*/
}
```

當然，在定義關鍵影格時，您可以設定更複雜的動畫，而且沒有限制只能在網頁載入時就一定要播放，您也可以利用 :hover 等，在狀態出現變化時播放。

CSS animation 的優點

這類的動畫效果，以前必須利用 jQuery 等 JavaScript 的函式庫才能做到。但隨著瀏覽器的支援狀況日益完善，現在的做法是能用 CSS 做到的動畫效果，就儘量以 CSS 製作，只有在設定播放的時間點時才利用 JavaScript 去控制。而利用 CSS animation 動畫的顯示速度，比利用 JavaScript 製作的動畫更快，效率更好，在多裝置瀏覽為主流的現在，已成為被常使用的技術。

另外，雖然要用 @keyframes 定義一個複雜的動畫並不容易，但現在網路上有許多完整的 CSS 動畫實例可用。若能直接套用這些網路上的資源，或找效果相近的原始碼來做一些修改，就能讓使用動畫變得更輕鬆，您不妨也試試看。

▶ CSS animation 實例

- Animate.css
  https://daneden.github.io/animate.css/
- AniCollection
  http://anicollection.github.io/
- animista
  http://animista.net

- **transform 屬性可用來設定元素的「平移、縮放、旋轉、傾斜」。**
- **transition 屬性可用來設定滑鼠移入元素時，平緩地改變樣式。**
- **animation 屬性可讓 CSS 做出複雜的動畫效果。**

LESSON

22

Media Queries

LESSON 22 將介紹製作多裝置瀏覽網站時不可或缺的 Media Queries(媒體查詢)功能, 這項功能是製作 RWD 響應式網頁時一定會使用到的技術, 因此請務必確實理解它的運作機制。

Sample File　chapter06 ▶ lesson22 ▶ before ▶ style.css
▶ index.html

解說　CSS3 的 Media Queries 功能

Media Queries(媒體查詢)的基本介紹

Media Queries 是依照視窗大小、螢幕尺寸、畫面解析度、裝置的顯示方向等瀏覽環境, 套用不同 CSS 內容。

▶ Media Queries 的語法

Media Queries 的敘述, 可寫在下列三者的任一位置中。

❶ CSS 檔的 @media

❷ link 元素的 media 屬性

❸ CSS 檔內的 @import

❶ 適用於與其它 CSS 設定放在同一檔案管理時, ❷ 和 ❸ 則適合「將各種 CSS 敘述存於外部檔案」的情況。三種狀況的語法分別如下。

● Media Queries 的語法

❶ 寫在 CSS 檔中

```
@media screen※ and (媒體特性) {・・・樣式設定・・・}
```

※ 媒體類型可設定為「all」或「print」等 screen 以外的值，但一般大多指定為「screen」。

❷ 寫在 link 元素中

```
<link rel="stylesheet"media=:"screen and (媒體特性)" href="檔名.css">
```

❸ 寫在 @import 中

```
@import url( “檔名.css” ) screen and (媒體特性);
```

▶ 判斷的依據（媒體特性）

我們可以從各種面向來判斷「何種裝置在瀏覽網頁？」，例如最常用的是裝置的寬度 (width)，這些面向被稱媒體特性，主要的有底下幾個：

特性	說明	寫法	值
width	顯示區域 （瀏覽器畫面）寬度	max-width: min-width:	數值
height	顯示區域 （瀏覽器畫面）高度	max-height: min-height:	數值
orientation	顯示區域方向。 縱向 (portrait) 或橫向 (landscape)	orientation:	portrait / landscape
aspect-ratio	顯示區域的長寬比。 以「寬度／高度」 (1/1 等）的形式設定	max-aspect-ratio: min-aspect-ratio:	長寬比
resolution	畫面的像素密度	max-resolution: min-resolution:	dpi（每英吋內的點陣數） dpcm（每公分內的點陣數） dppx（每 px 單位內的點陣數）

Media Queries 的使用時機與使用方法

當您的網站不僅要在電腦上顯示，也希望手機、平板電腦能顯示適合的畫面時，就必須使用 Media Queries。其中最具代表性的就是近年來備受矚目的手機網站設計手法：「**響應式網站設計 (Responsive web design, 通常簡稱 RWD)**」。

▶ 依顯示區域尺寸改變樣式

底下就用最典型的「依顯示區域寬度 (width) 改變樣式」，來說明 Media Queries 的用法。

```
/*640px 以下的環境*/
@media screen and (max-width:640px){  ——❶
  body{background-color:red;}
}
/*641px 以上 980px 以下的環境*/
@media screen and (min-width:641px) and (max-width:980px){——❷
  body{background-color:green;}
}
/* 981px 以上的環境*/
@media screen and (min-width:981px){——❸
  body{background-color:yellow;}
}
```

❶ 用「max-width」設定「〇〇 px 以下」。
❷ 同時有多項條件時，可用 and 串連。所有條件都滿足時才會套用指定樣式。
❸ 用「min-width」設定「〇〇 px 以上」。

● Media Queries 例 1

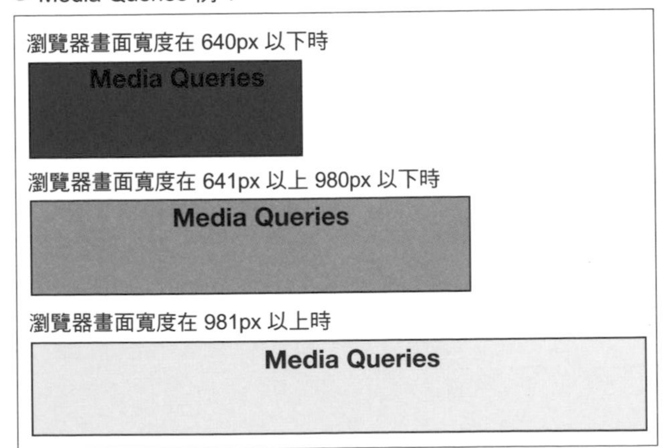

▶ 依裝置方向改變樣式

另外一個例子是在手機等可直立可橫放的裝置上，當畫面旋轉時自動改變樣式的 Media Queries 設定。

```
/* 直立顯示 */
@media screen and (orientation: portrait) {
  body{background-color: yellow; }
}
/* 橫放顯示 */
@media screen and (orientation: landscape) {
  body{background-color: green; }
}
```

● Media Queries 例 2

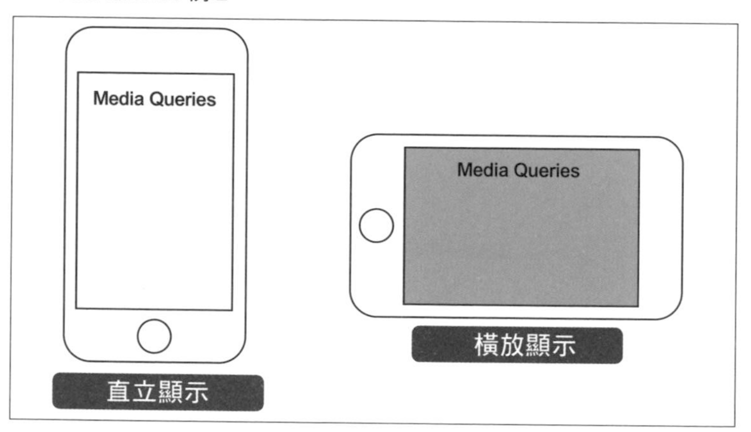

表示顯示區域方向的媒體特性是「orientation」，當直立顯示時的值為「portrait」，橫放時為「landscape」，可用於縱向 / 橫向顯示時的細部版面調整。

實作 利用 Media Queries 切換版面

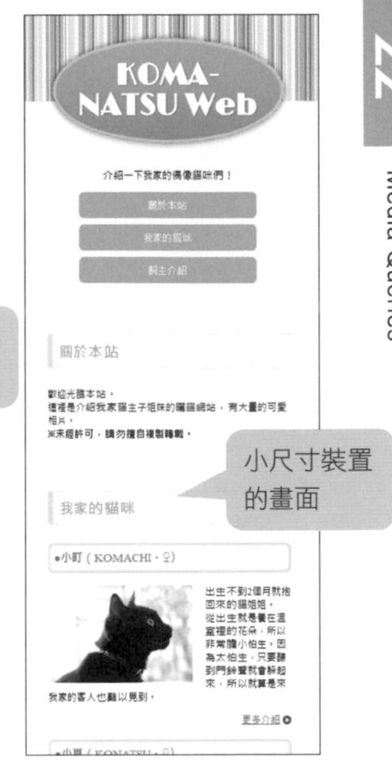

底下我們來將 Chapter02 所製作的網頁，利用 Media Queries 在智慧型手機等畫面寬度較窄的裝置上，自動改變成使用者方便瀏覽的樣式。

在 Chapter02 中，是以固定寬度（以 px 指定）瀏覽為前提，但本例是以可變寬度（以 % 指定）來瀏覽為前提，因此兩者的原始碼會有些差異。底下是本例與 Chapter02 的 Lesson 10 所製作固定寬度的原始碼。

> **Memo**
> 製作響應式網站時所需的技能，將在 Chapter9 有更多說明。

● 針對可變寬度需做的修改 (CSS)

```
/*圖片伸縮設定*/
img {
  max-width: 100%;  /*當父元素寬度比圖片小的時候自動縮小*/
  height: auto;  /*維持圖片長寬比（預防變形）*/
}
```

```
/*內容區塊邊框設定*/
#contents {
  box-sizing: border-box; /*將寬度width的計算對象改為border-box*/
  max-width: 960px; /*可自動伸縮到最大960px (含padding、border) */
  margin: 40px auto;
  padding: 4% 8%; /*配合父元素的寬度，以指定比例自動伸縮*/
  border: 1px solid #f6bb9a;
  background-color: #fff;
}
/*貓咪照片寬度*/
#cats img {
  width: 60%; /*指定照片在2欄中所佔的寬度百分比*/
}
```

1 找出需要變化版面的切換點

首先必須找出在瀏覽器寬度變窄時，哪些地方會造成閱讀上的不便。利用 **Chrome 的開發者工具**，可以輕鬆找出瀏覽器寬度多少時需要變化版面。請參考下圖的步驟，試著變更畫面寬度。

● 變更畫面寬度的步驟

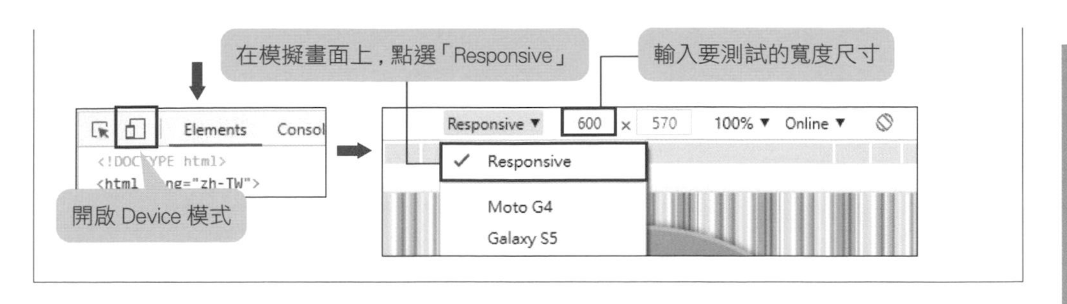

Memo
在 Windows 中，也可按「F12」開啟開發人員工具；
若在 Mac 中則按「Command+Option+I」。

輸入尺寸值修改畫面寬度後，可以發現寬度是 700px 顯示並沒有問題，但寬度是 600px 時，選單就會跑掉。因此可以得知，當寬度為 600px ～ 700px 時，必須調整版面。

● 寬度為 700px 與 600px 時的畫面比較

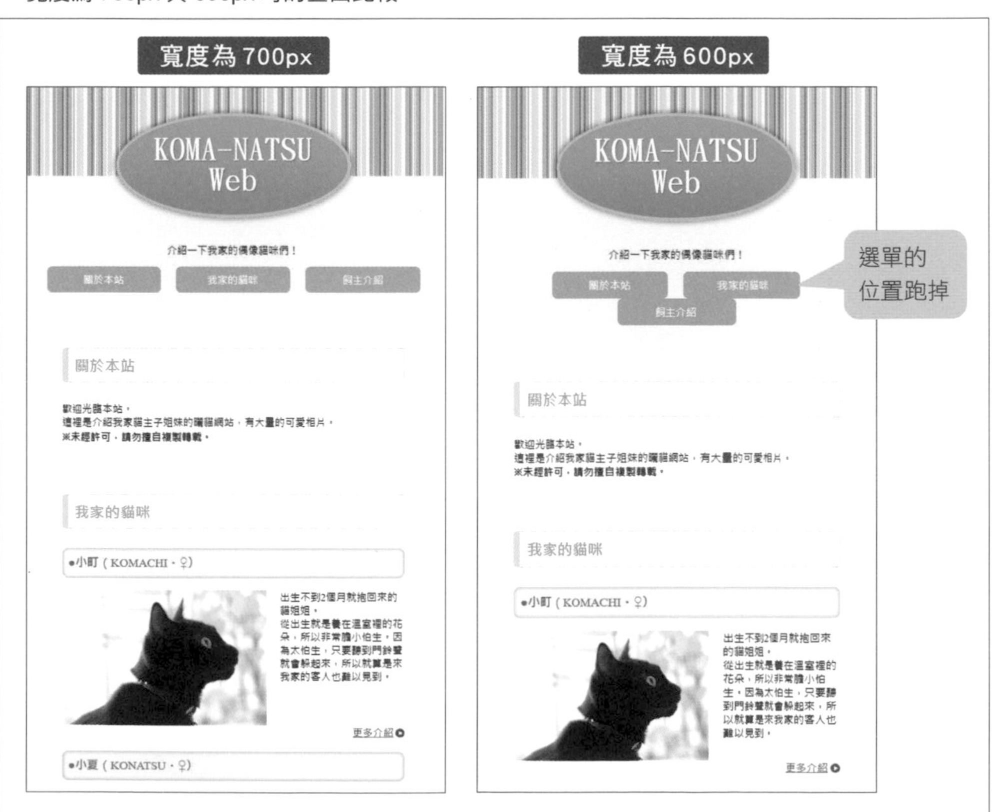

若把寬度調整的幅度變小，會發現到 640px 為止都不會有問題，因此可將需要變化版面的切換點定在 640px。

2 利用 Media Queries 指定寬度在 640px 以下的版面

找出切換點後，接著利用 Media Queries，指定 640px 以下的版面。Media Queries 的敘述基本上會寫在正常狀況適用的 CSS 敘述之後，以確保它的內容可以覆蓋其它的 CSS 敘述。

在這裡我們將 Media Queries 寫在 style.css 的最後面。

```
157   /*640px以下的版面調整*/
158 ▼ @media screen and (max-width: 640px) {
159
160   }
```

3 將選單改為縱向排列

將 menu li 設定為 display: block;，讓選單改以縱向排列。不過，這麼一來選單會都靠左顯示，項目也顯得有點窄，因此將各項目的寬度改為畫面的 60% 並設定為置中對齊。

```
157   /*640px以下的版面調整*/
158 ▼ @media screen and (max-width: 640px) {
159
160     /*選單*/
161 ▼   .menu li {
162       display: block;
163       width: 60%;
164       margin: 0 auto 10px;
165     }
166   }
```

4 將飼主介紹也改成縱向排列

接著，將飼主介紹的大頭照與個人資料也改成縱向排列。若將大頭照的 float 解除會造成版面整個靠左，變得不好看，因此先將 #profile 的內容全部先置中對齊後，再設定 h2 和 dl 元素靠左顯示。

```
157   /*640px以下的版面調整*/
158 ▼ @media screen and (max-width: 640px) {
159     /*選單*/
160 ►   .menu li {···}
165
166     /*飼主介紹*/
167 ▼   #profile img.imgL {
168       float: none;
169     }
170 ▼   #profile {
171       text-align: center;
172     }
173     #profile h2,
174 ▼   #profile dl {
175       text-align: left;
176     }
177   }
```

5 調整在智慧型手機顯示時的版面

接下來，再利用 Chrome 的開發人員工具模擬在智慧型手機顯示時的畫面。當裝置選擇 iPhone6/7/8（寬 375px）時，最上面的 Logo 標題會幾乎填滿整個畫面寬度，看起來壓迫感很重；若選擇 iPhone5/5E（寬 320px）時，Logo 標題則超出下面白色的內容區塊，看起來不太協調：

由於 Logo 標題是設定為固定寬度 300px, 因此會造成這樣的狀況。若要在智慧型手機也能完美顯示畫面，有底下 2 種方式可調整。

❶ 改用 % 設定寬度，讓寬度可自動調整。

❷ 將寬度指定為就算是在最小的畫面也能顯示的尺寸。

這裡我們選擇比較單純的方法 ❷，加上一段讓 Logo 標題變成更小尺寸的敘述。

```
179 ▼ @media screen and (max-width: 400px) {
180       /*標題*/
181 ▼     h1 {
182         width: 200px;
183         font-size: 200%;
184       }
185   }
```

調整 Logo 標題 (也就是 h1 標籤) 的設定

像這樣，利用 Media Queries 製作寬度可變的網頁，就能在不同尺寸的畫面上自動調整對應的版面。

雖然這裡我們是以「寬度 (width)」為條件調整版面，不過只要是 Media Queries 能夠識別的項目 (媒體特性), 都能做同樣的調整，您可以依實際需要靈活運用。

Point

- 利用 Media Queries, 可指定在特定條件下適用的版面樣式。
- 要指定畫面寬度為～以下時，需利用「max-width」條件，寬度為～以上時為「min-width」條件。
- Media Queries 是響應式網頁設計不可或缺的技術。

MEMO

CHAPTER 07

讓網頁支援多裝置瀏覽 (觀念篇)

由於智慧型手機與平板電腦的普及, 透過行動裝置來瀏覽網頁的使用者日漸增加, 現今的網站已經不能忽視各種裝置的支援問題, 先從本章了解相關基礎知識吧!

LESSON 23

行動裝置對網頁製作的影響

想讓您的網站可以支援各種裝置，本堂課先帶您熟悉行動裝置的特性，對於後續網頁的製作必有幫助。

解說 行動版網頁愈來愈重要

據統計，大多數的網站已經高達 6 ～ 7 成的連線是透過電腦以外的裝置，勢必還會愈來愈高，因此讓網站支援多種裝置瀏覽可說刻不容緩。

Google 的行動版內容優先索引系統

鑒於行動裝置使用者的增加，Google 於 2018 年 3 月 27 日在針對 Google 網站管理員（Google Webmaster）所設的部落格上宣布正式啟動**「行動版內容優先索引系統（Mobile-First Indexing）」**，簡言之就是將原本根據電腦版網頁內容評估其品質的方針，轉換為根據行動版內容來評估品質。由於這樣的轉換，對於資訊量比電腦版少了許多的行動版網頁來說，將大幅改變網站搜尋的排名。

因此，現在的網頁製作人員當然得充份了解行動裝置的特性，以製作出適合行動裝置的網頁。

行動裝置的特性

雖然現代人對智慧型手機與平板電腦都很熟了，但製作網頁時要考量的點還是很多，先確認它們在使用上有哪些特點吧。

▶ 觸控操作

最大的特點當然就是它們是以手指觸碰螢幕來操作，有「滑動」、「拖曳滑動」或「雙指縮放」等操作手勢。

▶ 和電腦相比性能較為有限

雖然行動裝置的性能愈來越好，不過整體來看性能還是輸給電腦。因此，在製作行動裝置瀏覽的網頁時，應該避免放入耗費大量處理資源的內容。

▶ 上網模式的差異

用行動裝置上網跟用電腦上網有很大的不同，從下表可以看出使用行動裝置瀏覽網頁的限制較多。

● 個人電腦與行動裝置的上網差異

	個人電腦	行動裝置
畫面尺寸	較大	較小
通訊線路	較穩定	較不穩定
瀏覽場所	室內	室內、室外
瀏覽方式	坐著專心瀏覽	移動中、分心瀏覽
瀏覽時間	較長	較短
文字輸入的難易度	較為簡單	較難（不適合輸入大量文字）

行動版網頁的介面設計

▶ 時時刻刻記得是以手指操作

製作行動裝置瀏覽的網站時，一定要隨時留意使用者是「以觸控進行操作」這件事。例如手指觸碰的面積比滑鼠的指標大得多，所以**不能把過小的連結或按鈕放太近**。

● 不好觸控的例子

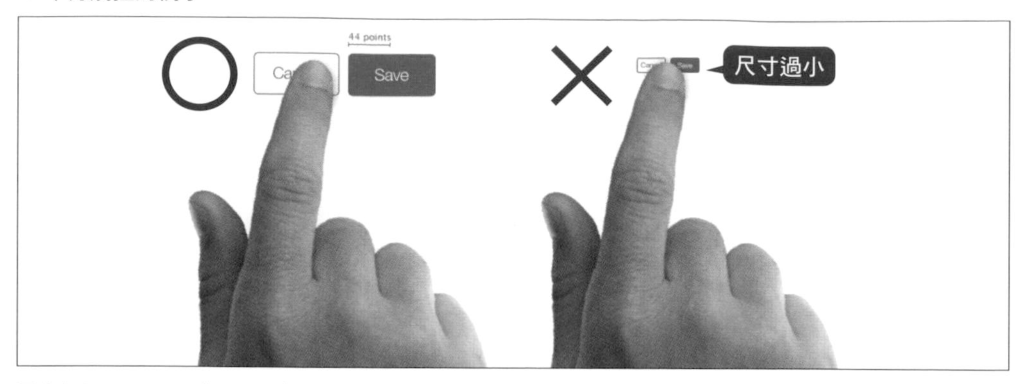

圖片來源：UI Design Do's and Don's（https://developer.apple.com/design/tips/）

▶ 要一眼就知道可以按

電腦上將滑鼠指標移到連結或按鈕上的時候，通常會設定移入時產生某些變化，讓使用者得知是連結或按鈕。不過行動裝置沒有滑鼠移入的概念，因此連結或按鈕的設計**要讓人一眼就知道它可以按**。

● 三種按鈕的設計

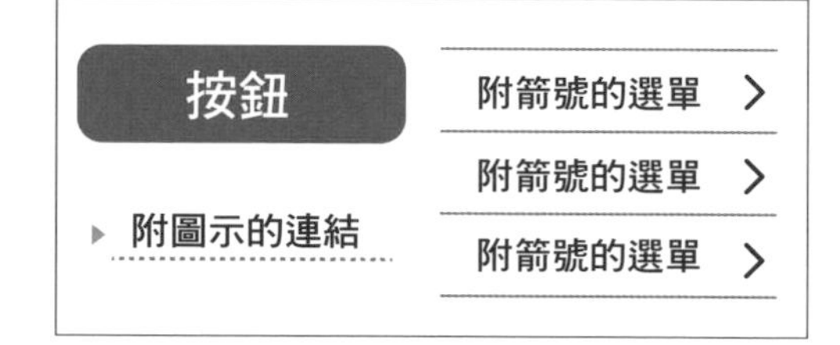

▶ 設計的原則為「寬度可變」

行動裝置的機種五花八門，螢幕長寬比例各有不同，此外行動裝置還可以直幅或橫幅使用。在打造行動裝置專用網站的時候，「**寬度可變**」是設計的基本原則。

想讓網頁的橫寬可變，一般是採用「**響應式排版**」的做法，前一章已經稍微接觸到，基本上就是圖片尺寸與各區塊寬度都可以維持等比例縮放。

● Android 裝置的畫面尺寸不一

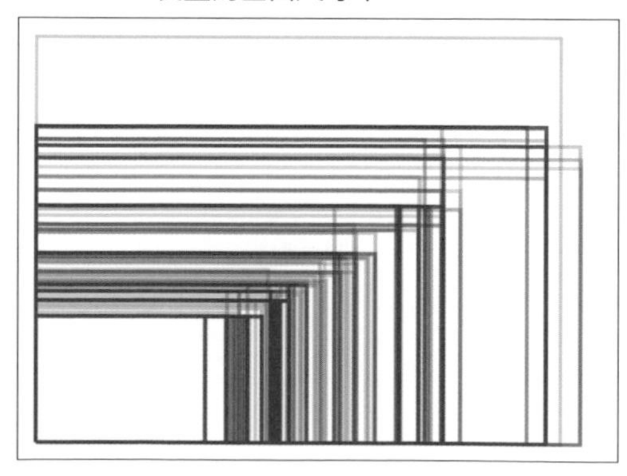

● 寬度可變的設計方式

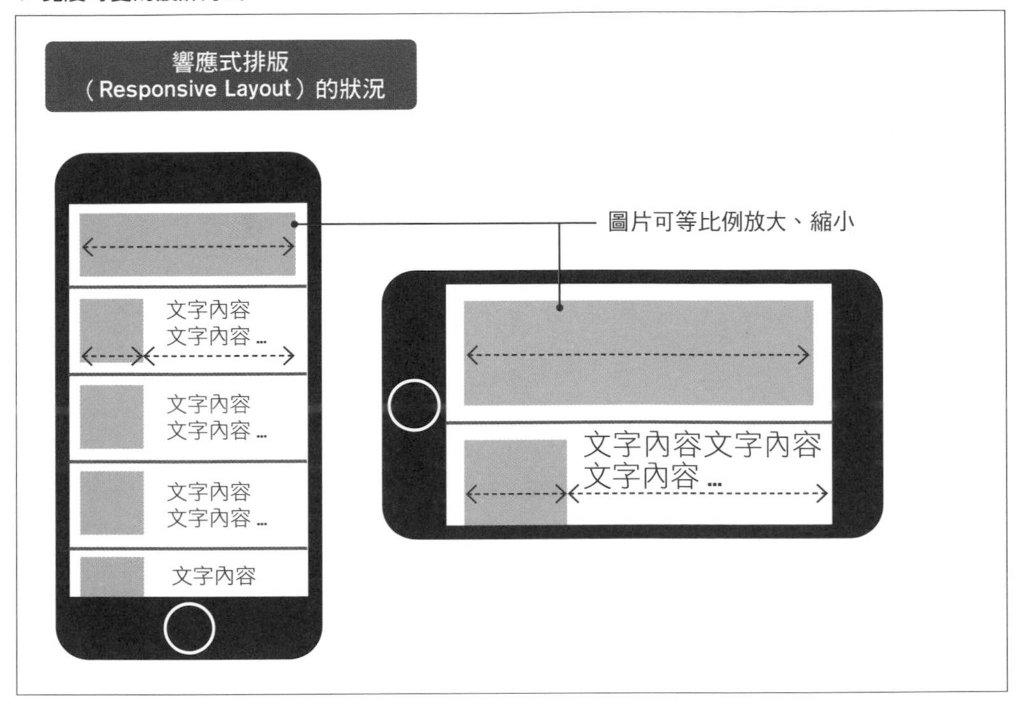

▶ 行動裝置的設計準則

假如您是初次設計行動裝置的介面，可以先參考一下 Apple 官方網站上的「UI Design Do's and Don'ts」（https://developer.apple.com/design/tips/）。雖然是英文的頁面，不過當中的説明文字很簡潔，圖片也很容易理解。其中提到的幾項重點：

- 應配合裝置的畫面尺寸配置版面。
- 供使用者點選的區域至少大於 44×44px。
- 文字尺寸至少應該大於 11px。

Memo　中文網頁由於是使用筆畫數較多的中文字，所以至少應該使用 12px 以上的尺寸，而文字標題為了閱讀方便，選擇 14px 以上的大小較為合適。

設計行動裝置適用的 UI 時，這些可以說是最基本的常識。此網頁中提及的其他事項也非常重要，建議您至少瀏覽一遍。

● UI Design Do's and Don'ts 的網頁畫面

了解畫面尺寸與 viewport 的關係

▶ viewport 是什麼？

行動裝置比電腦螢幕小很多，假如用寬度 320px 的手機瀏覽器來瀏覽一個寬度 980px 的頁面，會發現整個頁面直接縮小呈現在畫面上，必須用雙指放大才能瀏覽內容。為了讓行動裝置上的顯示能儘可能的接近電腦，就需要 viewport 這樣的設定功能。

viewport 的用途就是告訴各裝置的瀏覽器，讀取這個 html 時可視區域有多大，瀏覽器就會根據 viewport 的設定去調整。

▶ viewport 設定與畫面顯示

讓 viewport 維持在 980px，相當於將 980px 分量的頁面資訊，勉強縮小塞進例如 320px 的螢幕當中，不放大根本無法瀏覽，如右圖這樣。

● 以智慧型手機瀏覽電腦版網頁

viewport 設定 980px

a-kusano.sakura.ne.jp

黒猫小町の日常

太小而難以閱讀

因此，在製作行動裝置適用的網站時，需要設定與裝置螢幕尺寸相當的 viewport 設定值，以呈現最佳的顯示效果。想要改變 viewport 設定值，只要透過 **meta** 元素即可達成。在 HTML 的 head 元素中加入如下的標籤敘述，就能配合個別行動裝置的螢幕尺寸，自動調整 viewport 設定值的大小。

```
<meta name="viewport" content="width=device-width">
```

> **Memo**
>
> **viewport 的 width 設定**
>
> viewport 的 width 設定值，也可以使用 content="width=640px" 的方式填入固定的數值。在這樣的狀況下，畫面寬度會被當作 640px 來放大縮小網頁的內容。不過若是指定了固定的數值，同樣會遇到某些瀏覽上的問題，例如在螢幕尺寸比指定數值大很多的行動裝置上，顯示的內容可能會被放得太大而難以使用。為了可以支援各種螢幕尺寸的行動裝置，設定為 content="width=device-width" 是較佳的做法。

● 將 viewport 設定為 device-width

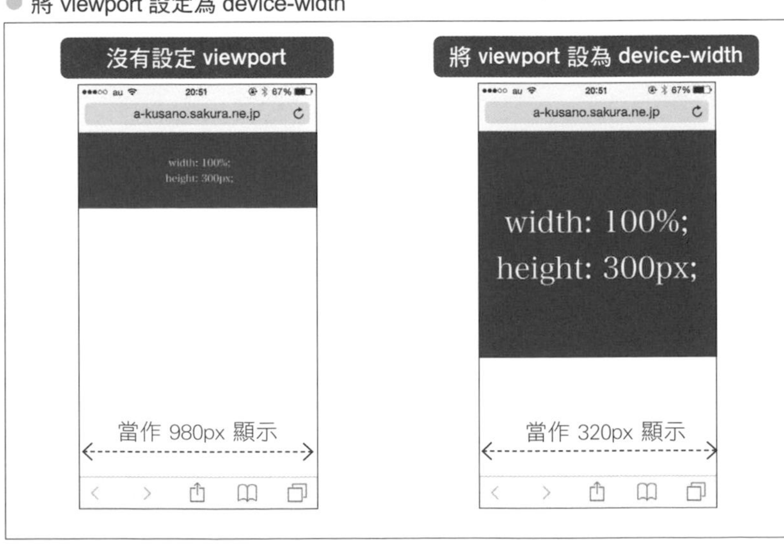

了解裝置解析度與圖片的關係

▶ 畫面尺寸與解析度

以個人電腦來說，當螢幕的解析度越高，其尺寸基本上也會按照比例變大，不過行動裝置卻未必如此，螢幕解析度高低和尺寸大小沒有一定的比例關係，這是因為提升解析度的關鍵在於**畫素密度**，而非裝置的尺寸。所謂的畫素密度，指的是 1 英吋長度中所容納的畫素數量，其單位為 dpi（dot per inch）或 ppi（pixel per inch），當畫素密度越高的時候，相同面積的解析度也會越高。畫素密度受到重視是在 Apple 公司多年前在 iPhone 上推出的「**Retina**」高解析度顯示螢幕，而 Android 系統的行動裝置雖然沒有一個固定的稱呼，不過螢幕的解析度也是愈來愈高。

● 非 Retina 與 Retina 的比較

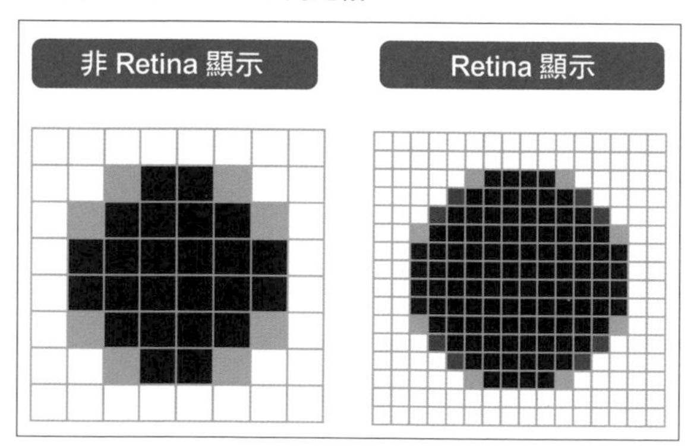

Caution
Retina 螢幕是 Apple 產品的專屬稱呼，Android 裝置上並沒有這樣的名稱，不過本書為了解說方便，之後將不分 iPhone 或 Android 裝置，一併將高畫素密度的細緻螢幕稱為 Retina 螢幕，還請留意。

▶ 什麼是裝置畫素比？

提高行動裝置的解析度或畫素密度，便能在相同尺寸的螢幕中顯示更多資訊。不過若是單純直接以 1px 等同液晶 1dot 的方式來顯示頁面內容，卻產生另一個問題，例如想要顯示 320×320px 的內容時，新舊 iPhone 的呈現可能就有「佔滿整個螢幕的寬度」與「內容只剩一半」的差異。這是因為各款行動裝置的解析度或畫素密度皆有差異，將會導致頁面看起來的樣子都有所不同。為了避免這樣的狀況，於是出現了「**裝置畫素比（device-pixel-ratio）**」的概念。

首先要請您把網頁設計上所使用的畫素想成是「CSS 畫素（csspx）」，而液晶螢幕實體上的 dot 或畫素則當作「裝置畫素（dpx）」，區分這 2 種畫素後，對於畫素密度增加為 2 倍的 Retina 螢幕來說，可以用 1csspx=2dpx 的方式來表示 2 種畫素間的關係，這就叫**裝置畫素比**，指的是 **1 個 CSS 畫素相當於多少裝置畫素**。

大部分的個人電腦顯示器以及早期的智慧型手機，因為其螢幕的「CSS 畫素數 = 裝置畫素數」，所以不必留意裝置畫素比的問題，不過目前的行動裝置有著 1、1.5、2 或 3 等各式各樣不同的裝置畫素比，製作支援多種瀏覽裝置的網站時，必須將這個問題納入考量。

Memo

更精確一點來說，以「裝置畫素比 = 2」的行動裝置為例，顯示 1 個 CSS 畫素，需要用到縱向 2dpx 與橫向 2dpx，總計 4 個裝置畫素，也就是縱長 2 倍、橫寬 2 倍、而面積比為 4 倍。

● CSS 畫素與裝置畫素

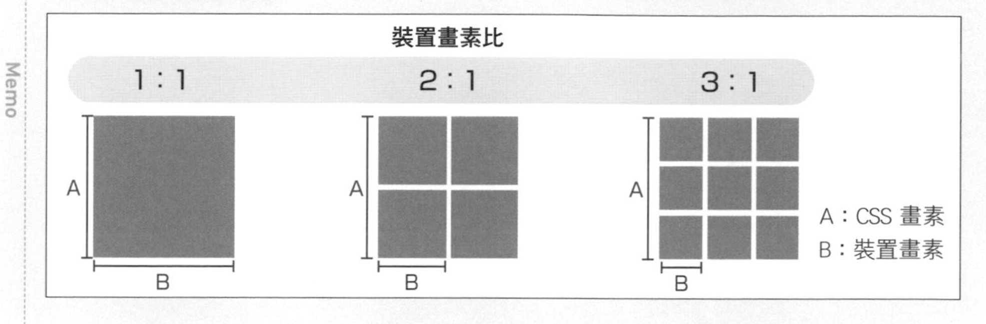

Retina 螢幕上的圖片顯示問題

以不同裝置畫素比的多種行動裝置為對象、設計其適用的網站時，點陣圖（Bitmap）的使用上將會是個大問題。如同前面所述，在裝置畫素比為 2 的行動裝置上，顯示內容的長寬將以 1csspx=2dpx 的方式放大 2 倍，此時 JPEG 或 PNG 之類的**點陣圖片也會被放大，導致圖片顯示畫質變差**的狀況。這就像是在 Photoshop 等影像處理軟體中，若強制把原本 100×100px 的圖片放大成 200×200px 解析度，圖片會變得模糊一樣。

因此，如果採用一般製作電腦版網頁的方式，只準備原尺寸大小的圖片，在高畫素密度螢幕上就會出現圖片模糊的情況：

● 圖片變糊

▶ 使用向量格式的圖片

因為使用點陣圖片而造成畫質劣化的狀況，在圖示（Icon）、圖片文字或插圖（Illustration）圖片上會很明顯，因此建議把上述用途的這些圖片改為「向量格式」的檔案。

● 圖片格式的差異

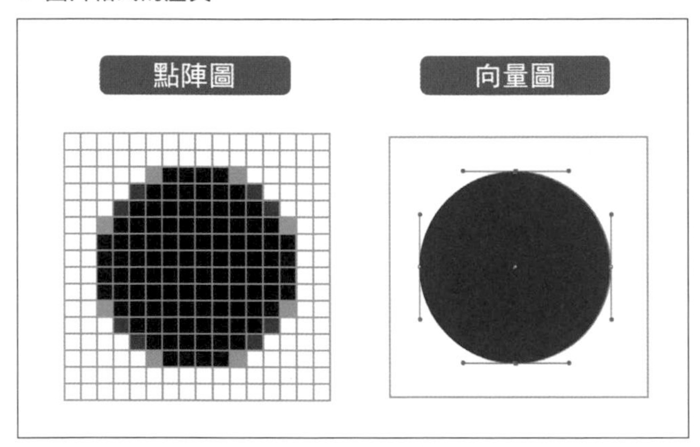

點陣圖其實是許多小點（畫素）的集合體、再分別塗上不同顏色來呈現圖片的樣貌，相對於此，向量格式的圖片則是以數學表達式來記錄圖片中的形狀， 無論如何放大都不會讓邊緣變模糊，可常保邊緣銳利的美觀狀態。這裡列出幾個建議：

- 文字類內容儘量使用「Web 字型」。
- 網站 Logo 等含多色的插圖可採用「SVG」格式。
- 單純的圖形能以 CSS 繪製就用 CSS 繪製，無須用到圖片。

▶ 點陣圖在 Retina 螢幕上的處理手法

如果無論如何還是需要使用 JPEG 或 PNG 的點陣圖，例如照片、或加了暈影的透明背景圖片等。為了在 Retina 螢幕上也能顯示清晰的內容，基本上必須採取「**將 2 倍尺寸的圖片縮小為 1/2 來顯示**」的手法，具體做法如下一頁的圖所示。

● 解決圖糊的問題

●想顯示的尺寸…100×100px ●準備的圖片…200×200px

① img 圖片的狀況

```
<img src="img/sample.png" width="100" height="100" alt="">
```

② 背景圖片的狀況

```
.selector{ /*尺寸可變的時候*/
    background: url(img/sample.png) no-repeat;
    background-size: 100px 100px;
}
.selector{ /*尺寸固定的時候*/
    width: 100px;
    height: 100px;
    background: url(img/sample.png) no-repeat;
    background-size:contain;
}
```


Memo

若想支援裝置畫素比：3 的螢幕，可以準備 3 倍尺寸的圖片檔案，然後縮小成 1/3 再顯示於畫面上，道理都一樣。

雖說只要準備大一點尺寸的圖片就好，但實際上並非如此單純，為什麼呢？因為點陣圖片的尺寸越大、檔案的容量也隨之增加，如果毫無節制大量使用大尺寸圖片，可能會嚴重影響網頁的開啟速度。萬一開啟速度比其他同類網站遲緩許多，搜尋引擎也有可能會降低其評價。因此，網頁製作者應該在畫面品質和開啟速度之間找到最佳的平衡點，不要隨意把無謂的大型圖片放在網頁上。

▶ 採用響應式圖片

比較彈性的做法，在需要讓點陣圖片支援多種裝置時，可以按照螢幕尺寸和解析度等條件，預先準備多種尺寸的圖片，然後配合各種瀏覽環境分別使用不同的圖片檔案，這種技術稱為「**響應式圖片（Responsive Image）**」，瀏覽器會自動按照自身的環境狀況選擇適當的圖片顯示於畫面，這同時也能減少來自伺服器的資料傳輸量。

實現響應式圖片的關鍵 CSS 屬性有以下 3 項：

❶ srcset 屬性

這個是 img 標籤的新屬性，能預先指定多個圖片來源檔案，讓瀏覽器配合環境自動選擇適當尺寸的圖片顯示於畫面，使用上可以按照畫面尺寸、畫面解析度、或組合這 2 個條件，自動切換顯示不同的圖片，這些圖片內容都一樣，只有尺寸不同。

```
<!-- 按照畫面寬度使用不同圖片 -->
<img src="img/small.jpg" srcset="img/small.jpg 400w, img/medium.jpg 800w, img/large.jpg
1200w" alt="cat">

<!-- 按照解析度使用不同圖片 -->
<img src="img/sample.jpg" srcset="img/sample@2x.jpg 2x, img/sample@3x.jpg 3x" alt="cat">
```

❷ picture 元素

新的 picture 元素下可指定 source 元素與 img 元素等子元素，能按照畫面尺寸或畫面解析度等條件，在頁面上顯示不同的圖片。其中的 source 元素記載著用來對應不同環境的圖片檔案，而 img 元素可指定預設顯示的圖片檔案。

```
<picture>
  <source
    media="(min-width: 640px)"
    srcset="img/large.jpg, img/large@2x.jpg 2x>
  <source
    media="(min-width: 480px)"
    srcset="img/medium.jpg, img/medium@2x.jpg 2x">
  <img
    src="img/small.jpg"
    srcset="img/small@2x.jpg 2x"
    alt="cat">
</picture>
```

❸ image-set()

image-set() 是為了在各種解析度可以顯示不同的背景圖片，是 background-image 的新屬性值。

```
#selector{
background-image: image-set(url(img/bg.jpg) 1x, url(bg@2x.jpg) 2x, url(bg@3x.jpg) 3x);
}
```

● 響應式圖片的語法與用途

響應式圖片的語法	用途
srcset 屬性	切換內容和長寬比相同、但解析度（尺寸）不同的圖片檔案
picture 元素	按照瀏覽環境，切換內容、長寬比和解析度皆不同的圖片檔案
image-set 元素	切換解析度不同的背景圖片檔案

一些舊裝置的瀏覽環境可能不支援上述 3 個語法，不過不支援的環境會自行忽略，只要再加上適當的向下相容語法，通常不會造成太大的問題，建議您可以先至「Can I use…（https://caniuse.com/）」確認一下詳細的支援狀況，基本上建議盡量運用這些新語法。

COLUMN

圖片檔的最佳化

製作可支援多種裝置的網站時，如果想在保持圖片品質的同時能儘量縮小資料量，請依循下列這些重點：

❶ 按照圖片內容選擇適合的檔案格式

首先，配合圖片內容選擇適當的檔案格式是最重要的基本原則，可依下表來選用格式：

● 適合的圖片格式

圖片的特徵	適合的格式	檔案大小
照片或色階等部分變化較多的圖片	JPEG	中
色數較少的圖片、單色色塊較多的圖片	PNG-8	小
全彩圖片、加上暈影的透明背景圖片	PNG-32	大

❷ 儘可能進行壓縮

針對個別圖片的特徵選擇適當的檔案格式之後，當您進行儲存的時候，還可適當的進行壓縮。

檔案格式	壓縮操作的重點	需注意之處
JPEG	畫質設定範圍為 0 ～ 100，在可接受的品質內儘量調低畫質，一般設定 60 ～ 80 的程度	太低的設定值將造成品質下降，此外經過壓縮的檔案無法回復之前的狀態。也請不要對 JPEG 圖檔再次進行 JPEG 壓縮
PNG-8	因為其索引色數量最多至 256 色，會減少至實際使用的色數	如果不想減少至實際使用的顏色數量，可將需要保留的顏色設為鎖定
PNG-32	由於 PNG-8 也能呈現帶有暈影的透明背景，色數較少時請使用 PNG-8	PNG-32 是以全彩顯示圖片，檔案很大，建議儘量避免採用

❸ 利用圖片最佳化工具刪除不必要的 Metadata

由 Photoshop 等軟體所儲存的圖片檔案，會包含與圖片內容無關的 Metadata 資料，可使用一些圖片最佳化工具，在不降低圖片品質的狀況下減少檔案大小。

● Voralent Antelope

URL **https://boldright.co.jp/products/antelope/ ※Windows 用**

● ImageOptim

URL **https://imageoptim.com/mac ※Mac 用**

● ImageAlpha

URL **http://pngmini.com/ ※Mac 用**

- **理解個人電腦與行動裝置環境的差異，才能找到適合行動裝置的設計方式。**
- **必須了解 viewport 與裝置畫素比的觀念。**
- **簡單認識響應式圖片的做法。**

LESSON 24

製作行動版網頁的基礎知識

在本堂課中，我們將比較「製作行動裝置專用網頁」和「響應式網頁設計」這 2 種做法，看看各自的優缺點及應注意的事項。

解說　讓網頁支援行動裝置的 2 大方式

製作支援行動裝置的網站，大致上有 2 個方式。一種是特別打造「**行動裝置專用網站**」，另外一種方式則是與電腦版網站共用相同的網頁檔案，也就是前面一再提到的「**響應式網頁設計**」。這 2 個方式各有其優缺點，說明如下。

行動裝置專用網站的優缺點

▶ 優點

最大優點當然就是網頁內容完全是配合行動裝置的特性所打造出來的。例如以下這些都是行動裝置上隨時可能會產生的需求，電腦版網頁不會考慮這些狀況，因此建立專用網站比較可以製作出符合需求的網站：

- 搜尋並預約接下來立即能用餐的附近餐廳。
- 透過地圖查詢現在要到訪的目的地位置。
- 急著訂購交通工具的對號票券。

▶ 缺點

由於網站分成電腦版和行動版，製作、營運和後續維護都需要 2 倍的工夫，當電腦版和行動版網站所提供內容幾乎相同的時候，常會出現重複作業的狀況。

響應式網頁設計的優缺點

▶ 優點

以響應式網頁設計方式來建構，優點就是不論網站的目標使用者是個人電腦或行動裝置，都可以很快速地發佈相同的頁面內容，可以最簡便的方式讓網站支援多種裝置瀏覽。

▶ 缺點

採用響應式網頁設計的時候，因為個人電腦和行動裝置是使用相同的 HTML 內容，只是利用 CSS 改變頁面設計和版面配置。有時候在技術上會遇到無法滿足其中一方的情況（例如電腦上沒問題，手機上的頁面卻行不通），這時就必須做些妥協。

● 行動裝置專用網站與響應式網站的比較

	行動裝置專用網站	響應式網站
資訊發佈的特性	行動裝置使用者可以獲得完全符合行動需求的資訊	電腦 / 行動裝置使用者沒有區別，只能獲得相同的資訊
架構、設計上的自由度	較高	稍低
建構新網站的技術難易度	較低	較高
營運上耗費的人力	較高	較低
建構成本與所需時間	等於是製作 2 個網站，花費較高、建構時間較長	通常能以低成本、在短時間內完成

撰寫行動版網頁的準備工作

在製作支援行動裝置的網站時，有些準備工作是和製作電腦版網站不同的。

▶ 設計方案

製作行動版網站的設計方案時，需要準備 Retina 螢幕所需的素材，例如設計案當中應該使用**原尺寸 2 倍的大小**。目前以 320csspx 基準 ×2 倍 =640px 的解析度來製作已經相當普遍，不過在更新的 iPhone 登場之後，也有人認為以 375csspx 基準 ×2 倍 =750px 的做法較佳。其實不論以哪個為基準來製作設計案都是可行的，但是在實際著手設計製作的時候，都必須注意「所有的尺寸應該以 2 的倍數來完成」、以及「畫面寬度需要能容許 320px ～ 640px 的可變幅度」這 2 個要點。

▶ viewport

如同上一堂課提到的，行動裝置適用的網站應當加入 viewport 的設定，基本上可以設成：

```
<meta name="viewport" content="width=device-width">
```

或

```
<meta name="viewport" content="width=device-width, initial-scale=1">
```

在這樣的設定之下，可以**讓使用者以雙指縮小 / 放大的手勢來縮小 / 放大頁面**，而「initial-scale=1」代表指定頁面在讀取完畢的初期狀態為 1:1 的縮放比例，不過基本上就算沒有特別寫入此設定值，一般的狀況下頁面初期也會呈現 1:1 的比例，這樣寫只是以防萬一。

▶ 考慮「裝置換方向時會自動調整文字大小」

iPhone 或 Android 系統的瀏覽器，會在直幅或橫向放置時自動調整文字尺寸。通常在橫向放置時，會將文字放大，每行的字數會變少，如此一來畫面所能呈現的資料量等於是減少了，有可能造成圖片與文字之間的設計平衡性崩壞。因此，一般都會在 CSS 做如下的設定，將文字尺寸自動調整的功能關閉。

```
html {
-webkit-text-size-adjust: 100%;
}
```

▶ 電話號碼自動偵測功能

手機如果發現頁面文字中有電話號碼，會自動將把它轉換成連結，使用者只要觸碰該處就能撥出電話。不過這樣的功能無法分辨電話號碼和傳真號碼的差異，而且排列類似電話號碼的數字，也可能被誤認為電話連結，所以通常會以 meta 標籤關閉此項功能。

```
<meta name="format-detection" content="telephone=no">
```

▶ SEO 最佳化

電腦版網站和行動裝置專用網站的網址可能不同，不過網頁內容可能幾乎相同，為了避免搜尋引擎把這樣的狀況視為「重複的內容」，造成 SEO（Search Engine Optimization, 搜尋引擎最佳化）上的負面影響，必須在網頁內進行一些設定，讓個人電腦和行動裝置的網頁產生 1 對 1 的參照關係。假設網址分別為：

- 電腦版網址……… http://www.example.com/
- 行動版網址……… http://www.example.com/sp/

就必須在網頁中寫入如下設定。

❶ 在電腦版網站以 rel="alternate" 明示手機專用頁面的存在

首先在「電腦版網站」的 HTML 中使用 <link> 標籤的 **rel="alternate"** 屬性，讓搜尋引擎知道手機專用網頁的存在。

```
<link rel="alternate" media="only screen and(max-width:640px)" href="http://
www.example.com/sp/">
```

❷ 在行動版網站以 rel="canonical" 與電腦版網址產生關聯

然後在「行動裝置版網站」的 HTML 中使用 **rel="canonical"** 屬性，讓此網頁與對應的電腦版網址產生關聯，這樣就完成設定。

```
<link rel="canonical" href="http://www.example.com/">
```

這樣的處理動作，可以在電腦版網頁與行動版網頁之間產生 1 對 1 的關聯，讓搜尋引擎可以準確地爬找（Crawling）與編製索引（Indexing）。提醒一下，這是示「行動裝置專用網站與電腦版網站的網址不一樣」時才需要做的設定，如果是採用響應式網頁設計，由於網址都相同，就不需要這樣的設定。

Memo

雖然響應式網站也有加上「rel="canonical"」設定的做法，不過那是為了把網址最後帶有變化（加上參數或 index.html 等）的相同頁面整合為一，藉以提高 SEO 效果，和此處支援行動裝置的目的有所差異。

▶ 首頁圖示的設定

在行動裝置上，使用者可以將連至網站的捷徑設為主畫面的 icon，手機預設是抓取網站的截圖畫面做為圖示，如果可以接受這樣的方式，不必特別指定首頁圖示。不過身為網站管理員的您若能特別準備專用圖示，會是比較細緻的作法。

● 頁首 icon

▶ 首頁圖示所需的圖片尺寸

用來當作首頁圖示的圖片需要為 PNG 格式的正方形圖片，嚴格來說應該依照不同的裝置選擇不同的尺寸（請參考下表），不過，即使沒有適合的尺寸，由於行動裝置會自動選擇適當大小的首頁圖示顯示於主畫面上，若想簡化作業的複雜度，準備尺寸最大的首頁圖示即可。

● iOS 裝置的首頁圖示所需尺寸 (From Apple 網站)

行動裝置 (裝置畫素比)	尺寸 (px)
iPhone	180px × 180px (@3x)
	120px × 120px (@2x)
iPad Pro	167px × 167px (@2x)
iPad, iPad mini	152px × 152px (@2x)

▶ 設定首頁圖示用的語法

iOS 系統的行動裝置，當察覺到網站伺服器的根目錄存放著名為「**apple-touchicon.png**」的 PNG 圖檔時，就會將此圖檔當作首頁圖示來用；而 Android 的裝置需要在網頁中偵測到 **<link rel="apple-touch-icon".....>** 的語法，才會使用該圖檔。如果是為了因應 Android Chrome 瀏覽器，語法要改用 Google 所推薦的 <link rel="icon"**.....**>。

```
<!-- iOS Safari、Android 標準瀏覽器 -->
<link rel="apple-touch-icon" href="apple-touch-icon.png">
<!-- Android Chrome -->
<link rel="icon" sizes="192x192" href="apple-touch-icon.png">
```

另外有網站提供了相當方便的服務，只要上傳 1 個原始圖片檔案，就能製作出成套的電腦版 / 行動版網站首頁圖示，連 HTML 的設定語法都幫您寫好了，利用這樣的工具網站，設定首頁圖示一點都不難。

- 「Favicon Maker」 URL http://favicon.il.ly/

檢測環境

製作支援行動裝置的網站時，在製作中一定時常歷經「修正網頁內容 → 重新上傳到伺服器 → 使用多台實機輸入網址來測試」。其實想確認頁面顯示狀況時，可以直接在電腦上利用瀏覽器開發工具進行檢測。

▶ Chrome 的開發人員工具

iOS 和 Android 內建的瀏覽器均源自於 WebKit，其核心功能相當接近電腦版的 Safari 或 Chrome。因此，在撰寫網頁的過程中，只要稍微注意一下有無 -webkit- 前綴字首等行動裝置瀏覽器的專用語法，到了需要確認頁面顯示狀況時，可將 Safari 或 Chrome 的視窗寬度縮小當作代用的測試環境，不會有太大差異。

不過，由於 Safari 或 Chrome 無法將視窗寬度縮小到 400px 以下，為了可以用更加接近實機的顯示範圍來進行確認動作，建議利用 **Chrome 開發人員工具的行動裝置模式功能**。

> Memo
> 我們在 Chapter06 的 Lesson22 已經介紹過開發人員工具行動裝置模式的使用方式，請參閱一下該處的説明。

行動裝置相容性測試

想知道您的網站是否已經完成對行動裝置最佳化，可以使用 Google 的「行動裝置相容性測試」（https://search.google.com/test/mobile-friendly）頁面來檢查。

無論是專用網站或是響應式網站，它都能客觀地判斷受測網站是否適合以行動裝置來瀏覽，測試後如果列出了某些問題點，請再進行修正吧！

● 行動裝置相容性測試

如果您正要開始建構支援行動裝置的網站，製作出來的頁面最好至少符合 Google 行動裝置相容性測試，當然這個測試離最終的完美標準還有一段距離，只能算是行動裝置網站的起點。

其他注意事項

此外，網站至少應該做到底下幾項條件：

❶ 可觸控元素之間保持適當間距

在 Apple 網站發佈的 App 製作指導方針之中，建議觸碰（連結）的區域大小至少應該要有 44×44px 以上，不過 Google 的指導方針則建議最好大於 48×48px 的範圍。另外，即使每個觸碰區域本身都大於 48×48px，卻在版面配置上將這些觸碰區域全部沒有空隙地安排於同一處，也很容易造成使用者誤觸的狀況發生，請注意觸碰區域之間要留足夠的距離。

❷ 不需放大畫面也能看清文字

頁面上所使用的字體尺寸請設定成適宜的大小，讓使用者不必放大畫面也能舒適地閱讀，一般建議採用 12 ～ 16px 的尺寸。

❸ 設定行動裝置用的 viewport

為了可以在各種畫面寬度的行動裝置上顯示網頁內容，請在 HTML 當中加入 viewport 的設定。與其將 width 設為固定的數值，基本上都建議將 viewport 設為前面提到的 "content="width=device-width"。

❹ 請勿使用 Flash

由於大部分的行動裝置瀏覽器均不支援 Flash 的功能，網頁中請勿嵌入 Flash 的內容，一律都以 HTML5 + CSS3 + JavaScript 的方式來處理。

- **了解行動裝置專用網站與響應式網頁設計方式的優缺點。**
- **認識 Google 行動裝置相容性測試。**

CHAPTER 08

響應式網頁設計的準備工作

接下來的 Chapter08、09, 將以先前所學習到的 HTML、CSS 基礎知識、以及讓網站支援行動裝置的觀念為基底, 正式邁入響應式網頁的製作。對於響應式網頁來說, 事前的規劃設計與準備工作相當重要, 所以這一章會先詳細解說實際動手前不可缺少的「網站設計、語法撰寫計劃 (Coding Design)」等內容。

LESSON 25

響應式網頁的畫面設計

畫面設計對整個響應式網站的建構來說非常重要，這一堂課將會解說畫面設計的重點事項。另外，在團隊分工合作的狀況下，這一堂課的內容大致屬於網站負責人的職責範圍，如果您想快點進入實際撰寫網頁的階段，也可以跳過本 LESSON，直接閱讀下一堂 Lesson26。

解說　畫面設計的重點

網站製作流程與各階段工作

我們先稍微看一下實務上的網頁製作流程：

● 一般的製作流程

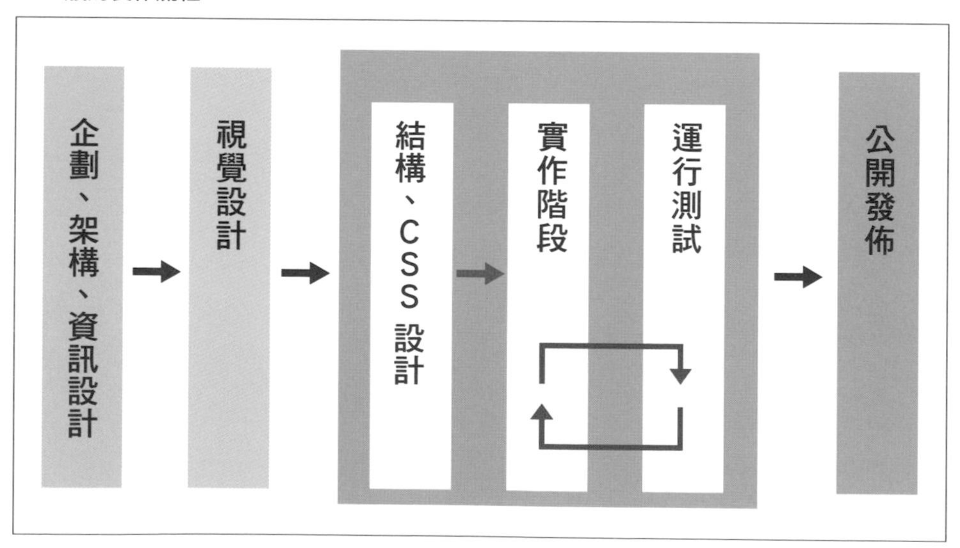

這樣的流程其實很普遍，在初期階段，需要規劃網站所包含的內容、整理想登載的資訊，配合使用者的需求考慮網站的動線和操作便利性，同時定出網站畫面的草稿。

接下來，根據相當於網站設計圖的草稿，請設計人員做視覺設計，再以 HTML / CSS / JavaScript 撰寫出實際的頁面檔案，最後傳至網頁伺服器，開放給一般使用者瀏覽。

如果是建構電腦版網站而已，或者電腦版 / 行動版網站是分別製作，即使隨意規劃畫面的組成方式，通常都不至於發生太大問題。但如同 lesson24 提到的，**響應式網站**基本上都是使用相同的 HTML 結構，若在最初的草稿階段就發現不合理、做不到的地方，那麼最糟糕的狀況可能需要回到資訊彙整的階段，否則後續製作階段也走不下去，強行撰寫只會造成維護不易、或網站無法發揮響應式設計的優點。

內容優先（Content First）的畫面設計方式

想要順利建構出響應式網站網站，初期的重點就在於規劃出「在支援所有裝置的前提下，可以一律發布相同資訊的網站」的做法，這樣最省事，可參考下列的步驟來決定畫面的元素：

❶ 逐一列出頁面上必要的內容區塊。

❷ 依內容區塊的重要程度來排序。

❸ 按照相關性將各區塊分組，然後組合成為最終的版面配置。

由於這不是先決定版面架構再填入內容，而是先篩選出內容再進行版面配置，所以此手法才稱為「內容優先」。

● 內容優先的畫面設計方式

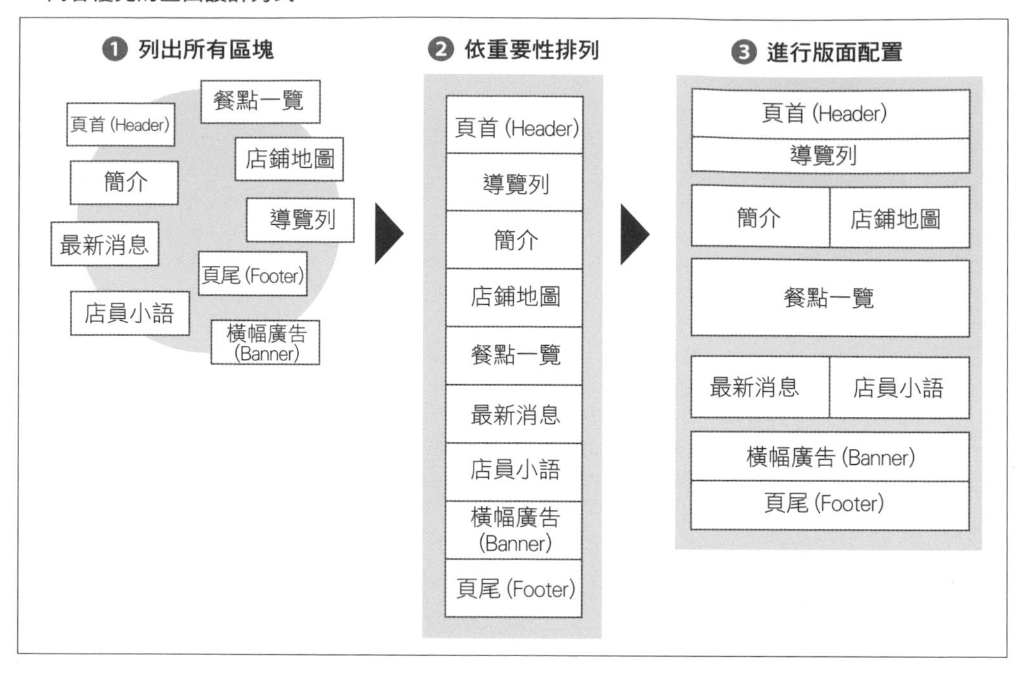

在製作響應式網站的過程中，步驟 ❷ 討論出來的順序，基本上與之後撰寫程式的順序相同，同時也將成為智慧型手機瀏覽時的顯示順序。如上所述，內容優先的操作方式，本身就和響應式網站的建構作業相當契合。

▶ 頁面變換分界點 (Breakpoint) 與版面配置格局

步驟 ❸ 進行版面配置時，必須仔細考慮的是**「頁面變換分界點」**。響應式網頁設計的機制，是以您所指定的「畫面尺寸」當作切換版面配置的基準點，例如，在畫面尺寸小於 800px 時就切換到另一個版面配置，這個 800px 尺寸就稱為**頁面變換分界點 (以下簡稱分界點)**。

分界點的數量決定了您必須實際呈現幾種版面本，例如：

- 如果只準備了手機和個人電腦瀏覽 2 種版面配置，設 1 個分界點就好。
- 如果準備了手機、平板電腦、以及個人電腦等 3 種版面配置，則設定 2 個分界點。

● 分界點與版面配置的例子

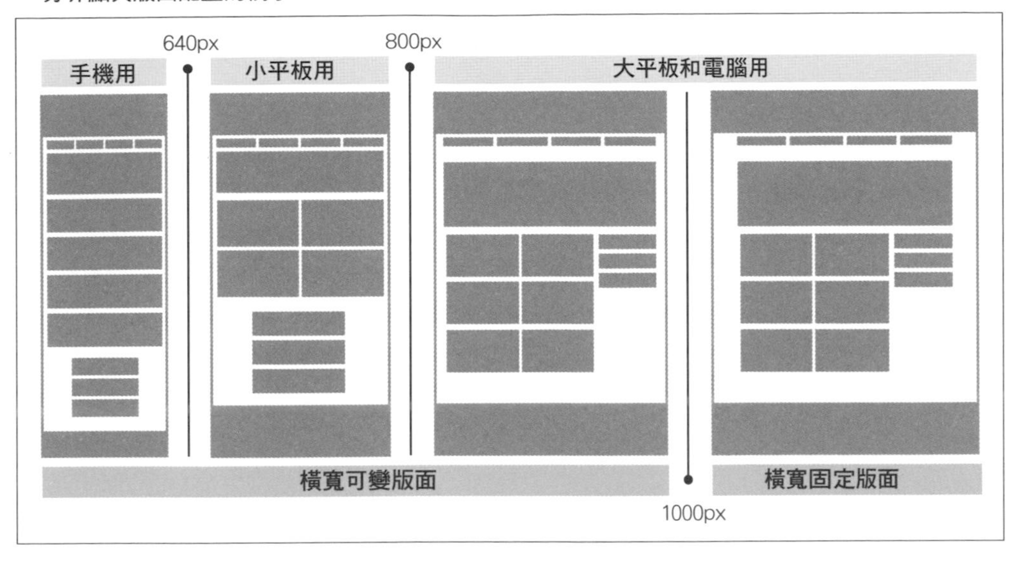

▶ 分界點的決定方式

關於分界點要設幾個？值要設多少？並沒有統一的標準或做法。以前行動裝置機型較少的時候，通常是以 iPhone 和 iPad 等熱門裝置當作基準，分成手機、平板、以及個人電腦等 3 個級距。決定分界點的時候可以按照以下的順序考慮：

❶ 最小分界點

❷ 最大分界點

❸ 中間分界點

❶ 最小分界點

最小分界點是「**區隔手機及其他裝置版面配置**」。小於此分界點時，畫面會以單欄呈現，而大於此分界點時，畫面以多欄呈現，比較常見的有 480px、640px 或 768px 等數值。

❷ 最大分界點

採用響應式網頁設計的時候，雖然頁面內容的橫寬原則上可變，不過在裝置畫面大於某特定尺寸時，通常就會將頁面寬度設為固定。因此最大分界點就是「**大於此數值時，寬度就會固定不動**」，比較常見的數值是 960px、978px 或 1024x。

❸ 中間分界點

在 500 ～ 800px 左右的尺寸附近，可能會出現「對於手機來説版面配置被放得過大」或「對電腦來説版面配置又過於緊迫」等尷尬情況，因此，在最小和最大分界點相距很遠的時候，可以考慮增加 1 ～ 2 個中間分界點。

畫面設計的重點

思考響應式網站的畫面設計時，必須時時提醒自己，不論是適合智慧型手機或個人電腦的版面配置，都是**使用同一組 HTML 程式碼**，只是用 CSS 來切換版版面的呈現。因此，超過 CSS 技術限制的配置改變基本上是做不到的。

如果實際撰寫網頁語法和設計網頁畫面的工作是相同的人負責，比較容易判斷可以做到什麼樣的效果、無法做到哪些效果。不過當執行畫面設計的人員不懂網頁語法、無法下判斷的時候，就很有可能會設計出無法實作出來的版面。

當沒有網頁語法底子的人負責畫面設計工作的時候，可以使用下面的方法，分辨設計出來的版面是否會產生問題。

● 確認畫面設計

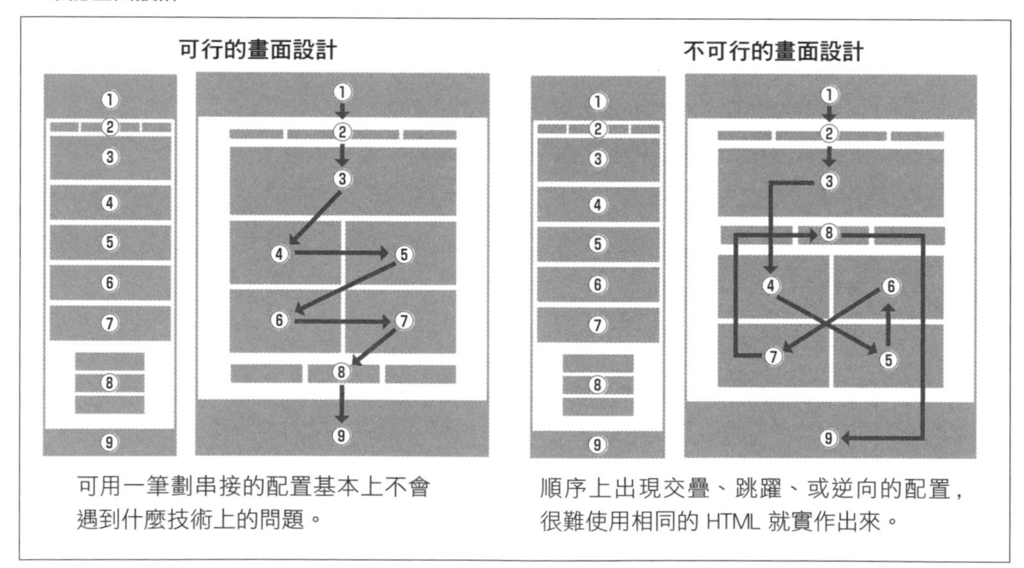

再看一個不好的例子。下圖雖然從各區塊的順序來看沒什麼問題，不過仔細比較發現兩種版面配置的「區塊分組」不太一樣，左邊是 3/4/5 區塊一組、6/7 一組，右邊是 3/5 區塊一組、4/6/7 一組，只用一組 HTML 難以切換這 2 種版面，這也是需要避免的典型例子。

● 不可行的畫面設計

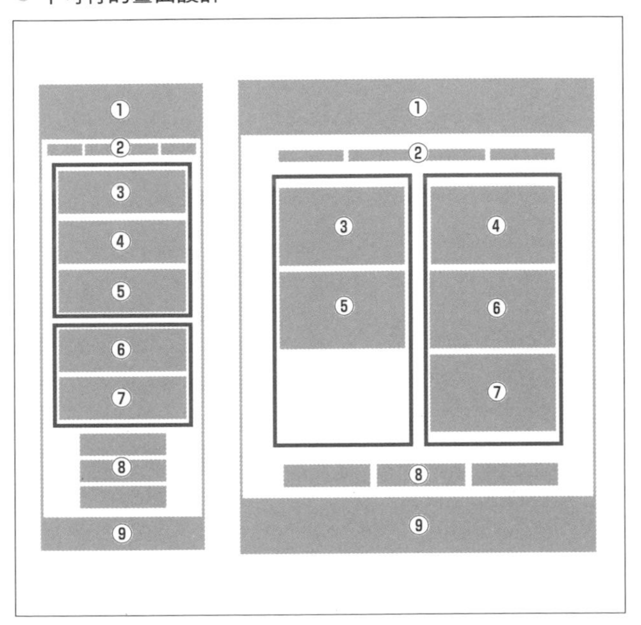

不只是實際撰寫網頁的人，舉凡網站主管或美術設計人員，都應稍微了解以上概念。

- **請記得響應式設計的所有階段都是「使用同一組 HTML 程式碼」。**
- **畫面設計階段採用「內容優先」來規劃會比較順暢。**

LESSON 26

增進效率的語法撰寫計劃

為了讓網站建構的工作推展得更順利，Lesson26 將會解說語法撰寫計劃的相關內容。這裡雖然是以響應式的網站為例，不過當中的觀念同樣適用於非響應式的專用網站（電腦版 / 行動版網站）。

解說 語法撰寫計劃的重點

語法撰寫計劃的用途

有別於為了興趣或學習來製作網站，實務上撰寫網頁的時候「語法撰寫計劃」是非常重要的，需要滿足下列這些要求：

- 儘可能快速、正確地完成實作。
- 設想在多人合作的狀況下完成作業。
- 需要修改、變更的時候也能迅速、有彈性地完成工作。

由於工作常常是說來就來，為了同時顧及上述這些事項，最好先製作出 1 套相當於工作準則的計劃，若輕忽這件事情、或在中途隨意制定，就有可能增加製作負擔，或者整體網站品質低落，實際開始動手前請充分考慮這些的問題。

擬定計劃需要檢討的事項

撰寫計劃需要注意**運行環境**、**語法版本**以及**相關規範項目**等部分。

▶ 運行環境及語法版本

建構網站的時候，必須事先設定此網站能正常運作的環境，以及準備採用的標記語言版本、文字編碼、以及換行字碼等各種規格。

本書所設定的條件如下所示。

● 運行環境

Windows	Windows 7、8.1、10 以上 (Chrome、Firefox、Edge 最新版、IE 11)
macOS	macOS 10.10（Yosemite）以上 (Chrome、Firefox、Safari 最新版）
Android	Android 5 以上 (Android 內建瀏覽器、Chrome Lite)
iOS	iOS 10 以上（Mobile Safari)

● 語法相關規格

標記語言	HTML5
文字編碼	utf-8
換行字碼	LF(UNIX)

▶ 相關規範項目

在實際開始撰寫網頁前，需要預先決定的事項還有下列幾點：

❶ 網頁文件結構設計。

❷ 標記區塊元素。

❸ 圖檔命名規則。

❹ 選擇器規劃。

❺ 選擇器命名規則。

❻ 估計尺寸、指定色碼。

雖然有些項目與多個製作階段相關，但整體來說 ❶、❷ 主要影響到 HTML 撰寫階段，❸ 是在嵌入圖檔時，❹ ～ ❻ 是 CSS 撰寫時的必要資訊。

上述事項雖然也可以在實際遇到的時候再做決定，不過若手上有完整的設計方案，著手撰寫網頁之前先掌握整體狀況，工作起來會比較有效率。

解說　語法撰寫計劃的詳細內容

網頁文件結構設計

這就是規劃 HTML 文件標記方式的作業。基本上，只要按照所製作的頁面來決定標題、區塊、條列項目以及表格等文件結構即可，例如 h1 元素會牽涉到 SEO 的相關策略，也是所有標題元素的基點，建議**在一開始就先決定好如何安排 h1 元素**。

● h1 元素的配置例子

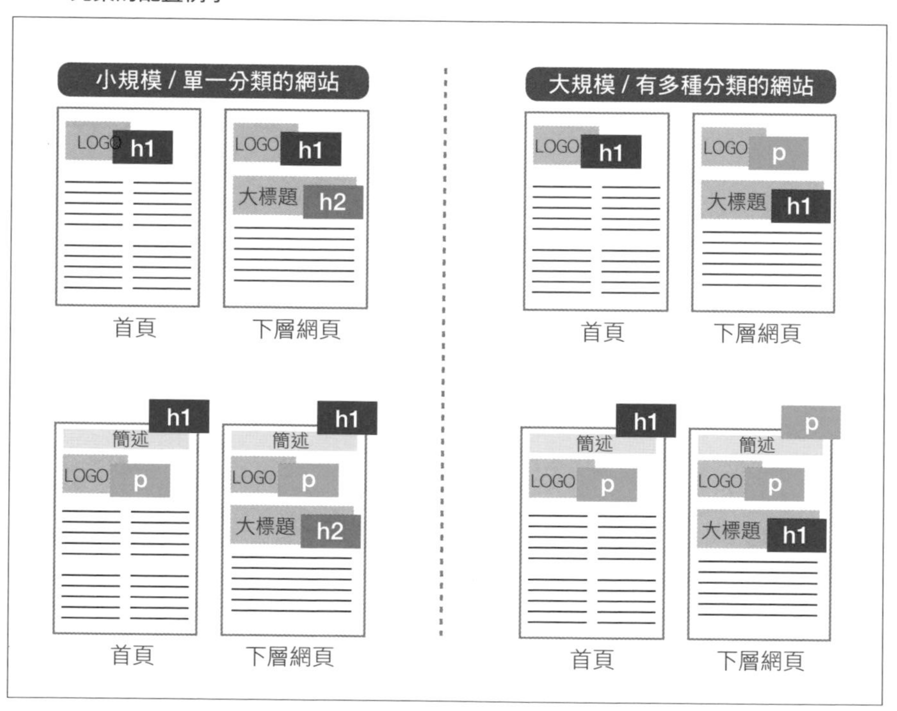

Memo

文件結構與 SEO

和其他元素相較，title 或 h1 元素內含的字句會被斷定其重要性較高，一般而言，h1 元素若放進了可成為搜尋關鍵字的文字，這對 SEO 來說會較為有利。

標記區塊元素

即對整個網頁文件進行「分群」的動作，按照性質，需要進行群組化的大都是**資訊結構上具有意義的區塊**，例如頁首、頁尾、側邊選單和主內容區域等大架構的資訊結構，還有「標題與其附屬內容」或「導覽列（主功能表）」等較為細節的區塊結構，這些區塊基本上會根據其功能運用區塊相關元素（section），讓文件結構更為明確。

Memo
如果沒有合適的區塊相關元素、或只能使用 HTML5 之前版本，遇到這類狀況時請改以 div 代替。

規劃必須列出所有必要的區塊框架。舉例來說，像是「決定內容寬度的容器框」等部分，雖然在文件結構上比較沒有什麼作用，不過卻是透過 CSS 來實現版面配置和外觀的重要區塊，像這樣純粹用於版面配置的框架，原則上請全部以 div 標籤標記起來。

還有，對於這些群組化的區塊，請按照後續會提到的命名規則，賦予容易理解用途的名稱。

● 標記各區塊

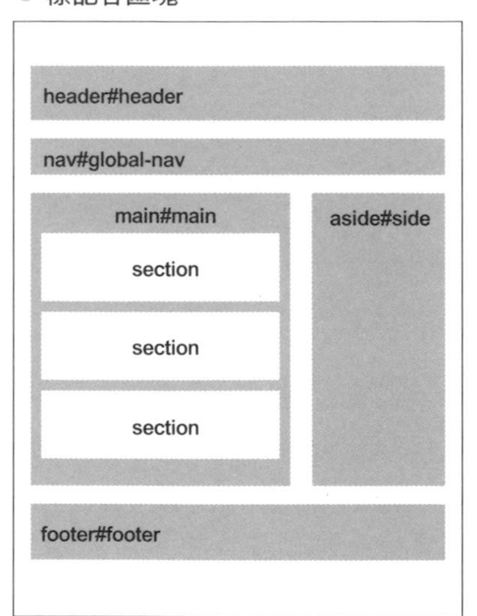

● 增加配置用框架

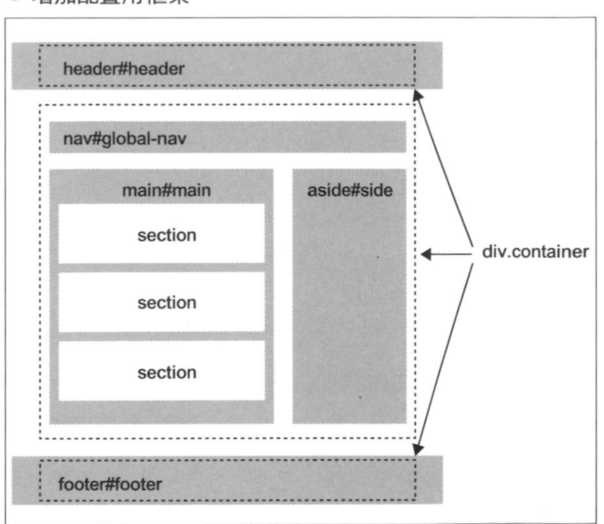

圖檔的命名規則

網站整體的目錄和檔案名稱大多是由主要負責人員所決定，不過細一點的網頁圖片檔，通常是由撰寫網頁的人員自行決定的。訂定圖檔命名規則聽起來似乎有點麻煩，但是若沒有預先設定一些原則，在製作和運用上可能會浪費許多時間。

專門製作網頁的公司通常會有一套現成的規則，例如以下所列的這些，讀者可以做為參考。

- 讓檔案在列表清單中比較容易尋找。
- 看到檔名即可聯想到圖片的內容或用途。
- 善用具有規則的識別字串或編號。
- 對於未來更新時可能增減的圖片，需要注意連號問題。

以下是筆者所經常採用的命名規則，供您做個參考。

● 圖檔命名規則

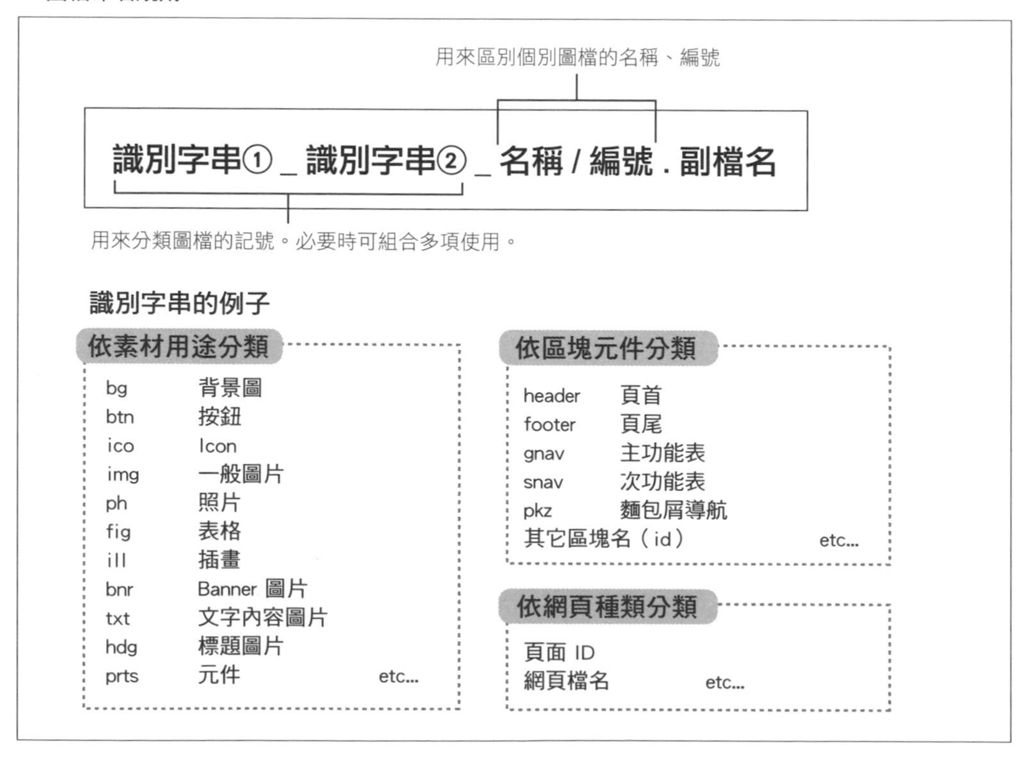

選擇器的規劃

CSS 在規劃上最為重要的事情便是「如何建立選擇器」，這個部分已經有些成形的觀念或做法，即使是初學者或經驗尚淺的人，只要依循幾個重點事項，就可以訂出容易理解、便於運用的規則。

- 適當地分別使用 id 或 class。
- 按照樣式的功能、分門別類地整理存放 CSS 檔案。
- 訂立容易理解、便於運用的命名規則。

▶ id 和 class 的使用區分

id 和 class 都可以做為選擇器來設定樣式，不過兩者的撰寫有點不一樣，如下所述。

● id 選擇器與 class 選擇器的比較

id 選擇器	class 選擇器
• 由於 id 名稱必須獨一無二，某個名稱的 id 在 1 個頁面內只能有 1 個。 • 1 個元素內只能設定 1 個 id。 • 由於針對性較強，比較不容易覆寫設定。	• 視需要可多次使用、放置多處。 • 1 個元素可設定多個 class。 • 針對性較低，比較容易覆寫設定。

如果是「該網頁中只出現 1 次的部分」，採用 id 選擇器大概不會出錯，但是能確定將來絕對不會複製增加的頁面元件其實很少，所以不太建議未經考慮就以 id 選擇器來設定樣式。

可以比較確定 id 選擇器的情況，就是「**在 1 個頁面內僅存在於 1 處，而且不可能複製到其他位置、或是移動到不同位置的部分**」，例如頁首、頁尾、主內容區域、側邊選單這些網站大框架下的基本制式區塊。

而其他部分採用 id 選擇器其實也不算有錯，但是之後如果該部分想要複製到同頁面的其他地方、或是沿用設定再做些變化的時候，有可能會發生難以處理的狀況，所以除了上述這些基本制式區塊，原則上建議最好都採用 class 選擇器。因此也有人乾脆放棄 id 屬性，完全只以 class 選擇器來設定樣式。

▶ **樣式的分門別類與檔案管理**

接下來要考慮就是 CSS 樣式的整理方式，CSS 樣式一般可分為下列這些類別：

- 版面制式區塊類（頁首 / 頁尾 / 主內容區域 / 側邊選單等）。
- 通用元件類（重複運用於網站多個地方）。
- 內容特有的元件類（僅存在於特定頁面、頁面）。
- 實用功能類（邊界設定或字型設定等，為了套用特定屬性的部分）。

請確實考慮頁面各部分的性質，將樣式檔案整理成易於解讀的狀態。也應儘量增加 CSS 的可讀性，例如利用 CSS 註解當作各類樣式的標題等。

另外，如果非常重視網站瀏覽時的顯示效能，可能會把所有樣式都整理在 1 個檔案內，不過若考慮 CSS 本身管理上的效率，比較建議按照功能、或是頁面 / 類別等，將 CSS 分割置於多個檔案，尤其是遇到各頁面特有的設計元件非常多、幾乎沒有重複使用狀況的網站時，最好另外建立下層頁面 / 類別專用的 CSS，採用讓網頁同時讀取共通 CSS 檔，以及該網頁專屬 CSS 檔的方式。

● CSS 的規劃實例

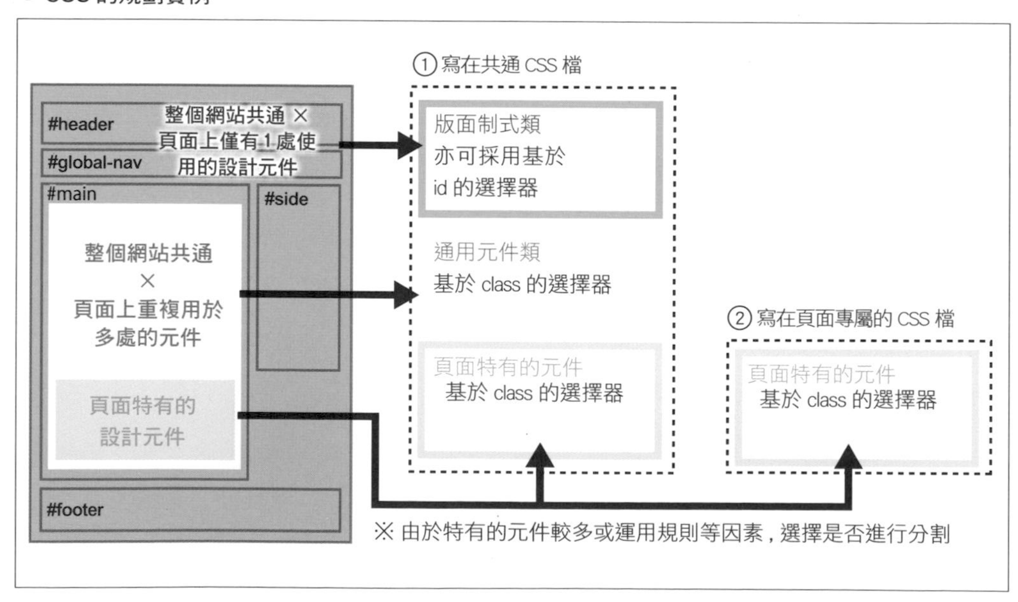

選擇器的命名規則

選擇器的另一重點是「訂出容易理解、容易運用的 id、class 命名規則」，這是規劃工作中很重要的一環。尤其是在多人製作、管理網站的狀況下，如果沒有事先將規則寫成文件、並且知會所有人員，那麼 CSS 的命名一團亂就難以管理了。

CSS 命名規則可以分成幾點來思考，如下：

- 原則上不要著墨於頁面元件的「外觀」，而是使用表達其「內容」的英文單字。
- 如果需要連用多個單字，請統一單字的連接方式。

● 3 種複合字的寫法

① -（橫線）型 例）#global-nav	② _（底線）型 例）#global_nav	③ 複合字型 例）#globalNav
單字之間以橫線連接	單字之間以底線連接	只有第 2 個單字的第 1 個字母大寫

● 版面配置上經常採用的 id、class 名稱

版面設計上的功能、區塊	id /class 名稱
頁面整體的外層框架	container、wrapper、wrap
頁首	header、header-area
頁尾	footer、footer-area
全站導覽列（主功能表）	gnav、global-nav、global-navigation
區域導覽列（次功能表）	lnav、local-nav、local-navigation
路徑導覽列（Breadcrumbs Navigation）	topicpath、breadcrumbs、pankuzu
內容區域	contents、contents-area
側邊選單	main、main-contents
主視覺設計	side、sidebar、sub
搜尋框	mainvisual、keyvisual
檢索功能	search、search-box、search-area

總之，儘量讓選擇器的名稱一看就知道這是哪部分套用的樣式，以下是一些經常被採用的命名規則。

規則 ①： 對於按鈕、背景、圖示和框線 ... 等經常用於多個地方、分支變化也較多的通用元件，名稱開頭可以加上英文識別字。

● 例

元件種類	識別字串
按鈕	.btn-
標題	.ttl-
背景	.bg-
圖示	.ico

元件種類	識別字串
標籤	.label-
線	.line-
外框	.box-
清單	.list-

規則 ②： 對於多個元件組合而成的大元件，就讓內含的元件也繼承上層區塊的名稱。

● 繼承上層區塊的名稱

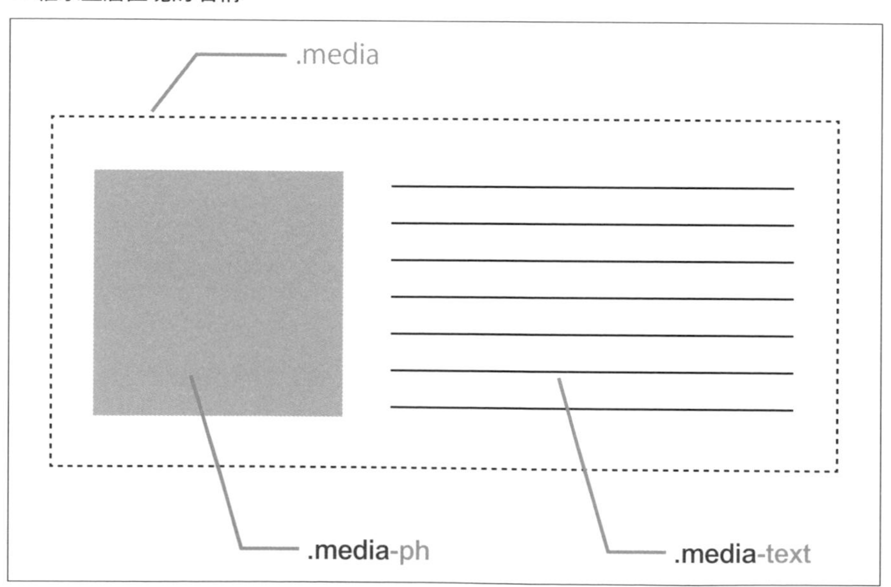

估計尺寸、色碼

在網頁設計與撰寫階段是完全分工的狀況下，對於每個元素的尺寸、留白的規律、文字顏色、背景顏色以及邊線的顏色等，最好都能確實轉化為數值，此工作雖然也可以在撰寫 CSS 的時候再進行，不過若是可以在實作前先統一估計尺寸、寫下數字、製作出供 CSS 使用的設計草圖，那麼在多人分擔工作會比較順利。

● 例：估計尺寸、色碼

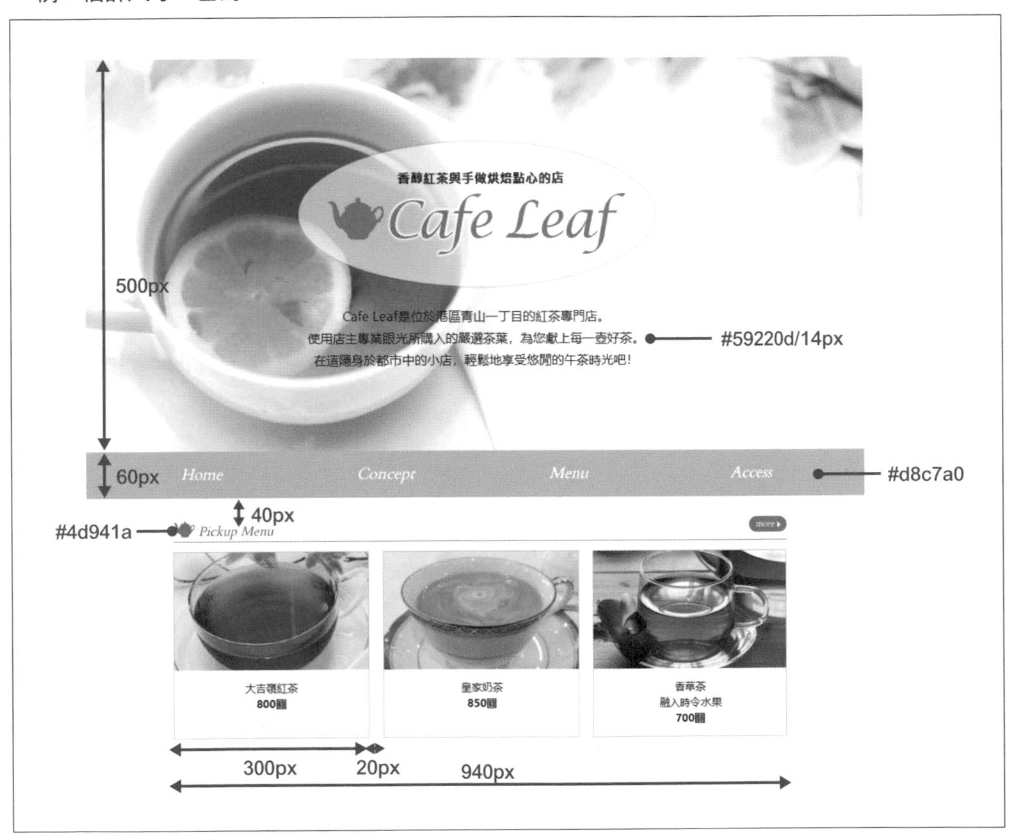

接下來就拿本堂課準備的範例網頁，實際試著規劃看看吧！在範例檔案的 /chapter08/lesson26/design/ 目錄下，備有電腦版 / 行動版網頁的設計方案圖檔，您可以列印出來以便於練習使用。

範例網頁

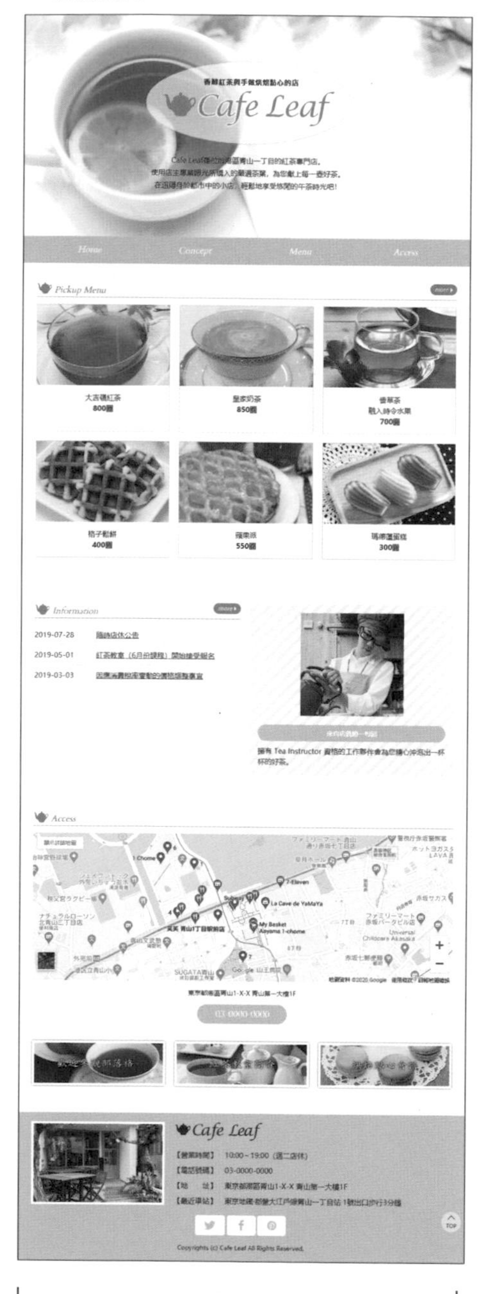
香醇紅茶與手作烘焙點心的店
Cafe Leaf
Home
Concept
Menu
Access
Pickup Menu
大吉嶺紅茶
800圓
皇家奶茶
850圓
香草茶
附入時令水果
700圓
格子鬆餅
400圓
蘋果派
550圓
瑪德蓮蛋糕
300圓
Information
2019-07-28
臨時店休公告
2019-05-01
紅茶教室（6月份課程）開始接受報名
2019-03-03
Access
Cafe Leaf
Copyrights (c) Cafe Leaf All Rights Reserved.

香醇紅茶與手作烘焙點心的店
Cafe Leaf
Home
Concept
Menu
Access
Pickup Menu
大吉嶺紅茶
800圓
皇家奶茶
850圓
香草茶
附入時令水果
700圓
格子鬆餅
400圓
蘋果派
550圓

瑪德蓮蛋糕
300圓
Information
2019-07-28
臨時店休公告
2019-05-01
紅茶教室（6月份課程）開始接受報名
2019-03-03
Access
歡迎參觀部落格
紅茶教室簡介
烘焙點心食譜
Cafe Leaf
Copyrights (c) Cafe Leaf All Rights Reserved.

電腦版

行動版

實作 按照設計方案規劃如何撰寫網頁

網頁文件結構設計

1 以 hx 元素決定文件的骨架

首先請找出文件結構上最基本的「**標題**」。如同先前的解說，h1 的位置必須兼顧網站的 SEO 策略，不過由於此次是練習製作首頁，所以直接將網站 Logo 訂為 h1，而各部分內容的標題則設為 h2。

2 對「導覽列」、「條列項目」標記項目元素

網站的瀏覽方式和一般的文件不同，為了便於閱讀其他內容，常常會配置許多「導覽列」，雖然設計上有縱向或橫向等形式，不過基本上全部都標記為**項目元素**（ul 或 ol）標籤即可。另外，雖然基本上只要使用 ul 元素即可，不過像是路徑導覽或步驟解說之類，其排列順序是有意義的，設定為 ol 元素會比較適合。

而其他的內容部分，如果有**多個物件並排的狀態**，也請用項目元素來標記。由於 li 元素基本上可以放進任何東西，即使是有點複雜的內容，只要該區塊呈現並列（具有相同意義、相同比重）的狀態，即可標記為項目元素。但是請留意，這裡不建議在 li 元素當中放入標題元素，因為這樣會讓原本應該位於同一區塊的集合體，被不同區塊的外框分割開，如果是有必要升為標題的部分，請勿訂為項目元素，應該直截了當地以 section 元素 + 標題元素來做分組。

3 標記其他元素

再來是對其餘內容標記適當的元素，此次的練習範例雖然種類較少，還是用上了 p、dl、table、address 和 form 等元素。

其中 p 元素只要記得是用於「非標題、非條列項目、也非其他元素的文字段落」即可。另外像是頁尾的版權資訊之類，需要精細地賦予含義的地方，也請儘可能一併納入考量。

此例標記的內容如下：

● 此次所標記的元素

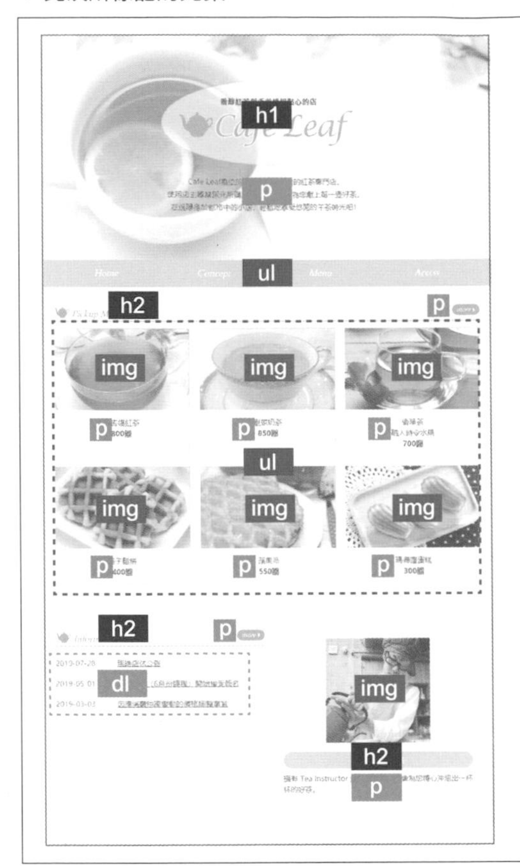

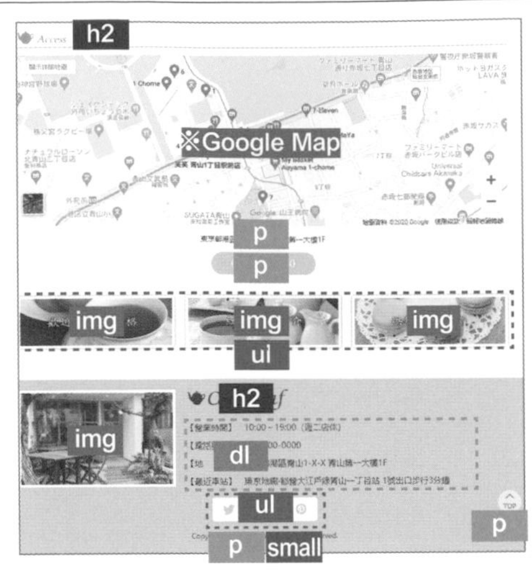

標記區塊元素

1 對內容的資訊結構進行分組

接下來需要檢討頁面整體的**構造**。除了頁首、頁尾、導覽列、主內容區域和側邊選單等對網頁的整體構造具有重要意義的較大區塊以外，像是「標題以及其伴隨內容」的小區塊、各區塊內具有相同功能或角色地位的區域等，也都需要預先個別進行分組。

2 對分群後的結構標上適當的元素

如果是在 HTML5 之前的做法，會將這些區塊全部標記為 div 元素，不過在 HTML5 時代應當**配合每個群組在資訊結構上所具有的意義，適當地標記上**

section 等元素。像是「頁首區域」、「頁尾區域」和「主內容區域」等，這些在版面配置上具有意義的區域，幾乎只要直接分配為 header、footer 和 main 元素即可，而其他的資訊群組則可在 section/article/aside/nav 這 4 個區塊元素中擇一分配，或是不做分配、僅設為 div 元素。此次示範的內容如下：

● 個別元素的標記

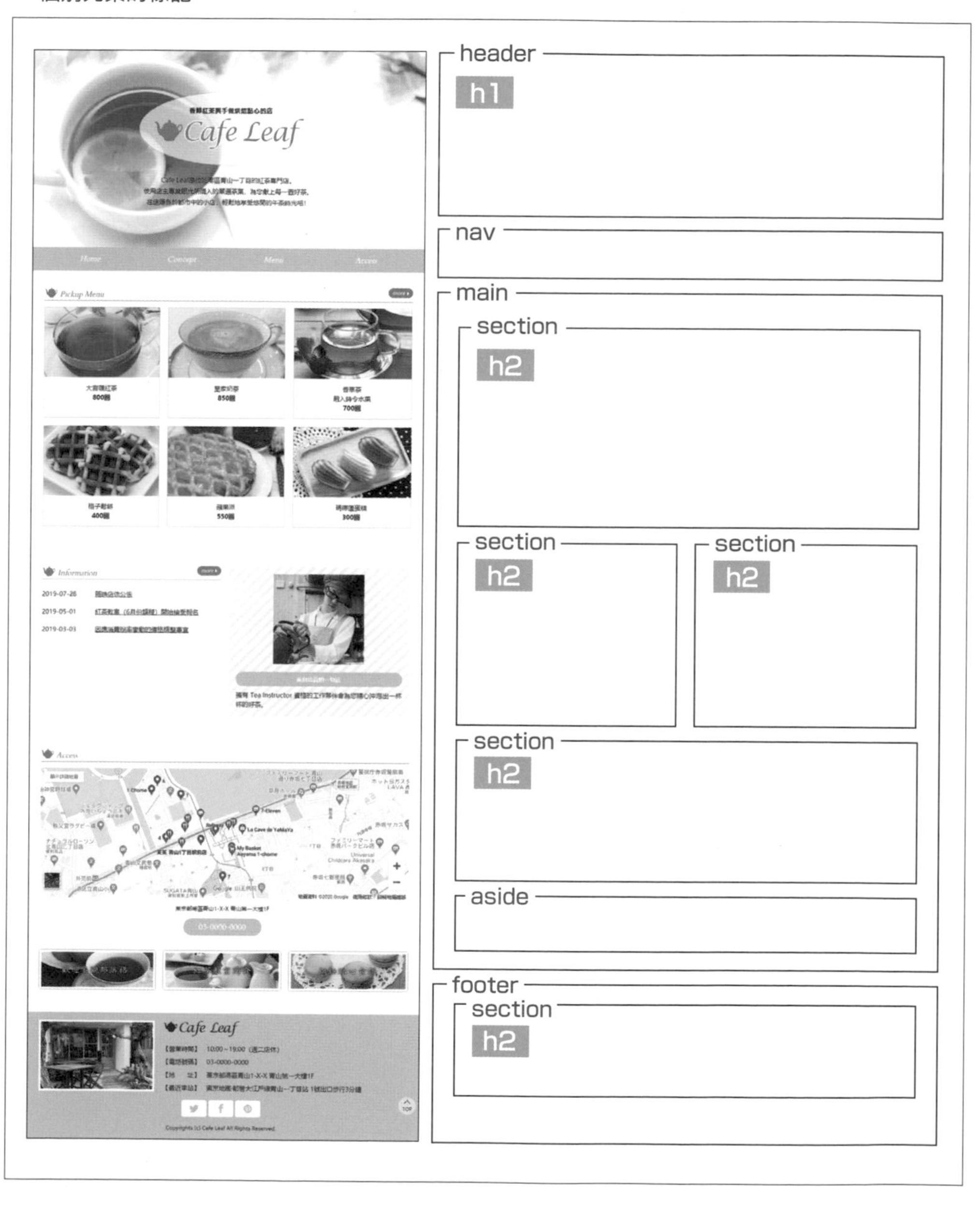

3 配合版面配置找出所需的區塊並標上 div 元素

除了資訊構造上的群組外，如果還有其他為了實現頁面設計或版面配置不可或缺的區塊，請以 div 元素來標記這些區塊。

按照版面配置來判斷是否需要 div 元素的時候，以本範例網站來說，需要考慮下列幾點事項。

❶ 頁首 / 頁尾 / 導覽列的背景其橫寬延伸為 100%。

❷ 各區域內容的寬度到了最大的 940px 即固定不再延伸，並且水平置中。

❸「information」和「來自店員的一句話」區塊在電腦版的配置方式為 2 欄並列。

❹ 頁尾內的「店面照片」和「店鋪資訊」在電腦版的配置方式為 2 欄並列。

為了做到 ❶ 和 ❷，需要有可以讓橫寬延伸至 100%、以及達到最大橫寬 940px 即固定不動的 2 個框架，所以頁首 / 頁尾 / 導覽列這些區域，必須成為由外框和內框所組成的二重結構。另外，❸ 和 ❹ 雖然與行動版的版面配置無關，不過為了顧及電腦版，還是必須加上所需的框架。

如上所述，由於需要配合設計規格的條件來改變 HTML 的結構，所以對於「**當視窗或內容的尺寸改變時，應該如何呈現頁面**」的相關資訊，必須事先確認好，這是相當重要的事情，尤其在採用響應式設計的狀況下，由於需要達到「以同一 HTML 來實現不同版面配置」的要求，所以檢討版面框架的時候需要比較電腦版 / 行動版這 2 者的設計，**網羅雙方所需的所有框架，將必要的配置框架「放好放滿」**。

另外，這些框架原則上會使用不具資訊結構意義的 div 元素，不過在需要設置框架的地方如果已經放上具有意義的標記元素，可以讓具有意義的元素兼任版面配置所需的框架。而這裡將採用兼用的方式，讓需要新增 div 元素的地方減至最少。

● 版面配置上所需的框架

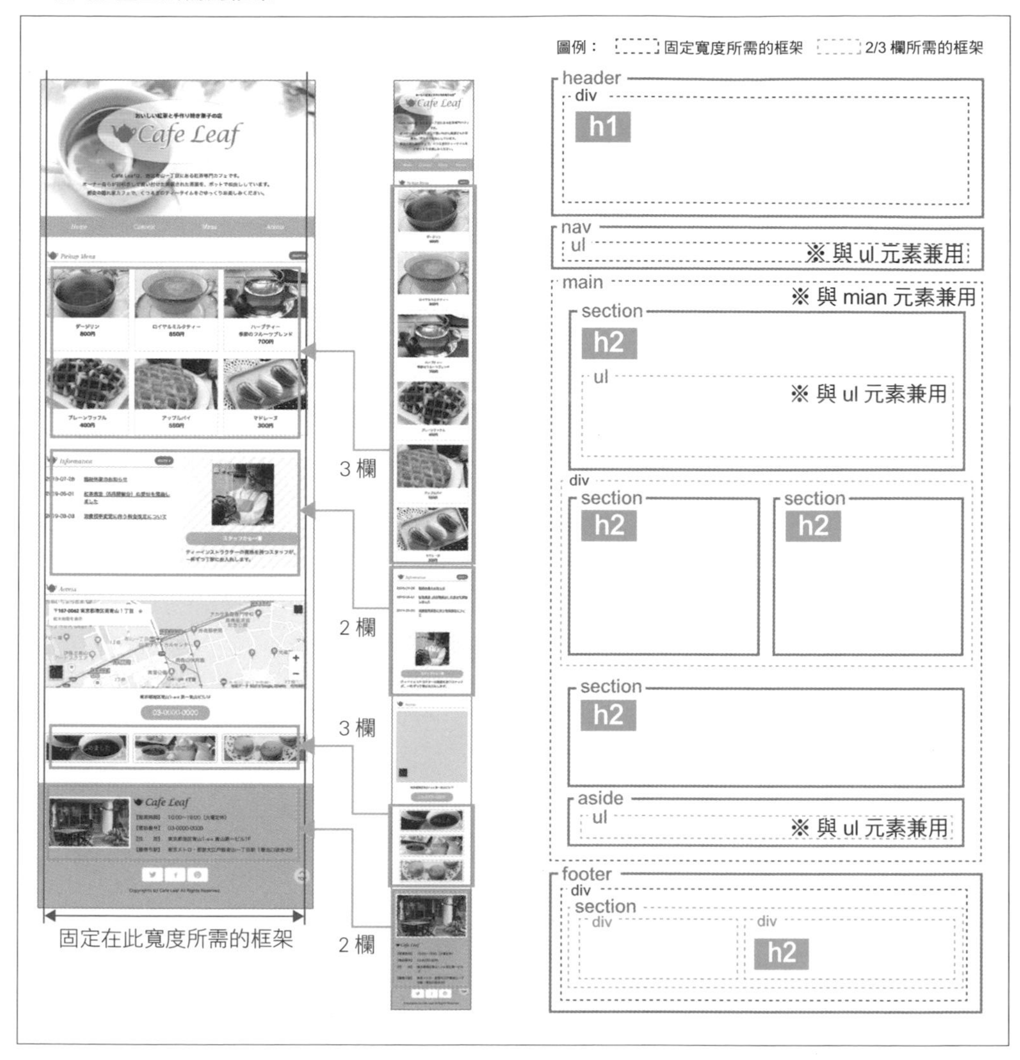

4 大綱檢核

在加上最後正式的標籤之前，為了保險起見，這裡先使用「HTML5 Outliner」這個工具軟體（https://chrome.google.com/webstore/detail/html5-outliner/），對目前只有標上區塊結構和標題標籤、也就是骨架狀態的 HTML 進行大綱檢核（Outline Check）。

● 大綱檢核結果

1. 香醇紅茶與手做烘焙點心的店 Cafe Leaf
   1. *Untitled SECTION*
   2. Pickup Menu more
   3. Information more
   4. 來自店員的一句話
   5. Access
   6. *Untitled SECTION*
   7. Cafe Leaf

Memo

大綱檢核的時機

雖然可以在所有標籤完成時再確認大綱，不過若是結構上有些問題，到了所有標籤加完之後，會比較不方便修正。因此建議在骨架狀態就先確認。

▶ 確認階層結構與標題內容

大綱檢核需要確認的重點在於**階層結構**與**標題內容**這 2 個部分，在檢核的結果中，各行縮排的狀況即為資訊的階層結構（＝頁面大綱），由此可確認所有區塊的分群是否正確。

另外還需注意標題顯示「Untitled」的地方。使用了 aside 元素與 nav 元素的地方，就算標題顯示「Untitled」也沒關係，但若是 section 元素與 article 元素的區塊標題顯示「Untitled」，表示有可能在不應該標記區塊元素的地方標記了區塊元素，必須再重新檢視結構有無問題。

● 大綱檢核的重點

COLUMN

nav 元素與 aside 元素的標題

nav 元素與 aside 元素在瀏覽器內部會自動給予標題為「navigation」，因此在標記時可不設定標題。但是由於 HTML5 Outliner 無法做這樣的區分，因此只要未標記標題者，一律會顯示 Untitled。若是覺得這樣不好判斷的話，也可以改用「Nu Html Checker（https://validator.w3.org/nu/）」線上工具進行檢核。

● Nu Html Checker 的大綱檢核結果

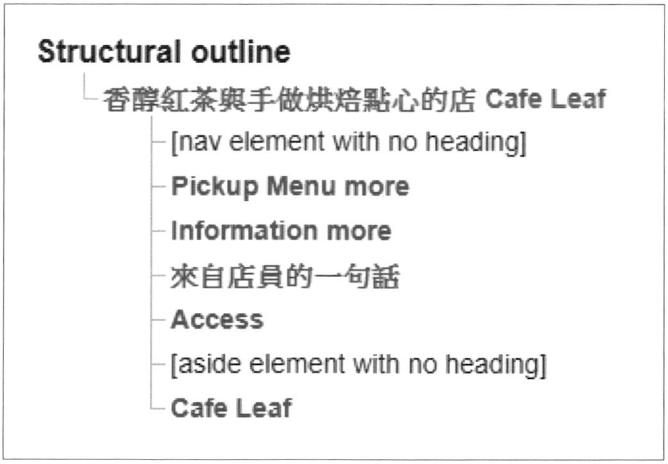

```
Structural outline
 └香醇紅茶與手做烘焙點心的店 Cafe Leaf
     ├[nav element with no heading]
     ├Pickup Menu more
     ├Information more
     ├來自店員的一句話
     ├Access
     ├[aside element with no heading]
     └Cafe Leaf
```

對規劃好的區塊設定 id/class 名稱

列出文件結構和版面所需的所有區塊之後，再來是按照預先決定的命名規則賦予 id / cass 名稱。此次原則上僅使用 class 的選擇器，而名稱則是採用之前提到的「單字以橫線連接」、「常用識別字串」和「繼承上層元件名稱」等規則。

另外，對於大架構的區塊（頁首、頁尾等）也額外加上 id 屬性，這除了可以做為頁面內錨點的超連結目的地，也是為了不時之需而預先賦予各區域名稱，不過基本上不會當作選擇器來設定樣式。

Memo

如果無需加上頁面內錨點跳躍的功能，就不必先設定 id 屬性，不過在某些狀況下，例如 id 屬性可以讓 JavaScript 程式比較快速取得特定的元素、或是需要針對某個特定區域設定獨特的樣式等，因為會有這類需求，所以為了保險起見才會為每個區域加上設定。

● id/class 名稱

id/class 名稱的設定 ※ 僅列出重點項目

header#header.header
- div.container
  - h1.header-logo
  - p.header-msg

nav#gnav.gnav
- ul.container

main#contents.container
- section#menu.section
  - h2.heading
  - ul.menu-list / .pc-grid-col3
- div.pc-grid-col2
  - section#info.section
    - h2.heading
    - dl.info-list
  - section#staff.section
    - div.staff-photo
    - h2.staff-heading
    - p.staff-text
- section#access.section
  - h2.heading
- aside#banner.section
  - ul.banner-list / .pc-grid-col3

footer#footer.footer
- div.container
  - section.footer-info
    - div.footer-info-ph
    - div.footer-info-data
      - h2.footer-info-title
      - dl.footer-info-list

Memo 在飲品清單和 Banner 部分的橫向 3 欄配置、以及公告與店員專欄的橫向 2 欄配置部分，為了便於管理可能出現於多處的橫向多欄配置，所以加上了專用的 class。

決定哪些地方要以圖片呈現

完成標記作業後，接下來需要準備圖片素材，準備圖片素材時會按照下列的步驟進行：

1. 列出必須以圖片呈現的部分。
2. 判斷背景是否採用圖片，以 img 的形式寫進 HTML。
3. 決定圖檔的命名規則。
4. 製作圖檔。

除此之外還要考慮一些事項，例如「**只靠 CSS 可以做到何種程度**」，以及「**是否要考慮 Retina 螢幕的瀏覽情況**」。

▶ CSS 在不同瀏覽器所呈現的效果會有差異

以網頁製作來說，能以 CSS 達成的設計應儘量用 CSS 來寫，將圖片的用量減至最低。如同 Chapter06 Lesson20 所練習過的內容，像是「圓角、漸層、陰影、使用多種顏色的多重線、半透明色」等基本設計元素，在目前的內建瀏覽器上都能以 CSS 達成，不過由於 IE11 不支援 filter 之類的效果，所以在判斷是否以圖檔呈現的時候，必須考慮到各款瀏覽器的 CSS3 支援狀況、決定要怎麼做。

▶ 儘量採用向量圖

如同 Lesson23 的解說，因為瀏覽裝置的畫素密度差異，相同尺寸的點陣圖在高解析螢幕上會發生模糊的狀況，所以製作響應式網頁的時候，會儘量不使用點陣圖。此次的範例將以下列方式，儘量使用向量圖。

● 圖片、圖示的規劃

範例網頁中的內容	如何實作
英文的特殊字體	利用網路字型（Google Fonts 等）
標題的茶壺圖示	SVG 圖檔
標題的「more」按鈕	CSS+ 網路字型
斜向條紋	CSS（repeating-linear-gradient）
社群網站圖示	利用圖示字型（font awesome、icomoon 等）
回到頂端的按鈕	CSS+ 裝置字型文字

※ 如果多下點功夫，網站標題的 Logo 也能以 CSS+SVG+ 字型文字來呈現，不過 Logo 的整體性在網頁縮放的時候比較難以保持尺寸上的平衡感，為了節省時間，此次採用透明背景的 PNG 圖檔。

▶ 準備頁面所需最大尺寸的圖片素材

對於無法用向量方式做到的照片，原則上會考慮所有的版面配置狀況，以「最大顯示狀態」的尺寸來準備點陣圖。您可能覺得電腦版的版面才需要最大尺寸的圖片，不過在頁面變換分界點設為 768px 這樣數值較大的條件下，行動版面所需圖片尺寸大於電腦版的狀況相當常見。

● 照片圖檔所需的尺寸

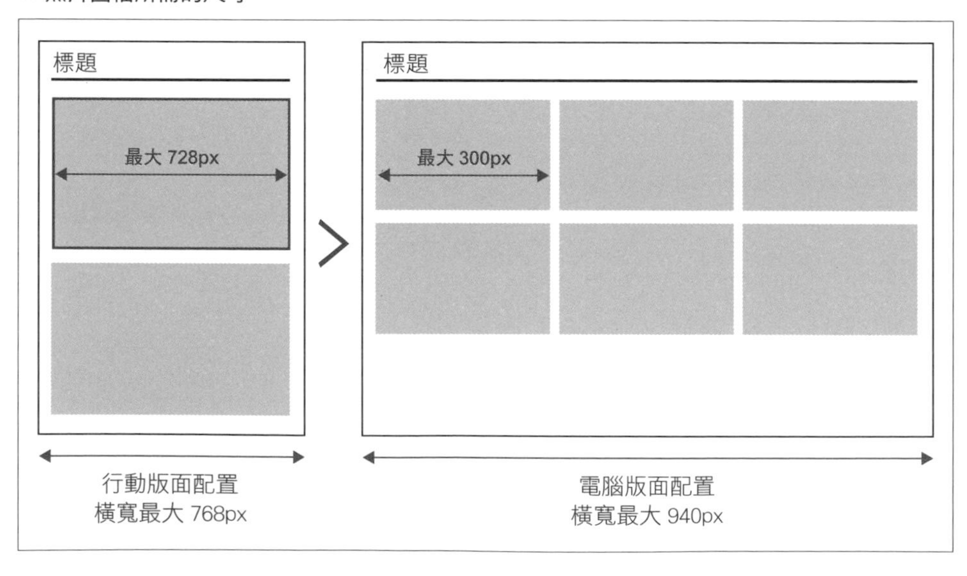

▶ 解決圖片可能遇到的裁切狀況

另外，響應式網頁還可能遇到「**同一圖片在電腦和行動版面上的裁切區域不同**」的問題。以此次範例網頁的設計來說，主視覺的圖片就遇到這樣的問題。

● 頁面主視覺想要呈現的裁切狀況

而實務上大致有 3 種應對方式：

❶ 只準備 1 個共用的圖檔，以 CSS 調整顯示區域。

❷ 分別準備電腦 / 行動版的圖檔，利用 media query 功能切換顯示 / 隱藏。

❸ 分別準備電腦 / 行動版的圖檔，利用 picture 元素按照瀏覽環境自動切換使用不同圖檔。

至於何種方式較佳無法一概而論，請參考以下所列的優缺點，綜合檢討後再決定實作方式。

● 各做法的優缺點

實作方式	優點	缺點
❶	・只需 1 張圖片，管理圖檔較為輕鬆 ・比使用 2 張圖片的資料傳輸量少 ・如果是背景圖片，實作上較為簡單	・必須特別準備包含電腦 / 行動版所需顯示範圍的完整圖片檔案 ・難以精確控制圖片顯示於頁面上的範圍 ・img 元素在實作上難度較高
❷	・可以遵照設計方案在頁面上呈現完全相同的圖片範圍	・因為網頁原始檔需要寫入 2 行類似的敘述，原始碼會稍微繁雜 ・隱藏的圖檔還是會被下載，因而增加傳輸量
❸	・可以遵照設計方案在頁面上呈現完全相同的圖片範圍 ・由於會按照語法指定的條件下載符合的圖檔，避免多餘的資料傳輸量	・IE 11、Android 4.4 和 Safari 9 以前的舊版本等瀏覽器可能無法支援

因為此次主視覺圖片是以背景圖片方式呈現，而且僅用於表達意象，無需精密控制顯示區域，所以採用 ❶ 的方式。另外，由於需要涵蓋裁切狀況不同的 2 種版面的顯示範圍，因此圖片的橫寬需要達到電腦版的版面寬度，而且高度需要滿足行動版的所見範圍。

● 圖片在不同版面所呈現的區域

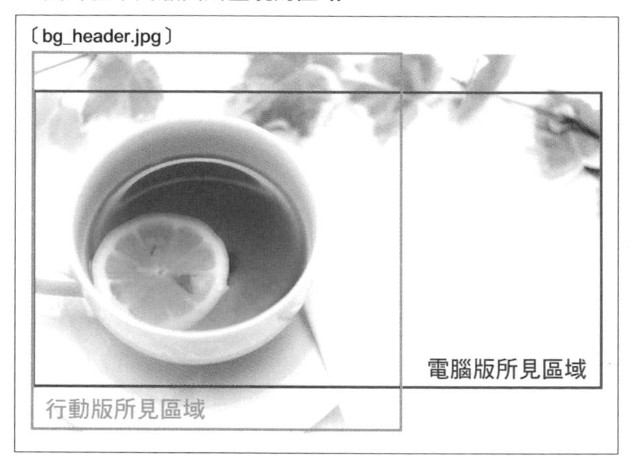

記錄各處套用的 CSS 數值

最後是記錄需要以 CSS 指定樣式的地方，主要有各區塊尺寸、留白、線條和背景顏色、文字尺寸、以及行距等。對於大框架制式版面配置的部分，可以按照設計方案的圖面、掌握整體狀況後，再進行估計並寫下數值備用，而較為細節的個別樣式資訊，則可在撰寫網頁原始檔的時候，再一邊以圖片編輯軟體進行量測。

● 以 CSS 設定的數值

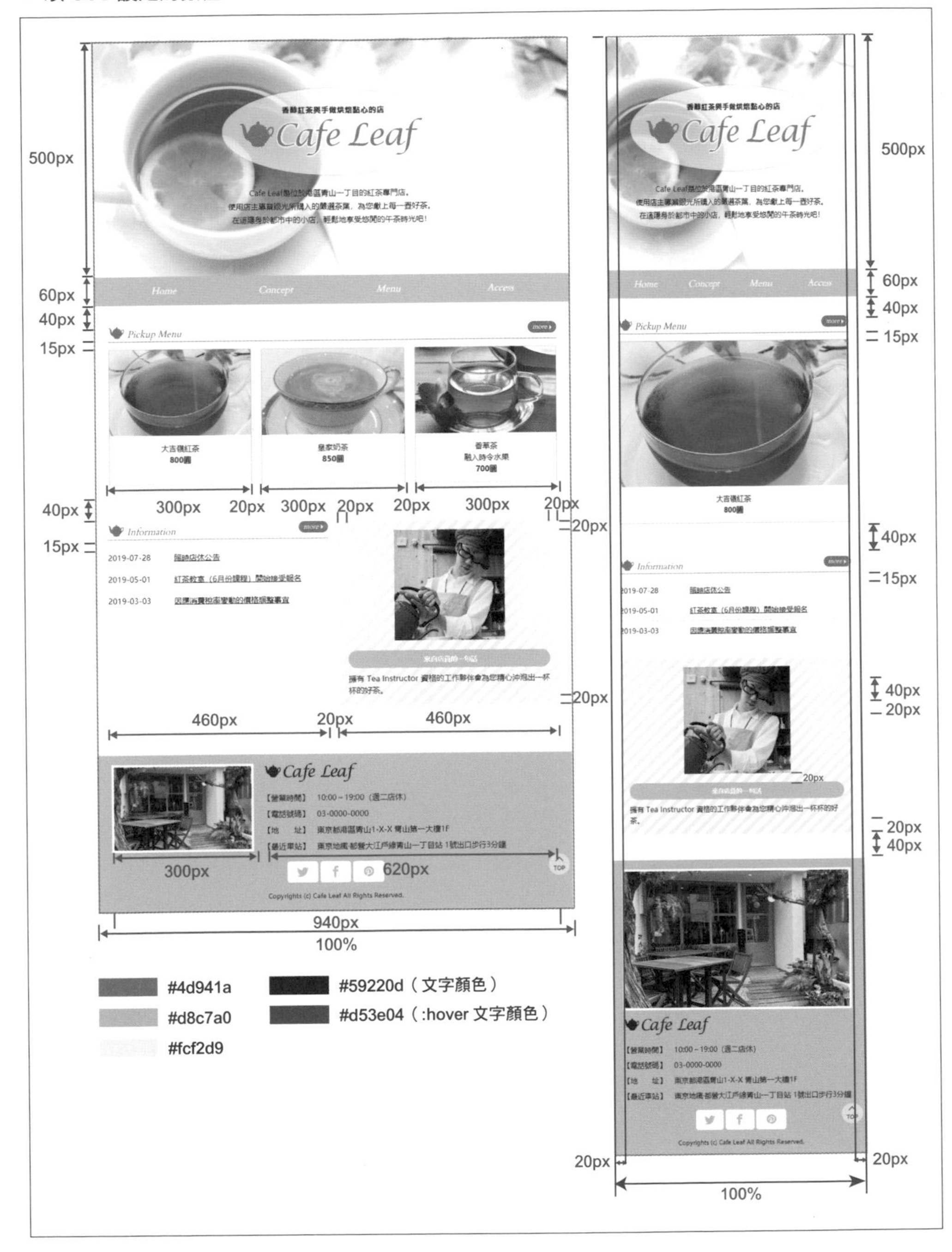
500px
60px
40px
15px
40px
15px
300px
20px
300px
20px
20px
300px
20px
20px
20px
460px
20px
460px
300px
620px
940px
100%
Cafe Leaf
Home
Concept
Menu
Access
Pickup Menu
Information
#4d941a
#d8c7a0
#fcf2d9
#59220d（文字顏色）
#d53e04（:hover 文字顏色）
40px
20px
20px
40px
20px
20px
100%

呼～以上就完成了撰寫網頁前的準備工作。事前的工作可能遠比您想像中的繁雜，不過事先完成規劃，之後只需按照設計圖面來施工即可。此外，一開始做不到完美無缺並不要緊，但至少請先了解準備工作應該達到何種程度，之後再試著朝向理想狀態邁進吧！

- **工作流程上最重要的是在開始實作前，先確實完成設計規劃。**
- **響應式網頁需要兼顧電腦 / 行動裝置雙方的版面配置，檢討出同一 HTML 即可實現的標籤標記方式。**
- **準備圖檔的時候，尺寸和檔案格式等事項需要顧及各種瀏覽裝置。**

CHAPTER 09

Step by Step 實作 響應式網頁

前一章已經針對我們的範例網站完成規劃，本章就著手將響應式網頁撰寫出來。撰寫時需要綜合理解 HTML、CSS 以及支援各種瀏覽裝置的知識，若對任何操作有疑問，還請多多複習前面所介紹的基礎知識。

LESSON

27 準備樣板檔案

進入正式的網頁製作階段，一開始要先製作所需的 HTML/CSS 基礎樣板檔案（base.css）。經過先前的設計規劃已經獲得標記了元素的 HTML 以及基本 CSS 的雛形，就將這些整理成為樣板檔案吧！

Sample File chapter09 ▶ lesson27 ▶ before ▶ css ▶ base.css
▶ index.html

● Before

● After

實作 準備 HTML 和 CSS 的基本樣板檔案

一開始首要的工作有以下 2 點：

❶ 統一各款瀏覽器的初始狀態。

❷ 讓各款瀏覽器都能以相同規則來控制頁面外觀。

對於實際從事網頁製作的人來說，這可能是常識，不過初學者通常不太清楚，很容易成為後續出問題卻找不出原因的根源。

讀入「Reset CSS」重置瀏覽器的預設樣式

如果只單純將 HTML 檔案交給網頁瀏覽器開啟，那麼標題看起來會像標題、項目清單也會像清單項目的樣子，這樣的效果不是套用任何樣式表來的，而是瀏覽器本身內建的**預設樣式表**。

而瀏覽器的預設樣式表具有下列的這些問題。

❶ 各瀏覽器的預設樣式會有些微差異。

❷ 預設樣式中多少帶有一些 Bug。

❸ 瀏覽器設定的樣式大多無法滿足一般網頁所需。

● 預設樣式所顯示結果的差異

Internet Explorer 11 (Windows)	Safari 11.1 (Mac OS X)
標題1 標題2 標題3 區塊元素內容文字內容文字內容文字 • 清單項目 • 清單項目 • 清單項目	標題1 標題2 標題3 區塊元素內容文字內容文字內容文字 • 清單項目 • 清單項目 • 清單項目

製作網頁時，通常會設法消弭各款瀏覽器的差異，做法很簡單，就是先用 CSS **重置瀏覽器的預設樣式**，這類 CSS 程式一般被稱為「Reset CSS」。

1 讀取 Reset CSS

在網路上很容易就可以找到現成的 Reset CSS 程式，可以比較各自的特點後擇一使用，也可以對選用的 Reset CSS 增加個人所需的設定。

本書範例所使用的 Reset CSS 是以 Eric Meyer's Reset CSS v2.0 為基礎，再額外增加一些個人化的設定。備妥 Reset CSS 後，只要將 Reset CSS 撰寫在 base.css 樣版檔案內，接著在 HTML 中指定 base.css 即可：

● index.html

```
18  <!-- stylesheets -->
19  <link rel="stylesheet" href="css/base.css" media="all">
```

將 Reset CSS 程式撰寫在 base.css 樣版檔案中，然後在 HTML 指定路徑來讀取即可。(本例所使用的 Reset CSS 程式如右頁所示)

您可以觀察一下重置前後的差異：

● 重置前

● 重置後

● 本例所使用的 Reset CSS 程式 (\Lesson27\before\css\base.css)

```
/*
==========================================
  Reset CSS
==========================================
*/
html, body, div, span, object, iframe,
h1, h2, h3, h4, h5, h6, p, blockquote, pre,
abbr, address, cite, code,
del, dfn, em, img, ins, kbd, q, samp,
small, strong, sub, sup, var,
b, i,
dl, dt, dd, ol, ul, li,
fieldset, form, label, legend,
table, caption, tbody, tfoot, thead, tr, th, td,
article, aside, canvas, details, figcaption, figure,
footer, header, main, menu, nav, section, summary,
time, mark, audio, video{
    margin:0;        ─ 將以上元素的 margin/padding 設為 0
    padding:0;
}

article,aside,details,figcaption,figure,
footer,header,main,menu,nav,section{
    display:block;        ─ 舊款瀏覽器的顯示對策
}

html{
    -webkit-text-size-adjust: 100%;        ─ 防止行動裝置因橫寬而放大文字尺寸
}
```

------------------------------ 省略 ------------------------------

```
img{
    border: 0;        ─ 防止具超連結的圖片出現外框線
}

ul,ol{
    list-style-type: none;        ─ 不顯示清單項目開頭的符號
}

table {
    border-collapse: collapse;        ─ 讓表格的框線重疊合併為單線
    border-spacing: 0;
}

img, input, select, textarea {
    vertical-align: middle;        ─ 調整 Inline 元素的顯示位置
}
```

● 主要的 Reset CSS

名稱	特點
Eric Meyer's Reset CSS URL https://cssreset.com/scripts/eric-meyer-reset-css/	從 XHTML 時代即存在的老字號 Reset CSS, 設定項目較少、精簡，已支援 HTML5。
html5 Doctor HTML5 Reset Stylesheet URL http://html5doctor.com/html-5-reset-stylesheet/	特別針對 HTML5 改良過的老字號 Reset CSS, 可設定的項目比 Eric Meyer's 精細。
Normalize.css URL https://necolas.github.io/normalize.css/	能修正預設樣式的 Bug 以便回歸正常，是專門為了統一各款瀏覽器顯示狀況的 Reset CSS, 由於保持了預設樣式當中有用的項目，比較適合文章類內容。
sanitize.css URL https://github.com/csstools/sanitize.css/ 或 https://csstools.github.io/sanitize.css/	以 Normalize.css 為基礎，為了支援多種瀏覽裝置而增加所需的重置項目。
ress.css URL https://github.com/filipelinhares/ress	以 Normalize.css 為基礎，為了支援多種瀏覽裝置而增加所需的重置項目。由於將 margin/padding 設為 0, 比 Normalize.css 更能自由地改變設計。

Memo 由於 Reset CSS 的目的在於建立初始狀態，所以在開始時讀取 1 次即可，如果中途再次讀取、或是反覆讀取此 CSS 設定，有可能會產生其他問題，請牢記不要這樣做。

2 防止 IE 的「相容性檢視」功能

除了瀏覽器的預設樣式要注意外，Internet Explorer 的「相容性檢視」功能也有可能造成預期之外的顯示狀況。如果對某個網站開啟了此項功能，即使是最新版本的 IE11, 也會以「如同 IE7」的呈現方式來顯示頁面，由於 IE7 本身即是 HTML 和 CSS3 問世前的瀏覽器，當然無法呈現對應的效果。

一般的網站都不希望在相容性檢視的模式下被瀏覽，為了阻止此功能，可在 head 部分加入 1 行語法，如下所示：

● index.html

```
12  <meta http-equiv="X-UA-Compatible" content="IE=Edge">
```

3 為了支援行動裝置的基本語法敘述

Reset CSS 和防止 IE 相容性檢視的動作，是製作各類型網頁都要進行的工作，而在製作行動裝置專用網頁、或是響應式網頁時，必須額外加上行動裝置所需的語法敘述。下面紅色原始碼的部分就是針對行動裝置的敘述，例如指定 viewport、指定主畫面圖示等 .... 這部分我們已在 Chapter07 的 Lesson 24 詳細解說過，如果對某些語法有所疑惑，請參閱前面的說明。

● index.html

```
<!DOCTYPE html>
<html lang="ja">
<head>
<meta charset="utf-8">

<title>Cafe Leaf</title>
<meta name="description" content="">
<meta name="keywords" content="">

<meta name="viewport" content="width=device-width,initial-scale=1.0">
<meta name="format-detection" content="telephone=no">
<meta http-equiv="X-UA-Compatible" content="IE=Edge">

<!-- icons -->
<link rel="icon" href="img/favicon.ico">
<link rel="icon" sizes="192x192" href="img/apple-touch-icon.png">
<link rel="apple-touch-icon" href="img/apple-touch-icon.png">

<!-- stylesheets -->
<link rel="stylesheet" href="css/base.css"  media="all">

</head>
```

● base.css

```
html{
    -webkit-text-size-adjust: 100%;
}
```

4 指定整個網站通用的樣式

最後，如果整個網站需要加上通用的基本樣式等設定，就一併加上去吧。而哪種元素需要設定成什麼樣的基本樣式，實際上會因網站而異、無法一概而論，不過像是每個網站都需要的基本字型和超連結樣式等，請至少加上這些基本樣式備用。

● base.css

```
49 ▼ a {
50         color: #59220d;
51         transition: 0.5s;
52     }
53 ▼ a:hover {
54         color: #d53e04;
55     }
56 ▼ a:hover img {
57         opacity: 0.7;
58     }
```

以上便是此次範例網頁所需的基本樣板內容。

原本接下來應該實際按照先前的規劃設計，進行整個 HTML 檔案的標記作業，這部分我們直接秀出完成的狀態，之後就專注在 CSS 的控制，請在進入下個 Lesson 之前開啟 /lesson27/before/index.html 範例檔，先大致瀏覽 HTML 的內容。

● 網頁原始檔內容（※ 部分省略）

```
<body>

標題區塊
<header id="header" class="header">
  <div class="container">
    <div class="header-title">
      <h1 class="header-logo"><a href="index.html"><img src="img/logo_header.png" alt="香醇紅茶與
手做烘焙點心的店 Cafe Leaf Cafe Leaf"></a></h1>
      <p class="header-msg">Cafe Leaf 是位於港區青山一丁目的紅茶專門店。<br>
使用店主專業眼光所購入的嚴選茶葉，為您獻上每一壺好茶。<br>
在這隱身於都市中的小店，輕鬆地享受悠閒的午茶時光吧！</p>
    </div>
  </div>
</header><!-- /#header -->

導覽列區塊
<nav id="gnav" class="gnav">
  <ul class="container">
    <li><a href="#">Home</a></li>
    <li><a href="#">Concept</a></li>
    <li><a href="#">Menu</a></li>
    <li><a href="#access">Access</a></li>
  </ul>
</nav><!-- /#gnav -->
```

主內容區塊

```
<main id="contents" class="contents">
  <div class="container">
```

飲品菜單

```
  <section id="menu" class="section">
    <h2 class="heading">Pickup Menu <a href="#" class="more">more</a></h2>
    <ul class="pc-grid-col3 menu-list">
      <li class="col">
        <img src="img/ph_menu01.jpg" alt="">
        <p class="menu-text"> 大吉嶺紅茶 <br><b>800 圓 </b></p>
      </li>
```

省略

```
    </ul>
  </section><!-- /#menu -->
```

2 欄並列

```
  <div class="pc-grid-col2">
```

通知

```
    <section id="info" class="col section">
      <h2 class="heading">Information <a href="#" class="more">more</a></h2>
      <dl class="info-list">
        <dt>2015-07-28</dt>
        <dd><a href="#"> 臨時店休公告 </a></dd>
```

省略

```
      </dl>
    </section><!-- /#info -->
```

店員的一句話

```
    <section id="staff" class="col section">
      <div class="staff-photo"><img src="img/ph_staff.jpg" alt=" 工作人員近照 "></div>
      <div class="staff-msg">
        <h2 class="staff-heading"> 來自店員的一句話 </h2>
        <p class="staff-text"> 擁有 Tea Instructor 資格的工作夥伴會為您精心沖泡出一杯杯的好茶。</p>
      </div>
    </section><!-- /#staff -->

  </div><!-- /.grid -->
```

交通位置

```
  <section id="access" class="section">
    <h2 class="heading">Access</h2>
    <div class="map">
      <iframe
src="https://www.google.com/maps/embed?pb=!1m16!1m12!1m3!1d3241.177172339873!2d139.72505595!3d35
.672639249999996!2m3!1f0!2f0!3f0!3m2!1i1024!2i768!4f13.1!2m1!1z5p2x5Lqs6YO95riv5Yy66Z2S5bGxMS0x!
5e0!3m2!1sja!2sjp!4v1439816808418" width="600" height="450" frameborder="0" style="border:0"
allowfullscreen></iframe>
    </div><!-- /.map -->
    <div class="add">
      <p> 東京都港區青山 1-X-X 青山第一大樓 1F</p>
      <p><a href="tel:03-0000-0000" class="btn-tel">03-0000-0000</a></p>
    </div>
  </section><!-- /#intro -->
```

Banner

```
  <aside id="banner" class="section">
    <ul class="pc-grid-col3 banner-list">
      <li class="col"><a href="#"><img src="img/bnr_blog.jpg" alt=" 歡迎參觀部落格 "></a></li>
      <li class="col"><a href="#"><img src="img/bnr_lesson.jpg" alt=" 紅茶教室簡介 "></a></li>
      <li class="col"><a href="#"><img src="img/bnr_recipe.jpg" alt=" 烘焙點心食譜 "></a></li>
    </ul>
  </aside><!-- /#banner -->

  </div><!-- /.container -->
</main><!-- /#main -->
```

```
<footer id="footer" class="footer">                                      頁尾區塊
  <div class="container">
                                                                      店鋪資訊
    <section class="footer-info">
                                                                      店面外觀
      <div class="footer-info-ph"><img src="img/ph_shop.jpg" alt=" 店面外觀 "></div>
                                                                      營業時間等
      <div class="footer-info-data">
        <h2 class="footer-info-title"><img src="img/logo_footer.svg" alt="Cafe Leaf"></h2>
        <dl class="footer-info-list">
          <dt>【營業時間】</dt>
          <dd>10:00～19:00（週二店休）</dd>
------------------------------------- 省略 -------------------------------------
        </dl>
      </div>

    </section>
                                                                      社群網站
    <ul class="sns">
      <li><a href="#" class="icon-twitter" title="Twitter"></a></li>
      <li><a href="#" class="icon-facebook" title="Facebook"></a></li>
      <li><a href="#" class="icon-pinterest" title="Pinterst"></a></li>
    </ul>
                                                                      版權資訊
    <p class="copyright"><small>Copyrights (c) Cafe Leaf All Rights Reserved.</small></p>
                                                                      回到頁首
    <p class="pagetop"><a href="#header">TOP</a></p>

  </div><!-- /.container -->
</footer><!-- /#footer -->

</body>
```

- 要先以 Reset CSS 重置瀏覽器的樣式，再開始撰寫網頁。
- 需要預先防止 IE 的相容性檢視功能。
- 響應式網頁需要加上針對行動裝置的基本樣板語法。

LESSON

28 完成基本的行動版頁面

Lesson28 將會完成行動裝置上所看到的頁面。行動版頁面原則上是簡單的單欄版面配置，由於這將成為最基礎的配置方式，所以撰寫時需要顧及其他裝置的螢幕尺寸。

Sample File chapter09 ▶ lesson28 ▶ before ▶ css ▶ base.css
▶ index.html

● 完成的範例

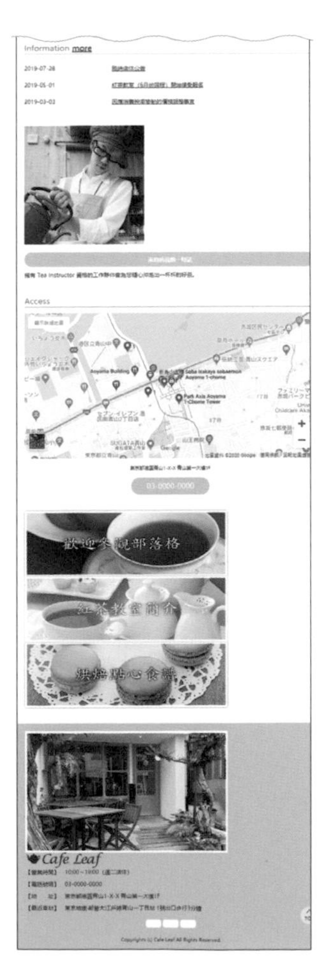

Memo

編註：由於頁面空間有限，讀者可以開啟本堂課 befeore 及 after 資料夾各自的 index.html，先預覽一下製作前後的差異

實作　製作基本的單欄版面配置

1　針對「橫跨頁面兩端的最外側框」設定樣式

說到網頁的撰寫方式，原則上應當按照「**從外側到內側、由上至下**」的順序，雖然不按這樣的方式也能寫出網頁，不過由於 CSS 樣式具有子元素繼承父元素的性質，當針對某個元素指定樣式之後，有可能會影響到後續其他元素的配置操作，按照上述的順序才能減少問題發生。

因此，這裡也是先從最外側、也就是 100% 橫跨瀏覽器畫面兩端的「頁首」、「導覽列（功能表）」和「頁尾」部分開始設定其樣式。

● base.css

```
82   /*header
83   ---------------------*/
84 ▼ .header {
85     height: 500px;
86     background: url(../img/bg_header.jpg)
       center center no-repeat;
87   }
88
89   /*global navigation
90   ---------------------*/
91 ▼ .gnav {
92     background: #d8c7a0;
93   }
------------------------ 省略 ------------------------
103  /*footer
104  ---------------------*/
105 ▼ .footer {
106    padding: 20px 0;
107    background: #d8c7a0;
108  }
```

省略

> **Memo**　我們在 chapter09\Lesson27\before\css\base.css 已經以註解方式寫著網頁各區塊的標題，請將各區塊的樣式設定寫在對應的標題下方。

另外，由於「區塊層級元素（=display:block）若沒有指定寬度，將繼承父元素的寬度」，想設定為橫寬 100% 的時候，如果沒有特別的理由，原則上無需指定 width 的數值。

2 將圖片與地圖設為流動圖片

進行響應式網頁設計，以外容器橫寬可變為前提來組合版面時，對於圖片或 iframe 等嵌入式的媒體（Media）物件，也需要將其橫寬設定為可伸縮，而像這樣「隨著父元素的寬度而伸縮的圖片、媒體物件」，即被稱為「流動圖片（Fluid Image）」。

需要轉化為流動圖片的網頁內容，主要有 img 圖片、背景圖片、以及 iframe 嵌入元素（動畫或地圖等），各有不同的設定方式。

▶ 將 img 圖片設為流動

● base.css

```
39 ▼ img{
40         border: 0;
41         max-width: 100%;
42         height: auto;
43     }
```

流動圖片的設定

● 流動圖片

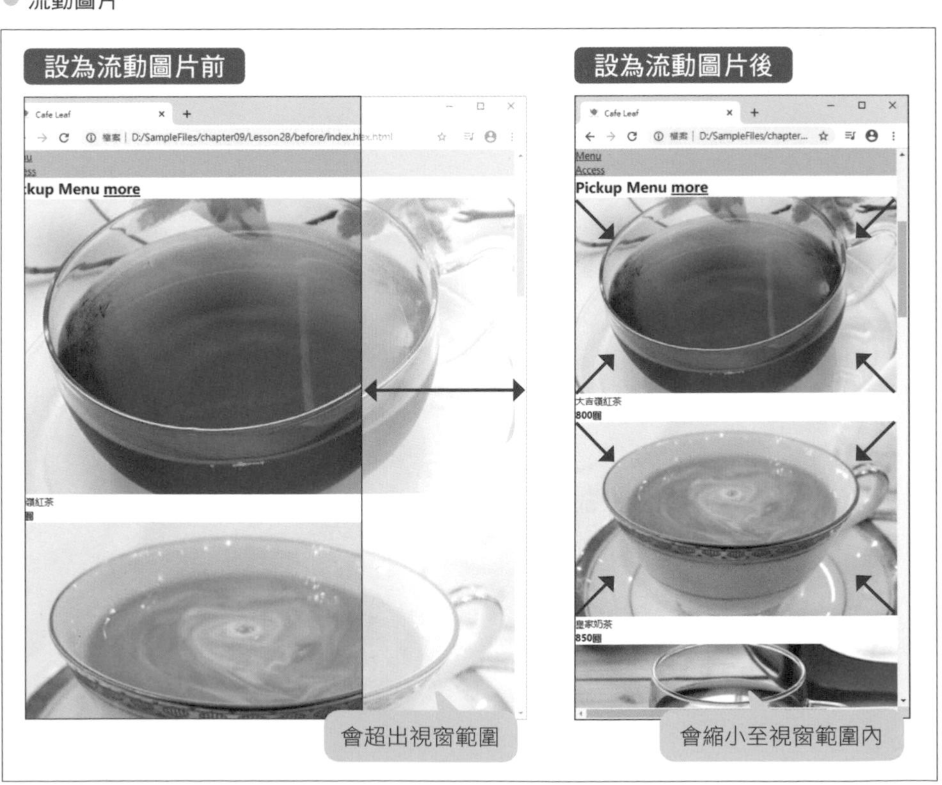

原則上會將全部的 img 圖片設為可伸縮的流動圖片，所以這裡直接對 img 元素加上流動圖片的語法敘述，加上流動化的設定之後，請試著拉大或縮小瀏覽器視窗的寬度，確認一下圖片尺寸伸縮的狀況。一般所說的「流動圖片」，並非設定 width:100%、而是 **max-width:100%,** 所以**圖片不會放大到超過原本的寬度**，因此，這樣的製作方式需要考慮到所有的版面狀況、準備最大尺寸的圖檔。

▶ 將嵌入的 iframe 元素設為流動

● base.css

```
84   /*header
85   --------------------*/
86 ▼ .header {
87     height: 500px;
88     background: url(../img/bg_header.jpg)
       center center no-repeat;
89     background-size: cover;
90   }
```

設定背景圖片涵蓋整個頁首區域，成為流動狀態

● 設為流動的背景圖片

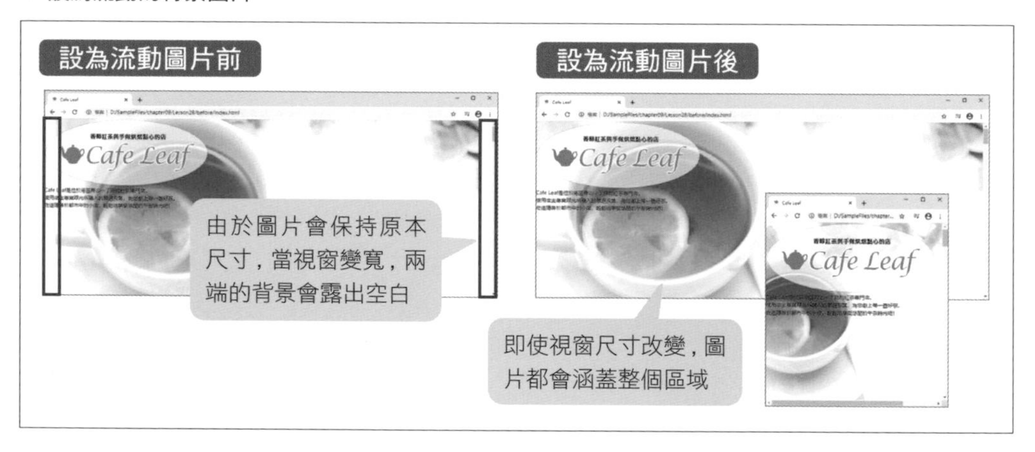
設為流動圖片前
設為流動圖片後
Cafe Leaf
Cafe Leaf
Cafe Leaf
由於圖片會保持原本尺寸，當視窗變寬，兩端的背景會露出空白
即使視窗尺寸改變，圖片都會涵蓋整個區域

▶ 將背景圖片設為流動

以背景圖片來説，只要在適當的地方指定 background-size 即可設為流動。由於此範例想讓背景圖片保持涵蓋整個頁首區域，所以採用 **background-size: cover** 的設定，若有其他需求，例如打算以圖示之類的素材當作背景、並且設為流動，此時應該會想讓整張圖片收縮維持在該區域範圍內，則可採用 **background-size: contain** 的做法，您在實作的時候需要配合設計和素材採用適當的設定。

▶ 將嵌入的 iframe 元素設為流動

將 Google 地圖或 YouTube 等外部服務嵌入自己的網站時，需要使用到 iframe 元素，由於嵌入用的原始碼指定了固定的寬度，如果想要將之設為流動，必須針對 iframe 元素以 % 單位設定橫寬。

如果僅需橫寬可變、而高度不需變動，只要單純指定 iframe { width: 100%;} 的語法，那麼便會成為橫寬可變的 iframe 區域。

● index.html

```
<div class="map">
    <iframe src="https://www.google.com/maps/embed?
    pb=!1m16!1m12!1m3!1d3241.177172339873!2d139.7250559
    5!3d35.672639249999996!2m3!1f0!2f0!3f0!3m2!1i1024!2
    i768!4f13.1!2m1!1z5p2x5Lqs6YO95riv5Yy6Z2S5bGxMS0x!
    5e0!3m2!1sja!2sjp!4v1439816808418" width="600"
    height="450" frameborder="0" style="border:0"
    allowfullscreen></iframe>
</div><!-- /.map -->
```

任意的父元素

貼上 Google 地圖的嵌入碼

● base.css（僅橫寬可變的寫法）

```
98   /*Google Map
99   ---------------------*/
100▼ .map iframe {
101      width: 100%;
102  }
```

● 將 Google 地圖設為流動（高度固定的狀況）

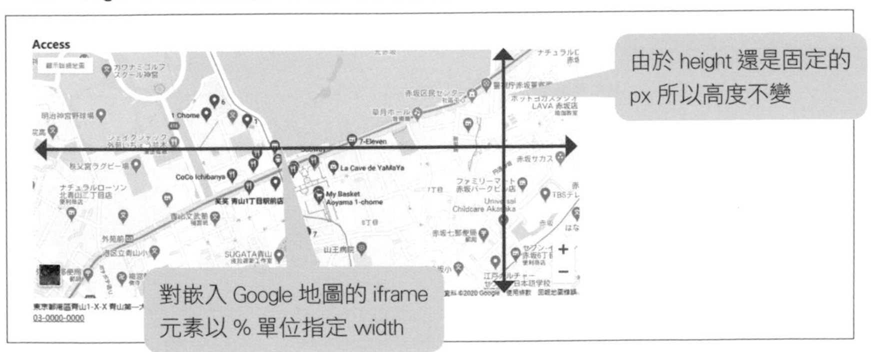
Access
由於 height 還是固定的 px 所以高度不變
對嵌入 Google 地圖的 iframe 元素以 % 單位指定 width

不過若希望寬高比固定、讓整個區域等比例伸縮，那就還需要多下點功夫。為了製作出能維持固定寬高比的 iframe 區域，首先需要以 div 等元素將控制對象的 iframe 包起來，由於此範例的 Google 地圖其外圍已經有 <div class="map">，所以直接利用它來加上如下的設定：

● base.css（寬高比固定、整區等比例伸縮的寫法）

```
105 ▼ .map {
106       /*設定絕對配置的基準框*/
107       position: relative;
108 
109       /*依父元素的橫寬保留 50% 高度的可變空白區域*/
110       padding-top: 50%;
111   }
112 ▼ .map iframe {
113       /*在可變空白區域上以絕對方式配置 iframe 框*/
114       position: absolute;
115       left: 0;
116       top: 0;
117       /*貼合父元素的寬度和高度*/
118       width: 100%;
119       height: 100%;
120   }
```

指定 map 區域的寬高比

在指定寬高比的區域內 以 100% 寬高和絕對方式配置 iframe

此段原始碼的重點在於包住 iframe 的 div 元素高度，以 padding 和 % 的方式指定與父元素的橫寬連動，這是稱為「**padding hack**」的技巧。以 % 單位指定 padding 的時候，無論上下左右哪個方向的 padding，都是以「父元素的橫寬」為基準來決定實際呈現的尺寸，利用這樣的機制以 padding-top（亦可使用 padding-bottom）設定高度，即可指定元素的寬高比。之後於此元素的範圍內以絕對配置疊上 iframe，再指定 width: 100% 和 height: 100% 伸展至完全涵蓋 div 框，如此即完成 iframe 的流動設定。

● 利用 padding hack 將 iframe 嵌入元素設為流動

3 對決定內容寬度的 container 設定其樣式

目前已經讓圖片和媒體物件能自動伸縮，接下來需要針對決定頁面所有內容寬度的 container 設定其樣式。在先前的頁面規劃階段，各區塊內側已經備有用來決定內容寬度 也就是設定了 class="container" 名稱的方框，此方框需要加以下功能：

❶ 確保容器兩端有 20px 的留白。

❷ 設定容器最大寬度，並且在瀏覽器畫面上左右置中。

由於目前想要製作的是行動裝置所見的版面，所以似乎只要增加 ❶ 的設定即可，不過這裡還是應當考慮到電腦版的配置，加上 ❷ 的設定，藉以同時完成 container 的所有尺寸設定。像這樣如果可以統整需要指定的尺寸、同時完成相關設定，也能讓 CSS 更為精簡，建議您盡量採用這樣的方式。

● container 的設定

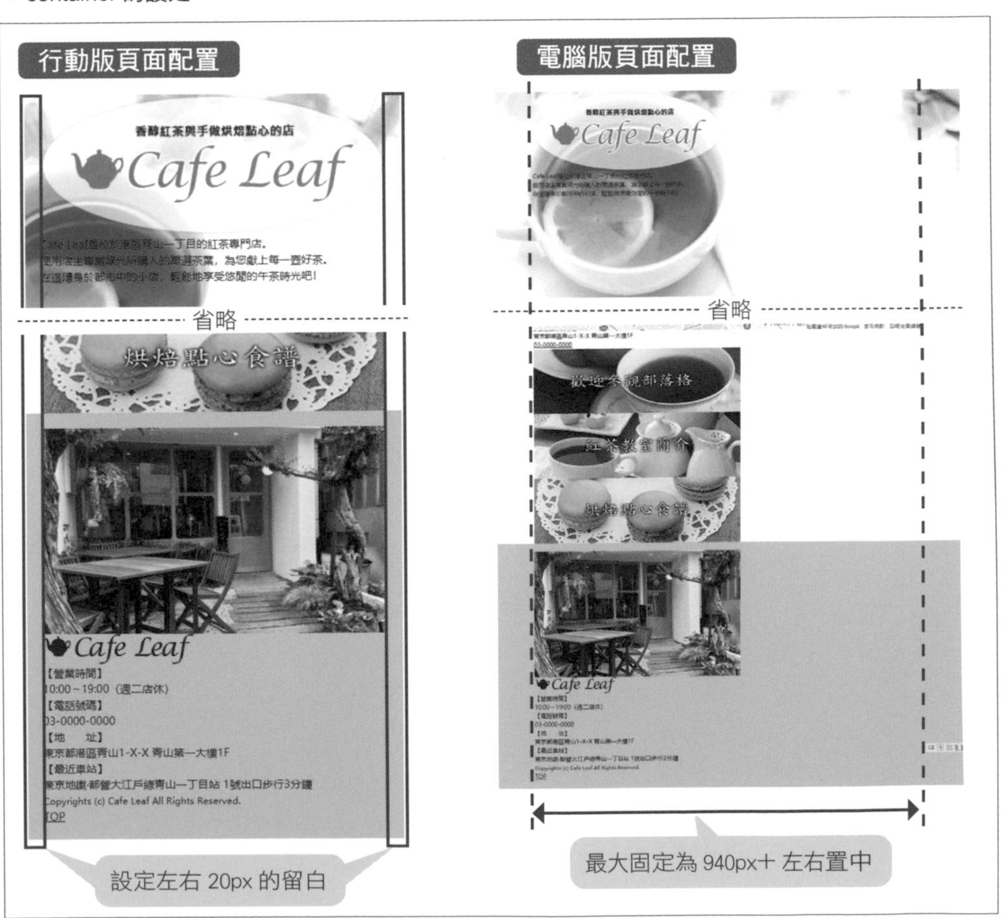

● base.css

指定最大 940px 與左右置中

```
75  /*container*/
76▼ .container {
77    max-width: 940px;
78    margin: 0 auto;
79    padding-left: 20px;
80    padding-right: 20px;
81  }
```

在容器左右留白

Memo

容器左右的留白

在智慧型手機或平板電腦這類瀏覽器畫面會佔滿整個螢幕的裝置上，由於緊貼畫面邊緣的內容非常難以閱讀，所以通常會在兩端設定留白（Protected Area, 保留區）、不放置網頁內容，此留白的尺寸最少需要 10px，狀況允許下最好保留 20px 的程度。

4 以 % 組合出寬度可變的多欄版面

為了讓水平並列的多欄版面其橫寬可變，用來指定尺寸的單位**不能使用 px、必須改為 %**，而以 % 的單位指定區塊寬度的 width 值時，意味著「**在父元素橫寬為 100% 的狀況下，自身寬度所佔的百分比**」。像是導覽列（功能表）和通知公告的部分，這樣水平各欄之間沒有間隔的狀況，最簡便的做法便是單純以 % 指定所佔尺寸的比例。

Memo

多個區塊水平並列的版面有幾種實際的做法，Chapter09 原則上採用 flexbox 的方式，另外還有 float 的實作方式，有興趣的讀者可自行查詢相關資料。

● base.css（global navigation 全域導覽列）

```
 97  /*global navigation
 98  ---------------------*/
 99▼ .gnav {
100    background: #d8c7a0;
101  }
102▼ .gnav ul {
103    display: flex; /*讓各物件水平並列*/
104  }
105▼ .gnav li {
106    width: 25%; /*各物件的寬度為父元素的 1/4*/
107  }
108▼ .gnav a {
109    display: block;
110    padding: 15px 0;
111    color: #fff;
112    text-align: center;
113    text-decoration: none;
114    font-size: 20px;
115  }
116▼ .gnav a:hover {
117      background: #ecdfc2;
118  }
```

base.css（information）

```
144   /*information
145   --------------------*/
146 ▼ .info-list {
147     display: flex; /*讓各物件水平並列*/
148     flex-wrap: wrap; /*換行顯示*/
149   }
150 ▼ .info-list dt {
151     width: 30%; /*設為父元素 30% 寬度*/
152     padding: 10px 0;
153     border-top: 1px #d8c7a0 dotted;
154   }
155 ▼ .info-list dd {
156     width: 70%; /*設為父元素 70% 寬度*/
157     padding: 10px 0;
158     border-top: 1px #d8c7a0 dotted;
159   }
160 ▼ .info-list :first-of-type {
161     border-top: none;
162   }
```


行動版的版面配置原則上為單欄形式，至此已幾乎完成基本的版面架構，接下來雖然還需要配合設計對各元件加上裝飾效果，不過這些顏色、線條和留白等部分，都只是重複先前學習到的基本 CSS 裝飾技巧，這裡就不再贅述，最後完成的範例檔案放在 /lesson28/after/ 資料夾下，供您做參考。

Point

- **撰寫網頁原則上應當按照「從外側到內側」和「由上至下」的順序。**
- **響應式網頁需要將圖片和嵌入媒體設為「流動圖片」。**
- **在撰寫行動版所見頁面的階段，若能一併處理其他較大版面的設定會比較有效率。**

LESSON

29

使用 Media Query 功能調整版面配置

Lesson29 將繼續完成版面配置的後半段作業，我們將使用 Media Query（媒體查詢）功能，在瀏覽器寬度變大時能夠切換到電腦版的版面。其中會提及 % 寬度的計算方法，由於這是響應式網頁版面製作上非常重要的概念，請確實理解其內容。

Sample File　chapter09 ▶ lesson29 ▶ before ▶ css ▶ base.css ▶ index.html

● Before

手機版是單欄畫面

● After

編註：由於頁面空間有限，請先開啟本堂課befeore 及 after 資料夾各自的 index.html，預覽一下製作前後的差異。

例如這裡變多欄

電腦版是單欄、多欄並陳

實作 使用 Media Query 調整各種尺寸畫面的配置

1 確認分界點與版面配置模式

一開始先確認一下此範例網站的分界點、以及每種版面配置的外觀。

● 分界點與版面配置模式

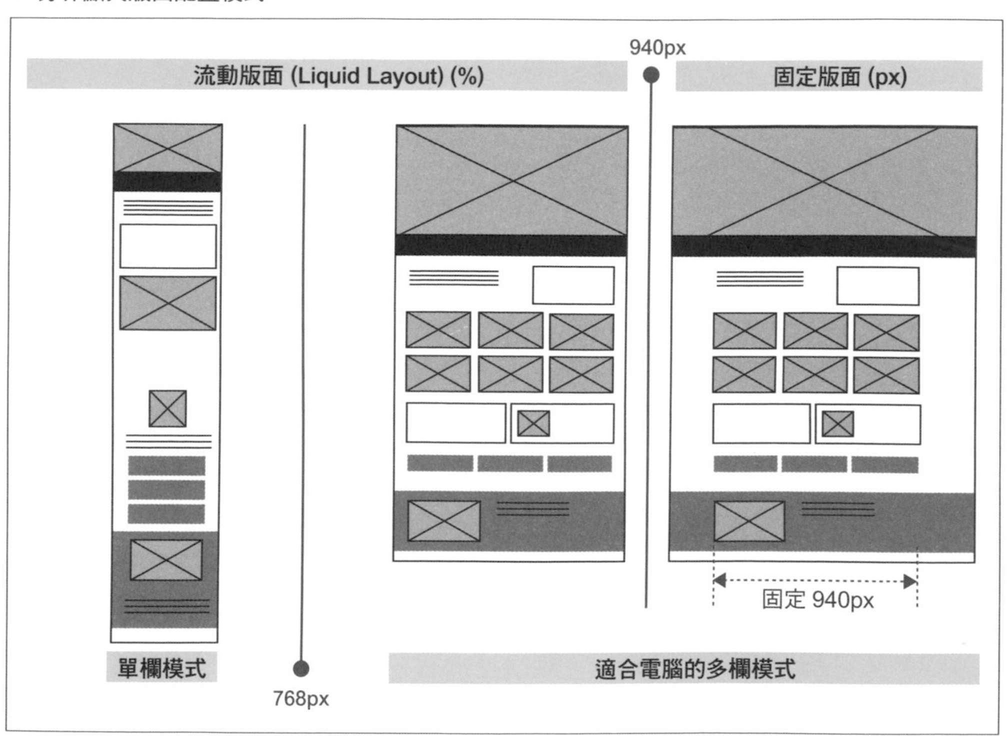

當畫面寬度大於 768px，頁面會轉為電腦版的多欄模式，而 940px 以上則會成為固定的寬度，由於「940px 以上為固定寬度」的條件已經對 container 設定 max-width 完成實作，所以實際上只剩 768px 這 1 個分界點，像這樣僅分為行動版和電腦版 2 種版面的做法，可說是響應式最為簡單的構成方式。

2 以行動版優先方式撰寫 Media Query 語法

確認了所需分界點的數值之後，再來便是撰寫用來讓網頁套用不同樣式的 Media Query 語法。

由於此次所採用的做法是以行動版的版面配置為基礎、當畫面寬度加大再切換成不同的版面，所以 Media Query 的條件會指定為「min-width:768px（大於 768px 時切換版面配置）」。

```
@media screen and ( min-width: 768px) {
  /*在這裡撰寫 768px 以上適用的樣式*/
}
```

這種以行動版做為基本版面來製作響應式網頁的做法，被稱為「**行動裝置優先**」的方式，反過來說，若以電腦版當作基本的版面配置，則稱為「**桌上型電腦優先**」。由於無論採用何種方式，最終都會呈現相同的效果，不過如下圖，行動裝置優先方式對智慧型手機較為友善，如果沒有特別的理由，基本上建議採用行動裝置優先的方式。

● 行動裝置優先與桌上型電腦優先的比較

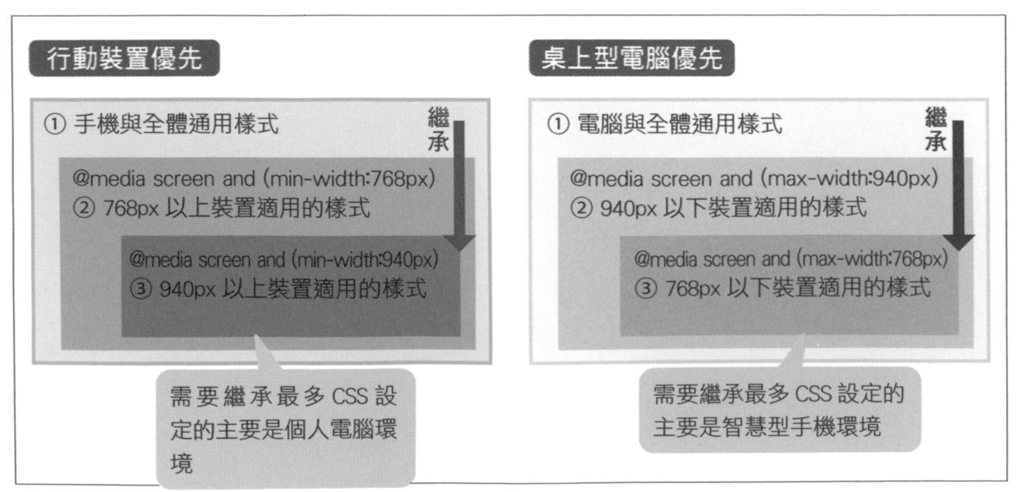

Media Query 語法要撰寫在哪裡呢？有 2 種方式：

❶ 在基本樣式的最後，將 @media 的語法敘述彙整於一處。

❷ 在各頁面區塊的基本樣式設定後方，分別寫入 @media 敘述。

無論使用何種方式都可以，不過，假如網頁需要比較複雜的版面調整工作，為了可以快速對照基本版面和 Media Query 的設定，大多會建議採用 ❷ 的做法，這裡也採用 ❷ 的做法。

● Media Query 的寫入位置

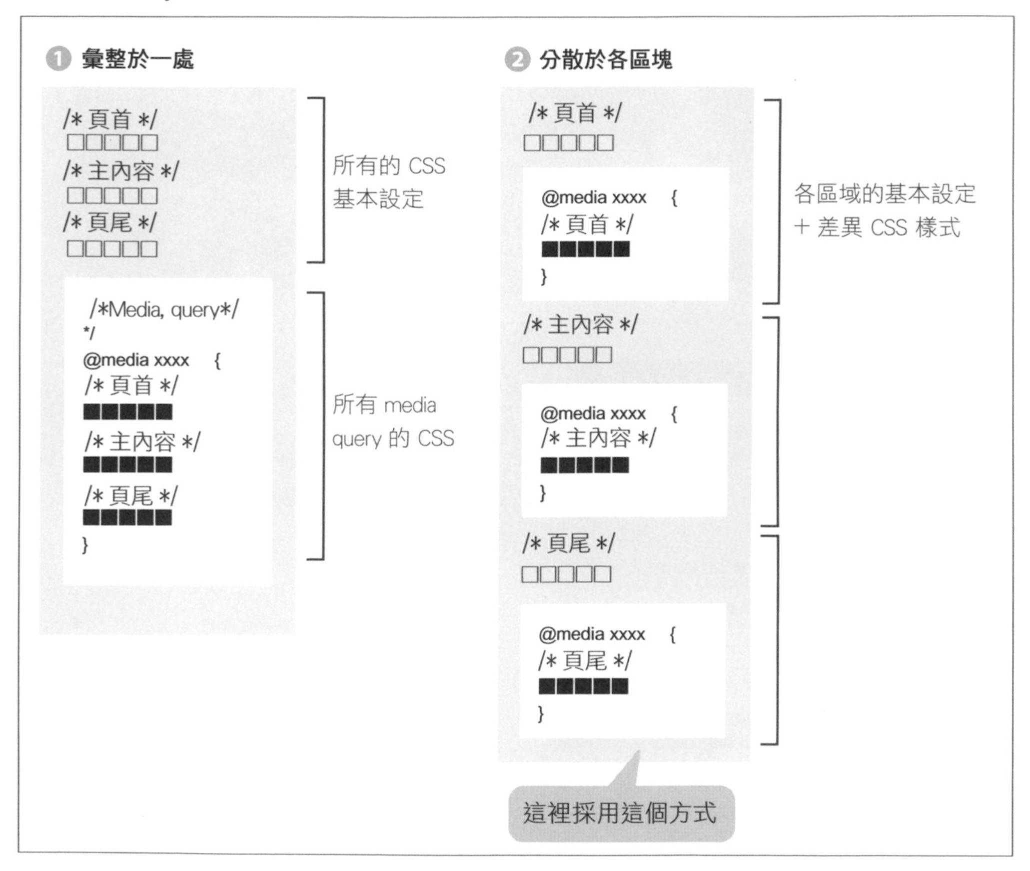

Memo

之所以要將 Media Query 的 @media 寫在基本設定的後方，是因為 Media Query 內的設定同樣遵守一般 CSS 繼承與覆寫的規則。由於 Media Query 說穿了只是「在某種條件下覆寫原本設定」的功能，若是寫錯位置將無法呈現想要的結果。

3 計算 2 欄和 3 欄配置中各尺寸的 % 占比

電腦版版面需要轉為 2 欄、3 欄配置的地方如下圖所示。把有點複雜的版面轉化為響應式網頁時，對於是否需要間隔，或各欄是否為相等寬度等問題，需要根據設計方案所指定的 px 尺寸分別算出其 % 數值，具體的計算式為「**對象元素的寬度 ÷ 父元素的寬度 ×100%**」。

● 各欄的 px 量測值以及計算 % 占比

根據設計方案算出各尺寸的 % 之後，再來便是撰寫 Media Query 的語法，實作出大於 768px 所套用的可變寬度多欄組合版面。

● base.css（通用 2 欄 / 3 欄）

```
 83   /*grid*/
 84 ▼ @media screen and (min-width: 768px) {
 85     /*2 欄, 3 欄的通用設定*/
 86     .pc-grid-col2,
 87 ▼   .pc-grid-col3 {
 88       display: flex;
 89       flex-wrap: wrap;
 90       justify-content: space-between;
 91     }
 92     /*2 欄的欄寬*/
 93 ▼   .pc-grid-col2 .col {
 94       width: 48.9361%;
 95     }
 96     /*3 欄的欄寬*/
 97 ▼   .pc-grid-col3 .col {
 98       width: 31.9148%;
 99     }
100   }
```

● base.css（頁尾部分）

```
283 ▼ @media screen and (min-width: 768px) {
284 ▼   .footer-info {
285       display: flex;
286       justify-content: space-between;
287     }
288 ▼   .footer-info-ph {
289       width: 31.9148%;
290     }
291 ▼   .footer-info-data {
292       width: 65.9574%;
293     }
294   }
```

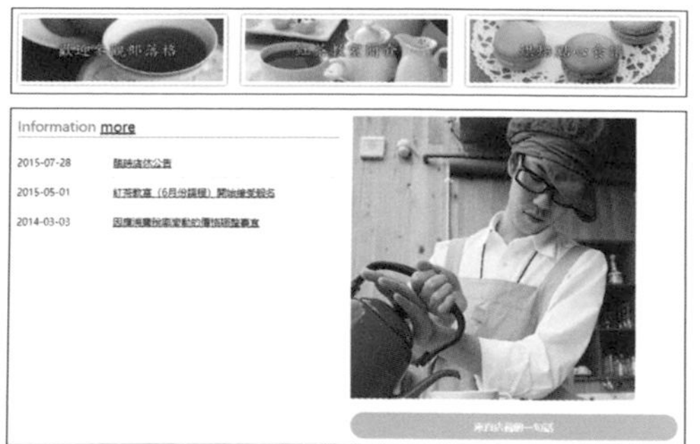

4 製作「來自店員的一句話」區塊

▶ 加 padding 與背景斜紋

在「來自店員的一句話」區塊，其背景為斜向條紋的圖樣設計，而整個區塊需要加上背景的時候，為了讓內容比較容易閱讀，會在區塊的內側以 padding 設定留白，所以請先增加 padding 和背景圖樣吧（由於行動版頁面也需要此樣式設定，所以請寫在 Media Query 前的基本敘述位置）。

● base.css（來自店員的一句話）

```
198  /*staff
199  ---------------------*/
200▼ #staff {
201    padding: 20px;
202    background:
203      repeating-linear-gradient(135deg, #fff,
       #fff 10px, #fcf2d9 10px, #fcf2d9 20px);
204  }
```

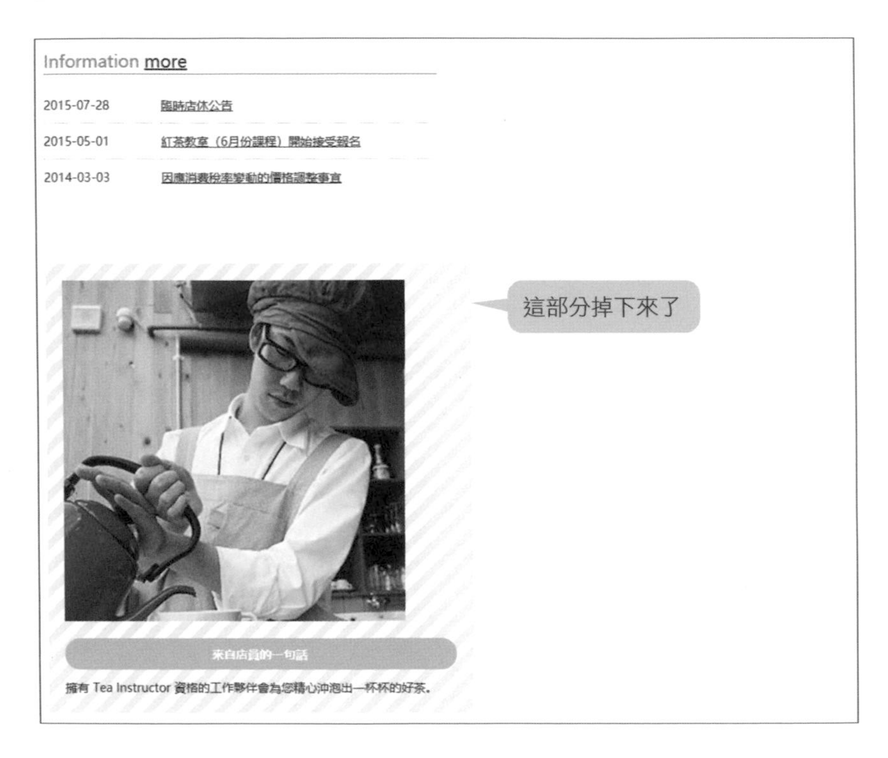

完成後應該會如同上圖所示，原本 2 欄並列的版面竟然崩壞了。採用多欄組合版面的時候，原本希望並排的方框區塊，卻像這樣變成換行顯示的狀況，原因基本上是因為**橫向並列的子元素其尺寸總和超過父元素的寬度**。

這裡之所以會發生欄位掉下來的狀況，不僅是因為前面步驟 3 均等計算出 2 欄的 % 占比，還因為此步驟增加了 padding 的緣故。在 Box Model 的計算方式中（請參閱 Lesson 10），由於 width 的尺寸原則上不含 padding 和 border，在前面步驟 3 設定了 width:48.9361% 之又增加 padding:20px，讓此區塊的總體寬度增大，因為超過了父元素寬度而導致欄位掉下來。

▶ 以 box-sizing 修正欄位掉落的問題

遇到這類狀況時，如果是固定寬度的版面配置，只需將 width 的尺寸改為減掉 padding 的數值即可（例如：460px-40px=420px），不過像是此範例的 width 採用 % 單位、而 padding 卻是 px 單位的狀況，因為單位不同無法直接將 width 的數值減去 padding 的數值。以響應式設計的網頁來說，由於基本上經常採用 % 的尺寸單位，所以遇到此類問題的例子相當多。

此問題有幾種解決方式，其中最為簡單的做法便是讓 width 尺寸在計算上也包含 padding，也就是將 box-sizing 的值改為 border-box。

● base.css（來自店員的一句話）

```
198  /*staff
199  ---------------------*/
200▼ #staff {
201    padding: 20px;
202    background:
203      repeating-linear-gradient(135deg, #fff,
         #fff 10px, #fcf2d9 10px, #fcf2d9 20px);
204    box-sizing: border-box;
205  }
```

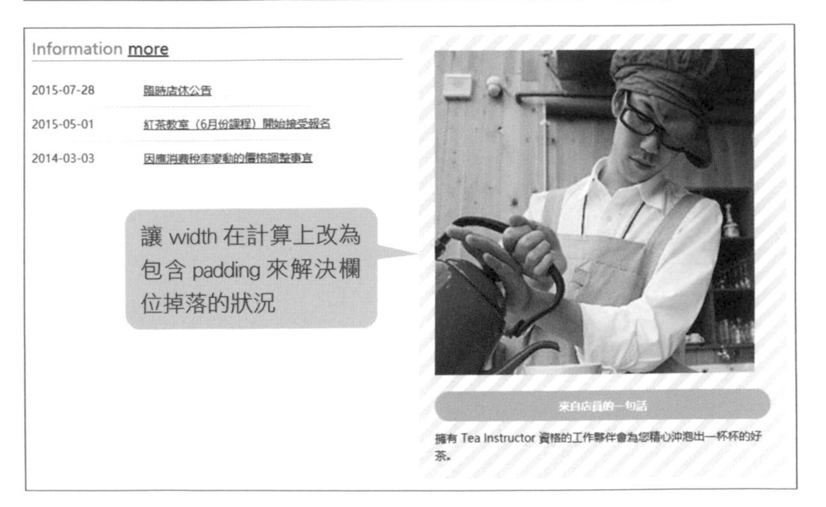

由於這裡只是練習而已，所以在撰寫過程中遇到狀況才將 box-sizing 的值改為 border-box，如果實務上每次都要這樣修改 box-sizing 的值，那可是會讓工作效率降低，所以製作響應式網頁的時候，最好在 Reset CSS 的階段預先對所有元素設定 box-sizing:border-box。您可以直接選用設計上是基於 border-box 的 Reset CSS，也可以自行增加 border-box 設定的語法，如果您想自行增加設定，可將下列的語法加入所採用的 Reset CSS 之中。

```
* { box-sizing: border-box;} /*將所有元素設為 border-box*/
*::before, *::after { box-sizing: inherit; } /*將偽元素的 box-sizing 設為繼承父元素的值*/
```

▶ 計算工作人員照片的 % 尺寸

因為目前還沒有按照設計方案指定工作人員照片的尺寸，所以需要先將設計方案上的 px 數值轉為 %，而電腦版 / 行動版在設計階段所規劃的尺寸如下圖所示。

● 「來自工作人員的一句話」的詳細尺寸

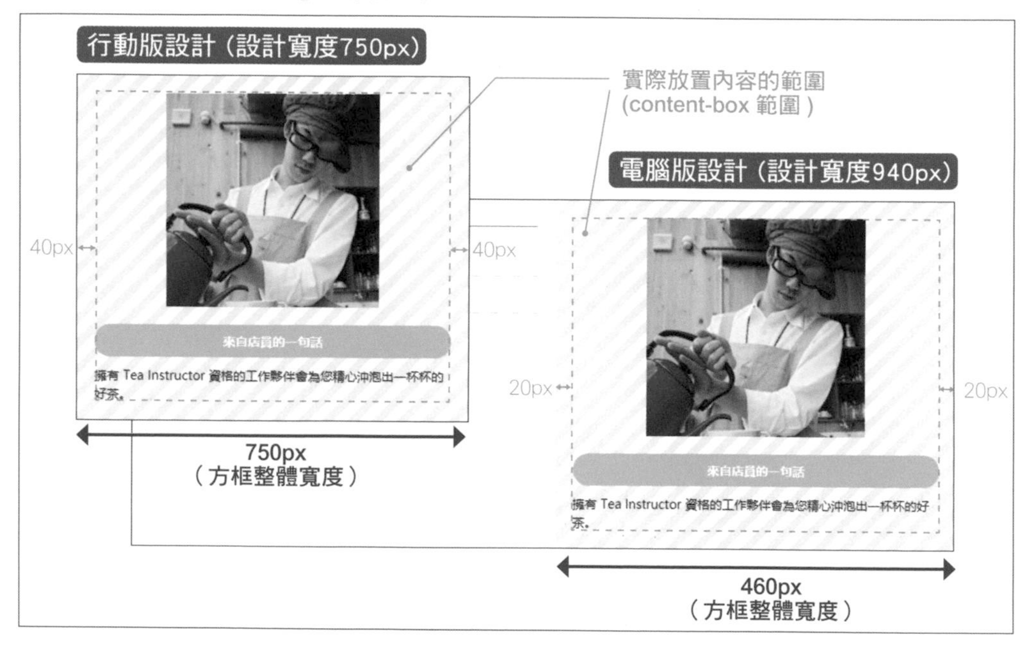

由於是計算寬度，所以同樣以「對象子元素的寬度 ÷ 父元素寬度 ×100%」進行計算即可，不過請注意父元素的「來自工作人員的一句話」區塊被設定了 20px 的留白，在這樣的狀況下，做為計算基準的父元素尺寸並非方框的整體尺寸、而是去除了 padding 的純粹內容範圍尺寸（=content-box），其原因在於子元素所能配置的最大範圍（子元素寬度設為 100% 的佔據範圍）已經縮至 padding 內側的內容範圍。

> **Memo**
> 智慧型手機的設計方案為了 retina 螢幕的特性，設計上可能會採用裝置規格的 2 倍尺寸，因此內容區塊左右的留白也會設為 2 倍的 40px，計算 % 尺寸的時候需要特別注意。

另外，雖然這裡的父元素本身設定了 box-sizing:border-box，不過子元素計算 % 尺寸的基準還是 content-box 的範圍。即使父元素本身計算 width 的基準範圍變成 border-box，子元素所能配置的最大範圍和此無關、還是維持在 padding 內側的

content-box 範圍，因此，若想以 % 指定工作人員照片的尺寸，需要透過下列的算式計算 % 數值。

● % 單位的 width 計算式

對象元素的尺寸 ÷ 父元素的content-box尺寸 × 100

● base.css（工作人員照片）

```
206 ▼ .staff-photo {
207     width: 59.7014%; /* 400÷670×100 */
208     margin: 0 auto 20px;
209   }
210 ▼ @media screen and (min-width: 768px) {
211 ▼   .staff-photo {
212       width: 54.7619%;/* 230÷420×100 */
213     }
214   }
```

父元素的 content-box 尺寸

如同此 Lesson 的實作練習，撰寫響應式網頁的語法時，最大的重點在於配合實際狀況適當地計算出 % 單位的數值，請一定要記得，基本上若想算出子元素 width 的 % 數值，通常都是利用上面介紹的這個計算式來處理。

Memo　不同屬性（Property）計算 % 的基準會有所差異，width 以外的屬性請參閱本章最後的補充說明「與響應式設計相關的小技巧」。

Point

- **基本上會以行動裝置優先方式來撰寫 Media Query。**
- **根據設計方案製作響應式網頁的時候，需要透過正確的計算式將設計方案上的 px 數值轉換為 % 數值。**
- **計算子元素橫寬的 % 尺寸時，其基準為父元素的「content-box」範圍。**

LESSON

30 兼顧多種裝置的設計實作

目前響應式網頁已有基本的雛型，最後我們繼續做些微調，讓網頁各元件更適合多裝置瀏覽。

Sample File chapter09 ▶ lesson30 ▶ before ▶ css ▶ base.css
▶ index.html

● 完成的範例

調整主視覺圖片位置

增加圖示

製作三角形圖示

Memo 編註：可以開啟本堂課 befeore 及 after 資料夾各自的 index.html，預覽一下範例製作前後的差異

實作　針對各細部元件做調整

1 讓主視覺和導覽列填滿最上方的畫面

完成 Lesson29 的步驟後，無論從智慧型手機或電腦進行瀏覽，主視覺區域的高度都是固定在 500px，不過最近常常可以看到讓主視覺擴展到充滿網頁最上方畫面的做法，此設計以往以前只能依靠 JavaScript 來實現，不過現在已經可以單靠 CSS 就做出來。

● base.css

```
108  /*header
109  ---------------------*/
110▼ .header {
111      position: relative;
112      /*height: 500px;*/
113      height: 100vh;
114      background: url(../img/bg_header.jpg)
         center center no-repeat;
115      background-size: cover;
116  }
```

想讓某個元素充滿網頁最上方畫面的時候，只需以「**vh**」這個單位來指定 height 即可簡單達成。vh 是「viewport height」的縮寫，代表「將視窗畫面的高度視為 100% 時，該元素所佔的比例」，也就是 1vh 為視窗畫面高度的 1%、而 100vh 則為 100%。這裡將主視覺元素的高度設為 100vh，所以在智慧型手機上可以看到主視覺充滿整個裝置螢幕，而在電腦上是充滿整個瀏覽器的視窗畫面，請試著在電腦上改變瀏覽器的寬度或高度，應該可以看到主視覺持續覆蓋整個畫面。

> **Memo**
> 和「vh」成對的還有名為「vw」(viewport width）的單位，代表「將視窗畫面寬度視為 100% 時所佔的比例」。由於不會受到父元素的影響、可以直接指定相對於 Viewport（≒瀏覽器視窗）寬度的占比，同樣是相當便利的單位。不過 vw 在計算上會包含捲動軸的尺寸，所以在不同環境或狀況下可能會讓尺寸出現微妙的差異，對於「將方框區域擴展到充滿視窗畫面寬度」的單純需求，建議使用 % 的單位較佳。

▶ 讓主視覺高度縮小留出導覽列空間

此時主視覺區域已經可以充滿最上方的畫面，不過其下的主選單導覽列卻被擠到畫面下方、無法一眼看到，那麼該如何讓最上方的畫面包含導覽列呢？

做法有好幾種，這裡將採用縮小主視覺高度、留出導覽列空間的做法。

● **讓網頁最上方畫面包含導覽列**

由於範例網頁的導覽列其高度固定為 60px，所以只需將主視覺的高度設為「100vh-60px」即可，像這樣如果想在 CSS 的語法中進行計算、並且指定計算後的數值，可以使用名為「calc()」的功能。

● base.css

```
108  /*header
109  ---------------------*/
110 ▼ .header {
111      position: relative;
112      /*height: 500px;*/
113      height: calc(100vh - 60px);
114      background: url(../img/bg_header.jpg)
         center center no-repeat;
115      background-size: cover;
116  }
```

2 不受放大縮小影響的圖片 / 圖形

▶ 設定段落標題前方的茶壺圖示

● 段落標題的完成樣貌

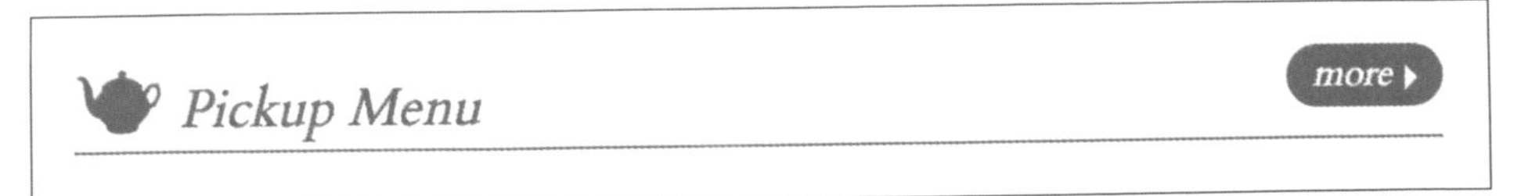

按照設計方案，段落標題的前方放置著茶壺的插畫圖示，此處直接將 PNG 圖片設為背景圖片即可達成，不過若是顧慮到以 Retine 螢幕瀏覽的狀況，除了電腦適用的等倍率圖片，還必須準備 2 倍大尺寸的圖片、並且加上縮小 1/2 再呈現於頁面的設定。

● 讓圖片在 Retine 螢幕上依然清晰的做法

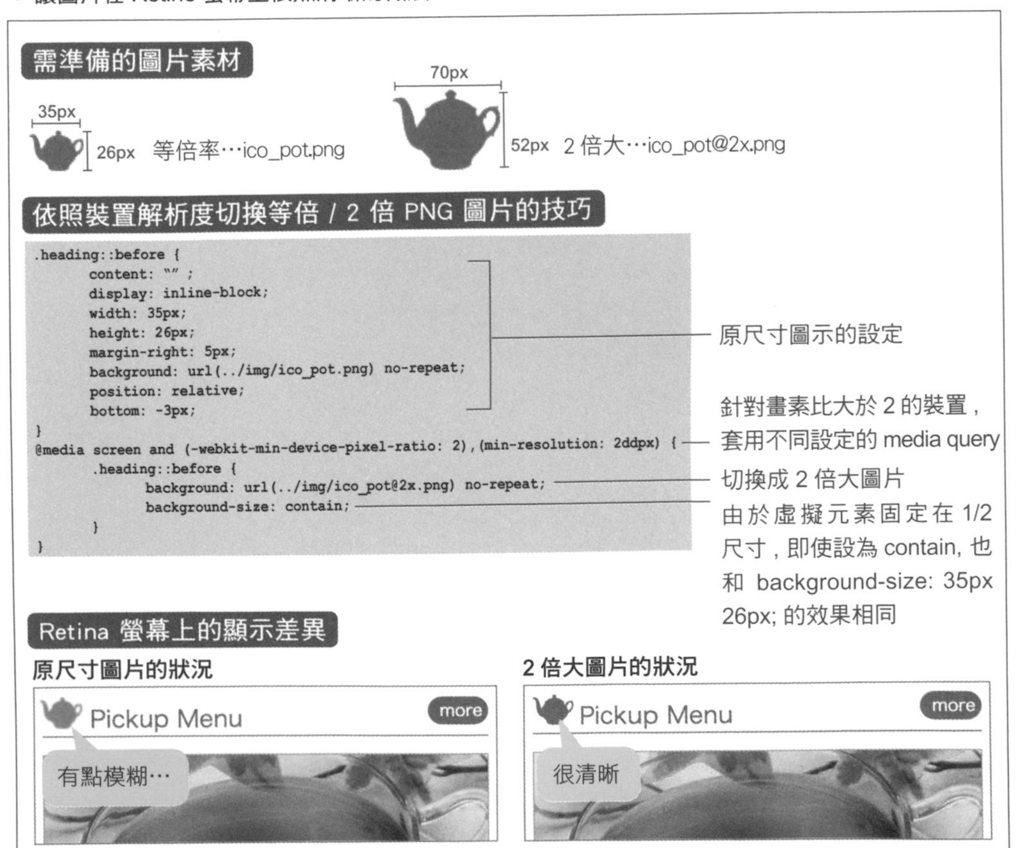


```
.heading::before {
      content: "" ;
      display: inline-block;
      width: 35px;
      height: 26px;
      margin-right: 5px;
      background: url(../img/ico_pot.png) no-repeat;
      position: relative;
      bottom: -3px;
}
@media screen and (-webkit-min-device-pixel-ratio: 2),(min-resolution: 2ddpx) {
      .heading::before {
            background: url(../img/ico_pot@2x.png) no-repeat;
            background-size: contain;
      }
}
```

近年來不僅是 2 倍、連 3 倍畫質的螢幕也越來越多，遇到這樣的頁面設計需求時，使用 SVG 圖片或是圖示字型之類的方式，即可保證大部分瀏覽環境下圖片很很清楚。這裡示範以 SVG 圖片取代 PNG 圖片的做法。

如果採用 SVG 格式的圖片，那麼僅需 1 個檔案即可在所有螢幕上維持圖片清晰，所以不像 PNG 圖片需要以 media query 來切換等倍 / 2 倍的尺寸。

base.css

```
394  /*茶壺圖示*/
395▼ .heading::before {
396      content: "";
397      display: inline-block;
398      width: 35px;
399      height: 26px;
400      margin-right: 5px;
401      background: url(../img/ico_pot.svg) no-repeat;
402      background-size: contain;
403      position: relative;
404      bottom: -3px;
405  }
```

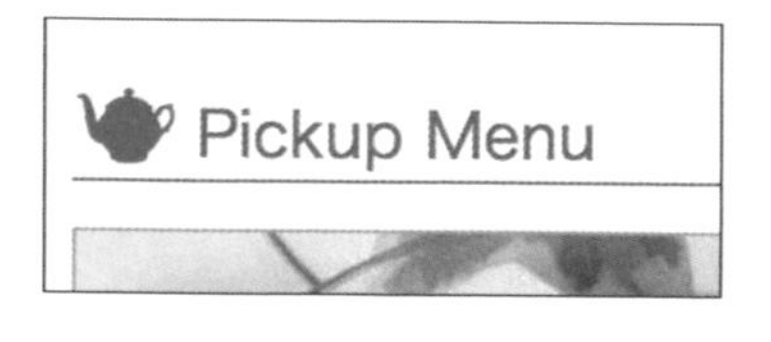

▶ 以 CSS 描繪三角形圖示

段落標題右側「more」連結按鈕的三角形圖示，可以利用 CSS 本身功能來描繪。由於這裡描繪三角形是使用了 border 屬性，在舊版的瀏覽環境中也不會發生問題。

base.css

```
422  /*三角圖示*/
423▼ .heading .more::after {
424      content: "";
425      display: inline-block;
426      width: 0;
427      height: 0;
428      margin-left: 5px;
429      border: transparent 5px solid;
430      border-left-color: #fff;
431      vertical-align: middle;
432  }
```

● 利用 border 描繪三角形的原理

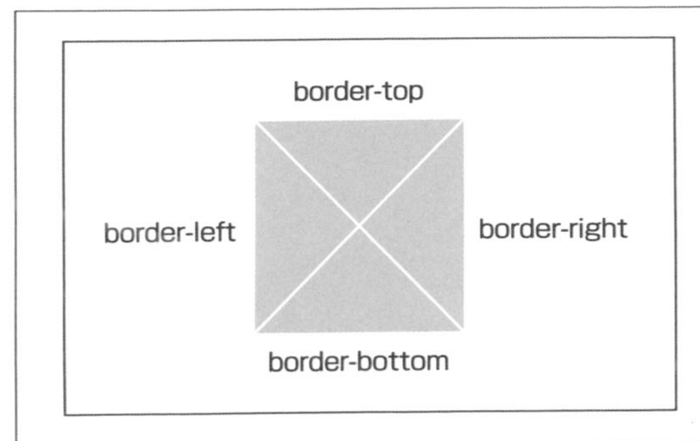

在 width:0 且 height:0 的方框四周**畫上透明的 border，然後只在箭頭反方向上的 border 設定顏色**，如此就能簡單繪出三角形。此方法適用於 CSS2.1 之後的版本，在 IE8 瀏覽器也能正常顯示。

如果想畫出等腰形式以外的三角形，由於各項屬性的調整有點麻煩，可以利用網路上的產生器自動寫出對應的 CSS 設定，輕鬆完成想要的三角形。

● 「CSS triangle generator」（http://apps.eky.hk/css-triangle-generator/）

3 使用 Google Fonts 網路字型

導覽列和標題部分的英文斜體文字並非瀏覽裝置內建的字型，這裡可以利用免費的 Web 字型來呈現。所採用的是 Google Fonts（https://www.google.com/fonts）服務，並且選用當中的「Cardo」字型。

先於左上方搜尋框中輸入關鍵字「Cardo」，再點選該字型名稱的方框進入該系列字型的頁面，然後點選想使用字型右方的「**+ Select this style**」，此時瀏覽器視窗右方應該會滑出「Selected family」的側邊欄位（如果沒有自動出現，可以點選右上角的圖示按鈕手動叫出），再點選側邊欄位的「**Embed**」頁籤按鈕，其下方就會出現引用此字型的 HTML 語法、以及設定字型的 CSS 語法，請分別複製貼到適當的位置。

● Google Fonts 的使用方式

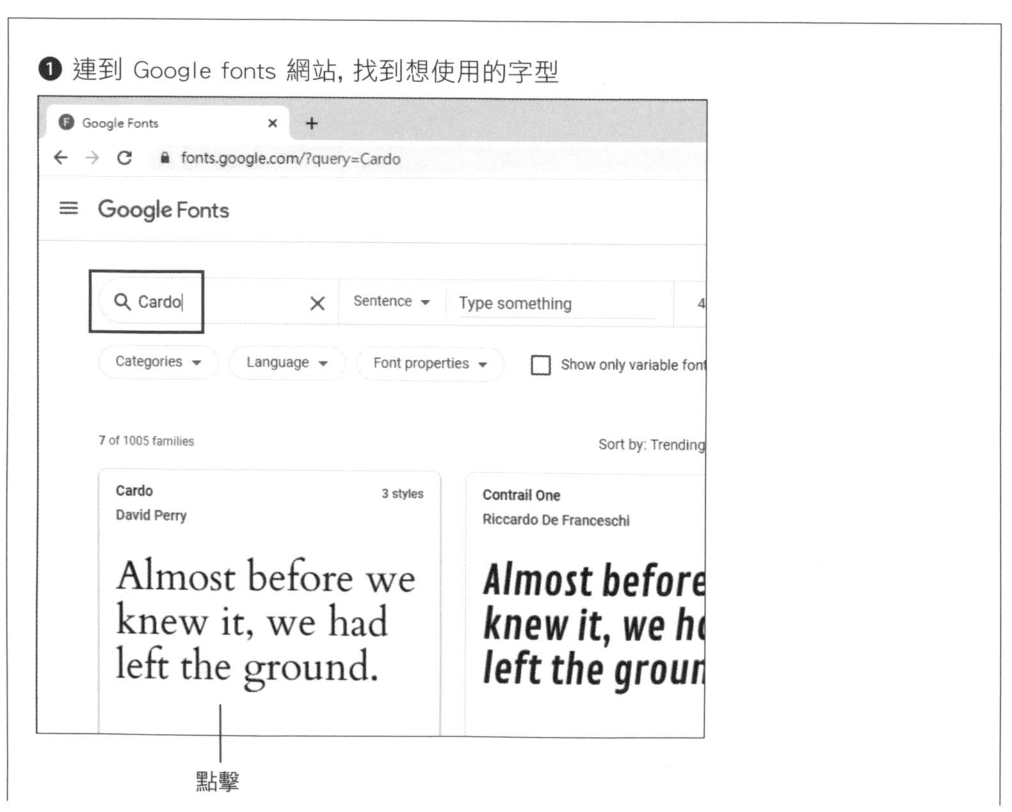

❷ 在該字型的頁面找到引用的語法

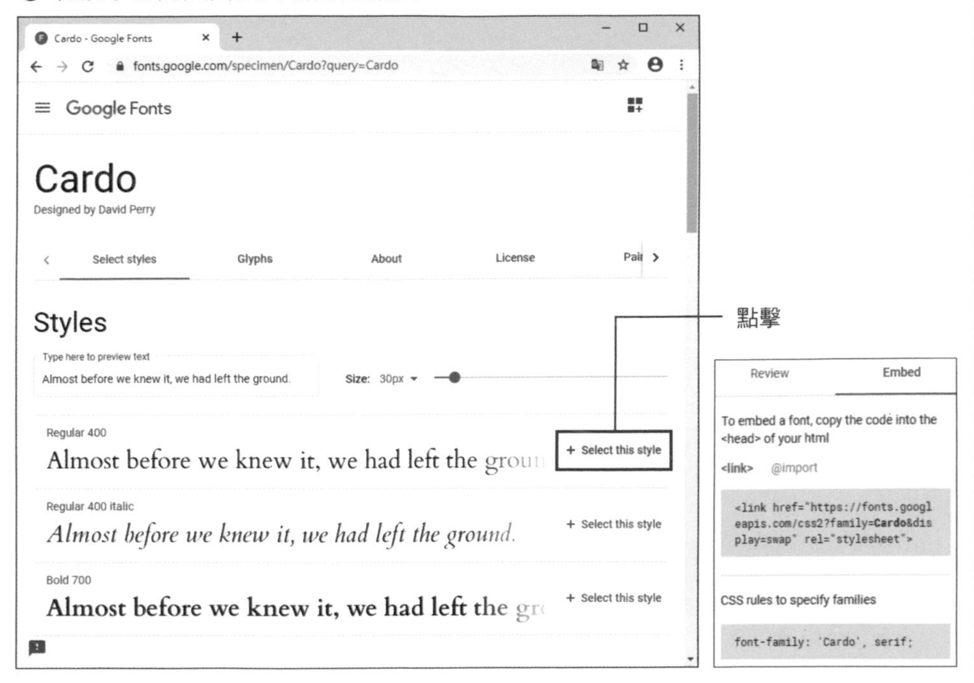

❸ 將字型的引用語法複製到 HTML 的 head 元素中

```
16  <link rel="apple-touch-icon" href="img/apple-
    touch-icon.png">
17
18  <!-- fonts -->
19  <link href="https://fonts.googleapis.com/css?
    family=Cardo" rel="stylesheet">
20
21  <!-- stylesheets -->
22  <link rel="stylesheet" href="css/base.css"
    media="all">
```

❹ 複製貼上字型的 CSS 設定

```
147 ▼ .gnav a {
148       display: block;
149       padding: 15px 0;
150       color: #fff;
151       text-align: center;
152       text-decoration: none;
153       font-size: 20px;
154       font-family: 'Cardo', serif;
155       font-style: italic;
156   }
```

```
384   /*Heading
385   --------------------*/
386 ▼ .heading{
387       margin-bottom: 15px;
388       border-bottom: #4d941a 1px solid;
389       color: #4d941a;
390       font-size: 20px;
391       font-weight: normal;
392       font-family: 'Cardo', serif;
393       font-style: italic;
394       overflow: hidden;
395       position: relative;
396   }
```

如果 Web 字型的設定正確，頁面上的文字會變成下圖的樣子。

Memo

標題文字不要用圖片

採用響應式網頁設計的時候，請盡量避免將標題轉為圖片的做法，尤其是主文中的副標題其字數較多、或是打算按照畫面尺寸自動換行之類的地方，以圖片呈現可能會出現非常麻煩的狀況。以中文字型來說，雖然可以免費使用的 Web 字型相當少，不過若是費用上可以負擔，建議優先採用 Web 字型來設計網頁。

主要的 Web 字型服務

▶ justfont（URL https://justfont.com/）（台灣網站）

▶ Google Fonts（URL https://www.google.com/fonts）

▶ Adobe Fonts（URL https://fonts.adobe.com/）

▶ Fonts.com（URL https://www.fonts.com/web-fonts）

4 使用圖示字型

對於網頁上經常出現的圖示，例如各大社群網站的連結圖示，如果利用圖示字型的方式來呈現，可以省下不少製作圖片的功夫。能免費下載圖示字型的網路相當多，這裡將使用名為「IcoMoon」（https://icomoon.io/app/）網站的服務。

使用的步驟如下所示。

● IconMoon 的使用方式

❶ 選擇想使用的圖示，產生字型檔案

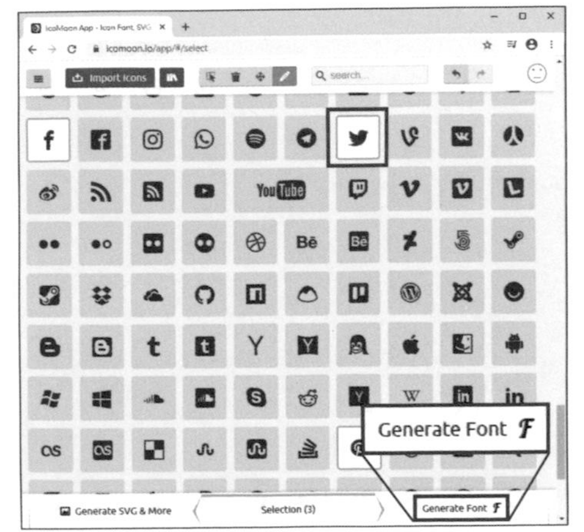

❷ 確認內容後下載字型檔案

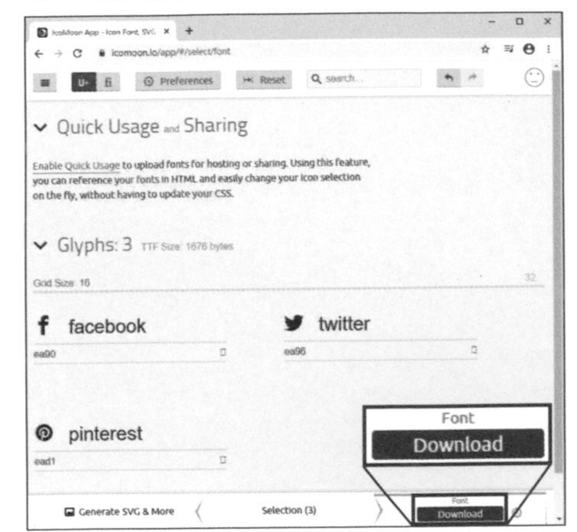

❸ 將字型檔複製到製作中的網站資料夾並撰寫 CSS 設定

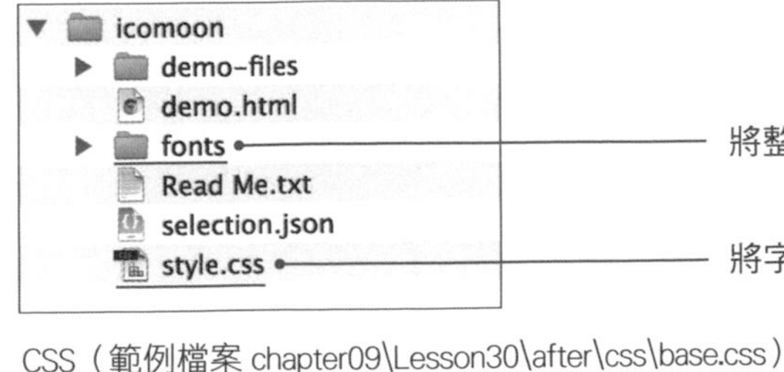

將整個 fonts 資料夾複製到 CSS 資料夾中

將字型圖示的樣式設定寫進 base.css

CSS（範例檔案 chapter09\Lesson30\after\css\base.css）

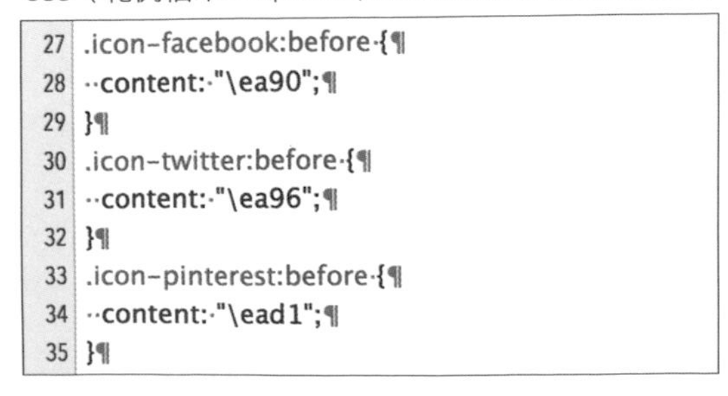

```
27 .icon-facebook:before {
28   content: "\ea90";
29 }
30 .icon-twitter:before {
31   content: "\ea96";
32 }
33 .icon-pinterest:before {
34   content: "\ead1";
35 }
```

寫在 style.css 末尾的設定是用來顯示圖示的選擇器，這裡是以 before 虛擬元素的方式顯示。

下載字型檔案之後，需要在 HTML 中社群網站圖示的 a 元素上增加指定的 class 屬性，由於這裡的圖示字型是以 before 虛擬元素的方式顯示，所以需要移除原本元素的內容文字，將其移至 a 元素的 title 屬性。

最後調整圖示的字型尺寸即完成整個操作的步驟。

● HTML (範例檔案 chapter09\Lesson30\after\index.html)

```
141 ▼ <ul class="sns">
142     <li><a href="#" class="icon-twitter" title="Twitter"></a></li>
143     <li><a href="#" class="icon-facebook" title="Facebook"></a></li>
144     <li><a href="#" class="icon-pinterest" title="Pinterst"></a></li>
145   </ul>
```

● CSS (範例檔案 chapter09\Lesson30\after\css\base.css)

```
325 ▼ .sns a{
326         display: block;
327         padding: 10px 20px;
328         background: #fff;
329         color: #d8c7a0;
330         border-radius: 5px;
331         text-decoration: none;
332         font-size: 24px;
333   }
```

Memo

Font Awesome

除了 IcoMoon 之外，較為知名的圖示字型服務還有「Font Awesome」(https://fontawesome.com/) 網站。

以上便是此次響應式網站的實作過程，實務上完成後還是需要反覆測試各種瀏覽環境，檢查是否有奇怪的地方，必要時再進行修正。

- **製作時善用 vw/vh、calc() 這樣的功能會更有效率。**
- **善用向量形式的 SVG 圖檔，圖片的顯示會更清晰，製作上也不麻煩。**
- **針對字型需求，可多利用 Google Fonts 或 IcoMoon 之類的網路服務。**

補充說明　與響應式設計相關的小技巧

前面範例所提及的內容，在響應式網頁設計中只能算是基本的技術，最後為了讓您可以多累積一點實力，以下將介紹一些較為深入的知識。

撰寫 media query 需注意的地方

在 Chapter09 中，為了用最單純的方式完成響應式網站，所以只設定了 1 個切換分界點，不過實務上通常還會增加幾個分界點，讓版面配置的變化更加細緻。舉例來說，若規劃在 480px、640px 和 940px 等 3 個地方都設定分界點，使頁面的格局隨著畫面寬度分階段產生變化，此時「行動裝置優先方式」和「桌上型電腦優先方式」的 media query 語法就會如底下這樣：

● 行動裝置優先方式

```
/* 手機和所有環境適用的設定 */
～省略～
/*480px以上*/
@media screen and (min-width: 480px){
～大於 480px 適用的差異 CSS 設定～
}
/*640px以上*/
@media screen and (min-width: 640px){
～大於 640px 適用的差異 CSS 設定～
}
/*940px以上*/
@media screen and (min-width: 940px){
～大於 940px 適用的差異 CSS 設定～
}
```

● 桌上型電腦優先方式

```
/* 電腦和所有環境適用的設定 */
～省略～
/*940px以下*/
@media screen and (max-width: 940px){
～小於 940px 適用的差異 CSS 設定～
}
/*640px以下*/
@media screen and (max-width: 640px){
～小於 640px 適用的差異 CSS 設定～
}
/*480px以下*/
@media screen and (max-width: 480px){
～小於 480px 適用的差異 CSS 設定～
}
```

從上面語法可以知道 2 個重點：

① 行動裝置優先方式從較小的分界點開始、而桌上型電腦優先方式從較大的分界點開始，依序撰寫 media query 的語法。

② 行動裝置優先方式使用「min-width（大於～）」、而桌上型電腦優先方式使用「max-width（小於～）」的條件式。

以這種方式依序指定，便能善用 CSS 所具有的「樣式的繼承與覆寫」特性機制，用最少的設定內容達成想要的成果。由於各段的 media query 語法，基本上都需要以「所有大於～」或「所有小於～」這樣的條件來套用不同的設定，當有多個分界點存在的時候，請注意**應該按照畫面的尺寸大小依序撰寫，讓樣式可以按照順序產生繼承的效應**。

附帶一提，您可能會看到類似這樣的寫法：

```
/*640px 以下/
@media screen and (max-width: 639px){
～ 640px 以下 專用～
}
/*大於 640px、不到 940px*/
@media screen and (min-width: 640px) and (max-width: 939px){
～大於 640px、不到 940px 專用～
}
/*940px以上*/
@media screen and (min-width: 940px){
～大於 940px 專用～
}
```

上面將各階段版面配置的 CSS 設定都獨立區分開來，完全不會受到其他尺寸樣式的影響。雖然也是可行的方式，不過若是採用這樣的做法，由於各段 media query 所產生的版面畢竟還是有相同之處，可能會出現很多重覆的樣式語法，導致 CSS 中需要撰寫多餘的設定，所以不建議採用以上的寫法。

基本上還是應該善用 CSS 的樣式繼承與複寫特性，重複利用可以通用的 CSS 樣式，以最精簡的方式完成工作。

各種狀況下計算 % 的基準尺寸

在響應式網頁設計中，都是使用 % 而非 px 的單位來指定尺寸，不過計算 % 時的基準尺寸，會因為想取得屬性部位的類型而有所差異，此點需要特別注意。

① width/height

在響應式網站的建構過程中，使用頻率最高的便是 width/height 所佔的 %，而計算此項數值的基準尺寸便是**「最近父元素的 content-box 尺寸」**，換句話說，此時 width 的基準為「最近父元素 content-box 的寬度」，而 height 的基準為「最近父元素 content-box 的高度」。

如果前面時實作時所說過的，即使父元素指定了 box-sizing: border-box;，計算的基準同樣還是去除了 padding 和 border 的「內容範圍＝ content-box」淨尺寸。

● width/height 的 % 計算基準

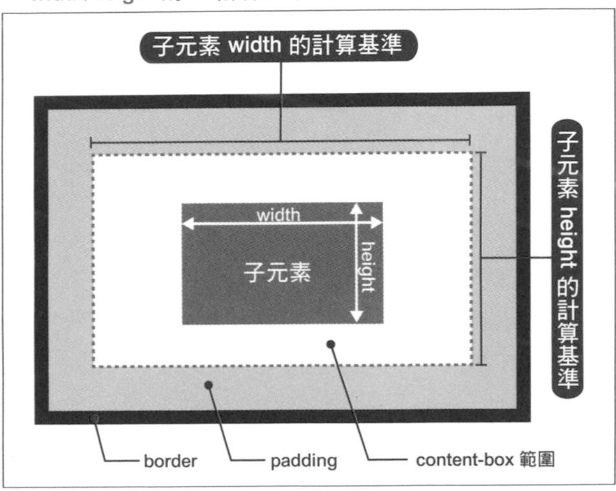

② margin/padding

計算 margin 和 padding 百分比 % 的基準，也是**「最近父元素的 content-box 尺寸」**（和自身的尺寸沒有關係）。即使父元素被指定了 box-sizing: border-box;，還是和 width/height 的做法相同，需要以父元素的 content-box 淨尺寸當做計算基準。不過這裡要請您多加注意，除了左右的 margin/padding 之外，上下的 margin/padding 也必須以「最近父元素 content-box 的**橫寬**」為基準進行計算，不能使用父元素的縱高。

● margin/padding 的 % 計算基準

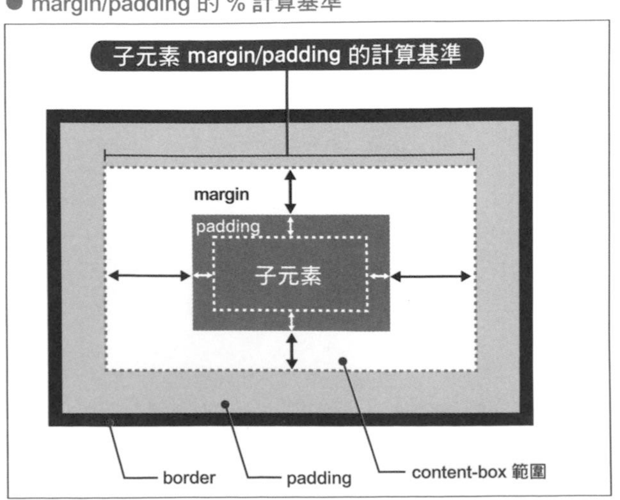

③ **left/right/top/bottom（絕對定位的座標）**

以 position: absolute; 設成絕對定位的時候，left/right/top/bottom 的 % 計算基準為**「基準框的 padding-box 尺寸」**。這裡所說的「基準框」是指做為絕對定位座標基準的上層元素，換句話說，「指定 position: static; 以外設定值的最近祖先元素」將會成為基準框。

由於絕對定位的座標是以 border 除外的框內範圍（包含 padding）當作基準來設定，所以想求子元素各部分的 % 數值時，也必須以上層元素（基準框）的 padding-box 尺寸當作基準進行計算。

● left/right/top/bottom 的 % 計算基準

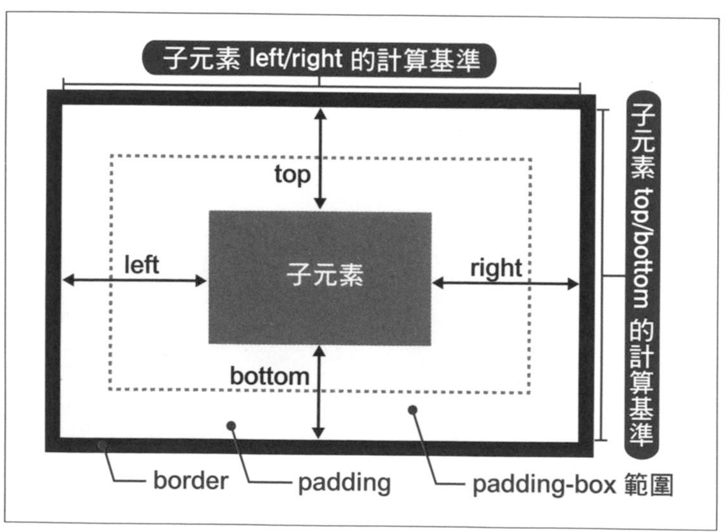

手機 / 電腦需要使用不同的 HTML

採用響應式網頁設計的時候，所有的瀏覽環境都是使用相同的 HTML 檔案，不過為了讓網站更貼近使用者的需求，有時可能需要讓智慧型手機和個人電腦分別使用各自專用的部分，這在實務上相當常見。

在這種狀況之下，建議可以配合每個分界點的尺寸，先在手機或電腦的專用部分加上用來切換顯示或隱藏的 class，以便後續的 CSS 撰寫工作。

● 切換顯示 / 隱藏的 CSS 樣式

```
/*手機上顯示*/
.sp{ display: block; }
.pc{ display: none; }
/*電腦上顯示*/
@media screen and (min-width: 640px) {
  .sp{ display: none; }
  .pc{ display: block; }
}
```

※ 在 640px 切換手機 / 電腦版面、行動裝置優先方式的狀況

利用如上的樣式撰寫方式，只要手機版面專用的 HTML 部分加上了「class="sp"」，而電腦版面專用的部分加上了「class="pc"」，就能配合畫面大小自動切換各專用部分的顯示或隱藏狀態。

增加輪播或浮動視窗之類的動態 UI

由於本書的重點在於 HTML 和 CSS，所以僅在 HTML 和 CSS 可支援的範圍內，解說如何建構響應式網站。不過實際開始製作網站的時候，可能會遇到必須使用 jQuery 外掛函式庫等 JavaScript 應用技術的狀況。

比較常見的應該是幻燈片輪播、浮動視窗（Modal Window）、元素高度對齊、以及響應式選單等動態 UI 等功能，而採用這些 jQurey 外掛的時候，需要特別注意**「請選擇有支援響應式的外掛」**。由於 jQuery 外掛的數量相當多，並非所有的外掛都有支援響應式網頁設計，如果一開始沒有挑選標明「支援響應式」的套件，可能會讓網頁製作的過程多走一些冤枉路。

▶ 響應式網頁適用的外掛

以下為您列出一些支援響應式網頁、運作上相當穩定的外掛，使用方式請至各外掛的網站查閱。

- 幻燈片輪播「slick.js」（URL http://kenwheeler.github.io/slick/）
- 浮動視窗「Magnific Popup」（URL http://dimsemenov.com/plugins/magnific-popup/）
- 元素高度對齊「matchHeight」（URL http://brm.io/jquery-match-height/）
- 響應式選單「MeanMenu」（URL http://www.meanthemes.com/plugins/meanmenu/）

MEMO

旗標 FLAG

http://www.flag.com.tw